Joosten, Golloch und Flock
Atom-Emissions-Spektrometrie

Weitere empfehlenswerte Titel

Maßanalyse.
Titrationen mit chemischen und physikalischen Indikationen;
19.Auflage
Jander, Jahr, 2017
ISBN 978-3-11-041578-0, e-ISBN 978-3-11-041579-7

Chemometrie.
Grundlagen der Statistik, Numerischen Mathematik und Software
Anwendungen in der Chemie
Reh, 2017
ISBN 978-3-11-045100-9, e-ISBN 978-3-11-045103-0

Analytik.
Daten, Formeln, Übungsaufgaben; 108. Auflage
Küster, Thiel, 2016
ISBN 978-3-11-041495-0, e-ISBN 978-3-11-041496-7

Molekülsymmetrie und Spektroskopie.
Lorenz, Kuhn, Berger, Christen, 2015
ISBN 978-3-11-036492-7, e-ISBN 978-3-11-036493-4

Reviews in Analytical Chemistry.
e-ISSN 2191-0189

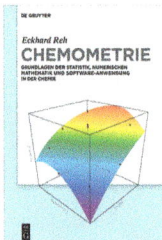

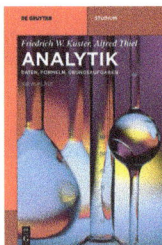

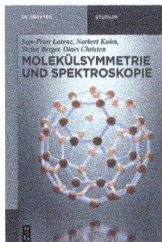

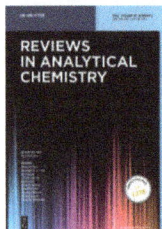

Heinz-Gerd Joosten,
Alfred Golloch und Jörg Flock

Atom-Emissions-Spektrometrie

mit Funken- und Bogenanregung

DE GRUYTER

Autoren
Dr. Heinz-Gerd Joosten
Nissingstr. 16
47559 Kranenburg

Prof. Dr. Alfred Golloch
Schönauer Bach 21
52072 Aachen

Dr. Jörg Flock
Hengstenbergstr. 10a
58239 Schwerte

ISBN 978-3-11-052397-3
e-ISBN (PDF) 978-3-11-052487-1
e-ISBN (EPUB) 978-3-11-052400-0

Library of Congress Cataloging-in-Publication Data
A CIP catalog record for this book has been applied for at the Library of Congress.

Bibliographic information published by the Deutsche Nationalbibliothek
Die Deutsche Nationalbibliothek verzeichnet diese Publikation in der Deutschen
Nationalbibliografie; detaillierte bibliografische Daten sind im Internet über
http://dnb.dnb.de abrufbar.

© 2018 Walter de Gruyter GmbH, Berlin/Boston
Satz: Konvertus, Haarlem
Druck und Bindung: CPI books GmbH, Leck
Coverabbildung: Phil Degginger/Science Photo Library
♾ Gedruckt auf säurefreiem Papier
Printed in Germany

www.degruyter.com

Vorwort

Vor fast einhundertzwanzig Jahren postulierte Heinrich Kayser in seinem Handbuch der Spektroskopie: „So komme ich zum Schlusse, dass die quantitative spektroskopische Analyse sich als undurchführbar erwiesen hat". Zwar gelang bereits zwanzig Jahre später der Gegenbeweis, dennoch fand die Atomspektrometrie mit Funken- und Bogenanregung erst in den fünfziger Jahren des vergangenen Jahrhunderts Einzug in die Laboratorien der metallerzeugenden und –verarbeitenden Industrien. Diese neue Analysentechnik ermöglichte aufgrund der hohen Analysengeschwindigkeit einen Innovationsschub in der metallurgischen Produktion, der sich bis in die Gegenwart fortsetzt. Heute finden weltweit tausende Spektrometer, insbesondere bei der Produktion und Verarbeitung metallischer Werkstoffe, Anwendung. Während in der Anfangszeit der Entwicklung dieser neuen Analysentechnik zahlreiche Publikationen und Bücher erschienen, wurde sie trotz ihrer ökonomischen Bedeutung in den vergangenen Jahrzehnten in der Fachliteratur stiefmütterlich behandelt. Das ist bedauerlich, da die rasante technische Entwicklung in den Bereichen Elektronik, Informationstechnik und Optik gerade in den letzten Jahren die Leistungsfähigkeit der Spektrometer stetig verbesserte.

So reifte bei den Autoren die Idee, den Anwendern der Atom-Emissions-Spektrometrie mit Bogen-, Funken- oder Laseranregung eine aktuelle, zusammenfassende Darstellung der Technik zur Verfügung zu stellen. Dabei sollte neben dem theoretischen Hintergrund die praktische Anwendung dieser Methode im Fokus stehen.

Das vorliegende Buch wurde so konzipiert, dass es einerseits Lernenden und Studierenden einen ersten Einstieg in die Theorie der Methode ermöglicht. Andererseits soll es den praktisch arbeitenden Nutzer dabei unterstützen, den Aufbau und die Funktionen des Gerätes zu verstehen, um einen störungsfreien Betrieb zu gewährleisten. Das Kapitel zur Geschichte der Atom-Emissions-Spektrometrie mit Bogen-, Funken- oder Laseranregung soll dem Leser einen Eindruck vermitteln, welch langen Entwicklungsweg die Methode genommen hat, bis sie zur heutigen Hochleistungstechnik wurde. Diese wurde entscheidend beeinflusst durch die Theorien, mit deren Hilfe die Entstehung der Spektren erklärt werden konnte. Die theoretischen Grundlagen der Spektrenbildung wurden nur soweit erläutert, dass die Prinzipien der Vorgänge zu verstehen sind und die Parameter bewertet werden können, deren Variation sich auf die Spektrenentstehung und somit auf die Qualität der Analysenergebnisse auswirkt. Den Schwerpunkt des Buches bilden die Kapitel 3 und 6, in denen der Aufbau und die Funktionsweise der Spektrometer beschrieben werden. Die detaillierte Beschreibung stationärer und mobiler Spektrometer und ihrer Funktionsweise spiegelt den aktuellen Stand der Technik wieder. Die genaue Kenntnis der Hardware trägt dazu bei, die Prüfverfahren in Kontext mit Probennahme und Probenvorbereitung zu optimieren und damit Präzision und Richtigkeit der Messergebnisse zu verbessern. Zur Anwendung der Methode werden daher die wichtigsten Techniken

https://doi.org/10.1515/9783110524871-202

der Probennahme und der Probenvorbereitung metallischer Proben beschrieben. Durch die Erläuterung analytischer Kennzahlen sollen dem Nutzer Kriterien an die Hand geben werden, mit deren Hilfe die Einsatzmöglichkeiten der Methode und der Geräte beurteilt werden können.

Ohne die vielen anregenden Diskussionen und Projekte mit zahlreichen Kolleginnen und Kollegen, deren Ergebnisse auch in dieses Buch eingeflossen sind, wäre es nicht realisierbar gewesen. Frau Karin Dietze, Herr Dr. Jörg Niederstrasser, Herr PD Dr. Rainer Joosten und Herr Gerd Fischer ragen hier besonders heraus. Von Kollegen und verschiedenen Geräteherstellern wurden auch zahlreiche Abbildungen zu den verschiedensten Themen zur Verfügung gestellt. Für die gewährte Unterstützung gilt allen unser besonderer Dank.

Schließlich danken die Autoren dem Team des Verlages De Gruyter, vor allem Lena Stoll, für die fachliche Betreuung und die problemlose Umsetzung des Projektes.

März 2018   Die Autoren

Inhalt

1 Einleitung

1.1 Zur Definition

Die Beobachtung der Wechselwirkung von elektromagnetischer Strahlung und Materie wird unter dem Begriff *Spektroskopie* zusammengefasst. Als Materie bezeichnet man in diesem Kontext Atome, Ionen, Moleküle oder Zusammenschlüsse solcher Teilchen, wie z. B. Metalle oder Flüssigkeiten. Bei vielen Wechselwirkungen kommt es zu Übergängen zwischen definierten Energiezuständen, die mit der Emission von Strahlung verbunden sind. Solche Wechselwirkungen treten nur dann auf, wenn sie in der Gasphase erfolgen und an freien Atomen oder Ionen ablaufen, was namensgebend für die Bezeichnung *Atom-Emissions-Spektroskopie*, abgekürzt AES, war. Die emittierten Linienspektren liefern Informationen über die chemischen Elemente, deren Atome oder Ionen in der Gasphase vorliegen. Die Spektroskopie eignet sich deshalb als Werkzeug des Analytikers. *Spektrometrie* ist eine Einengung des Begriffs *Spektroskopie*. Er wird benutzt, wenn die elektromagnetische Strahlung quantitativ vermessen wird.

Außer den beobachtbaren spektroskopischen Effekten gibt es noch Wechselwirkungen zwischen Strahlung und Materie, die nicht mit Energieübergängen verknüpft sind. Zu diesen Wechselwirkungen zählen Brechung, Beugung, Reflexion und Streuung. Sie bewirken eine Änderung von Richtung, Phase oder Polarisierung der Strahlung [1].

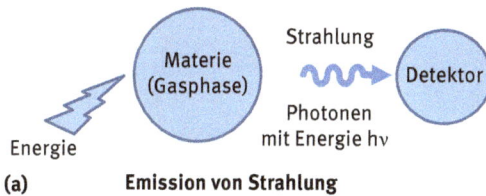

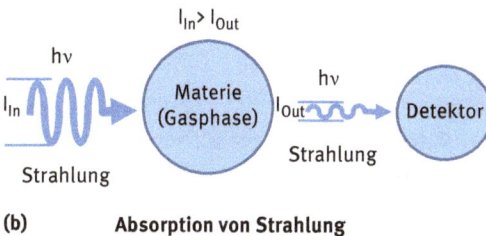

Abb. 1.1: Wechselwirkung zwischen Strahlung und Materie

Die Energie emittierter elektromagnetischer Strahlung kann über einen großen Frequenzbereich verteilt sein (siehe Tab. 1.1). Die Wahl des spektroskopischen Verfahrens bestimmt die zu nutzenden Frequenzen.

https://doi.org/10.1515/9783110524871-001

Tab. 1.1: Das elektromagnetische Spektrum

	Wellenlängenbereich λ	Übergänge
Gammastrahlung	< 0,005 nm	Kern
Röntgenstrahlung	0,005–1 nm	K- und L-Schalen Elektronen
Extrem ultraviolette Strahlung (Weiche Röntgenstrahlung)	1–100 nm	K- / L- / M- Schalen Elektronen
Vakuum UV	100–180 nm	Valenzelektronen
Nahes UV	180–390 nm	Valenzelektronen
Sichtbarer Bereich	390–770 nm	Valenzelektronen
Nahes Infrarot	770–2500 nm	Valenzelektronen und Molekülschwingungen
Mittleres Infrarot	2,5–50 µm	Molekülschwingungen
Fernes Infrarot	50–1.000 µm	Molekülrotation
Mikrowellenbereich	1–1000 mm	Molekülrotation
Radiowellenbereich	> 1000 mm	Elektronen- und Kernspin

In der Atom-Emissions-Spektrometrie, die Thema dieses Buches ist, werden die Linienspektren im Bereich von 115 nm (Vakuum-UV) über den sichtbaren Bereich (390–770 nm) bis zu etwa 1000 nm (nahes Infrarot) zur Auswertung herangezogen.

Die in der Gasphase vorhandenen Atome oder Ionen können auf verschiedene Art angeregt werden. Im Rahmen dieses Buches soll nur die Anregung mit Hilfe von elektrischen Funken und Bögen näher diskutiert werden. Auf die Anregung durch Laserquellen wird nur am Rande eingegangen.

1.1.1 Die Spektrometrie zur Werkstoffanalytik für Forschung und Produktion

Die Bedeutung der Atom-Emissions-Spektrometrie wird als moderne Methode der instrumentellen Analytik häufig unterschätzt. Das ist schwer nachzuvollziehen, wenn man sich bewusst macht, dass jährlich 3000–4000 mobile und stationäre Spektrometer ausgeliefert werden. Es wird geschätzt, dass derzeit (2017) etwa 50.000 Geräte weltweit im Einsatz sind. Diese Zahlen belegen die wirtschaftliche Bedeutung der Bogen-/Funken-AES als analytisches Werkzeug.

Die Herstellung und Verarbeitung moderner Werkstoffe ist angewiesen auf eine leistungsfähige Analytik. Bereits der Produktionsprozess für metallische Rohstoffe ist ohne die schnelle Kontrolle der stofflichen Zusammensetzung der Schmelze nicht zu steuern. Die präzise Herstellung hochwertiger Legierungen mit definierten Anteilen an Legierungselementen erfordert eine schnelle und richtige Analyse.

Die Verarbeitung der Werkstoffe zu Produkten führt zu guten Ergebnissen, wenn mit Hilfe der AES eine kontinuierliche Qualitätskontrolle gesichert ist. Leistungsfähige Maschinen und Bauteile für Luftfahrt- und Automobilindustrie sind nur unter dieser Voraussetzung herstellbar.

Es gibt die folgenden weiteren wichtigen Einsatzgebiete der Bogen-/ Funken-AES:
- Metallverwechslungen lassen sich durch eine 100 %-Prüfung der Materialzusammensetzung von Komponenten vermeiden.
- Bei Recycling-Material kann ermittelt werden, welcher Werkstoff vorliegt. Die getrennten Fraktionen können sortenrein wiederverwertet werden.
- Die Grundlagenforschung zu neuen metallischen Werkstoffen ist mit hohem analytischen Aufwand verbunden. Versuche zur Legierungszusammensetzung lassen sich durch die schnelle und nachweisstarke Bogen-/Funken-Spektrometrie begleiten.

Die Atom-Emissions-Spektrometrie mit Bogen und Funken bietet eine Reihe von Vorteilen, die sie vor allem in der Materialanalytik und speziell in der Qualitäts- und Prozesskontrolle zur Methode der Wahl macht [2]:
- Eine direkte Analyse fester Proben ohne Lösungsprozess ist möglich.
- Fast alle relevanten Elemente lassen sich simultan bestimmen.
- Die Messung läuft automatisiert ab und liefert das Ergebnis nach wenigen Sekunden.
- Nachweisempfindlichkeit und Reproduzierbarkeit sind gut.
- Ein weiter Konzentrationsbereich, der von Spuren bis zu 100 % reicht, kann abgedeckt werden.

1.2 Zur Geschichte der Atom-Emissions-Spektrometrie

1.2.1 Erste Beobachtungen von Atom-Emissions-Spektren

Die ersten Schritte der Atom-Emissions-Spektrometrie, häufig auch unter der Bezeichnung „Spektralanalyse" behandelt, liegen weit zurück [3].

Wegbereitend war die Beobachtung des Sonnenspektrums durch Newton im Jahr 1672. Die Darstellung dieses Spektrums erfolgte, indem ein Teil des Sonnenlichts durch ein rundes Loch ausgeblendet und durch ein Prisma zerlegt wurde. Auf einer weißen Fläche hinter dem Prisma wurde das Spektrum dann sichtbar. Das so erhaltene Spektrum bot allerdings nur eine ungenügende Auflösung. Erst durch die Verwendung eines engen Eintrittsspaltes durch Wollaston im Jahre 1802 wurden wichtige Details sichtbar. Innerhalb des kontinuierlichen Farbverlaufs waren schmale schwarze Linien zu erkennen. Das Sonnenlicht lieferte also überall im sichtbaren Bereich Licht, wobei aber für einige eng begrenzte Spektralbereiche diese Strahlung fehlte. Eine Erklärung für dieses Phänomen gab es zunächst nicht. Auch Fraunhofer [4], der etwas später diese rätselhaften schwarzen Linien untersuchte, konnte lediglich ihre Position vermessen.

Erst nach den Entdeckungen von Bunsen und Kirchhoff wurde 1859 erkannt, dass die Linien chemischen Elementen zuzuordnen sind. Zuvor war ab 1820 die Entstehung von Emissionsspektren in Flammen von mehreren Forschern untersucht worden, indem verschiedene chemische Verbindungen in die Flamme gebracht wurden [5–8]. Man stellte damals schon fest, dass diese Methode zum Nachweis geringster Probenmengen genutzt werden kann.

Außer der Flamme wurde zu dieser Zeit auch bereits der elektrische Funke zur Spektrenerzeugung verwendet [9–12]. Sowohl die Spektren von Metallen als auch die von Verbindungen wurden analysiert.

1.2.2 Grundlegende Arbeiten zur Atom-Emissions-Spektrometrie durch Bunsen und Kirchhoff

Nach den zahlreichen Vorarbeiten zur Entstehung von Spektren, wurde im Jahr 1859 von Bunsen und Kirchhoff die Grundlage der Spektralanalyse in einer Veröffentlichung formuliert [13]. Sie fanden heraus, dass die hellen Linien im Spektrum eines glühenden Gases ausschließlich durch seine chemischen Bestandteile verursacht werden. Sie stellten weiterhin fest, dass die Art und Verbindung eines Körpers keinen Einfluss auf das Spektrum ausübt. Bunsen und Kirchhoff beschrieben die Spektren der Alkali- und Erdalkalielemente und belegten die Nachweisempfindlichkeit der Spektralanalyse. Sie entdeckten mit Hilfe der Spektralanalyse auch die neuen Elemente Cäsium und Rubidium. Durch die intensive Beschäftigung mit der Spektralanalyse wurden die ultravioletten und infraroten Bereiche der Spektren gefunden und die Methoden zum Fotografieren von Spektren in diesen Bereichen [14–17] entwickelt. Durch die Ergebnisse von Bunsen und Kirchhoff wurde die Entstehung der Fraunhoferschen Linien erklärt und die Zusammensetzung der Sonne und ihrer Atmosphäre ermittelt. Auch die Anzahl der Studien zur Absorptionsspektralanalyse stieg stark an.

Um die Jahrhundertwende war die chemische Spektralanalyse mit Flammen, Lichtbögen und Funken eine etablierte Methode der chemischen Analyse geworden. Es gab Vorarbeiten zur quantitativen Bestimmung von Elementen durch Hartley u. a. Ein Durchbruch zu einer akzeptierten Methode konnte aber nicht erzielt werden. Etwa 30 Jahre lang stand ein Verfahren zur Verfügung, dessen Leistungsfähigkeit offensichtlich war, das man aber nicht ausschöpfen konnte, da der theoretische Unterbau fehlte. Dieser unbefriedigende Zustand hielt bis zu einer bahnbrechenden Veröffentlichung von Gerlach und Schweitzer [18] an.

1.2.3 Entwicklung der Atom-Emissions-Spektrometrie zur quantitativen Analytik

Wie zuvor angedeutet, ist dieser Zeitabschnitt geprägt durch die Untersuchungen von Gerlach und Schweitzer, die in einem Buch über die Grundlagen der chemischen Spektralanalyse zusammengestellt wurden [18]. Im vierten Kapitel dieses Buches werden die Begriffe „Analytische Empfindlichkeit" und „Nachweisbarkeit" einer Spektrallinie ausführlich diskutiert. Aufbauend auf den Erkenntnissen dieser Diskussion wird im fünften Kapitel die Möglichkeit einer absoluten Intensitätsanalyse besprochen und einige wichtige Methoden zur quantitativen Analyse, wie z. B. die Methode der Vergleichsspektren und die Methode der homologen Linienpaare entwickelt.

Diese Untersuchungen wurden durch Versuche anderer Forscher ergänzt, die sich mit der Verfeinerung der quantitativen Analyse durch photometrische Intensitätsmessungen befassten. Die Aufnahme der Spektren nach Scheibe [19] erwies sich als eine wesentliche Verbesserung der photometrischen Detektion.

In den 1930er Jahren unterstützten auch Entwicklungen der damals noch jungen Funktechnik die Spektrometrie. So wurde der Funkenerzeuger nach Feussner [33–35] eingesetzt, der auf den zur Nachrichtenübertragung benutzten Löschfunkensendern beruhte. Die Anwender der Spektroskopie konnten auf erprobte, zuverlässige Technik zurückgreifen und mussten sich nicht mehr um elektrotechnische Details kümmern.

Nach den Ergebnissen und Veröffentlichungen von Gerlach und Schweitzer, die zu brauchbaren Methoden der quantitativen Auswertung von Emissionsspektren führten, muss man die Entwicklung der Atom-Emissions-Spektrometrie unter verschiedenen Gesichtspunkten verfolgen. Von diesem Zeitpunkt an wurde das Potential der AES wesentlich besser genutzt.

Da das Verfahren nun eine größere Verbreitung fand, wurde es in vielerlei Hinsicht verbessert:
– Vermessung der Spektrallinien und Verfahren zur quantitativen Auswertung
– Aufteilung der AES in mehrere technische Ausführungen auf der Basis verschiedener Anregungseinheiten
– Gerätetechnische Entwicklungen innerhalb dieser Ausführungsklassen

Die neuen rechnerischen Verfahren zur quantitativen Auswertung von Spektren führten häufig nicht zu den erwarteten präzisen Ergebnissen. Der Grund für die erhöhten Abweichungen ließ sich in den photometrischen Auswertungen der Linienspektren finden. Obwohl auch bei dieser Technik bemerkenswerte Fortschritte gemacht wurden, waren die Messwerte mit erheblichen Fehlern behaftet. Außerdem war die Aufnahme der Spektren, die Entwicklung der Photoplatten und die Schwärzungsmessung mit Hilfe von Densitometern ein sehr zeitraubender Prozess, der schnelle Analysen unmöglich machte.

Eine entscheidende Verbesserung zur Messung der Linienintensität hatte ihren Ursprung in der photoelektrischen Strahlungsregistrierung. Die Vakuum-Photozelle wurde bereits 1890 von Julius Elster und Hans Geitel erfunden und erforscht [20–23].

Albert Einstein lieferte 1905 eine Theorie, die den photoelektrischen Effekt erklärte, wofür er 1921 den Nobelpreis erhielt. Im Jahre 1929 entwickelten Koller und Campbell das bis heute benutzte S-1 Photokathodenmaterial und steigerten dadurch die Strahlungsempfindlichkeit von Vakuum-Photozellen beträchtlich [24]. Laut Ohls [25] hat Lundegardh bereits 1930 Photozellen zur Spektrenaufnahme eingesetzt.

Untersuchungen von Thanheiser und Heyes, die sich auch mit der Einschlussanalytik beschäftigten, berichteten im Jahre 1939 über Versuche zur direkten Messung der Linienintensitäten [26]. Die Technik dieser Auswertungsmethode war zu Beginn noch verbesserungsbedürftig.

Entscheidende Fortschritte wurden durch den Einsatz von Photomultipliern (PMTs) als Ersatz für einfache Photozellen erzielt. Bereits in den 1930er Jahren wurde intensiv an dem Prinzip der Sekundärelektronen-Vervielfachung geforscht [27]. Die Röhrentechnik stand in dieser Dekade, in der ja auch das Radio breiteren Bevölkerungsschichten zugänglich gemacht wurde, im Fokus der technischen Entwicklung. Fortgeschrittene Röhrentechnologie führte zu in Serie gefertigten, routinetauglichen PMTs [28, 29].

Die Verwendung der Photomultiplier führte zur Entwicklung der ersten *„direct reading instruments"*. Aus den Anfängen entstanden dann die kommerziell erfolgreichen Multielementspektrometer (Quantometer), die die Automatisierung der Analytik ermöglichten. Ab 1970 versuchte man, die großen und teuren Photoröhren, die nur die Messung weniger Spektrallinien pro Optiksystem erlaubten, durch Halbleiter-Chips zu ergänzen oder zu ersetzen. Auch diese Sensoren wurden erst durch Entwicklungen für die Massenmärkte für die Spektrometrie tauglich. Mit sogenannten CCD-Chips *„charge coupled devices"* war ein verlustfreier und rauscharmer Transport gemessener Signale zu den Ausgangsverstärkern möglich. Die Technik wurde perfektioniert, um Bilderfassungssysteme, Scanner und Barcodeleser auf Halbleiterbasis zu ermöglichen. Der Einsatz der CCDs in der Spektrometrie ermöglichte neben einer Reduktion der Herstellkosten eine Aufnahme zusammenhängender Spektralbereiche. Dadurch konnte der Hauptvorteil der PMT-Technik, nämlich schnelle Signalerfassung, mit dem der photographischen Erfassung, der Aufnahme vollständiger Spektren, kombiniert werden.

Die Entwicklung der Halbleitertechnik führte dazu, dass ab Mitte der 1960er Jahre integrierte Operationsverstärker auf Halbleiterbasis zur Verfügung standen. Ein Meilenstein auf diesem Gebiet war die Vorstellung des Operationsverstärkers µA 709 durch die Firma Fairchild Semiconductor im Jahre 1965. Nun konnten die Berechnungsschritte von den Linienintensitäten zu den Konzentrationen durch Analogrechenschaltungen automatisiert, so die Auswertung weiter beschleunigt und die Gefahr von Rechenfehlern durch den Bediener ausgeschlossen werden. Außerdem wurde dadurch eine einfachere Gerätebedienung ermöglicht. Die Bedienung der Systeme erforderte erstmalig nicht mehr hochspezialisierte Experten.

Die Möglichkeiten der Analogrechentechnik sind aber beschränkt. Jede Funktion erfordert Hardware-Schaltkreise, die sich nach dem Bau nur durch Umverdrahten ändern lassen. Deshalb setzte man bald Minicomputer ein, die mehr Flexibilität boten. Solche Systeme waren zwar leistungsfähig und konnten schnell durch Änderungen der Software modifiziert werden, sie waren aber auch mit Preisen im fünfstelligen DM-Bereich recht teuer.

Eine weitere Entwicklung auf den Massenmärkten brachte Abhilfe. Im Jahre 1971 stellte die Firma Intel den Chip 4004 vor, der als erster voll integrierter Mikroprozessor angesehen wird. Nun wurde es möglich, mikroprozessorbasierte Rechner in die Spektrometersysteme einzubauen, und zwar zu Kosten, die bei nicht einmal einem

Zehntel des Preises eines Minicomputers lagen. Mikrocomputerbestückte Spektrometer waren klein und leistungsfähig, konnten durch Softwareänderungen den Anforderungen der Kunden angepasst werden und hatten akzeptable Herstellkosten. All diese Faktoren, zusammen mit den erhöhten Qualitätsanforderungen an metallische Werkstoffe, führten dazu, dass der Markt sich auf die oben genannten Stückzahlen von mehreren tausend Geräten pro Jahr ausweitete.

Durch die Optimierung der vorhandenen Anregungseinheiten und die Entwicklung neuer Systeme bildeten sich verschiedene Methoden der Atom-Emissions-Spektrometrie heraus.

Anregungsquellen sind:
–   Flammen
–   Elektrischer Bogen
–   Elektrischer Funke
–   Glimmentladung
–   Plasmen
–   Laser

Da im Rahmen dieses Buches vor allem die Atom-Emissions-Spektrometrie mit Funken- und Bogenanregung behandelt wird, soll im Folgenden etwas ausführlicher die Entwicklung dieser Methoden beschrieben werden.

1.2.4 Entwicklung der Atom-Emissions-Spektrometrie mit Anregung durch elektrische Bögen

In der Zeit nach 1970 wurde die Bogenentladung in verschiedener Ausführung als Anregungsquelle entwickelt [2]. Lichtbögen wurden vor allem zur Spurenanalytik eingesetzt, da man mit ihnen nachweisstarke Verfahren realisieren konnte. Brennen sie frei, sind sie allerdings keine stabilen Anregungsquellen, da sich die Verhältnisse an den Elektroden und im Plasma stark ändern können, wie in Kapitel 3.2.1.1 näher erläutert werden wird.

Neben frei brennenden Gleichstrombögen wurden stabilisierte Gleichstrombögen und Wechselstrombögen entwickelt.
–   Frei brennende Gleichstrombögen wurden bevorzugt zur Analytik elektrisch nichtleitender Proben eingesetzt. Der Bogen brennt im üblichen Betrieb zwischen zwei Kohleelektroden. Eine der Elektroden wird als Trägerelektrode benutzt, d. h. die nichtleitende Analysensubstanz wird in die Elektrode gefüllt und verdampft beim Betrieb des Bogens, gelangt so in das Plasma und wird zur Aussendung von Spektren angeregt. Auch für die Verwechslungsprüfung von Metallen und die Orientierungsanalyse einiger niedriglegierter Materialien wurde und wird der frei brennende Gleichstrombogen eingesetzt.

– Stabilisierte Gleichstrombögen eignen sich besser zur Analyse von Flüssigkeiten. Die Flüssigkeit kann als Aerosol eingetragen werden oder nach Auftropfen auf einen Träger.
– Wechselstrombögen haben den Vorteil, dass die Elektroden durch die Unterbrechungen des Bogens weniger stark aufgeheizt werden.

Obwohl die verschiedenen Arten von Lichtbögen zur Lösung vieler analytischer Probleme geeignet waren, werden heute keine Laborspektrometer mit Bogenanregung in größeren Stückzahlen gebaut. Ein Grund dafür ist in der Konkurrenz durch Systeme mit induktiv gekoppeltem Plasma (ICP) als Anregungsquelle zu sehen, die ab den 1980er Jahren auf den Markt kamen.

Allerdings wird der frei brennende Gleichstrombogen weiterhin in Mobilspektrometern zur Verwechslungsprüfung, zur Anhaltsanalyse und zur Materialidentifikation genutzt. Solche Systeme werden in Kapitel 6 beschrieben.

Eine umfassende Zusammenstellung zur Bogenanregung findet sich bei Ohls [25].

1.2.5 Atom-Emissions-Spektrometrie mit Funkenanregung

Die Einsatzmöglichkeit des elektrischen Funkens als Anregungsquelle in der Spektralanalyse wurde bereits sehr früh nach der Anwendung der Flamme erkannt. Es wurde bereits erwähnt, dass der elektrische Funke bereits früh als Anregungsquelle genutzt wurde. Laut Görlich wurden bereits 1859 von Emil Du Bois-Reymond Funkenspektren beobachtet [30]. 1901 veröffentlichte Charles C. Schenk eine Arbeit, die den elektrischen Funken beschrieb und auch Spektren wiedergab [31]. Im Jahre 1969 präsentierte und kommentierte Walters die wichtigsten damals bekannten Fakten zum Verständnis von Physik und Chemie der Funkenentladung unter Normaldruck in einem zusammenfassenden Artikel [32].

Er behandelt folgende Phänomene:
– Funkenkanalbildung
– Probenverdampfung
– Vorgänge an den Elektroden
– Bildung angeregter Zustände

Auf den Einfluss, den technische Entwicklungen für die Massenmärkte auf die Spektrometer-Konstruktion hatten, wurde bereits oben eingegangen. In den letzten Jahrzehnten flossen weitere Verbesserungen in die Systeme ein:
– Optimierung der Funkengeneratoren
– Spülung des Funkenstandes mit Argon
– Evakuierung der Optik oder Spülung mit Schutzgas
– Erarbeitung komplexer Algorithmen für die Messwerterfassung und -verarbeitung

Als Ergebnis der technischen Entwicklung der Funken-Spektrometer steht heute ein weitgefächertes Geräteangebot zur Verfügung. An der Spitze des Angebotes stehen Präzisionsgeräte, die zur Prozesskontrolle vor allem in modernen Stahlwerken eingesetzt werden. Sie müssen nicht nur präzise Ergebnisse liefern, sondern auch robust und zuverlässig sein. Im mittleren Segment des Angebotes sind Kompaktgeräte auf dem Markt, die in Gießereien und metallverarbeitenden Betrieben eingesetzt werden. Klein und mobil einsetzbar sind tragbare Systeme, sogenannte hand-held Geräte. Bogen-/Funkenspektrometer dieser Art werden bevorzugt zur Verwechslungsprüfung und Materialsortierung verwendet.

Literatur

[1]   Ingle, Jr. JD, Crouch SR. *Spectrochemical Analysis*. Englewood Cliffs, New Jersey 07632, Prentice Hall Inc., 1988.

[2]   Laqua K. *Emissionsspektroskopie* in Ullmanns Encyklopädie der technischen Chemie, 4. Aufl. Bd. 5, Herausgeber H. Kelker, *„Analysen-und Meßverfahren"*. Deerfield Beach, Florida,Basel, Verlag Chemie Weinheim, 1980, S. 441–50.

[3]   Formanek J. *Die Qualitative Spektralanalyse Anorganischer und Organischer Körper, 2.* Vermehrte Auflage. Berlin, Verlag von Rudolf Mückenberger, 1905.

[4]   Fraunhofer J. Denk. d.k. Akad. der Wissensch. zu München 1814, München, 1815.

[5]   Herschel JFW. J. Trans. Soc. Edinb. 1823, 9, Pogg. Ann. 1829, 16.

[6]   Talbot WHF. Brewster's J. Sci. 1825, 5, 77.

[7]   Miller WA. Brit. Assoc. Rep. 1845.

[8]   Swan Transact. Roy. Soc. Edinburgh 1857, 21, 411.

[9]   Wheatstone CH. Phil. Mag. 1835, 7, 299.

[10] Foucault L. L'Institut. 1849, 44.

[11] Masson A. Ann. Chim. Phys. 1851, 31, 295.

[12] Angstrom AJ. Pogg. Ann. 1855, 94, 141.

[13] Kirchhoff G, Bunsen R. Pogg. Ann. 1860, 110, 161–89.

[14] Roscoe HE, Clifton R B, Proc. Lit. and Phil. Soc. Manchester 1862.

[15] Liweing, Dewar. Phil. Trans. of the Roy. Soc. 174, 187; Proc. Roy. Soc. 34, 119.

[16] Kayser H, Runge C. Berl. Akad. Wissensch. 1892.

[17] Rydberg JR, Compt. Rend. 1890, 110, 394.

[18] Gerlach W, Schweitzer E. *Die chemische Emissionsspektralanalyse*, Bd. 1, Leipzig, L. Voss, 1930.

[19] Scheibe G, Neuhäuser A. Z. angew. Chem. 1928, 41, 1218.

[20] Elster J, Geitel H. *Über die Verwendung des Natriumamalgams zu lichtelectrischen Versuchen.* Annalen der Physik und Chemie 1890, NF 41, 161–165.

[21] Elster J, Geitel H. *Notiz über eine neue Form der Apparate zur Demonstration der lichtelectrischen Entladung durch Tageslicht.* Annalen der Physik und Chemie 1891, NF 42, 564–567.

[22] Elster J, Geitel H. *Lichtelectrische Versuche.* Annalen der Physik und Chemie 1892, NF 46, 281–291.

[23] Elster J, Geitel H. *Lichtelectrische Versuche.* Annalen der Physik und Chemie 1894, NF 52, 433–454.

[24] Koller LR. *Photoelectric Emission from Thin Films of Caesium.* Phys. Rev. 1930, 36, 1639.

[25] Ohls K. *Analytische Chemie-Entwicklung und Zukunft.* Weinheim, Wiley-VCH Verlag GmbH & Co. KGaA, 2010.

[26] Thanheiser G, Heyes J. Mitt. Kaiser-Wilhelm-Inst. Eisenforsch. 1939, 21, 327.

[27] Weiss G, Peter O. *Anlaufstromgesteuerter Vervielfacher als übersteiles Verstärkerrohr.* Zeitschrift für technische Physik 1938, 11, 444–451.

[28] Hasler MF, Dietert HW. J. opt. Soc. America 1944, 34, 751.

[29] Sauderson JL, Caldecourt VL, Peterson EW. J. opt. Soc. America 1945, 35, 681.

[30] Görlich P. *Einhundert Jahre Wissenschaftliche Spektralanalyse.* Berlin, Akademie Verlag, 1960.

[31] Schenk Charles C. Astrophys. J. 1901, 19, 116.

[32] Walters JP. Appl. Spectrosc. 1969, 23(4), 317–331.

[33] Feussner O. *Zur Durchführung der technischen Spektralanalyse.* Archiv für das Eisenhüttenwesen, 1932/33, 6, S. 551.

[34] Feussner O. Zeiß Nachrichten 1933, Nr. 4, S. 6 ff.

[35] Kaiser H, Walraff A. *Gesteuerte Funkenentladungen als Lichtquelle für die Spektralanalyse.* Zeitschrift für technische Physik 1938, Nr. 11, S. 399 ff.

2 Grundlagen der Atom-Emissions-Spektrometrie

Grundlegend für die Atom-Emissions-Spektrometrie sind die folgenden Tatsachen:
- Materie kann bei ausreichender Energiezufuhr, die zum Beispiel mit Hilfe eines elektrischen Bogens oder Funkens erfolgen kann, verdampfen, atomisiert und ionisiert werden.
- Die Energiezufuhr bewirkt weiter, dass diese Atome und Ionen Strahlung abgeben.
- Die Strahlung ist nicht gleichmäßig über den gesamten Spektralbereich verteilt, sondern tritt nur in einer endlichen Anzahl eng begrenzter Wellenlängeninter-valle auf. Zerlegt ein Spektralapparat das Spektrum in ein Strahlungsband in der Art, dass am linken Rand die kürzesten, am rechten Rand die längsten Wellenlän-gen erscheinen, dann erscheinen innerhalb dieses Bandes die erwähnten Wellen-längenintervalle als aufrechte Linien unterschiedlicher Position und Intensität.
- Atome und Ionen erzeugen Spektren, die bezüglich ihrer Lage charakteristisch für das betreffende Element sind.
- Aus der Intensität der Strahlung kann auf den Elementgehalt geschlossen werden.

In diesem Kapitel soll grob umrissen werden, wie es zu den Linienspektren kommt, die so grundlegend für das Verfahren der Atom-Emissions-Spektrometrie sind.

2.1 Erforschung des Wasserstoffspektrums im neunzehnten Jahrhundert

Im Laufe der Entwicklung der Atom-Emissions-Spektrometrie wurden im neunzehn-ten Jahrhundert die Emissions-Spektren des Wasserstoffs vermessen. Die Entdeckung verschiedener Serien von Linien im Spektrum führte zu formelmäßigen Zusammen-hängen zwischen den Wellenlängen dieser Signale. So wurde von Balmer 1885 eine Serie beschrieben, die der Formel 2.1 folgte:

$$\lambda = A\,\frac{n^2}{n^2 - 4} \qquad [m] \qquad\qquad (2.1)$$

Dabei ist A eine zunächst empirisch ermittelte Längenkonstante von 364,56 nm, n steht für eine ganze Zahl > = 3 und λ für die Wellenlänge in m.

In der Molekülspektroskopie ist eine Notation von Wellenzahlen in Schwingun-gen pro cm üblicher. In diesem Kapitel werden aber Wellenzahlen $\bar{\nu}$ grundsätzlich in m^{-1} ausgedrückt, um Missverständnisse zu vermeiden. Die Wellenzahl $\bar{\nu}$ ist dann der Kehrwert der Wellenlänge λ, die die in der Funkenspektrometrie übliche Einheit zur Bezeichnung von Spektrallinien ist.

https://doi.org/10.1515/9783110524871-002

Es gilt also:
$$\bar{\nu} = \frac{1}{\lambda} \quad \left[\mathrm{m}^{-1} \right].$$

Der schwedische Physiker Johannes Rydberg stellte die Formel von Balmer um, indem er statt der Konstanten A eine Konstante R verwendet. Dabei gilt $R = \frac{4}{A}$. Die Konstante R, die sogenannte Rydberg-Konstante, hat den Wert $10973731{,}5685\,\mathrm{m}^{-1}$.

Man erhält nun folgende Wellenzahlen für die Balmer-Serie:

$$\bar{\nu} = R * \left(\frac{1}{2^2} - \frac{1}{n^2} \right) \quad \left[\mathrm{m}^{-1} \right] \tag{2.2}$$

Die Umstellung selbst war noch kein Fortschritt, wohl aber Rydbergs in Gleichung 2.3 wiedergegebene Erweiterung:

$$\bar{\nu} = R * \left(\frac{1}{m^2} - \frac{1}{n^2} \right) \quad \left[\mathrm{m}^{-1} \right] \tag{2.3}$$

Dabei steht m für eine natürliche Zahl, die aber stets kleiner als n sein muss. In Formel 2.3 darf n auch den Wert 2 annehmen. Als Rydberg im Jahre 1888 die Formel 2.3 aufstellte, konnten nur Linien im sichtbaren Spektralbereich beobachtet werden. Die Formel 2.3 ermöglichte es, Vorhersagen darüber zu treffen, wo im Spektrum weitere Wasserstofflinien erscheinen. Die von Theodore Lyman 1906 gefundenen Wasserstofflinien im ultravioletten Spektralbereich und die Nahinfrarotlinien, die Friedrich Paschen 1908 aufnahm, befanden sich an den Positionen, an der sich laut 2.3 Wasserstofflinien befinden müssen. Das gleiche galt für die später durch Brackett und Pfund entdeckten Serien von Infrarotlinien.

2.2 Wasserstoffspektrum und Bohrsches Atommodell

Die Formel 2.3 sagt zwar zutreffend voraus, wo Wasserstofflinien zu finden sein werden. Sie beantwortet aber in keiner Weise die Frage, warum gerade an diesen Stellen Spektrallinien zu finden sind. Eine solche Antwort ist im Rahmen der klassischen Physik nicht möglich.

Eine Erklärung lieferte als erstes das Bohrsche Atommodell. Bohr baute auf ältere Atommodelle auf, wie dem von Rutherford. In diesem Modell umkreisen die Elektronen den Atomkern wie Planeten die Sonne. Schwachpunkt solcher Modelle ist die Tatsache, dass bei einer Kreisbewegung einer Ladung nach klassischer Elektrodynamik ständig Energie abgegeben wird. Nach klassischer Lesart müssten die Elektronen sich dem Kern immer weiter nähen und schließlich auf ihm landen. Das ist nicht der Fall.

Bohr erkannte, dass auf atomarer Ebene andere Gesetzmäßigkeiten herrschen und traf drei grundlegende Annahmen (Postulate):

– Elektronen umkreisen den Kern auf festen Bahnen. Nur solche Bahnen sind erlaubt, bei denen der Betrag des Drehimpulses des Elektrons ein Vielfaches von $\frac{h}{2\pi}$ ist, wobei h das bereits im Jahr 1899 von Max Planck entdeckte und heute nach ihm benannte Wirkungsquantum ($6{,}626 \cdot 10^{-34}$ Js) bezeichnet. Zulässige Drehimpulse haben damit die Form $n\frac{h}{2\pi}$ mit ganzen Zahlen n > = 1. Wichtig ist festzuhalten, dass damit, anders als in der klassischen Mechanik, nicht jeder Bahndurchmesser zulässig ist.

– Befindet sich ein Elektron auf einer solchen Kreisbahn, wird keine Energie abgestrahlt.

– Energie wird nur abgegeben, wenn ein Elektron von einer erlaubten Bahn mit höherer Energie E auf eine andere wechselt, die eine niedrigere Energie E′ hat. Dabei wird elektromagnetische Strahlung abgegeben, deren Frequenz mit der Formel $E - E' = h\nu$ berechnet werden kann. Umgekehrtes gilt für die Aufnahme von Strahlung: Um von einem niedrigen Energieniveau E′ auf ein höheres Niveau E zu gelangen, muss genau eine Energie von $E - E' = h\nu$ zugeführt werden.

Die abgegebenen „Strahlungsportionen" bezeichnet man als Photonen. Ihre Frequenz ν kann über die Beziehung $\lambda = \frac{c}{\nu}$ in die Wellenlängen der Einheit m umgerechnet werden, wobei c die Lichtgeschwindigkeit (299.792.458 m/s) bezeichnet. Aus dem skizzierten Bohrschen Modell ergeben sich genau die Wellenlängen, die auch die Beziehung 2.3 liefert. Damit stand eine erste Erklärung für das Linienspektrum des Wasserstoffatoms zur Verfügung.

2.3 Schrödingergleichung und Quantenzahlen

Das Bohrsche Atommodell ist geeignet, die Grobstruktur der Spektren von Wasserstoff und von anderen Elementen vorherzusagen, bei denen sich in der äußeren Schale ein einziges Elektron befindet. Das ist bei den Elementen der ersten Hauptgruppe des Periodensystems der Fall. Bei anderen Elementen, die mehr als ein Elektron in der äußeren Schale haben, versagt das Modell. Auch die Feinstruktur der Spektren, die sich z. B. im Auftreten eng beieinanderliegender Dubletts und Tripletts statt einzelner Spektrallinien äußert, ist mit dem Bohrschen Modell nicht zu erklären.

Eine solche Erklärung liefert jedoch die Quantenmechanik. Ihr Herzstück bildet die Schrödingergleichung, die Erwin Schrödinger 1926 aufstellte und die den quantenmechanischen Zustand eines Systems beschreibt. Wenig später ermöglichten es die Erweiterungen von Paul Dirac, auch den Elektronenspin zu berücksichtigen.

Die Schrödingergleichung hat in der zeitunabhängigen Version die folgende Form:

$$H\psi(r) = E\psi(r) \tag{2.4}$$

Die Einfachheit der Formel täuscht allerdings, denn in ihr steckt alles, was die Quantenmechanik ausmacht.

Die Zeichen haben dabei die folgenden Bedeutungen:
- r ist ein Punkt im Raum.
- Die Wellenfunktion ψ eines Teilchens, in unserem Fall handelt es sich dabei um Elektronen, beschreibt den quantenmechanischen Zustand des Teilchens, wenn sie eine Lösung der Gleichung 2.4 ist. ψ erlaubt es zu berechnen, wie wahrscheinlich es ist, dass das Elektron sich in einem gegebenen Volumen befindet und legt damit die Form der Orbitale fest.
- H ist der sogenannte Hamilton-Operator. Unter einem Operator versteht man hier eine Funktion, die als Argumente Funktionen hat und deren Funktionswerte wieder Funktionen sind. Der Hamilton-Operator hat Wellenfunktionen als Argumente und liefert als Funktionswerte Wellenfunktionen. Die linke Seite von Gleichung 2.4, also $H\psi(r)$ beschreibt die Gesamtenergie des quantenmechanischen Systems, also in unserem Fall die des Elektrons.
- Nicht alle auf der linken Seite möglichen Werte sind erlaubt. Das ist typisch für die Quantenwelt. Eine Beschränkung auf diskrete Bahnen um den Atomkern wurde schon bei der Besprechung des Bohrschen Atommodells geschildert. Die rechte Seite der Schrödingergleichung $E\psi(r)$ bestimmt, welche Energien zulässig sind. Mathematisch gesprochen ist E ein Energie-Eigenwert des Operators H bezüglich der Funktion Ψ. Wichtig ist es festzuhalten, dass, anders als in der makroskopischen Welt, nur bestimmte diskrete Zustände möglich sind.

Um erlaubte energetische Zustände eines Elektrons und damit die Lösungen der Schrödinger-Gleichung vollständig zu beschreiben, wurden von Wolfgang Pauli im Jahre 1924 vier Quantenzahlen eingeführt:
- Die Hauptquantenzahl n ist eine natürliche Zahl. Je größer n wird, desto weiter ist das Elektron wahrscheinlich vom Atomkern entfernt und umso geringer ist die Bindungsenergie an den Atomkern.
- Die Bahndrehimpuls-Quantenzahl l gibt an, welchen Drehimpulszustand das Elektron hat. Erlaubte Zustände liegen zwischen 0 und n − 1.
- Die Magnetquantenzahl m ist eine ganze Zahl zwischen $-l$ und $+l$.
- Die Spinquantenzahl s hat stets einen Betrag von ½, ihre Projektion s_z auf eine Bezugsachse z kann die Werte ½ oder − ½ annehmen, wie in Kapitel 2.5 gezeigt wird. Es vereinfacht die Erklärungen, wenn auch s_z als Quantenzahl betrachtet wird.

Pauli fand im Jahre 1925 außerdem heraus, dass niemals zwei Elektronen eines Atoms den gleichen Satz von Quantenzahlen haben. Die Wertebereiche für die Quantenzahlen und das Pauli-Prinzip beschränken die möglichen Energiewerte des Elektrons, sie erfüllen damit eine Funktion wie die linke Seite der Gleichung 2.4. Eine recht leicht verständliche Erklärung der Schrödingergleichung und der Quantenzahlen findet sich bei Holzner [17].

2.4 Quantenmechanisch begründetes Wasserstoff-Grobspektrum

Für den energetischen Zustand eines Elektrons sind zwei Faktoren maßgeblich:
1. Die Anziehungskräfte zwischen Elektronen und Atomkern
2. Die Wechselwirkungen zwischen den Elektronen

Da das Wasserstoffatom nur ein Elektron hat, entfällt der zweite Punkt. Als Folge davon hat die Quantenzahl m keinen und die Quantenzahl l nur einen sehr kleinen Einfluss auf den energetischen Zustand des Elektrons. Allerdings variiert seine Energie bei unterschiedlichen Hauptquantenzahlen n stark.

Erlaubte Energiewerte für verschiedene n gemäß der Schrödinger-Gleichung gibt Gleichung 2.5 wieder.

$$E_n = -\frac{m * e^4}{8 * h^2 * \varepsilon_0^2 * n^2} \qquad [\text{J}] \qquad (2.5)$$

Dabei bezeichnet ε_0 die elektrische Feldstärke, m die Elektronenmasse, e die Elementarladung, c die Lichtgeschwindigkeit und h das Plancksche Wirkungsquantum. Gleichung 2.6 rechnet diese Energie in eine Wellenzahl um:

$$\bar{\nu}_n = -\frac{m * e^4}{8 * h^3 * c * \varepsilon_0^2 * n^2} \qquad \left[\text{m}^{-1}\right] \qquad (2.6)$$

Es wurden die folgenden Beziehungen verwendet:
- Die Photonenenergie E_{Photon} ist das Produkt aus Planckschem Wirkungsquantum und Schwingungsfrequenz des Photons, in Zeichen $E_{Photon} = h\nu$.
- Die Wellenzahl ist der Quotient aus Schwingungsfrequenz des Photons und Lichtgeschwindigkeit, in Zeichen $\bar{\nu} = \frac{\nu}{c}$.

Die Naturkonstanten aus Formel 2.6 lassen sich in der bereits aus Kapitel 2.1 bekannten Rydberg-Konstanten zusammenfassen. Dann erhält man:

$$\bar{\nu}_n = -\frac{R}{n^2} \qquad \left[\text{m}^{-1}\right] \qquad (2.7)$$

Wendet man die Gleichung 2.5 auf zwei Energiezustände n′ und n an, in denen sich ein Elektron vor und nach einer Anregung aufhält (n′ < n, es wird also Energie absorbiert) und ermittelt die Energiedifferenz ΔE zwischen beiden Zuständen, dann erhält man:

$$\Delta E = \left(-\frac{R * c * h}{n^2} \right) - \left(-\frac{R * c * h}{n'^2} \right) \qquad [\text{J}]$$

$$\Delta E = \left(\frac{R * c * h}{n'^2} \right) - \left(\frac{R * c * h}{n^2} \right) \qquad [\text{J}]$$

$$\Delta E = R * c * h * \left(\frac{1}{n'^2} - \frac{1}{n^2} \right) \qquad [\text{J}]$$

Rechnet man nun (durch Division durch h und Verwendung von $c = \lambda * v$) ΔE in eine Wellenzahl um, so erhält man

$$\bar{v} = R * \left(\frac{1}{n'^2} - \frac{1}{n^2} \right) \qquad \left[\text{m}^{-1} \right] \tag{2.8}$$

Das ist die Rydberg-Formel (Gleichung 2.3), die bereits in Kapitel 2.1 vorgestellt wurde. Durch die Erkenntnisse der Quantenmechanik wurde sie aber durch ein theoretisches Fundament untermauert.

Um das Elektron von einem Zustand n′ auf einen Zustand n zu heben, wird ein Photon mit Wellenzahl $\bar{v}$ absorbiert. Umgekehrt wird beim Wechsel von n auf n′ ein Photon mit Wellenzahl $\bar{v}$ emittiert.

Die Lyman-Serie hat für n = 1 bis 6 Energien von

$$\bar{v}_{Lyman} = \frac{3}{4}R, \ \frac{8}{9}R, \ \frac{15}{16}R, \ \frac{24}{25}, \ R\frac{35}{36}, \ \dots \left[\text{m}^{-1} \right] \tag{2.9}$$

Die Balmerserie erhält man, wenn in die Formel für n′ der Wert 2 eingesetzt wird. Andere Werte für n′ erzeugen andere Serien von Wasserstoff-Spektrallinien. Tabelle 2.1 gibt einen Überblick.

Diese Serie von Linien ist in Abb. 2.1 so dargestellt, wie man sie auf der Fokalkurve einer Spektrometeroptik sehen würde.

Durch Übergänge zwischen verschiedenen n und n′- Zuständen entstehen die übrigen in Tab. 2.1 genannten Serien (siehe Abb. 2.2).

Die zur Rydbergkonstanten gehörende Energie E = h*c*R (mit Planckschem Wirkungsquantum h und Lichtgeschwindigkeit c) ist genau der Energiebetrag, der

erforderlich ist, das Elektron vom Wasserstoff-Atomkern zu trennen. Nach Abtren-
nung des Elektrons erhält man ein positiv geladenes Wasserstoffion H⁺. Deshalb
bezeichnet man die Energie E = h*c*R als Ionisierungsenergie des Wasserstoffs. Sie
beträgt 13,6057 eV. Die Einheit eV (Elektronenvolt) ist zur Angabe der oft kleinen Energien auf atomarer Ebene praktisch. 1 eV ist die Energie, die ein Elektron beim Durch-
fliegen eines Feldes von einem Volt aufnimmt. Ein eV entspricht 1,60218*10⁻¹⁹ Joule.

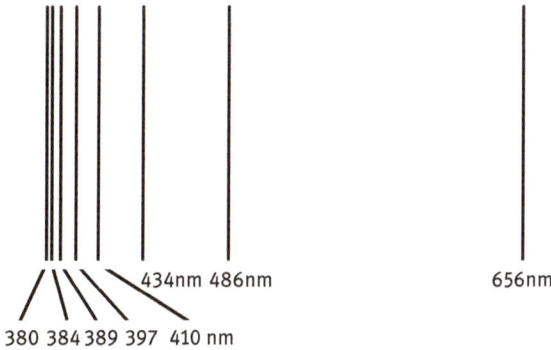

434nm 486nm   656nm

380 384 389 397 410 nm

Abb. 2.1: Balmer-Serie auf der
Fokalkurve eines Spektrometers

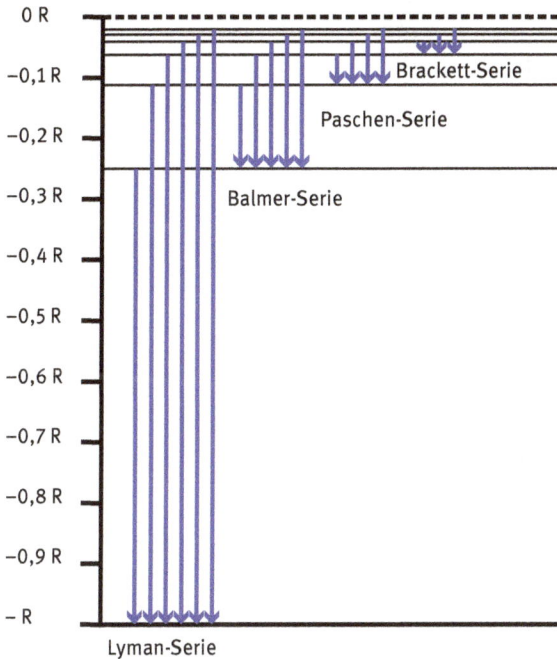

0 R

−0,1 R   Brackett-Serie

               Paschen-Serie

−0,2 R

−0,3 R   Balmer-Serie

−0,4 R

−0,5 R

−0,6 R

−0,7 R

−0,8 R

−0,9 R

− R

Lyman-Serie

Abb. 2.2: Energieübergänge bei
Lyman-, Balmer-, Paschen-,
Brackett- und Pfundserie

Tab. 2.1: Spektrallinien-Serien des Wasserstoffs

Name der Serie	n′	n	Spektralbereich
Lyman-Serie	1	2, 3, 4, …	121 nm–91 nm
Balmer-Serie	2	3, 4, 5, …	656 nm–365 nm
Paschen-Serie	3	4, 5, 6, …	1875 nm–820 nm
Brackett-Serie	4	5, 6, 7, …	4050 nm–1460 nm
Pfund-Serie	5	6, 7, 8, …	7457 nm–2280 nm

Tabelle 2.2 sind die Quantenzustände des Wasserstoffatoms bis n = 4 zu entnehmen. Diese Quantenzustände erhält man, wenn man die vier Quantenzahlen in Übereinstimmung mit den schon am Ende des Kapitels 2.3 vorgestellten Regeln verknüpft. Die Quantenzahlen n, l und m und die zugehörigen Werte sind blau gedruckt. Die möglichen Kombinationen für die vierte Quantenzahl, also für den Spin, sind durch nach oben bzw. unten gerichtete Pfeile angedeutet. Für die Quantenzahlen werden statt der Zahlen 0, 1, 2, 3, 4, 5 … häufig die Buchstaben s, p, d, f, g, h (Fortsetzung alphabetisch) … benutzt. Diese Bezeichnungen finden sich in Tab. 2.2 in schwarzer Schrift. Die Zustände einer Tabellenzeile haben beim Wasserstoffatom annähernd das gleiche Energieniveau. Minimale Abweichungen ergeben sich durch die Kopplung des Bahndrehimpulses mit dem Spin zu einem Gesamtdrehimpuls, wodurch es zu einer Aufspaltung der Energieniveaus für l > 0 kommt. Die Ursachen für diese Abweichungen und die dadurch entstehende Feinstruktur des Wasserstoffspektrums wird in Kapitel 2.5 diskutiert werden.

Tab. 2.2: Mögliche energetische Zustände des Wasserstoff-Elektrons

	n	Schale	s	p	d	f
			l = 0	l = 1	l = 2	l = 3
Zunehmende Energie ↓	1	K	↑↓ 1s m = 0			
	2	L	↑↓ 2s m = 0	↑↓ ↑↓ ↑↓ 2p m = − 1, 0, 1		
	3	M	↑↓ 3s m = 0	↑↓ ↑↓ ↑↓ 3p m = − 1, 0, 1	↑↓ ↑↓ ↑↓ ↑↓ ↑↓ 3d m = − 2, − 1, 0, 1, 2	
	4	N	↑↓ 4s m = 0	↑↓ ↑↓ ↑↓ 4p m = − 1, 0, 1	↑↓ ↑↓ ↑↓ ↑↓ ↑↓ 4d m = − 2, − 1, 0, 1, 2	↑↓ ↑↓ ↑↓ ↑↓ ↑↓ ↑↓ ↑↓ 4 f m = − 3, − 2, − 1, 0, 1, 2, 3

Mit Hilfe der Schrödingergleichung kann man zeigen, dass das Wasserstoffatom nicht immer von einem energetischen Zustand, der durch eine Kombination der

Quantenzahlen (n, l, m, s_z) beschrieben werden kann, in einen anderen Zustand, beschrieben durch (n′, l′, m′, s_z′), wechseln kann. Das gilt auch dann, wenn die Quantenzahl-Sätze beide den in Kapitel 2.3 beschriebenen Regeln entsprechen. Es müssen vielmehr folgende Auswahlregeln beachtet werden:
- Die Hauptquantenzahl n darf sich beliebig ändern, muss aber natürlich, gemäß der Regel aus 2.3 eine positive ganze Zahl sein.
- Die Bahndrehimpuls-Quantenzahl l darf sich nur um eins erhöhen oder vermindern, darf dabei aber wiederum den in 2.3 festgelegten Wertebereich von 0 bis n–1 nicht verlassen.

Die erlaubten Übergänge für das Wasserstoffatom sind in Abb. 2.3 als Linien eingezeichnet. Bei einem Übergang von oben nach unten geht der Übergang mit der Aussendung eines Photons einher. Bei einem Wechsel nach oben wird eine gleichgroße Energie aufgenommen. In den Abb. 2.2, 2.3 und 2.5 sind die Y-Achsen in Wellenzahlen beschriftet. Möchte man wissen, welche Energie E zu einer auf der Y-Achse abgelesenen Wellenzahl $\bar{v}$ gehört, ermittelt man dies durch Multiplikation mit Planckschem Wirkungsquantum und Lichtgeschwindigkeit: $E = h * c * \bar{v}$. E gibt dann die Energie bezüglich der Ionisierungsgrenze an. Die Y-Achse kann deshalb auch mit Energieeinheiten beschriftet werden, da h und c Konstanten sind. Als Nullpunkt kann die Ionisierungsgrenze oder der Grundzustand gewählt werden. Die Y-Achsen der Termschemata in Abb. 2.6 und 2.8 sind in Energieeinheiten, gerechnet ab Grundzustand, beschriftet.

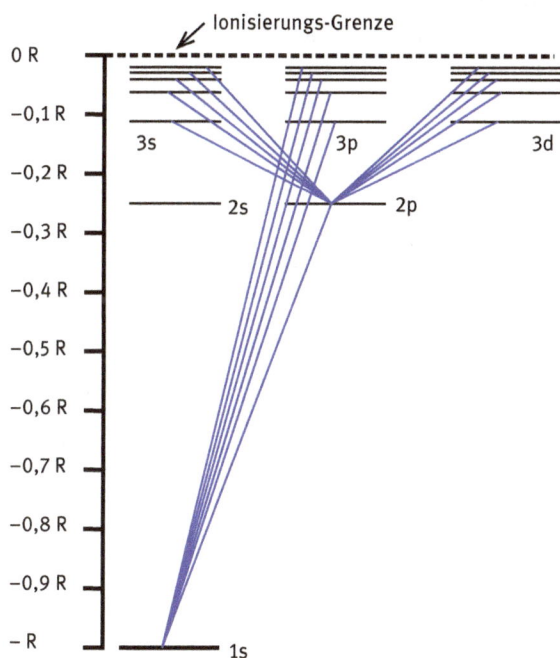

Abb. 2.3: Auswahl erlaubter Energieübergänge im Wasserstoffatom

2.5 Die Feinstruktur des Wasserstoffatomspektrums

In Kapitel 2.4 wurde die Grobstruktur des Wasserstoffspektrums geklärt. Es wurde aber bereits angekündigt, dass es kleine Verschiebungen des Energieniveaus bei Drehimpuls-Quantenzahlen $l > 0$ gibt. Anschaulich bedeutet das in der Abb. 2.3, dass die anscheinend auf gleicher Höhe liegenden Niveaus von $n = 2$, $l = 0$ und $n = 2$, $l = 1$ in Wahrheit nicht auf gleicher Höhe liegen. Das Gleiche gilt für $n = 3$ und $l = 0, 1, 2$, für $n = 4$ und $l = 0, 1, 2, 3$ usw. Die Abweichungen sind sehr gering, jedoch lässt sich mit sehr hoch auflösenden Spektrometern zeigen, dass die Linien, die zu $l > 0$ gehören, in Wirklichkeit Doppellinien sind.

2.5.1 Aufspaltung der Energieniveaus

Die Doppellinien haben ihre Ursache in einer Verschiebung der Energieniveaus, die durch ein Zusammenwirken des Bahndrehimpulses mit dem Spin entstehen.

- Der Bahndrehimpuls $\boldsymbol{l}$ ist ein Vektor, der einen Betrag also eine Länge $|\boldsymbol{l}|$ und eine Richtung hat. Sein Betrag wird vom Wert der Quantenzahl l bestimmt: $|\boldsymbol{l}| = \sqrt{l(l+1)}\, \frac{h}{2\pi}$, wobei h wieder für das Plancksche Wirkungsquantum steht. Der Vektor $\boldsymbol{l}$ kann nicht in beliebige Richtungen zeigen. Es sind nur Richtungen erlaubt, bei denen die Projektion auf die Bezugsachse, die in der Regel mit z bezeichnet wird, Werte ganzzahlige Vielfache von $\frac{h}{2\pi}$ annimmt. Da die Länge des Vektors $\sqrt{l(l+1)}$Einheiten $\frac{h}{2\pi}$ beträgt und damit mindestens die Länge l hat, aber stets kürzer als $l + 1$ ist, entspricht die Anzahl möglicher Richtungen relativ zu einer Bezugsachse genau dem Wertebereich der magnetischen Quantenzahl m, die ja eine ganze Zahl zwischen $-l$ und $+l$ ist. Abbildung 2.4 a verdeutlicht den Sachverhalt.
- Das Elektron hat einen Eigendrehimpuls, den Spin. Seine Quantenzahl s ist stets ½. Der Vektor $\boldsymbol{s}$ des Spins hat einen Betrag von $|\boldsymbol{s}| = \sqrt{\frac{1}{2}(\frac{1}{2} + 1)}\, \frac{h}{2\pi}$ also $|\boldsymbol{s}| = \frac{1}{2}\sqrt{3}\, \frac{h}{2\pi}$. Beim Spin sind halbe Einheiten $\frac{h}{2\pi}$ bei der Projektion auf die Bezugsachse zulässig. Die Projektion s_z von $\boldsymbol{s}$ auf die Bezugsachse z ergibt als mögliche Werte $+\frac{1}{2}\, \frac{h}{2\pi}$ oder $-\frac{1}{2}\, \frac{h}{2\pi}$. Andere halbzahlige Vielfache der Einheit $\frac{h}{2\pi}$ können bei der Vektorlänge von ca. 0,866 Einheiten nicht vorkommen (s. Abb. 2.4 b).

Den Gesamtdrehimpuls eines Elektrons $\boldsymbol{j}$ erhält man, indem man die Vektoren $\boldsymbol{l}$ und $\boldsymbol{s}$ addiert. Es ist vernünftig anzunehmen, dass $|\boldsymbol{j}|$, also der Betrag des Vektors $\boldsymbol{j}$, ebenfalls quantisiert ist und der Beziehung $|\boldsymbol{j}| = \sqrt{j\,(j+1)}\, \frac{h}{2\pi}$ genügt.

Man kann mit einfachen Mitteln zeigen, dass dann nur folgende Werte für j möglich sind:
- falls $l = 0$ ist, ist $j = \frac{1}{2}$
- falls $l > 0$ ist, ist $j = l - \frac{1}{2}$ oder $j = l + \frac{1}{2}$

Eine leicht verständliche Herleitung dieser Regel findet sich bei Ryder, S. 89 ff [1].

Es ergeben sich also für $l > 0$ zwei Energieniveaus $lp_{1/2}$ und $lp_{3/2}$, was dazu führt, dass beim Wechsel von $lp_{1/2}$ zu einem niedrigen Energieniveau eine geringfügig langwelligere Strahlung abgegeben wird als beim Wechsel von $l\,p_{3/2}$ auf das gleiche Niveau. Im Spektrum sind zwei eng zusammenliegende Linien, ein sogenanntes Dublett zu beobachten.

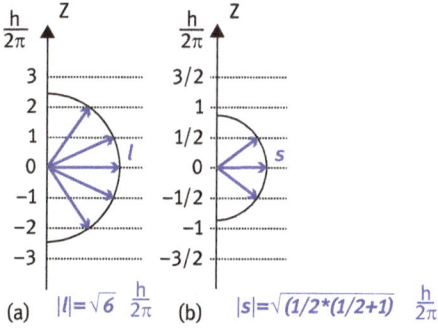

(a) $|l| = \sqrt{6}\ \frac{h}{2\pi}$ (b) $|s| = \sqrt{(1/2*(1/2+1))}\ \frac{h}{2\pi}$

Abb. 2.4: Projektionen der Vektoren *l* und *s* auf die Bezugsachse z

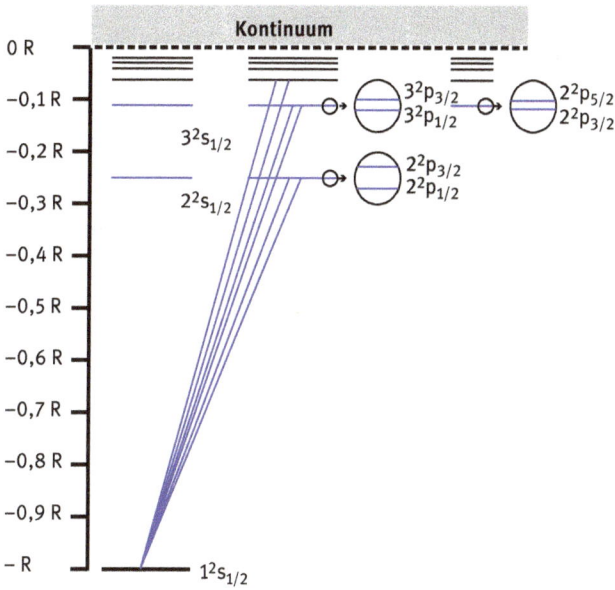

Abb. 2.5: Energieniveaus des Wasserstoffatoms bis n = 4 und l = 2 mit Dublettaufspaltung

Abbildung 2.5 zeigt die Energieniveaus des Wasserstoffatoms bis n = 4 und l = 2. Die Aufspaltung in Dubletts ist zu klein, um sie maßstabsgetreu abbilden zu können. Deshalb ist sie bei drei der Dubletts neben den Niveaus vergrößert dargestellt. Der Unterschied der beiden 2p Niveaus, die eine Anregungsenergie von 10,199 eV haben, beträgt nur 0,0001 eV. Bei der Rückkehr von diesen Niveaus auf den Grundzustand wird Strahlung der Wellenlängen um 121,568 nm abgegeben, wobei die Wellenlängen der beiden Dublett-Linien nur 0,00054 nm, also 0,54 pm auseinanderliegen. Bei den anderen Dubletts sind die Energiedifferenzen sogar noch kleiner (siehe Darstellung der Aufspaltung in den Kreisen). Funkenspektrometer sind meist mit Optiken ausgerüstet, die bestenfalls Spektrallinien dann auflösen können, wenn sie weiter als 5 pm auseinanderliegen. Eine höhere Auflösung macht beim Funken als Anregungsquelle wegen der durch die Anregungsquelle bedingten Doppler- und Lorentzverbreiterung der Spektrallinien keinen Sinn. Die Dublettstruktur im Wasserstoffatom ist deshalb für die Funkenspektrometrie bedeutungslos. Bei schwereren Atomen liegen die Dublett-Linien jedoch weiter auseinander. Sie sind häufig in Bogen- und Funkenspektren zu finden. Bekannt ist das gelbe Natrium-Dublett [s. Abb. 2.6], dessen Linien beim Übergang vom $3^2p_{3/2}$ bzw. $3^2p_{1/2}$ -Zustand auf den Zustand $3s_{1/2}$ entstehen.

Die durch den Wechsel vom Zustand $3^2p_{3/2}$ auf den Zustand $3^2s_{1/2}$ erzeugte Linie strahlt Photonen der Wellenlänge 588,995 nm ab, während der Wechsel vom Zustand $3^2p_{1/2}$ auf den Zustand $3^2s_{1/2}$ Photonen mit Wellenlänge 589,592 nm erzeugt. Diese Differenz von 400 pm kann selbst mit Optiksystemen niedriger Auflösung problemlos beobachtet werden.

In Abb. 2.5 werden Dublettzustände durch eine hochgestellte 2 gekennzeichnet. Man beachte, dass die Zustände $1s_{1/2}$, $2s_{1/2}$, $3s_{1/2}$ ebenfalls als Dublettzustände angesehen werden, obwohl hier keine Doppellinien im Spektrum sichtbar werden. Diese Bezeichnungsweise ist aber sinnvoll. Das wird nach Einführung der erweiterten Auswahlregeln in Kapitel 2.6.3 deutlich.

2.5.2 Entstehung des spektralen Untergrundes

Freie Elektronen haben Energien, die über der Ionisierungsgrenze liegen, also in dem Bereich, der in Abb. 2.5 mit „Kontinuum" bezeichnet ist. Rekombiniert ein solches Elektron mit einem Proton, also einem positiv geladenen Wasserstoff-Atomkern, so gehört die dann emittierte Strahlung zu keinem Linienspektrum. Die Wellenlänge der emittierten Strahlung richtet sich nach der Energiedifferenz zwischen der Strahlung, die das Elektron vor der Rekombination hatte und dem Anregungszustand, den es nach der Rekombination einnimmt.

Natürlich greift der geschilderte Mechanismus auch für andere Atome als das des Wasserstoffs.

Die so entstehende spektrale Untergrundstrahlung begrenzt die Nachweisempfindlichkeit in der Bogen- und Funken-Spektrometrie. Im elektrischen Bogen herrschen, verglichen mit dem Funken, niedrigere Temperaturen. Daraus ergibt sich, dass im Bogen weniger Atome ionisiert werden und damit auch weniger Untergrundstrahlung entsteht.

2.6 Das Spektrum von Mehrelektronen-Atomen

Die Elektronen von Mehrelektronenatomen können ebenfalls verschiedene energetische Zustände einnehmen, die durch jeweils einen Satz von Quantenzahlen n, l, m und s_z beschrieben werden und strahlen beim Wechsel auf ein energetisch niedrigeres Niveau Energie ab.

Eine einfache Formel zur Berechnung von Wellenlängen abgestrahlter Photonen, wie wir sie in Gleichung 2.8 kennengelernt haben, gibt es hier aber nicht.

Für die Konfiguration der Elektronen gibt es folgende drei Regeln:
- Auch hier gilt das Pauli-Prinzip: Zwei Elektronen können nie in allen vier Quantenzahlen n, l, m und s_z übereinstimmen.
- Die Elektronen versuchen, den Zustand mit der niedrigsten Energie zu besetzen.
- Es gilt die zweite Hundsche Regel: Sind in einem Atom mehrere Zustände gleicher Energie frei, werden sie zuerst mit je einem Elektron mit parallelem Spin besetzt.

Die Anwendung dieser Regeln führt zu einer Abfolge der Energieniveaus, die für die meisten Atome gültig ist:

$$1s < 2s < 2p < 3s < 3p < 4s < 3d < 4p < 5s < 4d$$

Tabelle 2.3 zeigt die Anordnung der Elektronen der ersten 14 Elemente (Atome) unter Beachtung der Aufbauregeln. Jedes Elektron wird durch einen Pfeil symbolisiert, dessen Richtung den Spin angibt. In der letzten Spalte ist die Elektronenkonfiguration angegeben. Die Ziffern stehen dort für die Hauptquantenzahlen, die Buchstaben s, p, d für $l = 0, 1, 2$. Der Exponent gibt an, wie viele Elektronen sich in einer Kombination aus den Quantenzahlen n und l befinden.

Tab. 2.3: Atomaufbau und Elektronenkonfiguration der ersten 14 Elemente des Periodensystems

Z	Element	K	L		M		Konfiguration
		1s	2s	2p	3s	3p	
1	H	↑					$1s^1$
2	He	↑↓					$1s^2$
3	Li	↑↓	↑				$1s^2 2s^1$
4	Be	↑↓	↑↓				$1s^2 2s^2$
5	B	↑↓	↑↓	↑			$1s^2 2s^2 2p^1$
6	C	↑↓	↑↓	↑ ↑			$1s^2 2s^2 2p^2$
7	N	↑↓	↑↓	↑ ↑ ↑			$1s^2 2s^2 2p^3$
8	O	↑↓	↑↓	↑↓ ↑ ↑			$1s^2 2s^2 2p^4$
9	F	↑↓	↑↓	↑↓ ↑↓ ↑			$1s^2 2s^2 2p^5$
10	Ne	↑↓	↑↓	↑↓ ↑↓ ↑↓			$1s^2 2s^2 2p^6$
11	Na	↑↓	↑↓	↑↓ ↑↓ ↑↓	↑		$1s^2 2s^2 2p^6 3s^1$
12	Mg	↑↓	↑↓	↑↓ ↑↓ ↑↓	↑↓		$1s^2 2s^2 2p^6 3s^2$
13	Al	↑↓	↑↓	↑↓ ↑↓ ↑↓	↑↓	↑	$1s^2 2s^2 2p^6 3s^2 3p^1$
14	Si	↑↓	↑↓	↑↓ ↑↓ ↑↓	↑↓	↑ ↑	$1s^2 2s^2 2p^6 3s^2 3p^2$

2.6.1 Wasserstoffähnliche Atome und Ionen

Bei Atomen mit einem einzelnen Elektron auf einer einzigen nicht abgeschlossenen Schale liegen die Verhältnisse vergleichsweise einfach. Für das Spektrum des Wasserstoffatoms wurde eine Feinstruktur durch Aufspaltung von Spektrallinien aufgezeigt, die durch die Wirkung des Gesamtdrehimpulses des Elektrons erklärt wurde. Genauso kann man bei anderen Ein-Element-Systemen vorgehen. Diese findet man im Periodensystem bei den Alkalimetallen: Die Elemente Li, Na, K, Rb und Cs besitzen alle ein einzelnes Elektron außerhalb der abgeschlossenen Schalen, wie man auch bei einem Blick auf die Zeilen für H, Li und Na in Tab. 2.3 unmittelbar erkennt. Ihre Spektren ähneln sehr stark dem des Wasserstoffs.

Abbildung 2.6 zeigt das Energieniveau-Schema für Natrium. Aus Gründen der Übersichtlichkeit konnten nicht alle Übergänge eingezeichnet werden.

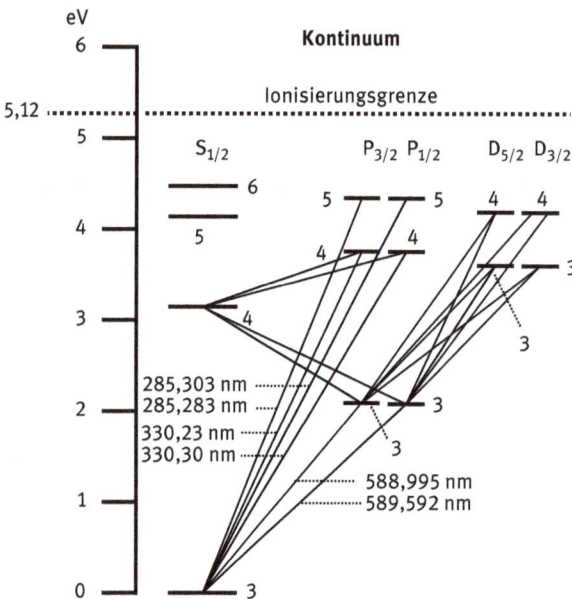

Abb. 2.6: Energieniveau-Diagramm für Natrium

Ein-Elektron-Systeme sind aber auch Ionen, bei denen so viele Elektronen aus der äußeren Hülle entfernt werden, dass nur ein einziges übrigbleibt (z. B. He^+. Be^+ und B^{2+}).

Allen Ein-Elektronen-Systemen ist eigen, dass hier zwei Punktladungen, nämlich die des Elektrons und die des Kerns (ggf. umgeben von Elektronen abgeschlossener Schalen) wechselwirken.

In den Abb. 2.6 und 2.8 ist als Einheit der y-Achse die Energie in Elektronenvolt (eV) angegeben. Diese Notation ist praktisch, wie die folgende Überlegung zeigt:

Bei einem Übergang von einem höheren Energieniveau E_H auf ein niedrigeres E_T beträgt die Energiedifferenz $\Delta E = E_H - E_T$ und es wird ein Photon der Wellenlänge λ emittiert. Die Wellenlänge eines solchen Photons ist leicht zu errechnen. Wegen der Planck-Einsteingleichung $E = h * \nu$ kombiniert mit $\nu = c / \lambda$ erhält man:

$$\lambda = \frac{hc}{\Delta E} \quad [\mathrm{m}] \qquad (2.10)$$

Dabei ist aber ungünstig, dass die Energiedifferenz ΔE in J eingegeben werden muss. Arbeitet man statt mit einer $\Delta E'$ in eV, erhält man die folgende einfache Beziehung:

$$\lambda = \frac{1240,7}{\Delta E'} \quad [\mathrm{nm}] \qquad (2.11)$$

Dabei wurde benutzt, dass das Plancksche Wirkungsquantum $6,626 \cdot 10^{-34}$ Js beträgt und 1 eV $1,60218*10^{-19}$ J entspricht. Die Umrechnungskonstante ist so gewählt, dass das Ergebnis der Berechnung die Wellenlänge in Nanometer liefert. Das ist die in der Funkenspektrometrie übliche Einheit zur Angabe von Wellenlängen. Aus Formel 2.11 ist sofort ersichtlich, dass zu jeder Wellenlänge eine bestimmte Mindestanregungsenergie gehört. Wenn eine Spektrallinie z. B. bei 200 nm erscheint, muss die Anregungsenergie mindestens 6,2 eV betragen. Bei kürzeren Wellenlängen als 200 nm erscheinen nur Spektrallinien, die eine höhere Anregungsenergie als diese 6,2 eV haben. Umgekehrt können aber längerwellige Spektrallinien durch Anregung mit einer höheren Energie als ΔE aus Gleichung 2.10 erzeugt werden, dann hat man es mit dem Übergang von einem angeregten Zustand in einen anderen, energetisch niedrigeren zu tun, der aber über dem Grundzustand liegt.

2.6.2 Atome mit mehreren Außenelektronen

Schwieriger werden die Verhältnisse, wenn sich mehr als ein Elektron auf nicht abgeschlossenen Schalen befinden. Hier kommt es zu Ladungs-Abschirmeffekten zwischen den Valenzelektronen. Unter Außen- oder Valenzelektronen werden all diejenigen Elektronen verstanden, die sich nicht in abgeschlossenen Schalen oder Unterschalen befinden. Die Ladungs-Abschirmung kann man sich folgendermaßen vorstellen:

Die Quantentheorie ermöglicht es, neben den Energieniveaus auch die Aufenthaltswahrscheinlichkeiten der Elektronen zu ermitteln. Volumina, in denen sich Elektronen mit vorgegebener (hoher) Wahrscheinlichkeit aufhalten, bilden Räume verschiedener Formen. Diese Räume bezeichnet man als Orbitale. Neben Kugeln verschiedener Durchmesser können diese Orbitale auch Keulen unterschiedlicher Orientierung sein oder Ringform haben. Die Orbitalformen sind vom energetischen Zustand des Elektrons abhängig. Durch die wechselseitige Abschirmung der Außenelektronen, die sich im Mittel an unterschiedlichen Positionen relativ zum Atomkern befinden, kommt es zu einer Aufspaltung von Energieniveaus, die sonst auf gleicher Höhe liegen würden. Wie diese wechselseitigen Abschirmprozesse wirken, kann man sich leicht vorstellen. Befindet sich ein Elektron bevorzugt in einem kugelförmigen Orbital in Atomkernnähe (Abb. 2.7 a), ist die Möglichkeit, von einem anderen Elektron abgeschirmt zu werden geringer, als wenn es sich bevorzugt in einer langgestreckten Keule aufhält (Abb. 2.7 b). Ein Elektron, das sich zwischen dem Außenelektron im Keulenorbital befindet, kompensiert einen Teil der positiven Kernladung. Ist das störende Elektron näher als der Kern, wiegt seine Ladung stärker als eine positive Ladungseinheit des Kerns, da die Coulombkraft proportional zum Quadrat der Entfernung abnimmt.

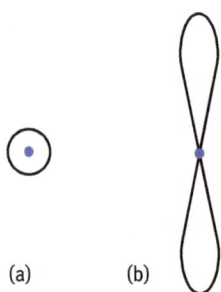

(a)   (b)   Abb. 2.7: Kugelorbital (a) und Orbital in Keulenform (b)

Um diese Störeffekte zu berücksichtigen, muss prinzipiell genau wie bei der Aufklärung der Wasserstoff-Feinstruktur vorgegangen werden: Spin- und Bahndrehimpuls sind zu addieren. Neu ist, dass die Impulse aller Außenelektronen addiert werden müssen. Die Bahndreh- und Spin-Impulse voll besetzter innerer Schalen brauchen nicht berücksichtigt zu werden, da ihre Summe null ergibt (erste Hundsche Regel). Jedoch müssen die Impulse aller Außenelektronen berücksichtigt werden.

Bei der Addition der Impulse kann man auf zweierlei Weise vorgehen:
- Man bildet zunächst die Summe der Bahndrehimpulse der Außenelektronen und dann die Summe der Außenelektronen-Spins. Danach addiert man diese beiden Teilsummen zu einer Gesamtsumme.
- Für jedes einzelne der a Außenelektronen wird der Eigendrehimpuls l_i und der Bahndrehimpuls s_i ($1 <= i <= a$) zu j_i summiert. Danach werden alle j_i zu einem Gesamtdrehimpuls J aufsummiert.

Beide Methoden sind Näherungen. Hier soll nur die erste Methode, die sogenannte Russell-Saunders-Kopplung näher untersucht werden. Sie ist laut Riedel [2] für leichte und mittelschwere Elemente bis zu den Lanthanoiden verwendbar. Für Elemente mit höherem Atomgewicht ist die zweite Methode, die sogenannte j-j-Kopplung vorteilhafter.

Hier noch einmal die etwas präzisere Skizzierung der Russel-Saunders-Kopplung:

Die Momente der Spins s_i aller a Außenelektronen ($1 < = i < = a$) werden zu einem Gesamtspin **S** addiert:

$$S = \sum_{i=0}^{d} s_i \qquad (2.12)$$

Auch die Bahndrehmomente l_i aller a Außenelektronen ($1 < = i < = a$) werden zu einem Gesamt-Bahndrehmoment **L** addiert:

$$L = \sum_{i=0}^{d} l_i \qquad (2.13)$$

Schließlich addiert man S und L zu einem Gesamtdrehimpuls **J**:

$$J = S + L \qquad (2.14)$$

Es ist möglich, eine Quantenzahl S zu definieren, die alle Kombinationen der Summe von s_z – Projektionen der Außenelektronen-Spins annehmen kann. Ist s_s die größtmögliche Summe, dann ist s_z für alle Elektronen +½. Die folgenden Werte möglich: $s_s, s_s - 1, s_s - 2, ..., - s_s$.

S wird als Gesamtspin-Quantenzahl mit Wertebereich $s_s, s_s - 1, s_s - 2, ..., - s_s$ angesehen.

Eine weitere Quantenzahl lässt sich für die Summen der Quantenzahlen m ermitteln, die ja mit der Projektion von l_z in der Raumrichtung z gleichgesetzt werden kann. Wenn s_m die größtmögliche Summe der l_z der Außenelektronen ist, dann kann L die Werte $s_m, s_m - 1, s_m - 2, ..., - s_m$ annehmen. L bezeichnet man als Gesamt-Bahndrehimpuls-Quantenzahl.

Auch für den kombinierten Gesamtdrehimpuls lässt sich eine Quantenzahl J definieren. J kann folgende Werte annehmen:

Falls $s_m > = s_s$: $s_m + s_s, s_m + s_s - 1, s_m + s_s - 2, ..., s_m - s_s$

Falls $s_m < s_s$: $s_s + s_m, s_s + s_m - 1, s_s + s_m - 2, ..., s_s - s_m$

Tabelle 2.4 gibt die Wertebereiche und Bedeutung der Quantenzahlen S, L und J wieder.

Der Zusammenhang 2S + 1 wird als Multiplizität bezeichnet, weil bei S = 0 (dann ist 2S + 1 = 1) in der Regel Einzellinien, bei S = ½ (2S + 1 = 2) Doppellinien, bei S = 1 (2S + 1 = 3) Dreifachlinien auftreten. Einzellinien werden als Singuletts, Doppellinien als Dubletts und Dreifachlinien als Tripletts bezeichnet.

Tab. 2.4: Quantenzahlen für Mehrelektronenatome

Quantenzahl	Wertebereich	Bezeichnungen
S Gesamtspin- Quantenzahl	$s_s, s_s - 1, s_s - 2, ..., - s_s$ s_s bezeichnet die größtmögliche Summe der s_z – Projektionen der Außenelektronen-Spins	$2 * S + 1 = 1$: Singulett $2 * S + 1 = 2$: Dublett $2 * S + 1 = 3$: Triplett
L Gesamtbahndrehimpuls- Quantenzahl	s_m ist die größtmögliche Summe der m der Außenelektronen	Analog zur Bezeichnung der Quantenzahl l $0 = S$ $1 = P$ $2 = D$ usw.
J Gesamtdrehimpuls- Quantenzahl	Falls $s_m > = s_s$: $s_m + s_s, s_m + s_s - 1,$ $s_m + s_s - 2, ..., s_m - s_s$ Falls $s_m < s_s$: $s_s + s_m, s_s + s_m - 1, s_s + s_m$ $- 2, ..., s_s - s_m$	Gesamtdrehimpuls- Quantenzahl

2.6.3 Auswahlregeln und metastabile Zustände

Es können die folgenden Regeln zur Verknüpfung der Quantenzahlen L, S und J aufgestellt werden:

1. Nur solche Energieübergänge sind möglich, bei denen sich die Gesamtspin-Quantenzahl S nicht ändert, ein Übergang von einem Singulett-Zustand führt also wieder in einen Singulett-Zustand. Das gleiche gilt für Dublett- und Triplett-Zustände.
2. Die Bahndrehimpuls-Quantenzahl L muss nach einem Energieübergang um 1 verschieden sein.
3. Die Gesamtdrehimpuls-Quantenzahl darf sich nur um –1, 0 oder 1 ändern.
4. Ein Übergang von einem Zustand mit J = 0 auf einen anderen mit J = 0 ist nicht möglich.

Aus den Auswahlregeln folgt, dass es angeregte Zustände gibt, von denen wegen der Auswahlregeln keine Rückkehr zum Grundzustand möglich ist. Solche Zustände bezeichnet man als metastabil. Während normale angeregte Zustände nach einer Lebensdauer der Größenordnung von 10 ns wieder verlassen werden, bleiben metastabile Zustände länger erhalten. Ein Verlassen metastabiler Zustände kann z. B. über eine Wechselwirkung durch Stöße ausgelöst werden. Lebensdauern im Millisekunden-Bereich sind nicht selten. Wird die Möglichkeit zur Wechselwirkung unterbunden, kann die Lebensdauer sogar in den Sekundenbereich ausgedehnt werden (s. z. B. [3] S.173).

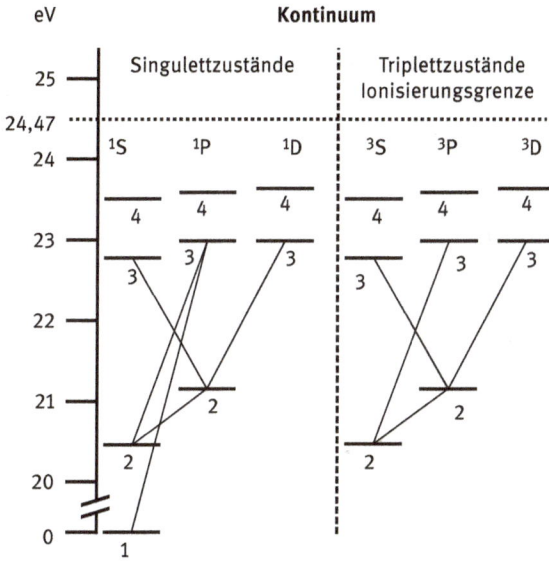

Abb. 2.8: Termschema des Helium-Atoms, in dem sowohl Singulett als auch Triplettzustände vorkommen

2.7 Russell-Saunders Termsymbole

Der energetische Zustand eines Atoms ist bekannt, wenn man die drei Quantenzahlen S, L und J kennt. Man beschreibt ihn in der Form:

$$^{2S+1}L_J \tag{2.15}$$

Dabei wird die Quantenzahl L nicht numerisch, sondern mit den Großbuchstaben S, P, D usw. (s. Tab. 2.4) bezeichnet.

Beispiel: Das Magnesiumatom hat den Aufbau $1s^2 2s^2 2p^6 3s^2$, wie man Tab. 2.3 entnehmen kann. Nur die beiden 3s-Elektronen befinden sich außerhalb abgeschlossener Schalen und Unterschalen und müssen berücksichtigt werden. Will man den Grundzustand beschreiben, sind l_1 und l_2 der beiden Außenatome beide 0 und die Summe der Spins ist ebenfalls 0 ($\frac{1}{2} + -\frac{1}{2} = 0$). Damit ist dann auch J = 0 und 2S + 1 = 1. Der Term des Grundzustands ist deshalb $^1S_0$.

Für schwere Elemente gelten die in Kapitel 2.6 formulierten Regeln nicht immer. So findet bei Quecksilber der Übergang zwischen dem Zustand $^3P_1$ und dem Grundzustand $^1S_0$ statt, obwohl dieser Übergang der in 2.6.3 formulierten Regel 1 widerspricht. Die bei diesem Übergang emittierte Spektrallinie 253,65 nm ist sogar eine der intensivsten Quecksilberlinien.

In den Kapiteln 2.1 bis 2.7 wurden beschrieben
- dass die Anregung eines Atoms nur auf bestimmte diskrete Niveaus möglich ist,
- dass der Übergang zwischen den Energieniveaus mit Aufnahme und Abgabe bestimmter Energien bzw. mit Aufnahme und Abstrahlung von Photonen verbunden ist,
- wo die Energieniveaus der angeregten Atome liegen und
- dass nicht zwischen allen Anregungszuständen ein Übergang stattfinden kann.

Das Zustandekommen der Atomspektren konnte hier nur kurz umrissen werden. Eine etwas ausführlichere Diskussion findet sich bei Banwell und McCash [4]. Andere Werke zu dieser Thematik sind der Literaturliste [1–3, 5–12, 16] zu entnehmen.

2.8 Charakteristik emittierter spektraler Signale

In der Emissions-Spektrometrie führen die von der Funken-/Bogen-Anregung erzeugten elektronischen Übergänge zu Spektren, die nach den in den vorigen Abschnitten besprochenen Prinzipien aufgebaut sind. Es ist nicht praktikabel, die Positionen für die Funkenspektrometrie geeigneter Spektrallinien theoretisch zu berechnen. Position und Empfindlichkeit von Linien sind in Tabellenwerken, den sogenannten Spektralatlanten, verzeichnet. Dabei ist die Empfindlichkeit stark von den Anregungsbedingungen abhängig.

In Kapitel 3.5 wird beschrieben, wie die Strahlung einer Anregungsquelle in ein Spektrum zerlegt wird und wo in diesem Spektrum eine Spektrallinie einer vorgegebenen Wellenlänge aufzufinden ist.

Die Linienbreite wird messtechnisch ebenfalls durch die Konstruktion des Spektrometers beeinflusst. Darauf wird detailliert in Kapitel 3.5 dieses Buches eingegangen.

Folgende Einflüsse begrenzen die minimal erzielbaren Signalbreiten:
- *Die Stoßverbreiterung*
  Durch die Bewegung der Atome oder Ionen in der Gasphase kommt es zu Zusammenstößen der Teilchen. Hierbei sind vor allem die Elektronen betroffen und es kommt zu Deformationen der Außenhülle. Dadurch verursachte geringe Veränderungen der Energieniveaus führen bei Übergängen zu einer geringfügigen Verbreiterung der Signale.
- *Die Dopplerverbreiterung*
  Die in der Gasphase vorhandenen angeregten Atome oder Ionen sind bei der Emission von Strahlung in Bewegung. Führt die Bewegung in Richtung des Strahlungsdetektors kommt es zum Dopplereffekt. Die Temperatur hat großen Einfluss auf den Anteil der Linienverbreiterung. Stoß- und Dopplerverbreiterung sind von der Art der Anregung abhängig. Sie werden in Kapitel 3.2 näher besprochen.

– *Die natürliche Linienbreite*

Jedes Photon besteht aus einem Schwingungspaket endlicher Länge. Wendet man eine Fouriertransformation auf den Wellenzug an, erhält man ein Spektrum, das nicht nur aus der Zentralwellenlänge besteht, sondern einen, wenn auch engen, Wellenlängenbereich um diese Zentralwellenlänge wiedergibt. Letztendlich ist die endliche Linienbreite eine Konsequenz der Heisenbergschen Unschärferelation.

Die Beziehung 2.16 erlaubt es, die natürliche Linienbreite zu berechnen:

$$\Delta v = \frac{1}{2\pi\tau} \quad \left[m^{-1} \right] \tag{2.16}$$

Dabei bezeichnet Δv die Linienbreite, ausgedrückt als Frequenz und τ die Dauer der Photonenemission, die in der Größenordnung von 10 ns liegt. Für eine Spektrallinie bei 300 nm beträgt die natürliche Linienbreite ca. 0,005 pm. Sie ist damit zu klein, um sie mit Bogen-/Funkenspektrometer-Optiken beobachten zu können. Diese Zusammenhänge sind z. B. bei Bergmann/Schäfer [13] S. 289 ff und im Lexikon der Optik [14] S. 430 f dargelegt.

Intensitäten von Atom- und Ionenlinien werden von drei Faktoren beeinflusst:
1. Von der Übergangswahrscheinlichkeit
2. Von der Besetzungsdichte, die wiederum von der Temperatur und damit von den Anregungsbedingungen abhängt. Hier muss auch beachtet werden, dass die Temperatur den Ionisierungsgrad bestimmt.
3. Von der Analyt-Konzentration

In den Kapiteln 2.1 bis 2.7 wurde geklärt, welche Energieniveaus eines Atoms möglich sind. Außerdem wurde erläutert, dass der Übergang zwischen den Energieniveaus mit Aufnahme bestimmter Energien bzw. mit Abstrahlung von Photonen verbunden ist. Weiterhin wurde gezeigt, dass nicht zwischen allen Energieniveaus ein Übergang stattfinden kann. Es wurde aber nichts darüber gesagt, wie intensiv die entstehenden Spektrallinien sind.

Der Anteil ionisierter Teilchen α lässt sich mit Hilfe der Saha-Gleichung 2.17 berechnen. Nähere Ausführungen finden sich bei Finkelnburg [12] S. 23 und S. 80 ff. Der Saha-Gleichung ist zu entnehmen, dass der Anteil ionisierter Teilchen $\alpha, 0 \leqslant \alpha < 1$ mit steigender Temperatur T_i zunimmt. Es gilt

$$\frac{\alpha^2}{1-\alpha^2} p = \frac{(2\pi m)^{\frac{3}{2}}}{h^3} (kT)^{5/2} e^{-E_i/(k*T_a)} \tag{2.17}$$

p bezeichnet den Druck, m die Atommasse, E_i die Ionisierungsenergie, also die Energie, die zur Trennung des Elektrons von seinem Atomkern erforderlich ist. Eine Erklärung der übrigen Formelzeichen findet sich nach Gl. 2.19.

Zur Berechnung der Anregungstemperatur T_a wird die Boltzmann-Gleichung eingesetzt:

$$n_a = n_0 \frac{g_a}{Z_0} e^{-E_a/(k*T_a)} \tag{2.18}$$

Eine Kombination der Boltzmann-Gleichung mit der Einsteinschen Gleichung ermöglicht eine Berechnung der spektralen Strahldichte I_v einer Spektrallinie mit der Frequenz v:

$$I_v = A_{ab} h v n_0 \frac{g_a}{Z_0} e^{-E_a/(k*T_a)} \tag{2.19}$$

Die Strahldichte wird in Wm^{-2} angegeben, I_v ist das, was in der Spektrometrie üblicherweise als Intensität bezeichnet wird.

Gleichung 2.19 ist streng genommen nur für stationäre Plasmazustände zutreffend. Solche Verhältnisse liegen beim Funken nicht vor. Die Formel zeigt aber, welche Größen die Linienintensitäten bestimmen.

Die in den Gleichungen 2.17 bis 2.19 verwendeten Zeichen haben die folgenden Bedeutungen:

A_{ab}: Wahrscheinlichkeit des Übergangs vom Zustand a in den Zustand b

h: Plancksches Wirkungsquantum

n_0: Teilchendichte im betrachteten Ionisations-Zustand

n_a: Dichte der Teilchen im angeregten Zustand a

g_a: statistisches Gewicht des angeregten Zustands a, also Anzahl der energetisch zusammenfallenden („entarteten") Energieniveaus

Z_0: Zustandssumme der betrachteten Ionisierungsstufe mit $Z_0 = \sum_i g_i e^{-E_a/(k*T_a)}$

T_a: Anregungstemperatur

E_a: Anregungsenergie

K: Boltzmann-Konstante ($1{,}380658 * 10^{-23}$ J/K)

Die Beziehungen 2.17 und 2.18 sind bei Laqua [15] beschrieben.

Intensitäten von Atom- oder Ionenlinien eines Elementes werden zur quantitativen Atom-Emissions-Spektrometrie benutzt, wie im Kapitel 3 erläutert werden wird. Da die Bestimmung der Teilchendichte in der Anregungsquelle nicht praktikabel ist, wird der Zusammenhang zwischen Intensität der Spektrallinie und der Konzentration eines Elementes über eine Kalibration hergestellt.

Die Aufstellung einer Kalibrationsfunktion ist ein wichtiger Teil der analytischen Arbeit. Auch darauf wird in Kapitel 3 näher eingegangen.

Literatur

[1]   Ryder P. *Quantenphysik und statistische Physik*. Aachen, Shaker, 2004.

[2]   Riedel E, Janiak C. *Anorganische Chemie*. Berlin and New York, DeGruyter, 2011.

[3]   Demtröder W. *Experimentalphysik 3*. Berlin, Springer-Verlag, 2005.

[4]   Banwell Colin N, McCash E M. *Molekülspektroskopie: Ein Grundkurs*. München, Wien, Oldenbourg, 1999.

[5]   Broekaert JA C. *Analytical Atomic Spectrometry with Flames and Plasmas*. Weinheim, Wiley-VCH Verlag Chemie GmbH, 2002.

[6]   Ingle Jr. James D, Crouch Stanley R. *Spectrochemical Analysis*. Englewood Cliffs, New Jersey 07632, Prentice-Hall Inc., 1988.

[7]   Hindmarsh R. *Atomic Spectra*. Oxford Pergamon Press, 1967.

[8]   Kalvius GM, Luchner K, Vonach H. *Physik IV*. München, Wien, Oldenbourg Verlag, 1985.

[9]   Heywang, Treiber, Herberg, Neft. *Physik*. Hamburg, Verlag Handwerk und Technik, 1992.

[10] Walker S, Straw H. *Spectroscopy Vol. one, Atomic, Microwave and Radio-frequency Spectroscopy*. London, Chapman & Hall, 1961.

[11] White HE. *Introduction to Atomic Spectra*. New York, McGraw Hill, 1934.

[12] Finkelnburg W. *Einführung in die Atomphysik*. Berlin, Springer-Verlag, 1956.

[13] Niedrig H (Hrsg.). *Bergmann – Schäfer Lehrbuch der Experimentalphysik*. Berlin, New York, Walter de Gruyter, 2004.

[14] Paul H. *Lexikon der Optik*. Heidelberg, Berlin, Spektrum Akademischer Verlag GmbH, 2003.

[15] Laqua K. *Ullmanns Encyklopädie der technischen Chemie, Band 5 Emissionsspektroskopie*. Weinheim, Verlag Chemie GmbH, 1984.

[16] Johnson RC. *Atomic Spectra*. London, Methuen & Co Ltd, 1950.

[17] Holzner S. *Quantenphysik für Dummies*. Weinheim, Wiley-VCH Verlag GmbH & Co. KGaA, 2012.

3 Hardware von Funken- und Bogenspektrometern

Emissionsspektrometer zur Direktanalyse von Feststoffen lassen sich nach dem verwendeten Anregungsgenerator unterscheiden. Hier kommen Funken- und Bogenquellen zum Einsatz. In den letzten Jahren wurden auch in Serie gebaute Systeme mit Laseranregung auf den Markt gebracht. Diese Reihenfolge spiegelt die Häufigkeit der Verwendung wider.

Geräte für den Laborbetrieb unterscheiden sich in ihrer Konstruktion erheblich von Mobilspektrometern für den betrieblichen Einsatz.

In diesem dritten Kapitel wird der Entwicklungsstand beschrieben, der die Grundlage für den Bau und den Betrieb moderner Bogen- und Funkenspektrometer bildet und durch jahrzehntelange Bemühungen zahlreicher Fachleute erreicht wurde. Es soll darauf hingewiesen werden, dass die Autoren diesen Status zwar beschreiben, nicht aber die geistige Urheberschaft der im Kapitel drei dargestellten Vorrichtungen und Verfahren beanspruchen. Haben die Autoren selbst nennenswerte Beiträge zum Stand der Technik geleistet, sind an den betreffenden Stellen des Kapitels Verweise auf deren Patentanmeldungen und Veröffentlichungen angegeben.

Laborspektrometer

Laborspektrometer werden dann eingesetzt, wenn Analysenergebnisse mit hoher Präzision und guter Richtigkeit erzielt werden sollen. Es lassen sich Nachweisgrenzen erreichen, die im Allgemeinen niedriger sind als bei mobilen Spektrometern. Als Anregungsquelle kommt fast ausschließlich der elektrische Funke zur Anwendung. Mit Laserquellen lassen sich Resultate erzielen, die für viele Anwendungen brauchbar sind, wegen des erheblichen apparativen Aufwands kommt die Laseranregung bislang nur vereinzelt zur Anwendung.

Größe und Gewicht spielen bei der Konstruktion von Laborspektrometern eine untergeordnete Rolle. Anders sieht es mit der Messzeit aus: Die Analysenergebnisse von Vorproben des Schmelzprozesses müssen schnell vorliegen. Es werden meist speziell zu Analysezwecken genommene Proben analysiert, die auf ein fest mit dem Hauptgehäuse verbundenes Probenstativ gelegt werden. Hier besteht ein wichtiger Unterschied zu Mobilspektrometern, die über eine Abfunksonde verfügen, mit der eine Direktanalyse des Werkstückes möglich ist.

Abbildung 3.1 zeigt Laborspektrometer von zwei verschiedenen Herstellern (a: GS1000-II der Firma OBLF, b: SPECTROLAB LAVM12 der Firma Spectro). Neben den abgebildeten Geräten sind vergleichbare Spektrometer weiterer Hersteller auf dem Markt.

Mobile Spektrometer

Mobilspektrometer für den betrieblichen Einsatz im Lager oder für die Kontrolle der Fertigung müssen klein und leicht transportierbar sein, da das Gerät zur Probe

https://doi.org/10.1515/9783110524871-003

gebracht wird. Es gibt rollbare Geräte, tragbare Systeme und Handgeräte, bei denen die gesamte Hardware in die Prüfsonde integriert ist. Bei den meisten Mobilspektrometern ist sowohl Batterie- als auch Netzbetrieb möglich.

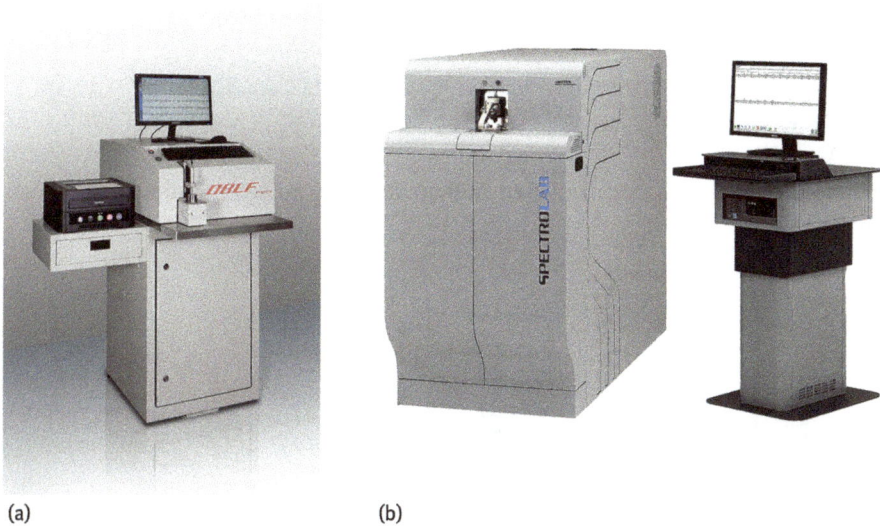

(a)   (b)

Abb. 3.1: Moderne Funkenemissionsspektrometer, Abdruck der Teil Abb. a mit freundlicher Genehmigung der Firma OBLF Gesellschaft für Elektronik und Feinwerktechnik mbH, Salinger Feld 44, 58454 Witten, Teil Abb. b mit freundlicher Genehmigung der Firma SPECTRO Analytical Instruments GmbH, Boschstr. 10, 47533 Kleve

Die Anforderungen an die Präzision und die Richtigkeit der Resultate sind niedriger als bei Laborspektrometern, da es in der Regel ausreicht, den Werkstoff zu identifizieren oder sicherzustellen, dass die richtige Legierung vorliegt. Die Messzeiten müssen allerdings kurz sein, um einen hohen Probendurchsatz zu erreichen. Das ist vor allem dann wichtig, wenn in der Wareneingangs- oder Warenausgangskontrolle zu 100 % geprüft wird. Außerdem muss während der Messung die Prüfsonde bewegungslos an den Prüfling gehalten werden, was nicht unbegrenzt lange möglich ist.

Bei der Probenvorbereitung müssen Kompromisse gemacht werden. Ortsfeste Tellerschleifmaschinen, Dreh- und Fräsautomaten, wie sie bei Laborspektrometern üblich sind, sind bei Betriebsspektrometern nicht praktikabel, weil das Messsystem zum Prüfling gebracht wird. Eine einfache Vorbereitung mit einem Handschleifgerät oder einem Winkelschleifer muss meist genügen. Anders als bei Laborspektrometern spielen Anregungsquellen wie Bogen und neuerdings auch der Laser eine nennenswerte Rolle. Besonders der Bogen ist tolerant gegen nicht optimal vorbereitete Proben. Die Spannweite der mit Mobilspektrometern zu analysierenden Materialien kann sehr groß sein, beispielsweise in der Sekundär-Rohstoffwirtschaft.

Kapitel 6 beschäftigt sich mit konstruktiven Eigenheiten sowie analytischen Möglichkeiten und Grenzen von Mobilspektrometern, die oft auch als Betriebsspektrometer bezeichnet werden, weil sie außerhalb des Labors im Produktionsbetrieb benutzt werden.

3.1 Aufbau von Emissions-Spektrometern zur Analyse fester Stoffe

Abbildung 3.2 zeigt den prinzipiellen Aufbau von Spektrometer-Systemen als Blockschaltbild.

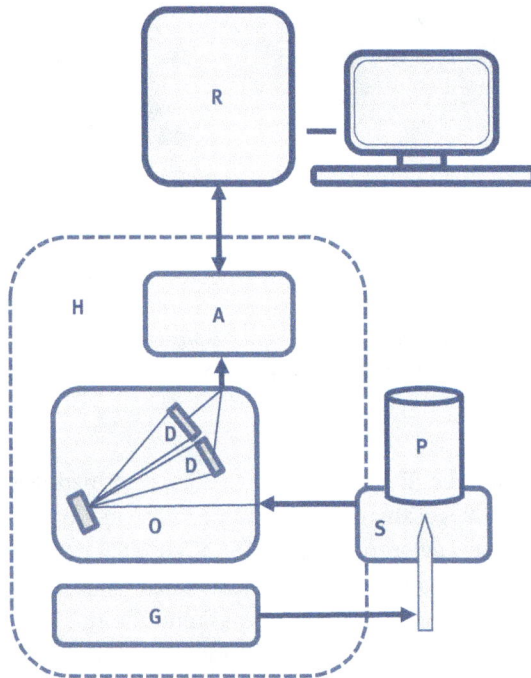

Abb. 3.2: Blockschaltbild Bogen-/ Funkenspektrometer

Eine Probe P liegt auf einem Stativ S. Dort wird durch einen Anregungsgenerator G Material von der Probenoberfläche abgebaut und zur Aussendung einer Strahlung mit Linienspektrum angeregt. Dieser Prozess findet oft in Schutzgas-Atmosphäre statt. Die emittierte Strahlung wird in ein optisches System O transportiert. Die Optik ermöglicht es, eine Anzahl enger Spektralbereiche der Breite einiger Pikometer separat zu messen. In diesem Wellenlängenbereich entsteht Strahlung, deren Intensitäten den Elementgehalten proportional sind. Diese wird mit Strahlungsdetektoren D erfasst und in elektrische Größen überführt. Ein Auslesesystem A misst diese Signale, bereitet sie auf und schickt sie dann an einen übergeordneten Rechner R, wo eine Spektrometer-Software die Berechnung der Elementgehalte durchführt und diese dann anzeigt oder zur Steuerung anderer Prozesse weiterleitet. Gestrichelt gezeichnet ist das Gehäuse H angedeutet, in dem sich meist zumindest der Anregungsgenerator, die Hauptoptik und das Auslesesystem befindet.

Etwas detaillierter lassen sich die Hauptkomponenten der Abb. 3.2 wie folgt beschreiben:

- *Anregungsgeneratoren*

  Kommen Bogen- oder Funkenerzeuger zum Einsatz, so sind diese einerseits mit der zu analysierenden Probe, andererseits mit einer Gegenelektrode verbunden, deren Spitze kurz über der Probenoberfläche positioniert ist. Bogen- bzw. Funken werden in Gang gebracht, indem ein Hochspannungspuls die Atmosphäre zwischen Gegenelektroden-Spitze und Probenoberfläche ionisiert und damit leitfähig macht. Dadurch wird die Strecke niederohmig und es kann sich ein stabiler Stromfluss im Bereich zwischen ca. einem bis über 100 A etablieren, der über eine von der Zündung entkoppelte Leistungselektronik eingespeist wird.

  Bei der Bogenanregung hält dieser Stromfluss einige Sekunden an. Beim Funken wird der Stromfluss nach Ablauf einer Zeit von 10–1000 µs unterbrochen und nach einer Pausenzeit neu gestartet. Funkenfolge-Frequenzen von 50–1000 Hz sind üblich.

  Eine Sonderausführung des Funkenerzeugers bildet der Gleitfunkengenerator. Er kommt ausschließlich bei der Analyse von Nichtleitern, z. B. zur Erkennung halogenhaltiger Kunststoffe zum Einsatz. Zwei Elektroden werden im Abstand einiger Millimeter auf die nichtleitende Probe aufgelegt. Der Zündimpuls ionisiert die Probenoberfläche. Auch hier folgt auf die Zündung ein stromstarker Puls, der mehr als 1000 A erreichen kann. Details über Gleitfunkengeneratoren finden sich bei T. Seidel [87] und bei A. Golloch und D. Siegmund [88].

  Bei der Anregung durch einen Laser wird der Laserstrahl auf die Probenoberfläche oder kurz darüber fokussiert. Die Laserpulse erzeugen im Fokuspunkt Temperaturen von über 10000° C. Dadurch wird Material abgebaut und in den Plasmazustand gebracht. Nach einigen 100 ns, in denen das Plasma nur kontinuierliche Untergrundstrahlung erzeugt, emittiert es ein charakteristisches Spektrum, dessen Strahlung von den im Plasma befindlichen Atomen und Ionen bestimmt wird. Ist der Laser fest zur Probe positioniert, würde das Plasma stets an derselben Stelle entstehen. Bei vielen Proben, z. B. bei Metallen, ist eine punktuelle Analyse an einer Fläche in der Größenordnung hundert Quadratmikrometer nicht ausreichend, um eine Aussage über die Durchschnittsanalyse der Probe zu treffen. Deshalb sind Vorrichtungen erforderlich, entweder den Laserstrahl über die Probe zu bewegen oder aber die Probe relativ zum Laserstrahl zu bewegen.

  Moderne Anregungsgeneratoren verfügen meist über einen Mikrocontroller, der den Anregungsprozess steuert und mit den übrigen Baugruppen kommuniziert.

  Das Kapitel 3.2 beschreibt Aufbau und Wirkungsweise von Anregungsgeneratoren für Labor-Emissions-Spektrometer zur Direktanalyse fester Proben. Generatoren für Mobilspektrometer unterscheiden sich in ihrer Auslegung von denen der Laborgeräte. Sie werden in Kapitel 6.1 beschrieben.

– *Funkenstände und Mess-Sonden*

Laborspektrometer verwenden, wie bereits erwähnt, überwiegend eine Funkenanregung als Anregungsquelle und sind mit einem fest mit dem Gerät verbundenen Funkenstand ausgerüstet.

Als Anregungsatmosphäre wird meist Argon hoher Reinheit (Ar 4.8 mit maximal
20 vpm oder Argon 5.0 mit maximal 10 vpm Verunreinigungen) verwendet. Auf
die Oberfläche des Funkenstands wird die Probe so gelegt, dass die kreisrunde
Funkenstandsöffnung vollständig bedeckt ist. Ein Niederhalter drückt die Probe
während des Abfunkvorgangs auf die Öffnung in der Oberfläche des Funkenstands und sorgt so für einen dichten Abschluss.

Kapitel 3.3 befasst sich mit Funkenstativen von Laborspektrometern.

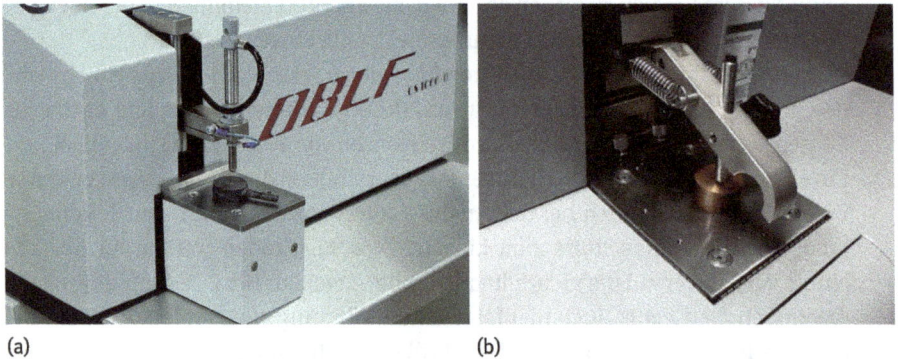

(a) (b)

Abb. 3.3: Funkenstände zweier moderner Laborspektrometer, Abdruck der Teil Abb. a mit freund-
licher Genehmigung der Firma OBLF Gesellschaft für Elektronik und Feinwerktechnik mbH, Salinger
Feld 44, 58454 Witten, Teil Abb. b mit freundlicher Genehmigung der Firma SPECTRO Analytical
Instruments GmbH, Boschstr. 10, 47533 Kleve

Abbildung 3.3 zeigt beispielhaft die Funkenstände zweier moderner Laborspektrometern (a: Funkenstand des GS1000-II der Firma OBLF, b: Funkenstand des
SPECTROLAB LAVM12 der Firma Spectro).

Bei Mobilspektrometern hat die Mess-Sonde meist eine handliche Pistolenform
(Abb. 3.4). In ihrer Abfunkkammer (Metallteil an der Prüfsondenspitze) wird das
elektrische Plasma erzeugt. Meist wird das Licht aus der Abfunkkammer über
einen Quarzlichtleiter zur Spektrometeroptik transportiert. Lichtleiter lassen
allerdings keine Strahlung unterhalb 185 nm durch. Deshalb integriert man
häufig Mini-Optiken nur für Spektrallinien im Wellenlängenbereich zwischen
160 nm und 200 nm in die Abfunksonden (Abb. 3.5). Dieser Wellenlängenbereich
ist besonders für die Analyse von Stahl wichtig, weil hier die zu verwendenden
Spektrallinien wichtiger Elemente wie C, P, S und B liegen. Bei Handgeräten ist
ein optisches System für den gesamten zu messenden Spektralbereich direkt in
die Abfunksonde eingebaut. Das Auflösungsvermögen und damit die analytische

Leistungsfähigkeit solcher Optiken kann sich aber nicht mit denen längerer Brennweite messen. Kapitel 6.2 informiert über Messsonden für Mobilspektrometer. In Kapitel 6.3 wird deren Geräteanbindung mittels Sondenschlauch beschrieben.

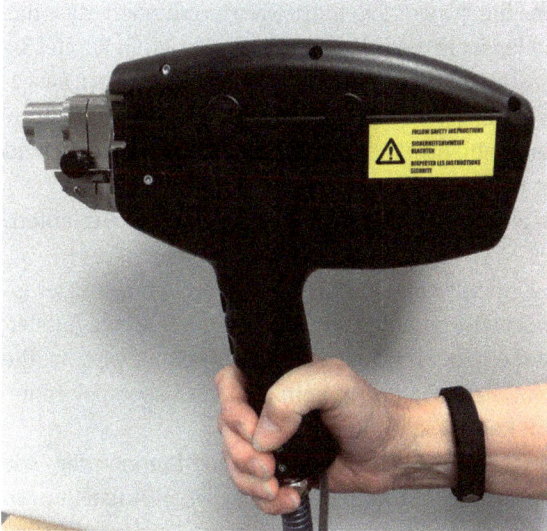

Abb. 3.4: Funkensonde Spectro-Test, Abdruck mit freundlicher Genehmigung der Firma SPECTRO Analytical Instruments GmbH, Boschstr. 10, 47533 Kleve

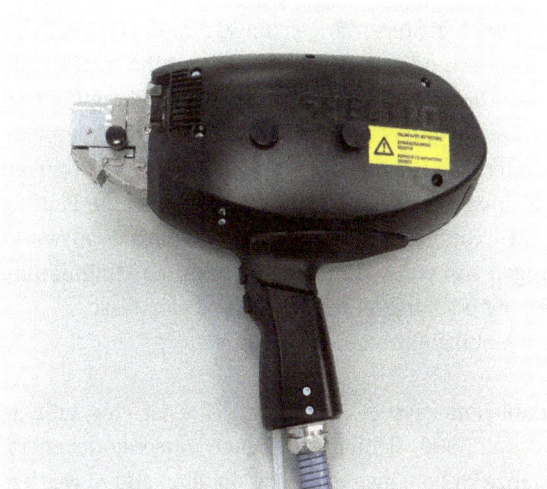

Abb. 3.5: Funkensonde mit UV Sonde SpectroTest, Abdruck mit freundlicher Genehmigung der Firma SPECTRO Analytical Instruments GmbH, Boschstr. 10, 47533 Kleve

– *Schutzgassysteme*
Sauberkeit und Dichtheit des Argonsystems ist bei Spektrometern mit Funkenanregung von großer Bedeutung. Wenige ppm Sauerstoff, Wasserdampf oder Dämpfe organischer Verbindungen im Argon können die Entladung empfindlich stören und zu einer schlechten Wiederholgenauigkeit führen. Das Argonsystem ist meist so ausgelegt, dass in den Pausen zwischen den Messungen ein mäßiger

Argonfluss von zirka 2 bis 20 Litern pro Stunde dafür sorgt, dass eindringende Umgebungsluft und -feuchtigkeit ausgespült wird. Während der Messung wird auf einen höheren Gasfluss von 100–400 l pro Stunde geschaltet. So kann das nach jedem Funken entstehende Metallkondensat abtransportiert werden. Das verbrauchte Argon wird einem Filtersystem zugeführt. Dieses verhindert, dass das als Feinstaub vorliegende Kondensat in die Umgebungsluft gelangt. In Kapitel 3.4 wird beschrieben, wie Schutzgassysteme in modernen Laborspektrometern ausgeführt sind. Auch bei Mobilspektrometern wird beim Funken mit Argon als Schutzgas gearbeitet. Soll das Element Kohlenstoff mittels Bogen bestimmt werden, wird als Schutzgasatmosphäre von Kohlenstoffdioxid gereinigte Luft verwendet. Besonderheiten der Gassysteme von Mobilgeräten werden in Kapitel 6.6 erläutert.

– *Optiksysteme*
Spektrometeroptiken längerer Brennweite sind fast ausschließlich als Gitteroptiken mit holografischen Konkavgittern aufgebaut. Die Paschen-Runge-Aufstellung, bei der das Spektrum auf einem Kreisbogen scharf abgebildet wird, ist die bevorzugte Ausführungsform. Solche Optiken dominieren bei Laborspektrometern. Ihre Konstruktion wird in Kapitel 3.5 erläutert.

Bei mit Halbleitersensorarrays ausgerüsteten Geräten kürzerer Brennweiten, wie man sie in kleineren Mobilspektrometern findet, bevorzugt man Aufstellungen mit holografisch hergestellten, so genannten *flat field* – Gittern, bei denen ein Teil des Spektrums begradigt ist. Die kreisbogenförmige Fokuskurve der Paschen-Rungen-Aufstellung würde bei den üblichen Sensorlängen um 30 mm zu starken Defokussierungen an den Sensor-Rändern oder in der Sensor-Mitte führen. Mit Hilfe der so genannten *crossed Czerny-Turner* Aufstellung, die mit einem Plangitter und zwei Hohlspiegeln statt eines Konkavgitters arbeitet, lassen sich sehr kompakte Optiken bauen, die sich besonders für Handgeräte eignen. Spektrometeroptiken für einen engen Spektralbereich verwenden oft zur Platzersparnis eine Faltung des Lichtwegs. Auch alternative Gitteraufstellungen wie die nach Wadsworth können für solche Anwendungen sinnvoll sein, da sich hier durch Minimierung der Bildfehler eine gute Auflösung bei kurzen Brennweiten erzielen lässt. Kapitel 6.4 ist den Optiken von Mobilspektrometern gewidmet.

– *Elektrooptische Sensoren*
Als Sensoren überwiegen Halbleiterarrays in Zeilenform. Hier ist eine größere Anzahl (meist zwischen 2000 und 5000) lichtempfindlicher Elemente nebeneinander aufgereiht. So können ganze Wellenlängenbereiche simultan erfasst werden. Zeilen in CCD (*charge coupled devices*)- und CMOS (*complementary metal oxide semiconductor*)-Technologie werden am häufigsten eingesetzt. Photomultiplier-Röhren (PMT), die bis zur Jahrtausendwende dominierten, werden nur noch in großen Stationärgeräten verwendet. Sie haben den Vorteil, dass das Abklingverhalten der Spektrallinie am Ende des Funkens erfasst und die Messung auf das für die Nachweisempfindlichkeit günstigste Zeitfenster beschränkt werden kann. Vor dem Photomultiplier ist auf der Fokalkurve ein Austrittsspalt zu positionieren, der nur

die Strahlung einer Wellenlänge (oder genauer: eines eng begrenzten Wellenlängenbereichs) durchlässt. Die Umgebung dieses Bereiches kann nicht erfasst werden, weil Austrittsspalte nicht in beliebig kleinen Abständen montiert werden können. Kapitel 3.6 beschäftigt sich mit den elektrooptischen Sensoren moderner Bogen- und Funkenspektrometer.

- *Messelektronik*

Mit Zeilensensoren bestückte Geräte verfügen über eine Logik zum Takten der Arrays, ggf. Analogmultiplexer zur Arrayauswahl und A/D-Wandler zur Konversion der Messdaten. Photomultiplierbestückte Optiken benötigen einen Integrator pro PMT sowie Analog-Multiplexer, der die Integrator-Ausgänge mit Analog-Digitalwandlern verbindet. Zur Sammlung der Photomultiplier-Ladungen sind Miller-Integratoren mit Löscheinrichtung gebräuchlich.

Meist steuert mindestens ein Mikrocontroller die Erfassung der Intensitäten und gibt diese anschließend über eine serielle Schnittstelle an einen übergeordneten Rechner weiter, der die Weiterverarbeitung der Spektren übernimmt. Bei modernsten Systemen ist jedem Halbleiterarray ein eigener Mikrocontroller zugeordnet. Ein weiterer Mikrocontroller sammelt die Daten und organisiert die Übergabe an den übergeordneten Rechner.

In Kapitel 3.7 werden Details der Daten-Akquisition beschrieben.

- *Übergeordnete Rechner und Peripherie*

Kapitel 3.8 befasst sich mit dem übergeordneten Rechner, meist ein PC mit einem Standard-Betriebssystem. Er erhält vom Auslesesystem die Rohspektren der Halbleiterarrays bzw. die Rohintensitäten der PMTs, führt die Spektrometer-Software aus und gibt schließlich die Resultate via Bildschirm, Drucker oder ins Netzwerk aus. Während die Mikrocontroller von Auslesesystem und Anregungsgenerator dazu in der Lage sein müssen, zeitkritische Aufgaben unter Wahrung eines exakten Zeitregimes zu erledigen, stellt der PC eine hohe Rechenleistung und eine dem Anwender vertraute Benutzeroberfläche in Form eines Standard-Betriebssystems zur Verfügung. Echtzeitfähigkeit kann er im Allgemeinen nicht bieten.

- *Spektrometer-Software*

Noch in den 1980er Jahren des vorigen Jahrhunderts wurden der Computer-Software nur skalare Spannungswerte am Ende einer Messung übergeben. Die Spannungen wurden an den Integrationskondensatoren abgegriffen und in digitale Werte gewandelt. Die Software errechnete aus diesen Digitalwerten Elementgehalte. Damals hatten die Quellprogramme oft nur eine Länge von wenig mehr als tausend Zeilen. Auch heute noch sind die dort durchgeführten Berechnungen Bestandteil der Spektrometer-Software. Moderne Software erfüllt aber zusätzliche Aufgaben.

Vor jeder Messphase werden die Mikrocontroller von Ausleseelektronik und Anregungsgenerator mit den zur Messung notwendigen Parametern versorgt.

Am Ende der Phase oder, bei Einzelfunken-Auswertung, nach jedem Funken werden skalare Messwerte oder ganze Spektren empfangen und gespeichert oder in Echtzeit verarbeitet.

Danach folgt die Errechnung der Elementgehalte der Einzelmessung sowie die Aktualisierung von Mittelwerten, Standardabweichungen und Variationskoeffizienten der aktuellen Messreihe.

Sind Fehlerbedingungen erfüllt, die beispielsweise auf eine unbrauchbare Probe schließen lassen, wird die aktuelle Einzelmessung unterbrochen, verworfen und eine Fehlermeldung ausgegeben.

Nach Abschluss der Messreihe werden die Ergebnisse gedruckt, in einer Datenbank gespeichert und gegebenenfalls automatisch weitergeleitet. Werkstoffvorgaben können überprüft werden. Bei Proben unbekannter Zusammensetzung kann eine Werkstoffidentifikation erfolgen.

Die Software ist bei modernen Geräten zudem in der Lage, eine Vollspektren-Rekalibration[1] durchzuführen und so das Gerät wieder in den ursprünglichen Lieferzustand zu versetzen.

Des Weiteren erlaubt sie eine komfortable Kontrolle und Erweiterung der Kalibrierung.

Zur Interaktion mit dem Bediener stehen meist mehrere Sprachen zur Auswahl.

Diese Liste ist nicht erschöpfend, macht aber plausibel, warum moderne Spektrometer-Betriebsprogramme nicht selten einen Umfang von mehr als einer Millionen Zeilen Quellcode haben können. In Kapitel 3.9 werden die wichtigsten Algorithmen beschrieben, die in modernen Emissions-Spektrometern verwendet werden. Oftmals werden, besonders in Mobilspektrometern, basierend auf den gefundenen Gehalten, weitere Berechnungen durchgeführt.

Einige dieser Algorithmen, z. B. die Bestimmung einer Werkstoffbezeichnung aus der Analyse, werden in Kapitel 6.7 vorgestellt.

– *Gehäuse*

Bei der Aufzählung der Gerätekomponenten darf auch das Gehäuse nicht vergessen werden. Es ist, ähnlich wie die Software, eine Schnittstelle zum Benutzer. Mangelnde Ergonomie, zu laute Lüfter, Pumpen oder Kühlaggregate, schlecht zugängliche Bedienkomponenten behindern ein effizientes Arbeiten mit dem Gerät. Außerdem gibt es umfangreiche Sicherheitsvorschriften für Laborgeräte, von denen viele das Gerätegehäuse direkt oder indirekt betreffen. Für Europa sind die Sicherheits-Anforderungen in der Norm DIN EN 61010 [85] niedergelegt. Ein korrekt ausgelegtes Gehäuse ist weiterhin erforderlich, um die Normen zur elektromagnetischen Verträglichkeit bezüglich Störaussendung und Störfestigkeit einhalten zu können. Eine Konformitätserklärung über Einhaltung der genannten Normen ist Voraussetzung für eine Vermarktung eines Analysengeräts innerhalb der EU. In anderen Regionen der Welt gelten ähnliche Bestimmungen. Für Mobilspektrometer ist es besonders schwierig, Normenkonformität zu erreichen. In Kapitel 6.5 wird diese Problematik

---

1 Innerhalb dieses Buches wird wiederholt statt des Begriffs „Kalibrierung" der Anglizismus „Kalibration" verwendet, weil dieser Ausdruck innerhalb der Branche sehr gebräuchlich ist. Gleiches gilt für Wortzusammensetzungen (hier: „Vollspektren-Rekalibration").

detailliert beleuchtet. Für Laborspektrometer gelten im Allgemeinen die gleichen Normen. Sie sind aber wegen der geringeren Anforderungen an Bauraum, Gewicht, Beweglichkeit und Umgebungsbedingungen leichter zu erfüllen.

3.2 Anregungsgeneratoren

In diesem Kapitel werden Aufbau und Leistungsmerkmale der drei gängigsten Typen von Anregungsgeneratoren zur Direktanalyse fester Stoffe diskutiert.

Der *Bogengenerator* hat den einfachsten Aufbau und ist in seiner Wirkungsweise am leichtesten zu verstehen. *Funkenerzeuger* lassen sich schaltungstechnisch als Erweiterung des Bogengenerators verstehen: Die Anfangsphase eines stromstarken Bogens wird nach einer Pause periodisch wiederholt. Der weitaus überwiegende Teil der Geräte zur Direktanalyse von Metallen ist mit Funkenquellen ausgerüstet. Abschließend wird kurz auf *Laserquellen* eingegangen. Jahrzehntelang kamen Systeme mit Laseranregungen nicht über einen experimentellen Status hinaus. Das hat sich in den letzten Jahren geändert. Es befinden sich nun serienmäßig gefertigte Systeme auf dem Markt, besonders für einfache analytische Aufgaben. Ein Beispiel hierfür sind Handgeräte zur Sortierung von Aluminiumschrotten. Darauf wird in Kapitel 6.1.4 detailliert eingegangen.

3.2.1 Bogenanregung und Bogengeneratoren

Elektrische Bögen werden nicht nur zu spektrometrischen Zwecken benutzt. Die Kohlebogenlampen wurde dem Prinzip nach bereits 1802 von Humphry Davy erfunden. Die Elektroden sind bei Davys Konstruktion horizontal angeordnet was dazu führte, dass sich das Plasma zwischen den Elektroden durch thermischen Auftrieb bogenförmig ausbildet [86]. Dieser Tatsache verdankt der Bogen seinen Namen. Jean Bernard Léon Foucault verbesserte Davys Konstruktion, indem er eine selbsttätige Regulierung des Elektrodenabstandes einführte. Knuth Ohls berichtet in seinem Buch über die Entwicklung der Analytischen Chemie [1] auf S. 509 von einem Schriftwechsel zwischen Gabriel Stokes einerseits und Kirchhoff und Bunsen andererseits nach deren bahnbrechenden Veröffentlichungen über die Atom-Emission in Flammen, welche die Spektrometrie begründeten [2]. Stokes schreibt, Foucault habe schon 1849 ähnliche Beobachtungen im Kohlebogen gemacht. Der elektrische Bogen fand erst ab den 1870er Jahren nach Entwicklung brauchbarer Stromerzeuger weitere Verbreitung. In die instrumentelle Analytik zog er sogar erst gegen Ende des neunzehnten Jahrhunderts ein. Der genaue Zeitpunkt ist im Rückblick schwer zu bestimmen. In dem im Jahre 1875 erschienenen Lehrbuch von Zech [3] wird der Bogen zwar kurz erwähnt (S. 47 f), allerdings wird auf die komplizierte Handhabung sowie die hohen Kosten, bedingt durch die nach damaligem Stand der Technik erforderlichen 40–50 galvanischen Elemente, verwiesen. Im Werk von Landauer [4] wird er hingegen als die für Metalle geeignetste Anregungsquelle bezeichnet und detailliert beschrieben. Landauer baut dabei auf Arbeiten von Liveing und Devar [5, 6] sowie von Kayser und Runge [7] auf.

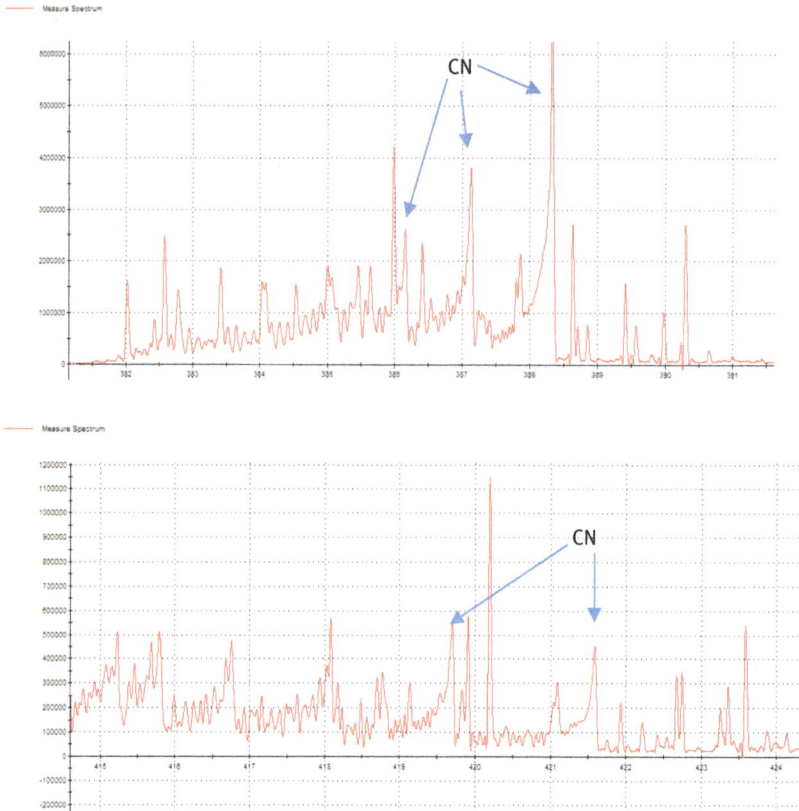

Abb. 3.6: Ausschnitte aus dem Bogenspektrum einer Graphitprobe mit Cyanbanden

Der Zeitpunkt, zu dem der Bogen in die Analytik Einzug hielt, überrascht nicht: Stromstarke Lichtbögen liefern ein, im Vergleich zum damals verwendeten Hochspannungsfunken, lichtstarkes Spektrum. Sie passten damit zu den Rowlandschen Gittern, die Ende des neunzehnten Jahrhunderts zunehmend die Prismen als Bauteile der Lichtzerlegung verdrängten. Gitter sind prinzipiell lichtschwächer als Prismen, weil sich die Strahlung auf mehrere Beugungsordnungen verteilt. Andererseits ist eine hohe Auflösung einfacher mit Gittern als mit Prismen zu erreichen. Das ermöglicht eine sinnvolle Nutzung des in Luft brennenden Bogens als Anregungsquelle, denn weite Bereiche des sichtbaren Spektrums sind von Molekülbanden, z. B. des Radikals CN, gestört. Molekülbanden sind Gruppen von Spektrallinien, die kurze, regelmäßige Abstände haben und in Richtung längerer Wellenlängen ansteigen, um danach schlagartig zu enden. Die Abstände der Einzellinien sind dabei so eng, dass sie mit kleineren Optiksystemen nicht immer aufgelöst werden können. Banden sind dann aber trotzdem an der typischen Sägezahnstruktur zu erkennen. Abbildung 3.6 zeigt Ausschnitte aus dem Spektrum einer Graphitprobe. Die stärksten Cyanbanden sind markiert. Nur bei hoher Auflösung sind zu Banden gehörende Spektrallinien von benachbarten Analytlinien zu trennen. Die Cyanbanden sind bei Verwendung von Kohlenelektroden besonders stark.

3.2.1.1 Die Physik des elektrischen Gleichstrombogens

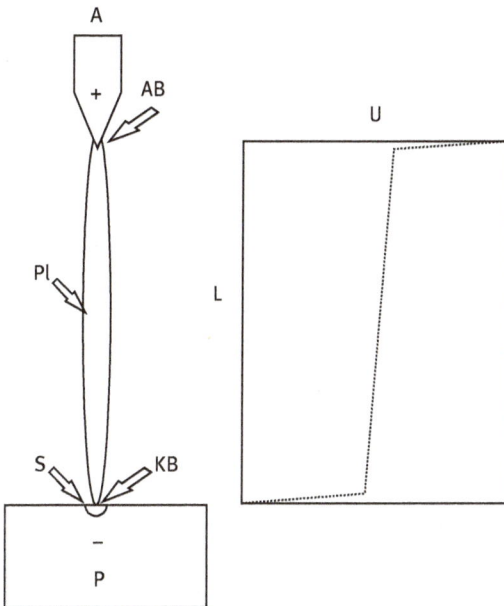

Abb. 3.7: Aufbau des elektrischen Bogens

Bedeutung der Zeichen in Abb. 3.7:

links

A: Gegenelektrode (Anode)

P: Probe (Kathode)

Pl: Plasma, Gebiet zwischen Anoden- und Kathodenfallgebiet. Das Plasma erstreckt sich über nahezu die gesamte Distanz zwischen den Elektroden

S: Schmelze am Bogen-Fußpunkt

KB: Kathoden-Brennfleck (Ansatzpunkt des Bogens auf der Probe), unmittelbar darüber befindet sich das Kathodenfallgebiet als dünner Film über dem Brennfleck

AB: Anoden Brennfleck (Ansatzfläche des Bogens auf der Elektrodenspitze), darunter befindet sich das Anodenfallgebiet als dünner Film über der Elektrodenspitze

rechts

Qualitativer Verlauf des Spannungsabfalls (U) über die Strecke (L) zwischen der Spitze der Gegenelektrode und der Probenoberfläche. Der Spannungszuwachs in den Fallgebieten ist noch steiler als gezeichnet.

Die Struktur des elektrischen Bogens gibt Abb. 3.7 wieder. Dabei wird die Geometrie zugrunde gelegt, wie sie in modernen Mobilspektrometern verwendet wird: Der Bogen brennt in Luft zwischen einer flächigen Probe und der spitzen Gegenelektrode, die meist aus spektralreinem Silber oder aus Elektrolytkupfer besteht. Die Gegenelektrode ist als Anode gepolt, die Probe fungiert als Kathode. Ist im weiteren Text von der Elektrode die Rede, so ist stets die Gegenelektrode gemeint, obwohl die Probe natürlich auch eine Elektrodenfunktion wahrnimmt. Als Abstand zwischen Elektrode und Probenoberfläche (Gap) wird meist 1–2 mm gewählt.

Die Mechanismen des Zündprozesses

Abbildung 3.8 zeigt ein Ersatzschaltbild des Gleichstrombogens mit Schaltungsteilen für Zündung, (Z), Plasmaentwicklung (PD) und für die Energiezufuhr in der stationären Bogenphase (ES).

- Die *Zündung* des Bogens erfolgt durch Kontaktierung oder einen Hochspannungsimpuls.

  Dabei wird unter Zündung die Herbeiführung eines Zustandes verstanden, in dem sich der Bogen selbstständig unterhält. Moderne Geräte arbeiten meist mit festen Elektrodenabständen und Hochspannungszündung, deshalb sollen hier die Mechanismen dieses Zündungstyps betrachtet werden:
  Im Gap, also der Gasstrecke zwischen Probe und Elektrodenspitze werden ständig durch ionisierende Strahlung Paare aus Elektronen und Ionen gebildet. Selbst in völliger Dunkelheit sorgt kosmische Strahlung für die Bildung solcher Ladungsträgerpaare. Laut Demtröder [8] sorgt die kosmische Strahlung für eine Ionenpaar-Konzentration von 10^6 pro Liter. Küpfmüller und Kohn [9] nennen 10^{-18} A als Größenordnung für den Strom, der sich mit Hilfe durch Höhenstrahlung induzierter Ladungsträgerpaare zwischen zwei je 1 cm^2 großen, 1 cm voneinander entfernten Flächenelektroden erzeugen lässt. Wird also Hochspannung an die Elektroden gelegt, so werden Ladungsträger vorhanden sein, die im elektrischen Feld beschleunigt werden können (s. Abb. 3.9). Das ist auch dann der Fall, wenn die Hochspannung nur kurzzeitig vorhanden ist. Die beschleunigten Teilchen kollidieren nach Zurücklegen ihrer freien Weglänge mit neutralen Atomen. Haben sie auf diesem Weg so viel Energie aufgenommen, dass diese zur Ionisierung des bei der Kollision getroffenen Gasteilchens reicht, so wird auch dieses in ein Ladungsträgerpaar überführt, wobei auch dessen Elektron in Richtung Elektrode und sein positives Ion zur Probe hin beschleunigt wird.

Die Anzahl der Ladungsträgerpaare wächst deshalb lawinenartig (s. Abb. 3.10). Der Zündspannungsimpuls wird meist durch primärseitiges Abschaltung eines Hochspannungstransformators erzeugt (Tr in Abb. 3.8). Meist ist ein Kondensator C_Z von 100 pF bis 300 pF an der Sekundärseite des Hochspannungstransformators angeschlossen, der nach dem Durchschlag Energie in das Gap abgeben kann.

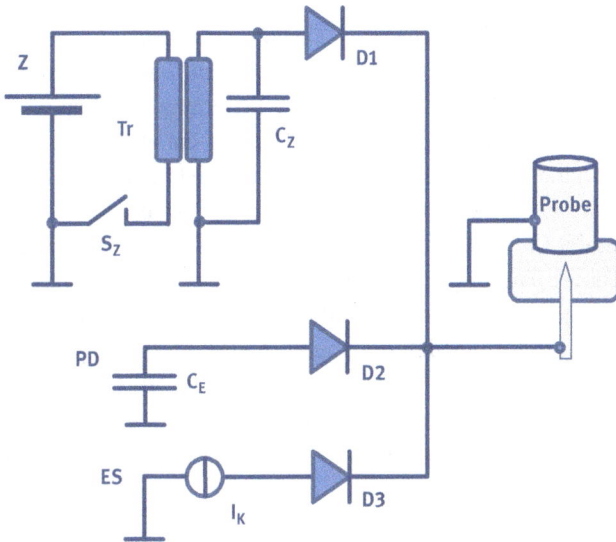

Abb. 3.8: Ersatzschaltbild des Gleichstrombogens

Auf der Primärseite des Transformators Tr wird der elektronische Schalter S_Z zunächst eingeschaltet um den Hochspannungstransformator zu magnetisieren. Sobald genügend Energie im Kern gespeichert ist, wird Tr abgeschaltet. Die Spannung steigt dann, bis es entweder zu einem Durchschlag kommt oder die gesamte im Kern gespeicherte Energie die Kapazität auf der Sekundärseite des Hochspannungstransformators maximal auflädt. Diese Kapazität ist stets vorhanden, auch dann, wenn kein Kondensator angeschlossen ist. So bildet z. B. die Sekundärwicklung zur Masse und zur Primärwicklung einen parasitären Kondensator. Der Zündspannungs-Puls sollte bei den oben genannten Geometrien und Materialien eine Höhe von 10–15 kV erreichen können.

Die Zündspannung kann nicht lange aufrechterhalten werden, da sie unter der Belastung des stets niederohmiger werdenden Gaps zwangsläufig zusammenbricht. Nachdem C_Z geleert ist, wird der Schaltungsteil zur Zündung wegen der Entkopplung durch Diode D1 wirkungslos.

- Wenn die Zündspannung auch nur einige 100 ns lang vorhanden war, sind so viele Ladungsträgerpaare erzeugt worden, dass eine Spannung von 200 V zwischen den Elektroden ausreicht, die Ladungsträgerkonzentration im Gap aufrecht zu erhalten und sogar noch zu vergrößern. Selbst jetzt ist das Plasma noch nicht voll entwickelt. Die Konzentration der Ladungsträgerpaare ist noch geringer als die in der stationären Phase des Bogens, er ist also noch vergleichsweise hochohmig. Die Schaltungsteile zur Entwicklung des Plasmas (PD in Abb. 3.8) sorgen dafür, den Bogen in seine stationäre Phase zu überführen. Zu diesem Zweck muss weitere Energie in das Gap eingebracht werden. Es reicht aus – wiederum unter Annahme der oben beispielhaft genannten Geometrien und Materialien, einen auf 200 Volt geladenen Kondensator C_E einer Kapazität von einem Mikrofarad an das Gap anzulegen. Der Kondensator entlädt sich dann über das Gap. Dabei fällt zwar seine Spannung, das Gap wird jedoch immer niederohmiger. Die Spannung, die anliegen muss, damit die Ladungsträgerkonzentration dort mindestens gleichbleibt, sinkt deshalb ständig.
- Der Schaltungsteil für die Energiezufuhr in der stationären Bogenphase (ES in Abb. 3.8) besteht neben der Diode D3 zur Entkopplung aus einer Konstantstromquelle I_K. Über sie fällt eine Spannung ab. Um den abfallenden Strom nachregeln zu können, muss sie einige 10 V größer als die Brennspannung im stationären Bogenzustand sein. Dieser größte über der Stromquelle I_K erzeugbare Spannungsabfall sei U_{Qmax}. In der Anfangsphase des Bogens ist der Sollstrom unterschritten, über I_K fällt deshalb U_{Qmax} ab. Sobald die Ladung von C_E unter U_{Qmax} sinkt wird C_E wegen der Entkopplung durch D2 wirkungslos und die Stabilisierung des Bogens durch die Stromquelle I_K setzt ein.

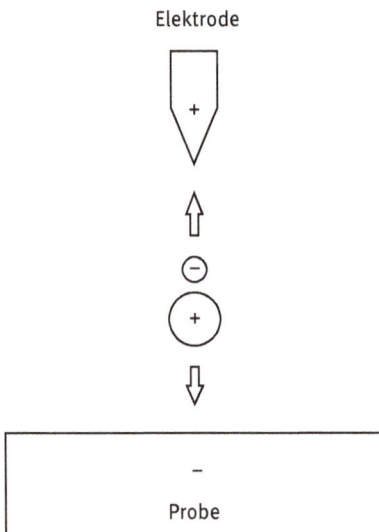

Abb. 3.9: Erzeugung und Beschleunigung von Ladungsträgern im elektrischen Feld

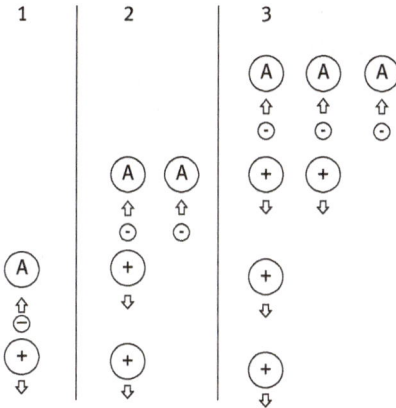

Abb. 3.10: Vervielfältigung von Ladungsträgerpaaren

Der Schaltungsteil für die Plasmaentwicklung und die Stromquelle zur Aufrechterhaltung des Bogens lassen sich zu einer Einheit zusammenfassen, wenn U_{Qmax} genügend groß werden kann. Werden unsere Beispieldaten zugrunde gelegt, so muss U_{Qmax} ca. 200 V erreichen können. In der Vergangenheit wurde das einfach dadurch realisiert, dass eine Gleichspannung U_V von ca. 300 Volt über einen Widerstand R_V mit dem Gap verbunden wurde. Abbildung 3.11 a zeigt die Schaltung. Das Gap ist zu Beginn der Phase der Plasmaentwicklung hochohmig. Es habe einen Widerstand R_{PE}, der in der Größenordnung 300 Ohm liegt. Wählt man R_V = 130 Ohm und geht man von einer Brennspannung im stationären Bogenzustand von 40 Volt aus, so fällt zu Beginn der Plasmaentwicklung über dem Gap eine Spannung von $\frac{300*300}{300+130}$ Volt, also 209 V ab. Das Plasma wird dann schnell niederohmiger und der Spannungsabfall über dem Gap reduziert sich auf ca. 40 V. Dann fließt ein Bogenstrom von $\frac{300-40}{130}$ Ampere, also 2 A. Kommt es, aus welchen Gründen auch immer, zu einer Reduktion der Ladungsträger in der Funkenstrecke, so steigt deren Widerstand und damit erhöht sich die Spannung über dem Gap, so dass sich schnell wieder die ursprüngliche Ladungsträgerkonzentration einstellt. Es findet also eine Stromnachregelung statt. Der Nachteil der einfachen Schaltung nach Abb. 3.11 a ist ihr schlechter Wirkungsgrad: Legt man die Beispieldaten zu Grunde, dann wird eine Leistung von 62 Watt in das Plasma eingebracht. Die Verluste im Widerstand betragen dagegen mehr als 560 Watt. Der Wirkungsgrad ist also schlechter als 11,1 %, wobei sonstige Verluste noch nicht berücksichtigt wurden. Die einfache Schaltung nach Abb. 3.11 a kommt deshalb bei modernen Bogengeneratoren, die häufig auch aus Batterien gespeist werden müssen, nicht in Frage. In Kapitel 3.2.1.2 werden modernere Konzepte vorgestellt.

Elektrische Verhältnisse des Bogens im stationären Zustand

Die Brennspannungen, die sich in der stabilen Phase des Bogens einstellen, sind vom Elektrodenabstand, der Stromstärke und dem Material von Probe und Gegenelektrode abhängig.

Die Brennspannung des Bogens für Proben aus Stahl, Kupfer- oder Nickel-Legierungen bei Verwendung von Gegenelektroden aus spektral reinem Silber oder Elektrolytkupfer liegt in der Größenordnung von 35–45 Volt, wenn der Elektrodenabstand zwischen 1,5 und 2 mm liegt und der Bogenstrom ca. 2 Ampere beträgt. Die Brennspannung reagiert kaum auf eine Änderung des Bogenstroms. Das ist leicht einzusehen: Mit steigendem Strom werden mehr Atome ionisiert und die erzeugten Ladungsträgerpaare stehen damit der Stromleitung zur Verfügung. Man darf sich deshalb das Bogenplasma keinesfalls als konstanten elektrischen Widerstand vorstellen. Schon in den Anfangstagen der Bogenspektroskopie stellte man fest, dass mit steigender Eingangsspannung (U_V in Abb. 3.11 a) und steigendem Widerstand R_V der Bogen stabiler brennt. Ist die Eingangsspannung zu niedrig, so kann der Bogen spontan verlöschen, was leicht erklärlich ist:

Der Bogen befinde sich in einem stabilen Zustand und habe den momentanen Widerstand R_p. Der differenzielle Widerstand ist dabei der Quotient aus Brennspannung und Bogenstrom. Wird der Bogen durch eine Störung wie z. B. einen Luftzug geringfügig kälter, so geht die Plasmatemperatur zurück. Es werden weniger Elektronen-/Ionenpaare gebildet als rekombinieren. Der momentane Widerstand des Plasmas R_p' steigt. Der Bogenstrom I, der zuvor U_V / $(R_V + R_p)$ betrug, reduziert sich nun auf U_E / $(R_V + R_p')$. Falls R viel größer als R_p' ist, so ist das nicht weiter tragisch. Ist R_p' aber in der gleichen Größenordnung wie R, geht der Strom zurück und es werden aus diesem Grund noch weniger Ladungsträgerpaare erzeugt. Der Widerstand des Plasmas steigt weiter, was erneut den Strom senkt. Innerhalb von Millisekunden reißt der Bogen ab. Wird eine Induktivität L in Reihe zum ohmschen Widerstand gelegt (siehe Abb. 3.11 b), kann die Spannung R bis auf etwa die doppelte Brennspannung U_B gesenkt werden. Induktivitäten widersetzen sich bekanntlich plötzlichen Stromänderungen, es gilt die Beziehung:

$$U_L = L^* \, (dI/dt) \tag{3.1}$$

Das heißt, geht der Bogenstrom in der Zeit dt um dI zurück, fällt über die Induktivität eine Spannung von U_L ab, die sich zu der Eingangsspannung U_E addiert. Durch die höhere Gesamtspannung wird die Widerstandserhöhung des Plasmas ausgeglichen und die Bildungsrate der Elektronen-/Ionenpaare stabilisiert.

Die Annahme eines stabilen Bogenzustandes ist allerdings eher hypothetisch und der oben beschriebene Mechanismus wirkt bei einem frei brennenden Bogen nur soweit, dass sein Erlöschen verhindert wird. Es ist zwar einfach, den Bogenstrom stabil zu halten. Das gilt aber nicht für die Brennspannung. Man beobachtet oft, dass diese sekundenlang in einem Spannungsbereich der Breite ca. eines Volts bleibt. Dann kann die Spannung aber nach oben oder unten ausbrechen und entweder auf diesem neuen Niveau stabil bleiben oder aber schnell zwischen höherem und niedrigerem Niveau wechseln. Oft sind auch mit bloßem Auge Änderungen der Bogenstrahlung zu erkennen: Es kann in unregelmäßigen Zeiträumen der Größenordnung einiger Sekunden ein Wechsel zwischen bläulicher und gelblicher Bogenstrahlung beobachtet werden. Solche Wechsel sind auch zu hören: Das den Bogen begleitende Zischen kann sich plötzlich ändern.

Der Bogen unterscheidet sich von der Glimmentladung durch die hohe Kathoden-temperatur. Bei der Glimmentladung werden nur vergleichsweise wenige Elektronen durch den Auger-Effekt aus der Kathode gelöst und in Richtung der positiv gelade-nen Anode beschleunigt. Das Plasma bleibt hochohmig, so dass sich zwischen den Elektroden Spannungsabfälle von einigen hundert Volt einstellen. Dagegen basiert der Elektronenaustritt aus der Kathode des Bogens auf der hohen Temperatur, die an dessen Ansatzstelle auf der als Kathode geschalteten Probe herrschen. Die Plasmatem-peratur reicht nur bei hoch schmelzenden Materialien wie Wolfram, Molybdän, Tantal oder Graphit aus, den Bogen-Fußpunkt ausreichend zu heizen. Bei Materialien mit niedrigeren Verdampfungstemperaturen kühlt die Verdampfung den Ansatzpunkt des Bogens. Der Energieeintrag aus dem Plasma allein genügt dann nicht mehr zur Erzeu-gung einer ausreichend hohen Temperatur. Es gibt aber einen Effekt, der für eine aus-reichend hohe Temperatur im Bogen-Fußpunkt sorgt. Unmittelbar über der Kathode herrscht eine sehr hohe Feldstärke. Das ist leicht einzusehen. Oben wurde erklärt, dass die Ladungsträgerpaare im Plasma lawinenartig vervielfacht werden. Danach werden die Ionen Richtung Kathode, die Elektronen Richtung Anode beschleunigt. Unmittel-bar an der Kathode steht eine vergleichsweise kleine Zahl thermisch emittierter Elek-tronen der sehr großen Anzahl aller im Plasma erzeugten und nicht rekombinierten Ionen gegenüber. Die Zone mit positiver Raumladung wird als Kathodenfallgebiet bezeichnet. Sie ist dünn, trotzdem fällt hier ein großer Teil der Brennspannung ab.

Um eine Vorstellung über die Stärke des Kathodenfallgebiets und die Fläche des Bogen-Fußpunktes zu bekommen lohnt eine Beschäftigung mit Arbeiten, die sich mit der Physik elektrischer Kontakte befassen. Hier ist das Verständnis von Bogenerschei-nungen besonders wichtig, denn der Bogen kann beim Öffnen von Kontakten entstehen und das Unterbrechen des Stromkreises verhindern und zu Erosion an den Elektroden führen, ist also ein störender Effekt. Bei Holm [10] wird ein physikalisches Modell ent-wickelt und eine Beispielrechnung für einen 20 Ampere starken, zwischen Silberelek-troden brennenden Bogen durchgerechnet und mit experimentellen Daten verglichen. Für den Abstand zwischen Kathodenoberfläche und Zentrum des Kathodenfallgebiets errechnet Holm eine Distanz von nur $4{,}8 * 10^{-8}$ m. Die Stromdichte an der Ansatzfläche des Bogens auf der Elektrode wird mit $0{,}5 * 10^8$ bestimmt, woraus sich bei der gegebenen Stromstärke für die Ansatzfläche, also der Brennfleck, eine Fläche von nur $0{,}02\,mm^2$ ergibt. Die Einschnürung des Kathoden-Brennflecks auf eine sehr kleine Fläche folgt aus dem bei Holm beschrieben Modell und deckt sich mit den experimentellen Daten.

Mit der elektrischen Feldstärke wird das Potenzialgefälle bezeichnet, es gibt also die Potentialdifferenz bezogen auf den Abstand an. Die Potentialdifferenz an der Kathode, also der Kathodenfall beträgt zwar nur einige Volt, da er aber über die geringe Distanz der Größenordnung von 10^{-8} bis 10^{-7} m anliegt, ist die Feldstärke sehr groß. Sie liegt für das Beispiel des 20 A – Bogens in der Größenordnung der mittle-ren freien Weglänge für Elektronen. Die freie Weglänge der Ionen ist wegen deren größerer Querschnitte kleiner. Die Ionen werden also unmittelbar über der Kathode auf ihrem letzten Abschnitt vor ihrem Auftreffen dort stark beschleunigt werden. Das heizt die Kathode stark auf. Holm errechnet eine Oberflächen-Temperatur der Größenordnung 4000 K, was sich mit den experimentellen Daten deckt.

Mit zunehmendem Abstand von der Kathodenoberfläche nimmt das Ionen-Übergewicht ab und die Anzahl von Ionen und Elektronen gleicht sich an. Hier beginnt der Bereich des Plasmas, der gelegentlich auch als positive Säule des Bogens bezeichnet wird. Die Elektronen werden im elektrischen Feld beschleunigt und kollidieren mit neutralen Atomen. Haben die Elektronen eine ausreichend hohe Energie, so kommt es zu einer Anregung oder zu einer Ionisierung des getroffenen Atoms. Auch bereits ionisierte Teilchen können angeregt oder sogar doppelt ionisiert werden. Eine Anregung oder Ionisierung durch Stöße zwischen positiven Ionen und neutralen Teilchen kann ebenfalls stattfinden. Wegen der kleineren freien Weglänge der Ionen sind jedoch hauptsächlich die Elektronen für Ionisation und Anregung zuständig.

Die Zusammenhänge, die ursächlich für das Auftreten von Linienspektren sind, wurden detailliert in Kapitel 2 dieses Buches besprochen. Abbildung 3.14 dient der Erinnerung. Die Energieniveaus, auf die das Atom eines Elements durch Stöße gebracht werden kann, sind durch gepunktete horizontale Linien angedeutet. Nur genau definierte Energieniveaus, die den gestrichelten Linien entsprechen, können eingenommen werden. Ein Heben von einem Niveau auf ein höheres ist ebenfalls möglich. Nach einer kurzen Zeit wird das angeregte Niveau wieder verlassen, indem entweder der Grundzustand oder ein energetisch tiefer liegendes angeregtes Niveau eingenommen wird (in Abb. 3.14 angedeutet durch gepunktete Linien). Dabei wird ein Lichtquant abgestrahlt, dessen Wellenlänge sich unmittelbar aus der Differenz der Energieniveaus ergibt. Die Energieniveaus werden üblicherweise in der Einheit Elektronenvolt (eV) notiert. Ein eV ist dabei die kinetische Energie, die ein Elektron durch ein elektrisches Feld bei einer Beschleunigungsspannung von einem Volt aufnimmt. Es handelt sich um eine sehr kleine Energie, die ca. $1{,}6 * 10^{-19}$ Joule entspricht. Die in eV ausgedrückten Differenzen von Energieniveaus ΔE lassen sich direkt in die Wellenlängen Λ der Lichtquanten umrechnen, die beim Fall auf ein niedrigeres Anregungsniveau abgestrahlt werden. Es gilt die Beziehung:

$$\Lambda = \frac{h * c}{\Delta E} \tag{3.2}$$

Hier steht h für das Planck'sche Wirkungsquantum und c für die Lichtgeschwindigkeit (s. auch Gleichungen 2.10 und 2.11).

Eine Anregung kann außer durch einen Stoß auch durch die Aufnahme eines passenden Lichtquants erfolgen. Dieser Effekt wird uns weiter unten bei der Diskussion der Selbstumkehr von Linien beschäftigen.

Führt der Stoß dem Atom eine Energie zu, die oberhalb der oberen, gestrichelten Linie liegt, so reicht sie aus, ein Elektron vom Ion zu trennen. Die zugehörige Energie bezeichnet man als Ionisierungsenergie. Für das jetzt entstandene Ion gilt ein ähnliches Schema wie das nach Abb. 3.14, auch hier ist Anregung und, sofern noch Elektronen im Ion vorhanden sind, das Erreichen einer höheren Ionisierungsstufe möglich.

An der Anode findet man wegen des hier herrschenden Elektronenüberschusses wieder eine erhöhte Feldstärke. Hier kommen sämtliche durch Stoßionisation entstandene Elektronen an, sofern sie nicht vorher durch Rekombination mit Ionen eliminiert wurden. Der Effekt ist also ähnlich dem an der Kathode, allerdings mit umgekehrtem Vorzeichen. Das Gebiet mit negativer Raumladung wird Anodenfallgebiet genannt. Auch die Anode erfährt durch den Beschuss mit Elektronen, die durch die erhöhte Feldstärke über der Anode beschleunigt werden, eine Aufheizung. Der Energieeintrag auf die Gegenelektrode ist nicht unbeträchtlich. Auch am Anodenbrennfleck kommt es zu einer Einschnürung. Holm [10, S. 305] weist jedoch darauf hin, dass bei steigendem Elektrodenabstand der Anodenbrennfleck stets größer wird und sich damit die Kühlung verbessert. Durch ein ausreichend weites Gap lässt sich deshalb der Materialabbau von der Gegenelektrode minimieren.

Rechts in Abb. 3.7 ist der Spannungsverlauf im Plasma wiedergegeben. Die Spannungsänderung ist an den Elektroden im Kathodenfallgebiet (3) und im Anodenfallgebiet (4) am größten. Der Spannungsabfall im Bereich des Plasmas (5) ist vergleichsweise klein.

3.2.1.2 Aufbau von Bogengeneratoren

Abbildung 3.11 a stellt schon das Prinzipschaltbild eines sehr einfachen Bogengenerators dar, wenn man mit Kontaktzündung arbeitet, den Lichtbogen also zündet, indem bei geschlossenem Schalter S die Gegenelektrode E mit der Probe P verbunden wird. Durch Auslösen einer Feder oder elektromechanisch über einen Hubmagneten wird dann die Elektrode von der Probenoberfläche wegbewegt und so ein Lichtbogen „gezogen". Die Elektrodenspitze ruht in der Endposition typisch 1,5 Millimeter über der Probenoberfläche. Es bildet sich ein Plasma aus, das so lange bestehen bleibt, bis der Schalter S geöffnet wird. Aus den in 3.2.1.1 erläuterten Gründen ist die Probe, wie in Abb. 3.8 und 3.11 gezeigt, kathodisch gepolt, also mit dem Minuspol der Spannungsquelle verbunden.

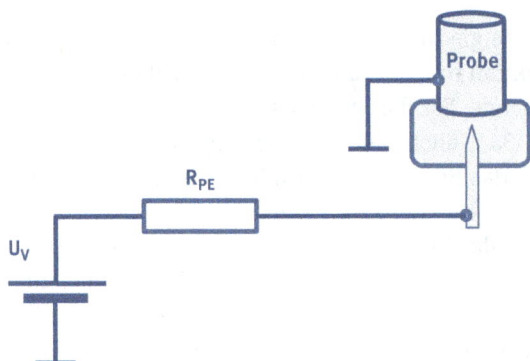

(a)

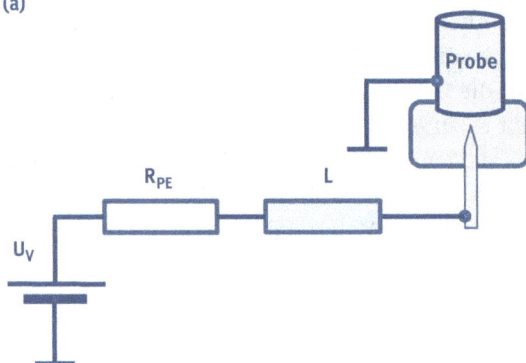

(b)

Abb. 3.11: Einfachster Bogengenerator

Bogengeneratoren mit Kontaktzündung haben den Vorteil, dass kein Hochspannungs-Zündimpuls zum Aufbau des Plasmas erforderlich ist. Das kann für Handgeräte, in denen sich das Plasma sehr nahe empfindlicher elektronischer Baugruppen befindet, eine vorteilhafte Eigenschaft sein. Abbildung 3.12 zeigt ein solches Handgerät mit Kontaktzündung.

In modernen Bogengeneratoren sind jedoch aus Gründen der leichteren Wartbarkeit fest eingestellte Abstände zwischen Probenoberfläche und Gegenelektrode gebräuchlicher, wie bereits im vorigen Abschnitt beschrieben und in Abb. 3.8 gezeigt wurde. Statt durch Kontaktierung erfolgt hier die Zündung mit Hilfe eines überlagerten Hochspannungsimpulses, der die Strecke zwischen Elektrodenspitze und Probenoberfläche ionisiert.

Abb. 3.12: SpectroSort Bogen-
Handspektrometer mit Kontakt-
zündung, Abdruck mit freund-
licher Genehmigung der Firma
SPECTRO Analytical Instruments
GmbH, Boschstr. 10, 47533 Kleve

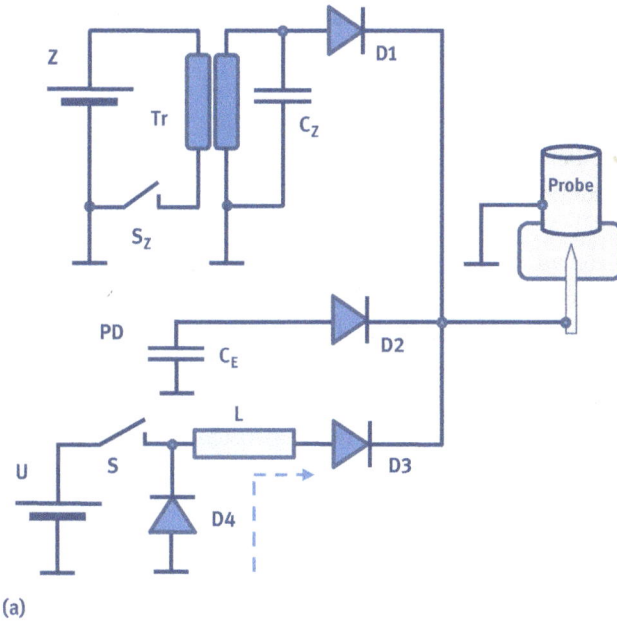

(a)

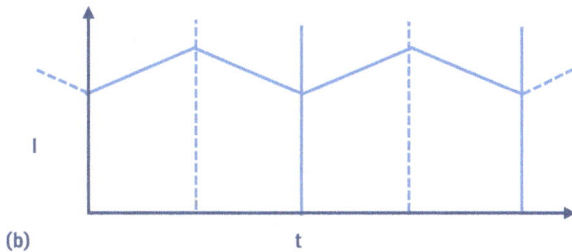

(b)

Abb. 3.13: Schaltbild
Bogengenerator mit
Schaltregler

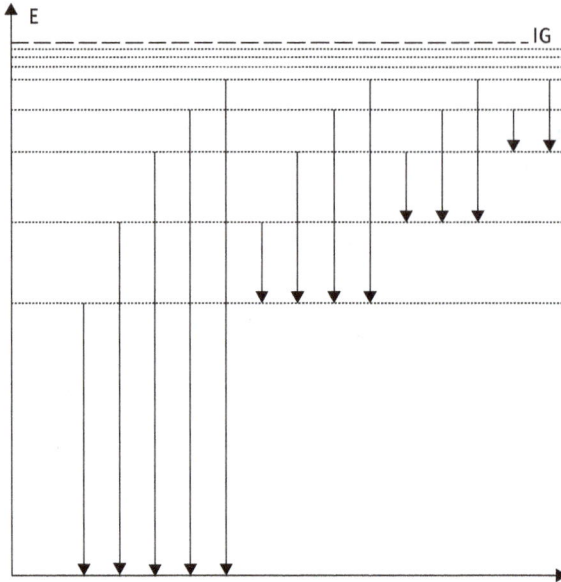

Abb. 3.14: Energieniveaus für Anregung und Ionisierung

Bedeutung der Zeichen in Abb. 3.14:

    E : Energieachse

    IG: Ionisierungsgrenze, bei Zufuhr einer IG übersteigenden Energie wird das Elektron vom Atomkern getrennt

Die gepunkteten Linien zeigen an, welche energetischen Zustände eines angeregten Atoms nach Abstrahlung eines Lichtquants möglich sind.

In Kapitel 3.2.1.1 wurde bereits vorgerechnet, dass die einfache Stabilisierung eines Bogens durch Verwendung einer Spannungsquelle einiger 100 Volt mit nachgeschaltetem Widerstand wegen des niedrigen Wirkungsgrades ungünstig ist.

Es werden deshalb Schaltregler zur Einstellung des gewünschten Stroms genutzt, bei denen die ohmschen Verluste vermieden werden. Abbildung 3.13 a zeigt das Prinzip: Der elektronische Schalter S, meist ein MOSFET oder IGBT, verbindet den Pluspol der Spannungsquelle U mit einer Spule L. Deren Induktivität lässt bekanntlich keine plötzlichen Stromänderungen zu. Der Stromanstieg folgt Gleichung 3.3 und erreicht verzögert den Soll-Bogenstrom. Ist der Strom-Sollwert etwas überschritten, wird S abgeschaltet.

$$I(t) = \frac{U}{R} * (1 - e^{t/(L*R)}) \tag{3.3}$$

Dabei bedeuten:

    I(t): Funktion des Stroms abhängig von der Zeit seit Schließen des Schalters S [A]

    U: Versorgungsspannung [V]

    R: Summe der Ohm'schen Widerstände im Stromkreis inklusive des Plasmawiderstands [Ohm]

L: Summe der Induktivitäten im Stromkreis, im Wesentlichen die diskrete Induktivität H im Stromlaufplan

Da die Induktivität L sich plötzlichen Stromänderungen widersetzt, läuft der Stromfluss nun durch L und die Diode D4 (gestrichelter Pfeil). Die im Magnetfeld der Spule gespeicherte Energie wird abgebaut und der Strom fällt langsam. Nach Unterschreitung eines Mindestwertes wird S wieder eingeschaltet und der Zyklus wiederholt sich. Abbildung 3.13 b zeigt den Stromverlauf. Zu den durch aufrechte, durchgezogene Linien angedeuteten Zeiten wird der Schalter S geschlossen, bei Erreichen der gestrichelten Linien wird er geöffnet.

Das Schaltungsprinzip entspricht dem des sekundär getakteten Abwärts-Wandlers aus der Schaltnetzteil-Technik. Berechnungsdetails hierzu finden sich z. B. bei Tietze/Schenk [11, S. 944 ff].

Bogengeneratoren sind heute hauptsächlich in Betriebsspektrometern zu finden. Der Bogen brennt hier in der Umgebungsluft oder, falls das Element Kohlenstoff bestimmt werden soll, in von CO_2 gereinigter Luft. Weltweit werden jährlich einige hundert solcher Systeme hergestellt. Ihre Auslegung und ihre Eigenschaften werden detailliert in Kapitel 6 besprochen.

Laborspektrometer mit Bogenanregung sind vergleichsweise selten. Hier kommen sie nur für Sonderapplikationen wie z. B. zur Bestimmung von Verunreinigungen in Reinstkupfer oder Graphit zum Einsatz. Nach Schätzung der Autoren wird weltweit jährlich eine kleine zweistellige Zahl solcher Systeme gefertigt.

Eine größere Anzahl von Systemen in niedrigem dreistelligem Bereich wird dagegen für die Analyse von Ölen gefertigt. Das zu analysierende Öl wird aus einem kleinen Behälter über ein kleines Graphitrad in Richtung einer Gegenelektrode transportiert, die ebenfalls aus Graphit besteht. Diese Systeme arbeiten aber nicht mit Gleichstrombögen, sondern mit Abreißbögen, bei denen der Bogen stets nur einige Millisekunden brennt und dann unterbrochen wird. Damit handelt es sich eigentlich um eine Funkenanregung, die in Kapitel 3.2.2 gehört. Die zugehörigen Stative und deren Handhabung werden in Kapitel 3.3.3 beschrieben.

3.2.1.3 Eigenschaften des elektrischen Bogens als Anregungsquelle

Soll der Gleichstrombogen als Anregungsquelle genutzt werden, lohnt es sich, seine analytischen Eigenschaften zu bewerten. Das ermöglicht es zu beurteilen, ob der Bogen für eine konkrete Aufgabenstellung geeignet ist.

Charakter des erzeugten Spektrums

Es sind zwar auch die Linien von Ionen im Bogenspektrum zu finden, die Atomlinien dominieren jedoch. Diese Dominanz ist so ausgeprägt, dass der Begriff Bogenlinien als Synonym für Atomlinien gebraucht wird.

Reproduzierbarkeit

Wie schon oben erwähnt, führen schon kleine Unregelmäßigkeiten in den Messbedingungen zu Lageveränderungen des Plasmas, zu Änderungen der Brennspannung und damit auch zu Temperaturschwankungen. Man erreicht relative Reproduzierbarkeiten für Intensitäten von etwa fünf bis zehn Prozent. Um die Wiederholgenauigkeit zu verbessern, dividiert man die Intensität einer Analysenlinie durch die der Linie des Hauptelements, also z. B. durch die Intensität einer Fe-Linie in der Eisenbasis. Man bezeichnet diese Hilfslinie als internen Standard. Für die Intensitätsverhältnisse, also die Quotienten aus Analysenlinie und passendem internen Standard sind Reproduzierbarkeiten von einem bis fünf Prozent zu erzielen.

Nachweisempfindlichkeit

Bogengeneratoren liefern einerseits ein untergrundarmes Spektrum, andererseits ist die Reproduzierbarkeit aber deutlich schlechter als die des Funkens. Die mit dem Gleichstrombogen erzielbaren Nachweisgrenzen sind deshalb nicht notwendigerweise besser als die, die man mit dem Funken erreichen kann. Das wird klar, wenn man die typischen Nachweisgrenzen im Funken für Mobilspektrometer (Tab. 6.6) mit denen vergleicht, die im Bogenmodus für Geräte mit ähnlicher Optikbestückung erzielt (Tab. 6.7) werden.

Form und Streuung der Kalibrierkurven

Die Kalibrierbarkeit des Verfahrens lässt zu wünschen übrig. Man stellt fest, dass einzelne Proben abseits der Kalibrierkurven liegen. Die Streuungen der Kalibrierkurven sind deutlich schlechter als bei Funkenanregungen. Relative Abweichungen zwischen gemessenen und wahren Werten von zehn Prozent und mehr sind keine Seltenheit. Ursachen der Interelementstörungen und der mäßigen Kalibrierbarkeit des Bogens ist die Tatsache, dass der Materialabbau im Wesentlichen dadurch bewirkt wird, dass die Ionen durch das elektrische Feld im Kathodenfallgebiet beschleunigt werden und auf die Probenoberfläche auftreffen. Im Funken sind das, zumindest dann, wenn die Entladung von kurzer Dauer ist, stets Argon-Ionen. Im Bogen werden dagegen Metallionen beschleunigt. Die leichten Stickstoff- und Sauerstoff-Ionen spielen im Bogen nur unmittelbar nach der Zündung eine Rolle. Die Zusammensetzung der analysierten Probe beeinflusst deshalb den Abbauprozess, die Plasma-Temperatur, die Ionisierungsrate und damit die gemessenen Intensitäten für Analyt und zugehörigen internem Standard. Moderne Spektrometer-Software bietet die Möglichkeit, Interelement-Störer zu berücksichtigen. Die Art der Berechnung wird in Kapitel 3.9 besprochen. Der Einfluss der Probenzusammensetzung auf Abbau, Ionisation und Anregung ist aber komplex. Ein Beispiel soll das verdeutlichen:

Eine höhere Konzentration eines Drittelementes möge zu einem erhöhten Energie-Eintrag und damit zu einem verstärkten Materialabbau führen, was tendenziell Signal von Analyt und internem Standard steigert. Die Plasmatemperatur kann aber trotzdem sinken, weil ein höherer Anteil der zur Verfügung stehenden Gesamtenergie für die Materialverdampfung aufgewendet wird. Das ist ein Effekt, der zu Signalreduktion führen kann. Fällt die Plasmatemperatur, so kann die eventuell vorhandene teilweise Ionisierung der Atome des Analyten und des internen Standards reduziert werden. Es stehen dann mehr Atome zur Anregung zur Verfügung, was wiederum Intensitäts-Steigerungen bewirkt.

Die üblichen Korrekturalgorithmen für Interelement-Störungen gehen von einfachen, linearen Zusammenhängen aus. Ihre Nutzung bringt deshalb meist nur eine marginale Verbesserung der Streuung.

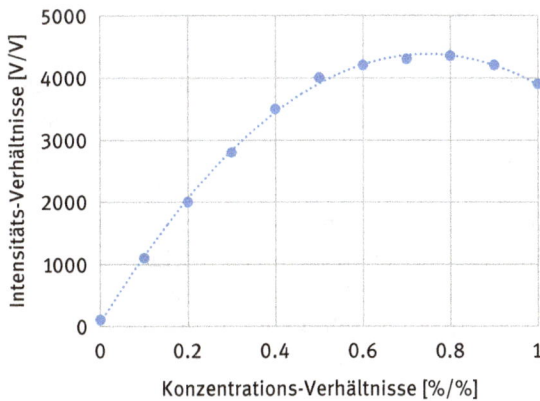

Abb. 3.15: Kalibrierkurve bei Selbstumkehr

Mit der *Selbstabsorption* und dem *Destillationseffekt* gibt es zwei weitere Effekte, die die Bogen-Kalibrierung erschweren. Misst man einen Satz von Standards, die ein Element in aufsteigenden Gehalten enthalten, kann bei einigen Linien der folgende Effekt beobachtet werden, der in Kalibrierkurven wie in Abb. 3.15 gezeigt resultiert: Zunächst steigen die Intensitäten ungefähr in dem Maß, wie auch die Gehalte ansteigen, dann verlangsamt sich der Intensitätsanstieg, bis trotz steigender Konzentration die Intensitäten nicht mehr größer werden, schließlich gehen die Intensitäten sogar zurück. Diesen Effekt kann man bei vielen nachweisempfindlichen Linien beobachten, z.B. bei den Kupferlinien bei 324,7 und 327,3 nm. Abbildung 3.16 erläutert den Effekt. Die Strahlung des Bogenplasmas P, die innerhalb des Raumwinkels α liegt, kann von der Spektrometer-Optik gemessen werden. α ist in Abb. 3.16 als Winkel gezeichnet, hat im dreidimensionalen Raum aber die Form eines Kegels. Wird nun der Bogen gezündet, so legt sich nach kurzer Zeit um das Plasma eine Schicht, die aus solchen Atomen besteht, die auch im Plasma zu finden sind. Die Lichtquanten aus dem Plasma-Inneren treffen auf die Atome dieser äußeren Schicht, regen sie an und geben die Strahlung nach kürzester Zeit wieder ab. Die Abstrahlung geschieht aber in alle Raumrichtungen und nicht nur in Richtung des für die Optik sichtbaren Kegels. Der größte Teil der Strahlung geht so verloren. In Abb. 3.16 gelangt nur die

Strahlung in die Optik, die mit dem fett gezeichneten, durchgezogenen Pfeil angedeutet ist. Mit steigender Analyt-Konzentration wächst nun die Wahrscheinlichkeit, dass der beschriebene Effekt eintritt. Die in die Optik fallende Strahlung wächst deshalb bei steigenden Gehalten zunächst nicht mehr proportional an und geht dann sogar zurück.

Der *Destillationseffekt* entsteht dadurch, dass im Fußpunkt des Bogens zunächst die Elemente mit niedrigem Siedepunkt verdampfen. Die höher schmelzenden Elemente bleiben zurück und erreichen so in der Schmelze mit zunehmender Brenndauer des Bogens eine stets höher werdende Konzentration. Die Kalibrierfunktionen ändern sich also bei einer Änderung der Messzeit.

Aus den genannten Gründen, die die Kalibrierbarkeit des Bogens erschweren, bietet sich die Nutzung so genannter Fingerprint-Algorithmen an. Diese Algorithmen basieren darauf, dass eine große Anzahl von Materialien unterschiedlicher Zusammensetzung zusammen mit ihren Spektren und Elementgehalten gespeichert sind. Zusätzlich ist jeder Leitprobe ein Satz von Analyt- und internen Standardlinien mit zugehörigen Kalibrierfunktionen beigegeben. Von der zu bestimmenden Probe wird ein Spektrum aufgenommen und die ähnlichste Leitprobe bestimmt. Dann werden mit Hilfe der der Leitprobe zugeordneten Kalibrierfunktionen die Elementgehalte interpoliert. Als Kalibrierfunktionen reichen meist Polynome ersten Grades aus, da Leitprobe und zu bestimmendes Material eine sehr ähnliche Zusammensetzung haben. In Kapitel 6.6.2 ist ein Fingerprint-Algorithmus detailliert beschrieben.

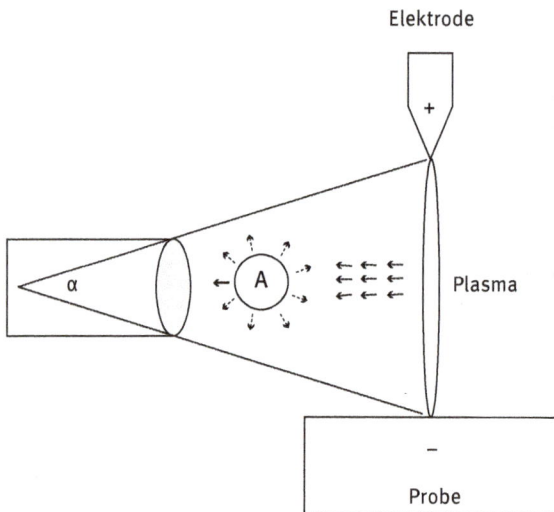

Abb. 3.16: Absorption und Re-Emission als Ursache für die Selbstumkehr

Trotz aller beschriebenen Hindernisse ist zu bemerken, dass dann, wenn es um die Analyse von Materialien stets ähnlicher Zusammensetzung geht, die Bestimmung im Bogenmodus zu brauchbaren Ergebnissen führt. Das zeigt Tab. 6.9, wo die Analysen einiger niedriglegierter Stähle zusammen mit deren Sollwerten gelistet sind. Man sieht, dass auch die Resultate für austenitische Edelstähle und Schnellarbeitsstähle noch brauchbar sind.

Messzeit

Die erforderlichen Messzeiten sind kurz. Eine Einzelmessung dauert typischerweise drei Sekunden. Einfache Prüfaufgaben lassen sich mit Messzeiten unter einer Sekunde bewältigen. Das ist zum Beispiel dann der Fall, wenn eine irrtümliche Vermischung deutlich unterscheidbarer Zusammensetzung vorliegt.

Probenvorbereitung

Eine Messung ist auch auf verschmutzten und korrodierten Oberflächen möglich. Der Bogen setzt sich an einem Punkt auf der Probenoberfläche fest und durchbrennt eventuell vorhandene Verunreinigungen.

Instrumenteller Aufwand

Bogengeneratoren sind einfach aufgebaut und deshalb preiswert herzustellen. Wie bereits erwähnt wurde, ist als Anregungsatmosphäre bei Bogen-Betriebsspektrometern nur Luft gebräuchlich. Kosten für Schutzgas fallen deshalb nicht an. Es muss auch kein Druckgasbehälter mit zum Ort der Messung genommen werden (eine 10 l – Argonflasche ist schwerer als manches Betriebsspektrometer).

Handling

Das Arbeiten mit dem Gleichstrombogen erfordert Sorgfalt. In Luftatmosphäre wird auch die Gegenelektrode stark erwärmt. Das führt zu dem so genannten Memoryeffekt: Misst man eine Probe mit hohem Gehalt eines Elementes E, bildet sich auf der Gegenelektrode eine Legierung aus E und dem Elektrodenmaterial. Bei nachfolgenden Messungen erhält man ein Signal für E, auch wenn die gemessenen Proben das Element E nicht enthalten. Die Gegenelektrode muss dann entweder abgeschliffen oder ausgetauscht werden. Die thermische Belastung der Gegenelektrode führt außerdem zu Abbrand, sie muss regelmäßig nachgestellt und angespitzt werden, um die Parameter Elektrodenform und Elektrodenabstand konstant halten zu können.

In Kapitel 6.8.3 werden zahlreiche Messaufgaben beschrieben, die mit Mobilspektrometern im Bogenmodus bewältigt werden können.

3.2.2 Funkenanregung und Funkenerzeuger

Die meisten der heute eingesetzten Spektrometer-Systeme zur Analyse von Metallen setzen statt der oben beschriebenen Bogengeneratoren Funkenerzeuger ein. Der Bogen wurde vor dem Funken besprochen, weil man sich jeden einzelnen Funken als die Anfangsphase eines Bogens vorstellen kann, wie sie im vorigen Abschnitt erklärt wurde.

Funkenerzeuger wurden schon sehr früh in der Spektrometrie eingesetzt. 1859 gilt als durch die bahnbrechende Veröffentlichung von Kirchhoff und Bunsen als Geburtsjahr der Spektralanalyse. Die Entwicklung der ersten Jahre sind bei Görlich [12] und Junkes [13] zu lesen. Beide Schriften wurden anlässlich des hundertsten Geburtstages der Spektrometrie verfasst. Görlich schreibt, Emil Du Bois-Reymond habe noch 1859, nämlich in der Akademie-Mitteilung vom 11.12.1859 geschrieben, dass im Funkenspektrum Linien zu erkennen seien, die „von der Natur der Metalle abhängig sind, zwischen denen der Funke überspringt". In der Anfangszeit waren aber Zuverlässigkeit und reproduzierbare Funktionsweise problematisch. Im bahn- brechenden Werk „Die chemische Spektralanalyse" von Walther Gerlach und Eugen Schweitzer [14] wurden erstmalig praxistaugliche Verfahren zur quantitativen Spek- tralanalyse vorgestellt. Diese Verfahren benutzten den Funken als Anregungsquelle. In dem Lehrbuch werden Aspekte der Funkengenerator-Hardware ausführlich besprochen (Kapitel 3, S. 25 ff). Eine der Nachrichtentechnik entlehnte Schaltung, der Funkenerzeuger von Feussner [15, 16], entlastete die Analytiker von der Lösung elektrotechnischer Probleme. Die Funktechnik verdankt ihren Namen dem Funken: 1901 hatte Marconi mit einem Knallfunkensender Morsesignale über den Atlantik übertragen. Lange Zeit basierte die drahtlose Nachrichtenübertragung auf Sender, die Funkenstrecken als Mittel der Erzeugung von Hochfrequenzschwingungen ein- setzten. Als also um das Jahr 1930 eine zuverlässige Funkenerzeugung für die quan- titative Analytik benötigt wurde, wurde eine Anleihe bei der Funktechnik gemacht. Noch lange, nachdem der Generator nach Feussner eingeführt wurde, gab es Diskus- sionen über die genaue Funktionsweise dieser Schaltung. Sie wurde erst Jahre später, nachdem es die Möglichkeit zur Beobachtung der Spannungsverläufe mit Oszillogra- phen gab, vollständig verstanden. Eine Darstellung der Funktion wurde von Heinrich Kaiser im Jahre 1938 veröffentlicht [17]. Zu diesem Zeitpunkt war Otto Feussner bereits verstorben. Es ist deshalb sinnvoll, die Funktion dieses Generators mit Hilfe eines Ersatzschaltbildes zu erklären. Aus dem Original-Stromlaufplan ist die Funktions- weise nicht ohne weiteres ersichtlich.

3.2.2.1 Die Physik des Funkens

Abbildung 3.17 zeigt den schematischen Aufbau des Hochspannungs-Funkenerzeu- gers nach Feussner.

Der Hochspannungstransformator Tr lädt den Kondensator C auf eine Spannung U_C von mehreren Kilovolt. Eine rotierende Funkenstrecke GAP_{AUX} variiert synchron zur Netzspannung den insgesamt von der Hochspannung zu überbrückenden Weg.

Sobald die Ladespannung des Kondensators die Zündspannung überschreitet, kommt es zum Durchbruch von Hilfs- und Analysenfunkenstrecken. Der Kondensator C und die Spule L bilden jetzt einen durch die Funkenstrecken gedämpften Schwing- kreis.

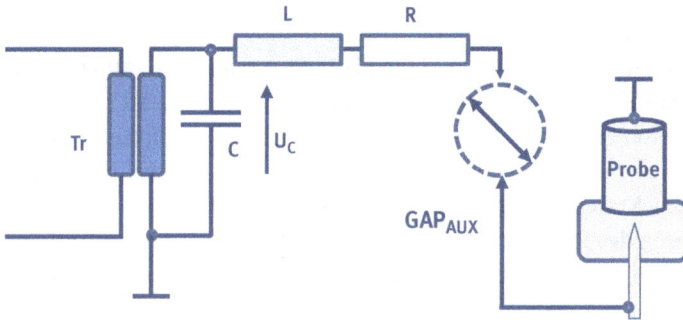

Abb. 3.17:
Feussnerscher
Funkenerzeuger

Die Spitzenspannung an C reduziert sich von Periode zu Periode, so dass die Entladung nach einigen Perioden erlischt, sobald U_C die Brennspannung der Funkenstrecken unterschreitet.

Der Maximalwert des Entladestroms wird während der ersten Entladungsperiode nach

$$t = 1/2\,\pi \, * \, \sqrt{L*C} \quad [s] \tag{3.4}$$

erreicht, er beträgt

$$I_{max} = (U_c - U_b) \, * \, \sqrt{\frac{C}{L}} \quad [A] \tag{3.5}$$

Tabelle 3.1 gibt ein Zahlenbeispiel mit realistischer Dimensionierung an.

Tab. 3.1: Dimensionierungsbeispiel Hochspannungsfunkenerzeuger

Kapazität	C	10000 pF
Induktivität	L	10 µH
Anfängliche Ladespannung	U_{co}	20.000 V
Summe der Brennspannungen	U_B	200 V

Der Spitzenstrom wird nach 0,5 µs erreicht, er beträgt 626 A.

Die Zeit zwischen dem Durchbruch der Funkenstrecken, also der Ausbildung eines niederohmigen ionisierten Plasmakanals, und dem Erreichen des Maximums des Entladestroms liegt im obigen Beispiel bei 0,5 µs. Die Mechanismen, die zum Durchschlag und zur Plasmaentwicklung führen, wurden bereits im Zusammenhang mit dem elektrischen Bogen (s. Kapitel 3.2.1) beschrieben. Der stationäre Zustand, der sich beim Bogen nach einigen Millisekunden einstellt, wird im Funken nicht erreicht. Strom fließt nur durch den dünnen, ionisierten Entladungsfaden, seine Dichten betragen bis zu 1.000 A/mm². Kipsch [18], und de Galan [19] nennen Spitzentemperaturen bis 40.000 K. Wie beim Bogen entsteht am kathodischen Ende des Entladungskanals eine punktförmige Erhitzungszone, hier wird die Siedetemperatur des Kathodenmaterials erreicht. An diesen Stellen verdampft das Probenmaterial und lässt Krater von 20 bis 40 µm Durchmesser zurück [20]. Um die Einschlagstelle bildet sich eine Wolke verdampften Metalls, die sich infolge der hohen Temperatur mit Geschwindigkeiten bis 1000 m/s [20] vom Krater weg in alle Richtungen der Entladungsatmosphäre ausdehnt. Die Anregung des Probenmaterials findet also größtenteils außerhalb des stromführenden Entladungskanals statt. Abbildung 3.18 zeigt schematisch die explosionsartige Ausdehnung der Metalldampfwolke im Verlauf des Funkens.

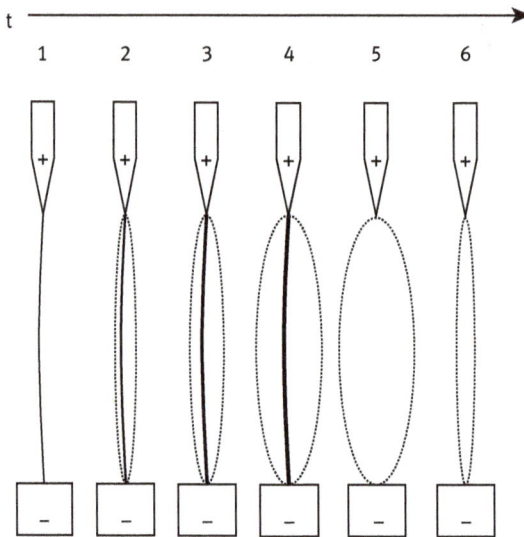

Abb. 3.18: Expansion der Metalldampfwolke nach Funkeneinschlag

Bedeutung der Zeichen in Abb. 3.18:

- t :   Zeitachse
- t1:   Zündzeitpunkt
- t2-t4:   Momentaufnahmen während der stromführenden Phase. Gestrichelte Linien symbolisieren Isothermen einer festen, vorgegebenen Temperatur. Der stromführende Kanal ist mit der durchgezogenen Linie angedeutet.
- t5:   Isothermen unmittelbar nach Ende des Stromflusses
- t6:   Momentaufnahme einige Mikrosekunden nach Ende der stromführenden Phase

Im (Ionen-) Einschlagkrater der Funkenanregung werden selbst Elemente mit hohem Siedepunkt verdampft, Destillationseffekte wie beim Bogen sind daher nicht festzustellen. Der durch die hohen Temperaturen zu Anfang einer Funkenentladung hervorgerufene Druck vergrößert den Querschnitt des Entladungskanals explosionsartig.

Dadurch sinkt die Spitzentemperatur, die Verhältnisse gleichen sich denen des Gleichstrombogens an. Die Funkenentladung dauert aber nicht lange genug, um eine zeitlich konstante Temperaturverteilung über den Querschnitt des stromführenden Plasmakanals ausbilden zu können. Ist die Entladung sehr kurz, findet der eigentliche Anregungsprozess erst nach Abschluss der elektrischen Entladung statt [22]. In der ersten Phase der Funkenentladung herrscht im dann noch engen Plasmakanal eine hohe Elektronendichte; es kommt zu einem starken Kontinuum durch Elektronenbremsstrahlung.

Spektrallinien haben, wie in Kapitel 2.8 des Buches gezeigt wurde, eine endliche, wenn auch kleine Breite der Größenordnung um 10^{-2} pm (siehe auch Skoog / Leary [50, S. 219]). Der hohe Druck und die hohen Temperaturen der Funkenentladung führen zu einer Aufweitung der Linienprofile. Die beiden wichtigsten zu betrachtenden Effekte sind die Dopplerverbreiterung und die Druckverbreiterung.

Die Dopplerverbreiterung entsteht dadurch, dass die Atome der Metalldampfwolke (s. Abb. 3.19) sich zum Beobachtungspunkt (Fenster W in Abb. 3.32) hin oder vom Beobachtungspunkt wegbewegen. Die Halbwertsbreite Δv der Aufweitung lässt sich über Gleichung 3.6 errechnen. Als Intensitätsverteilung ergibt sich ein Gaußprofil um die Mittenfrequenz v.

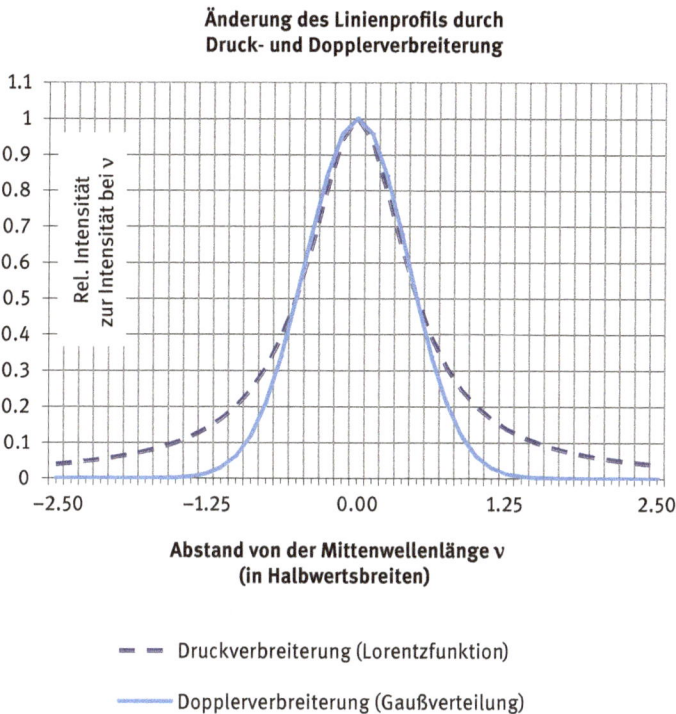

Abb. 3.19: Intensitätsverteilung bei Druck- und Dopplerverbreiterung

$$\Delta v_D = \frac{2 * v}{c} \sqrt{\frac{2 * k * T * \ln(2)}{M * u}} \tag{3.6}$$

Bedeutung der Formelzeichen:

Δv_D: Halbwertsbreite der Linienverbreiterung durch den Dopplereffekt [s⁻¹]

c: Lichtgeschwindigkeit [m/s]

k: Boltzmannkonstante ($1{,}380658 * 10^{-23}$ J/K)

T: Absolute Temperatur [K]

v: Mittenfrequenz der Spektrallinie [s⁻¹]

M: Relative Atommasse

u: Atomare Masseeinheit ($1{,}6605402 * 10^{-27}$ kg)

Die Herleitung dieser Beziehung findet sich bei Kneubühl [27] S. 62 f.

Aus Gleichung 3.6 ersieht man, dass der Dopplereffekt bei hohen Plasmatemperaturen besonders ausgeprägt ist. Spektrallinien leichter Elemente werden stärker verbreitert als solche, die zu Elementen mit großen Atommassen gehören.

Zu Linienverbreiterungen kommt es zum einen durch den Dopplereffekt und zum anderen dadurch, dass Teilchen im Plasma zusammenstoßen. Dadurch verschieben sich Energieniveaus der Grundzustände. Diese Aufweitung wird durch Gleichung 3.7 (nach Kneubühl [27] S. 60 f) beschrieben.

$$\Delta v_P = \sqrt{\frac{3}{4 * M * u * k * T}} * d^2 * p \tag{3.7}$$

Dabei haben die Formelzeichen die folgende Bedeutung:

Δv_P: Halbwertsbreite der Druck-Linienverbreiterung [s⁻¹]

c: Lichtgeschwindigkeit [m/s]

k: Boltzmannkonstante ($1{,}380658 * 10^{-23}$ J / K)

T: Absolute Temperatur [K]

M: Relative Atommasse

u: Atomare Masseeinheit ($1{,}6605402 * 10^{-27}$ kg)

p: Druck [bar]

d: Durchmesser der sich stoßenden Teilchen [m]

Die Druckverbreiterung führt zu einer Aufweitung der Linienprofile nach der Lorentz-Funktion. Die Flanken der Lorentz-Funktion fallen langsamer ab als die einer Gaußfunktion mit gleicher Halbwertsbreite. Die Unterschiede in der Form der Linienprofile sind in Abb. 3.19 skizziert. Eine Druckverbreiterung beeinflusst weiter entfernte Wellenlängen tendenziell stärker als eine Dopplerverbreiterung mit gleicher Halbwertsbreite.

Die Druckverbreiterung ist in der ersten Phase der Funkenentladung relevant, wenn die Stromdichte und Temperatur maximal sind. Der Druck ist dann hoch. Das Spektrum wird zu diesem Zeitpunkt durch Linien der Entladungsatmosphäre dominiert. Im weiteren Verlauf der Entladung expandiert das Plasma explosionsartig, was zu einem stark abfallenden Druck führt. Emissionserscheinungen sind auch dann noch zu messen, wenn der Entladestrom nicht mehr fließt und Druck und Temperatur weit abgefallen sind. Dann haben die Linien minimale Breite.

Die zeitaufgelöste Funken-Spektrometrie macht sich diese Tatsache zunutze. Es wird nicht während der gesamten Entladung integriert, sondern nur während eines Zeitfensters, in dem Einflüsse benachbarter Störlinien ausgeschlossen sind. Der Beginn der Entladung wird immer ausgeblendet, da dann nur (stark stoßverbreiterte) Störlinien der Entladungsatmosphäre und Rekombinationsstrahlung (siehe Kapitel 2.5.2) produziert werden.

Natürlich sind die Gleichungen 3.6 und 3.7 auch auf den Gleichstrombogen anwendbar. Die Temperaturen sind dort aber niedriger und im Plasma entsteht kein so hoher Druck, wie er während des Funkenverlaufs auftritt. Aus diesen Gründen haben Bogenspektren schmalere Linien als nicht zeitaufgelöst gemessene Funkenspektren.

Eine genaue Beschreibung der Hochspannungsentladung findet sich z. B. bei Kaiser und Walraff [23]. Ausführliche theoretische Betrachtungen über die Vorgänge in Bögen und Funken wurden von Weizel und Rompe [24] veröffentlicht.

3.2.2.2 Aufbau moderner Funkengeneratoren

Um die Vorteile von Bogen- und Funkenanregung zu kombinieren, benutzt man in modernen Emissionsspektrometern als Mischformen den fremdgezündeten Mittelspannungsfunkenerzeuger.

Die Spannungsquellen I_S und I_z werden im Takt der Folgefrequenz ein- und ausschaltet (Abb. 3.20 a). Es sind wie beim Bogengenerator Schaltungsteile für die Zündung (Z), Plasmaentwicklung (PD) und für die Formung des Stromverlaufs (ES) vorhanden. Auch hier ist es möglich, durch geeignete Dimensionierung Plasmaentwicklung und Stromverlauf-Formung mit den gleichen Hardwarekomponenten durchzuführen. Eine Trennung hat aber neben einer besseren Energie-Effizienz den Vorteil, dass der Spannungsabfall über der Stromquelle zur Impulsformung (ES) auf einen niedrigen Wert begrenzt werden kann, was sicherheitstechnisch von Vorteil sein kann. Timing und anteilige Ströme sind in Abb. 3.20 b wiedergegeben. In Abb. 3.20 b liefert ES rechteckige Stromverläufe. Hier können auch andere Formen erzeugt werden. Die Darstellung auf der Zeitachse ist nicht maßstäblich. So sind bei einer Pulsdauer von 100 µs und einer Funkenfolge-Frequenz von 400 Hz die Pausen 24-mal so lang wie die Pulse.

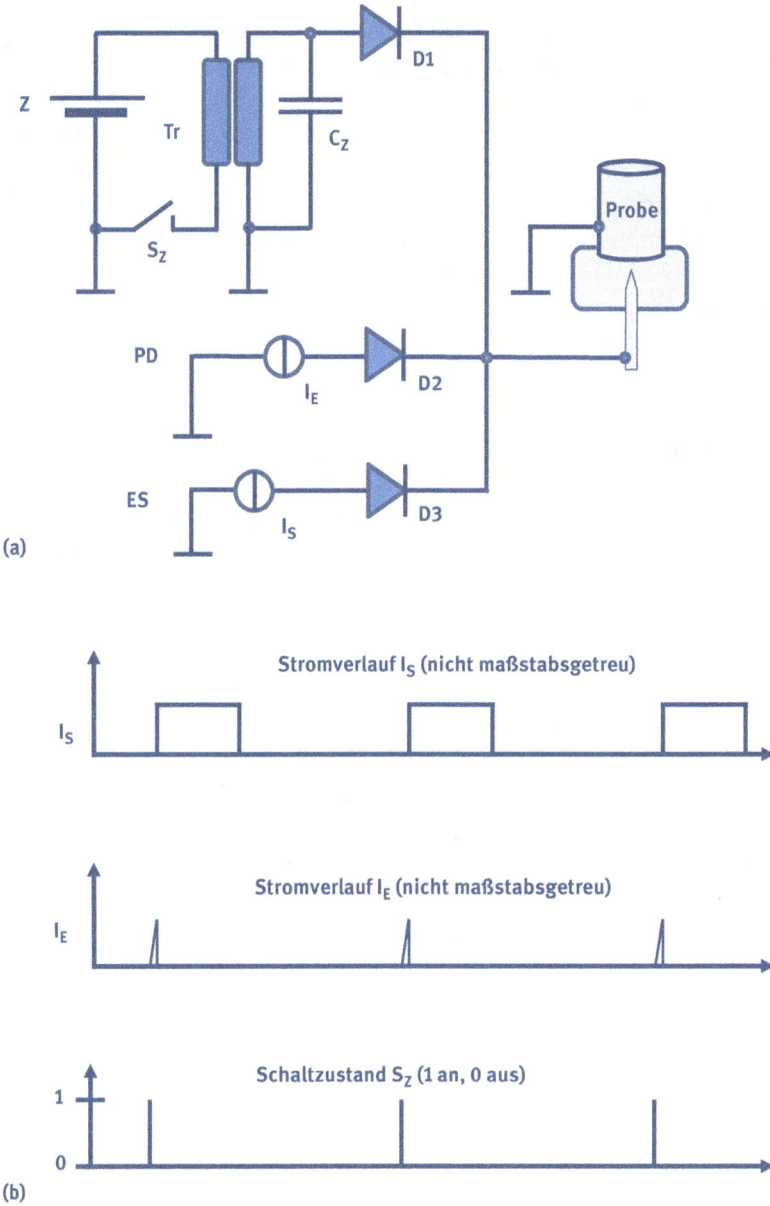

Abb. 3.20: Prinzipschaltbild eines Mittelspannungsgenerators

Um einen definierten Entladestromverlauf zu erhalten, benutzte man in der Vergangenheit $C - L - R$ Netzwerke (Abb. 3.21). Durch kurzzeitiges Schließen des Schalters S wird vor jedem Funken der Kondensator C geladen. Danach wird mit Hilfe von S_z ein Hochspannungspuls erzeugt und so die Entladung eingeleitet, wobei der Widerstand

R, der Kondensator C und die Spule L die Entladestromkurve formen. Die über den Kondensator C in Sperr-Richtung geschaltete Diode $D3$ verhindert ein Oszillieren und damit einen Materialabbau von der Gegenelektrode. Die übrigen Bauteile erfüllen Hilfsfunktionen: $R1$ begrenzt den Ladestrom und $D1$ und $D2$ dienen wieder dazu, ein Abfließen der Zündspannung über den Leistungskreis zu verhindern.

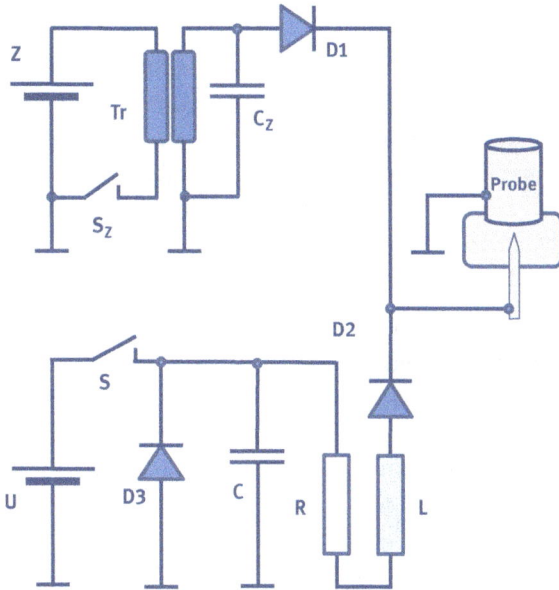

Abb. 3.21: Mittelspannungs-Funkenerzeuger mit RLC-Pulsformung

Heute ist es gebräuchlicher, Stromquellen mit Halbleiterbauelementen aufzubauen, die Leistungsverläufe in beliebiger Form und Frequenz ermöglichen. Dadurch wird es möglich, mit Mittelspannungs-Entladungen einerseits die Charakteristik des Bogens, andererseits die des Funkens nachzubilden. Das Schaltprinzip wurde bereits im Kapitel 3.2.1.2, der sich mit Bogengeneratoren befasste, vorgestellt (s. Abb. 3.13) und erklärt. Die Schaltung erlaubt es, jeden gewünschten Stromverlauf nachzubilden. Der Funken wird beendet, wenn S nach Unterschreiten des Sollstroms nicht wieder geschlossen wird. In den Pausen zwischen zwei Funken bleibt der Schalter S geöffnet. Die Schaltung lt. Abbildung 3.13 a erlaubt also bei geeigneter Dimensionierung Bogen- und Funkenbetrieb.

3.2.2.3 Eigenschaften des Funkens als Anregungsquelle

Ein großer Vorteil des Funkens besteht in der Tatsache, dass die einzelnen Funken statistisch unabhängige Ereignisse darstellen.

Vergleicht man die Intensitäten, die aufeinanderfolgende Funken für einzelne Spektrallinien liefern, so erkennt man große Abweichungen von Funken zu Funken. Variationskoeffizienten von 40 % sind hier keine Seltenheit. Diese Schwankungen haben einerseits ihre Ursache darin, dass es schwer ist, selbst auf einer perfekt homogenen Probe bei aufeinanderfolgenden Entladungen ähnliche Plasmabedingungen zu erhalten. Andererseits haben metallische Proben fast immer eine Kornstruktur, die man leicht erkennt, wenn man nach einem metallografischen Schliff die Oberfläche durch ein Mikroskop betrachtet. Die Proben haben zudem oft Einschlüsse, die bevorzugt von Funken abgebaut werden. Das in das Plasma gelangende Material variiert in der Praxis also im Verlauf der Funkenfolge.

Eine große Anzahl von einzelnen Funkenereignissen hilft dabei, trotz dieser beiden Faktoren zu einer guten Wiederholgenauigkeit zu kommen. Unter der Voraussetzung, dass die übrige Hardware des Spektrometer-Systems fehlerfrei ist, folgt die Streuung der Einzelintensitäten einer Normalverteilung und eine Erhöhung der Funkenanzahl um einen Faktor n^2 führt zu einer Verbesserung der Wiederholgenauigkeit um einen Faktor n.

Statistik über die Funkenanzahl

Der Funken erlaubt es, eine größere Probenoberfläche in die Analyse einzubeziehen, als das beim Bogen der Fall ist. Die Funken schlagen nicht immer auf der der Elektrodenspitze unmittelbar gegenüberliegenden Stelle der Probe ein. Nach einigen Funken entstehen Ladungsträgerpaare in der Atmosphäre um die Elektroden, die sich aus metastabil angeregte Argon-Atome bilden. Die Energie zum Erreichen der ersten Ionisierungsstufe beträgt beim Argon 11,76 eV, der metastabile 4s-Zustand liegt 11,55 eV über dem Grundniveau. Eine geringe Energiezufuhr z. B. durch Stöße reicht dann zur Ionisierung der metastabil angeregten Atome aus. Der Durchschlag erfordert eine niedrigere Spannung, wenn er über von den Ladungsträgern gebildeten Brücken läuft (s. Abb. 3.22).

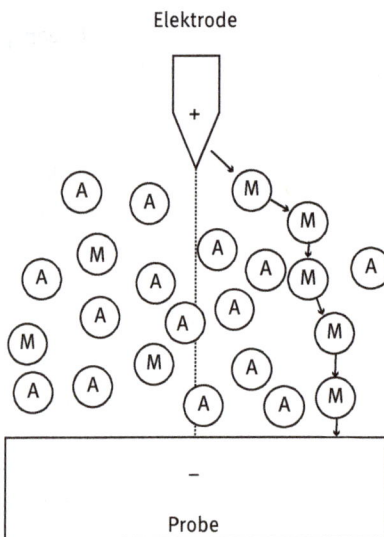

Abb. 3.22: Entstehung eines flächigen Brennflecks durch Ladungsträger-Brücken

Bedeutung der Zeichen in Abb. 3.22:

A: Neutrale Atome

M: Metastabil angeregte Atome, aus denen Ladungsträgerpaare entstehen können

Brennfleckgröße

Mehrere Faktoren können zu einer Brennfleck-Vergrößerung führen:

- Eine Vergrößerung des Elektrodenabstandes führt zu einer Zunahme des Brennfleck-Durchmessers: Je größer der Elektrodenabstand wird, desto weiter ist der Weg, der über Ladungsbrücken führen kann und umso weiter kann sich der Fußpunkt der Entladung von dem der Elektrodenspitze gegenüberliegenden Punkt entfernen.
- Der Brennfleck vergrößert sich mit steigender Funkenfolge-Frequenz. Die Zeit zwischen zwei Funken, in der Abtransport von metastabil angeregtem Argon stattfinden kann, wird bei Frequenzerhöhung kürzer.
- Auch energiereiche Entladungen vergrößern den Brennfleck. Dann werden mehr Ladungsträger und – bei der Verwendung von Argon als Entladungs-Atmosphäre – mehr der brennfleckvergrößernden metastabilen Argon-Atome erzeugt (zu metastabilen Anregungszuständen siehe Kapitel 2.6.3 und 3.2.3).
- Die Länge der Einzelfunken spielt ebenfalls eine Rolle: Wird die Energie in kurzer Zeit eingebracht, expandiert das Plasma sehr schnell, was die Ionen und metastabile Atomen schnell aus dem Gap entfernt. Bei einer längeren, stromschwächeren Entladung gleicher Energie tritt dieser Effekt nicht im gleichen Maße ein. Als Folge wird der Brennfleck größer.
- Gelegentlich verwendet man statt kompakter Elektroden Pin-Elektroden aus zirka einem Millimeter dicken Wolframdraht. Solche Elektroden werden an ihrer Spitze so heiß, dass sie glühen. Die mit Pin-Elektroden erzielten Brennflecken sind meist deutlich größer als solche, die bei Verwendung von Kompaktelektroden entstehen.

Gebräuchliche Geometrien

Gap-Abstände zwischen 3 und 4 Millimetern sind üblich. Es werden meist Wolfram-Gegenelektroden mit einem Durchmesser von 6 mm verwendet, die im Winkel von 90° angespitzt sind. In Mobilspektrometern werden oft etwas kleinere Elektrodendurchmesser um 4 mm verwendet. Die Elektrodenabstände sind hier üblicherweise ebenfalls etwas kleiner (typisch um 2,5 mm).

Nach jedem einzelnen Funken kondensiert das zuvor aus der Probe verdampfte Material und bildet feinste Metallpartikel, die größtenteils vom Argonstrom abtransportiert werden. Ein Teil dieses Kondensats setzt sich aber im Funkenstand oder auf der Elektroden-Oberseite ab. Die Oberfläche der Kompaktelektroden muss deshalb in regelmäßigen Abständen – nach jeder Messung oder nach jeder Probe – mit einer Drahtbürste gereinigt werden. Eine Alternative zu den Kompaktelektroden, bei der die Notwendigkeit des Bürstens entfällt, bilden die im letzten Absatz erwähnten Pin-Elektroden aus dünnem Wolframdraht. Allerdings haben Pin-Elektroden nur eine begrenzte Standzeit, die nicht über einige tausend Messungen hinausgeht. Kompaktelektroden sind dagegen praktisch unbegrenzt haltbar.

Für Rein-Aluminium wurde bestimmt, welche Probenmenge ein einzelner energiereicher Funken abbaut. Zum Test wurde ein Parameter mit zirka 20 mJ Funkenenergie gewählt. Als abgebaute Menge wurde 32 ng pro Funken bestimmt. Das entspricht einem Kraterdurchmesser von 35 μm, wenn dieser die Form einer Halbkugel hat. Diese Werte wurden ermittelt, indem eine Probe gewogen, befunkt und nach einer großen Anzahl von Funken erneut gewogen wurde. Dieser Test wurde unabhängig voneinander von zwei Spektrometer-Herstellern durchgeführt und führte beide Male zu ähnlichen Ergebnissen.

Konzentrierte und diffuse Entladungen

Bei verschmutzten Proben, bei Proben, die porös sind, Risse oder Lunker haben oder bei Einsatz von verunreinigtem Argon bildet sich oft nicht ein einziger Entladungskanal pro Funkenereignis, sondern eine Vielzahl paralleler Kanäle (s. Abb. 3.23 Brennflecken links unten und rechts oben). Solche Entladungen werden als diffus bezeichnet. Die Entladungen, bei denen ein einziger Entladungskanal entsteht, bezeichnet man dagegen als konzentriert (s. Abb. 2.23, untere Reihe ab Brennfleck 2). Nur bei konzentrierten Entladungen kommt es zu nennenswertem Material-Abbau. Diffuse Entladungen hinterlassen auf der Probe eine Vielzahl sehr volumenarmer Ansatzpunkte, die zu weißlichen Stellen auf der Oberfläche führen. Schon während eines Funkens können solche unbrauchbaren Funken identifiziert werden: Die Brennspannung konzentrierter Entladungen in Argon-Atmosphäre liegt, übliche Materialien und Geometrien vorausgesetzt, in einer Größenordnung zwischen 30 und 40 Volt. Bei diffusen Entladungen sinkt die Brennspannung um einige Volt. Diese Information kann während des Funkens erfasst werden und dazu benutzt werden, die Messung bei Häufung unbrauchbarer Funken abzubrechen und eine neue Probe anzufordern. Außerdem kann die Dauer der Vorfunkphase, die im nächsten Absatz besprochen wird, dynamisch angepasst werden. Sie ist beendet, wenn eine vorgegebene Anzahl konzentrierter Entladungen erreicht ist.

Vorfunken mit hoher Energie

Es hat sich bewährt, die Probenoberfläche vor der eigentlichen Messung mit einer Phase hoher Energie zu befunken. Durch die hohe Energie der Einzelfunken ist sichergestellt, dass während der eigentlichen Messphasen nur Teile der Oberfläche getroffen werden, die während des Vorfunkens bereits getroffen wurden.

Abb. 3.23: Brennflecke mit hohem (links unten) und niedrigem (rechts unten) Anteil diffuser Entladungen, Abdruck mit freundlicher Genehmigung der Firma SPECTRO Analytical Instruments GmbH, Boschstr. 10, 47533 Kleve

Das hat zwei Vorteile:
- Das Vorfunken sorgt dafür, dass Verschmutzungen, die sich vor der Messung auf der Probenoberfläche befanden, verdampfen. Kontaminationen der Oberfläche sind unvermeidlich, zu ihnen gehört auch Feuchtigkeit, die der Oberfläche anhaftet.
- Der zur Messung vorgesehene Teil der Oberfläche durch Umschmelzung wird homogenisiert. Slickers [20] gibt bei einem Kraterdurchmesser von 20 μm den umgeschmolzenen Bereich der Probe mit Durchmessern von 40–100 μm an.

Die Energie der einzelnen Funken der Vorfunkphase darf nicht zu hoch werden. Vor dem Beginn jedes einzelnen Funkens muss jeder Punkt der Probenoberfläche erstarrt sein. Bildet sich im Brennfleck eine Schmelze aus, verschlechtert sich die Reproduzierbarkeit. Es kann zu dem im Zusammenhang mit dem Bogen besprochenen Destillationseffekt kommen, der auch die Analysen-Richtigkeit beeinträchtigt. Aus dem gleichen Grund darf auch die Funkenfolge-Frequenz nicht zu hoch gewählt werden. Welche maximalen Funkenenergien und Frequenzen in einer Methode gewählt werden, hängt von der Wärmeleitfähigkeit der zu analysieren den Materialgruppe ab und muss vor der Kalibrierung der Methode experimentell ermittelt werden.

Typische Parameter für die Vorfunkzeit sind Ströme von 50–70 Ampere bei Dauern um 80 μs. Dabei sind Funkenfolgefrequenzen von 400 Hz gebräuchlich. Es ist für viele Materialgruppen möglich, die Frequenz auf bis zu 1000 Hz zu erhöhen, wobei die Dauern der Einzelfunken meist auf Dauern von 40 bis 50 μs verkürzt wird.

Verwendung verschiedener Messparameter

Dass der Messzeit eine Vorfunkphase mit energiereichen Parametern vorangeht, wurde im letzten Abschnitt bereits besprochen. Die Messzeit selbst ist meist in mehrere Phasen unterteilt:

1. Zur Bestimmung der metallischen Legierungselemente eignen sich Funken kurzer Dauer (40 µs bis 60 µs) und mittlerer Stromstärke (10 A bis 20 A) bei rechteckigem Stromverlauf. Funken-Folgefrequenzen von 300 bis 600 Hz sind gebräuchlich.

2. Spurenelemente werden mit längeren Funken mit Dauern bis zu einer Millisekunde bestimmt, die stromschwächer sind als die unter 1 beschriebenen. Man spricht hier von bogenähnlichen Entladungen. Durch die längere Funkendauer herrschen in den späten Funkenphasen ähnliche Verhältnisse wie im Bogen: Das Plasma ist expandiert und es herrschen niedrige Drücke und Temperaturen, was wegen der dann ebenfalls niedrigen Ionendichte (s. Saha-Gleichung 2.16) zu einer Reduktion der Untergrundstrahlung führt. Da es sich aber immer noch um eine Funkenphase handelt, bei der ja die Statistik über die Einzelfunken die Reproduzierbarkeit verbessert, erhält man eine im Vergleich zum Bogen gute Wiederholgenauigkeit. Allerdings werden in den späteren Phasen des einzelnen Funkens nicht nur Argon-Ionen, sondern auch die jetzt im Plasma vorhandenen Atome der Legierungselemente in Richtung Probenoberfläche beschleunigt. Abbau- und Anregungsprozesse sind von Drittelement-Gehalten in der Probe abhängig. Das führt zu einer größeren Streuung der Kalibrierkurven als bei den unter Punkt 1 beschriebenen Parametern. Durch die weniger dynamische Plasma-Expansion und die längere Entladungsdauer bildet sich auch um das Plasma eher eine Schicht erkalteter Atome, die die Strahlung absorbiert und in alle Raumrichtungen abstrahlt. Die Folge sind Kalibrierkurven, die für höhere Gehalte stets steiler werden. Dieser Effekt wurde bereits in Kapitel 3.2.1.3 beschrieben.

3. Die empfindlichsten Nachweislinien einiger Analyten liegen unter 180 nm. Dabei handelt es sich vor allem um Gase wie Sauerstoff und Stickstoff, aber auch um Linien von Metalloiden und einigen wenigen Metallen. Linien mit Wellenlängen unter 180 nm haben lt. Gleichung 3.2 eine Anregungsenergie von mindestens 6,9 eV. Um eine ausreichende Anzahl angeregter Atome erzeugen zu können, sind energiereiche Funkparameter mit Strömen von 40 A und mehr erforderlich. Die Dauer der einzelnen Funken liegt dabei um 100 µs.

4. Im nächsten Abschnitt wird auf die Einzelfunken-Analytik als Hilfsmittel zur Detektion und Charakterisierung von nichtleitenden Einschlüssen in der metallischen Matrix eingegangen. Sollen kleine Einschlüsse detektiert werden, ist oft die Verwendung sehr energiearmer Funken vorteilhaft. Oft wird dann mit Strömen unter 10 Ampere und Funkendauern um 20 µs gearbeitet.

5. Öle und Treibstoffe können mit der sogenannten Rotrodentechnik analysiert werden. Ein Rädchen aus spektral reinem Graphit fördert bei dieser Technik die zu analysierende Flüssigkeit in das Plasma, das zwischen Graphit-Gegenelektrode und Graphiträdchen (Rotrode) brennt. Eine Darstellung eines solchen Stativs findet sich in Kapitel 3.3.

Für diese Technik werden meist Parameter wie in Punkt 2 verwendet, da hier die Nachweisempfindlichkeit im Vordergrund steht. Oft müssen die Funkendauern aber beschränkt werden, um eine Entzündung der Probe zu verhindern. Es ergeben sich dann Parameter, die zwischen den unter Punkt 2 und Punkt 4 beschriebenen liegen.

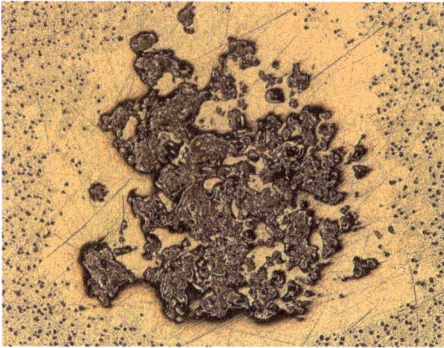

Abb. 3.24: Nachpoliertes Schliffbild einer Graugussprobe mit Graphiteinschlüssen nach 10 Sekunden Vorfunkzeit, Abdruck mit freundlicher Genehmigung der Firma SPECTRO Analytical Instruments GmbH, Boschstr. 10, 47533 Kleve

Einfunk-Kurven

Gerlach und Schweitzer stellten schon 1930 [14, S. 110 ff] folgendes Phänomen fest:

Bricht man bleihaltige Goldproben und funkt man die Bruchstelle an, so unterscheiden sich die Mess-Signale zu Beginn einer Abfunkphase von Signalen, die man im späteren Verlauf der Funkphase erhält. Zu Beginn war das Pb-Signal überhöht. Nach einigen Sekunden reduziert es sich aber und bleibt dann weitgehend stabil. Gerlach und Schweitzer erklärten das Phänomen damit, dass das Blei sich bevorzugt an den Korngrenzen absetzt. Da auch der Bruch entlang dieser Grenzen erfolgt, bauen die ersten Funken eine dünne, oberflächliche Bleischicht ab. Im späteren Verlauf des Funkprozesses treffen die Funken hauptsächlich auf das Korn-Innere, in dem der Bleianteil geringer ist.

Einen ähnlichen Effekt kann man beim Befunken grau erstarrten Gusseisens beobachten. Hier sind Graphiteinschlüsse in die Eisenmatrix eingeschlossen. Nach einer kurzen Einfunkzeit erhält man hohe Signale für Kohlenstoff. Die Funken treffen auf die Graphiteinschlüsse, die sublimieren und aus der Matrix verschwinden. Abbildung 3.24 zeigt ein Schliffbild einer Metallprobe nach zehn Sekunden Vorfunken mit 400 Hertz. Danach wurde die Probe geschliffen und poliert. In der Mitte der Probe (dunkle Zone in der Bildmitte) ist durch die dort vorhandene höhere Funken-Einschlagswahrscheinlichkeit schon ein tieferer Abbau festzustellen. Eine Politur war hier mit einfachen Mitteln nicht durchzuführen. Dieser Bereich soll hier ignoriert werden. Interessant ist der unmittelbar an die dunkle Zone grenzende Bereich. Es ist deutlich zu sehen, dass die Graphit-Einschlüsse hier verschwunden sind.

Gerlach und Schweitzer waren in ihren messtechnischen Möglichkeiten beschränkt. Sie konnten nur die ersten Sekunden einer Funkphase durch photographische Registrierung erfassen, danach eine weitere Aufnahme vom Rest der Abfunkung machen und beide Photos vergleichen. Heute ist die Messtechnik weiter fortgeschritten. Die Direktregistrierung der Funkensignale durch elektrooptische Sensoren erlaubt es, die Intensität jedes einzelnen Funkens zu erfassen.

In den Kapiteln 3.6 und 3.7 werden solche Sensoren und die zugehörigen Mess-Elektroniken beschrieben.

Abbildung 3.25 a zeigt eine Einfunk-Kurve für ein Element, das homogen in der Matrix verteilt ist, hier am Beispiel des Eisens in einer Grauguss-Probe. Jeder Kurvenpunkt stellt ein Funkenpaket, bestehend aus der Summe fünf aufeinanderfolgender Funken, dar. Die ersten Funkenpakete liefern nur geringe Intensitäten, da sich auf der Probenoberfläche zu Beginn noch Feuchtigkeit oder andersartige Verschmutzungen befinden, die zu diffusen Entladungen führen.

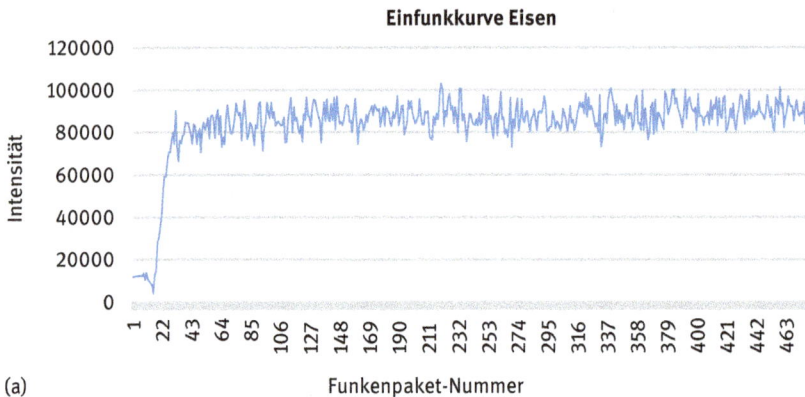

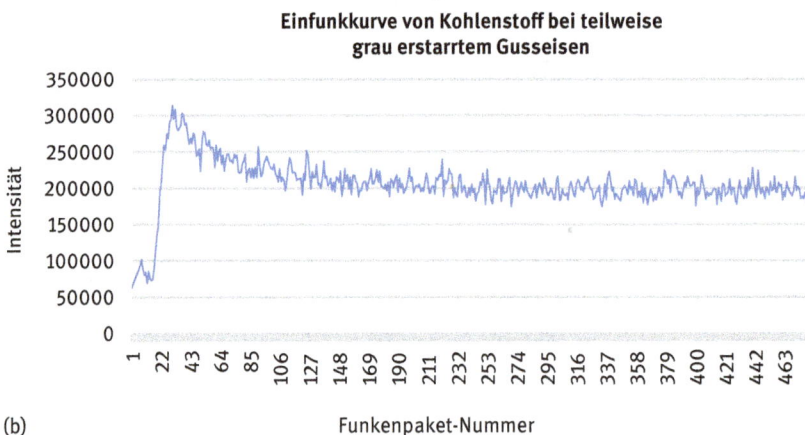

(a)

(b)

Abb. 3.25: Einfunkkurven von Fe und C bei teilweise grau erstarrtem Gusseisen, Abdruck mit freundlicher Genehmigung der Firma SPECTRO Analytical Instruments GmbH, Boschstr. 10, 47533 Kleve

Nach etwa 20 Funkenpaketen steigen die Intensitäten auf ein höheres Niveau. Der so genannte stationäre Abfunkzustand ist erreicht. Beobachtet man die Linie eines Elements, das bevorzugt zu Beginn des Funkprozesses angegriffen wird, erhält man eine Einfunk-Kurve, wie sie in Abb. 3.25 b dargestellt ist. Man beachte, dass in beiden Beispielen die Intensitätsüberhöhung zu Beginn nicht notwendigerweise jeden Funken betreffen: Für das „Pb in Au"-Beispiel gilt, dass mit zunehmender Funkenzahl nimmt die Wahrscheinlichkeit zunimmt, dass ein neuer Funken eine bereits befunkte Stelle trifft. Beim „Graphit im Gusseisen"-Beispiel kommt hinzu, dass zu Beginn nur ein Teil der Oberfläche mit Graphiteinschlüssen belegt ist.

Einzelfunken-Analytik

Im letzten Abschnitt hatten wir gesehen, dass der Funken Graphiteinschlüsse zu Beginn der Vorfunkzeit weitgehend von der Proben-Oberfläche entfernt. Sind nichtleitende Einschlüsse in metallischer Matrix vorhanden, kann ein Effekt beobachtet werden, der dem oben beschriebenen sehr ähnlich ist. Er tritt z. B. bei Al_2O_3-Einschlüssen in Stählen auf. Der Funken setzt bevorzugt an den Grenzen zwischen metallischer Matrix und nichtleitendem Einschluss an. Am Übergang zwischen Leiter und Nichtleiter bildet sich eine Kante. Das führt dort zu einer Feldstärke-Erhöhung und steigert die Wahrscheinlichkeit eines Funkenüberschlags auf dieser Stelle. Abbildung 3.26 zeigt einen Schnitt durch eine Probe, die Einschlüsse enthält. Die schwarzen Punkte sind Einschlüsse. Sind diese Einschlüsse nichtleitend, ergeben sich an ihren Rändern erhöhte Feldstärken. Ein Funken kann dann entweder nur metallische Matrix abbauen, oder an der Kante eines Einschlusses ansetzen.

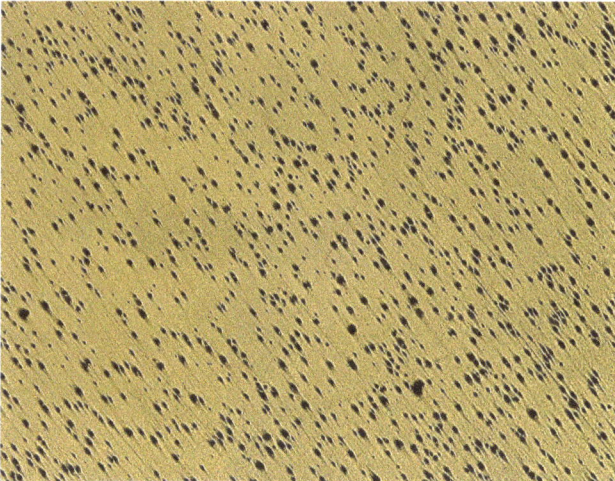

Abb. 3.26: Schnitt durch eine Probe mit Einschlüssen, Maßstab 1:200

Misst man jeden Funken einzeln, so ergeben sich für die im Einschluss enthaltenen Analyt-Elemente zwei verschiedene Signalniveaus:
1. Wird nur die Metallmatrix ohne Einschluss getroffen, erhält man eine Intensität, die vom Analyt-Gehalt der metallischen Matrix abhängt.

2. Die Analyt-Intensität ist in der Regel deutlich erhöht, wenn der Funke an der Kante zwischen Einschluss und Metall angreift. Der Grund dafür liegt in der Tatsache, dass die Analyt-Konzentration im Einschluss stets hoch ist. Sie kann leicht aus der Summenformel der Einschlüsse berechnet werden. So beträgt der Al-Gehalt von Al_2O_3 53 Masse-Prozent, während die Aluminium-Konzentration in Stählen meist unter 0,1 % liegt (Es gibt allerdings Stähle, die mit Aluminium-Gehalten im Prozent-Bereich legiert sind, um das Verhalten bei hohen Temperaturen zu verbessern).

Die Intensitäten von Linien des Matrix-Elements (also die Signale von Eisenlinien bei Stählen) verhalten sich umgekehrt. Sie gehen zurück, wenn ein Einschluss getroffen wird.

Es ist auch eine Aussage über die Zusammensetzung des Einschlusses möglich: Tritt im gleichen Funken eine hohe Intensität für Aluminium bei gleichzeitig hohem Sauerstoffsignal auf, ist das ein Hinweis darauf, dass eine Aluminium-Sauerstoff-Verbindung getroffen wurde. Der erfahrene Praktiker weiß, welche Verbindungen in den analysierten Materialien auftreten können. Kapitel 7 befasst sich ausführlich mit Möglichkeiten und Grenzen der Einzelfunken-Analytik für kompakte Metallproben.

Die Einzelfunken-Erfassung spielt aber auch bei der Untersuchung von Ölen mit der Rotroden-Technik eine Rolle. Hier geht es darum, Anzahl und Größe von Metall-partikeln zu bestimmen. Daraus lassen sich zwei Arten von Informationen gewinnen:
- Aus der Elementkombination gleichzeitig auftretender Signale lässt sich schließen, von welchen Bauteilen das abgeriebene Partikel stammt. Sind die Partikel groß oder zahlreich, kann sich ein Defekt ankündigen. Eine Wartungsmaßnahme kann einem Ausfall des Aggregats vorbeugen.
- Auch wenn die Kontamination des Schmierstoffs im normalen Rahmen liegt, kann beim Erreichen einer Höchstgrenze ein Ölwechsel notwendig sein. Bei großen Maschinen, z. B. bei Schiffsdieseln, ist das aber eine kostenintensive Maßnahme, die man erst dann durchführt, wenn sie wirklich notwendig ist.

Zeitaufgelöste Integration
In Kapitel 3.2.2.2 wurde bereits erwähnt, dass es günstig sein kann, nur Teile des Funkens zu integrieren und zur Berechnung der Analyt-Gehalte zu verwenden:
- Durch Ausblenden des Beginns der Entladung entsteht hoher thermischer Untergrund. Zur Steigerung der Nachweisempfindlichkeit wird der Beginn der strom-führenden Funkenphase oft ausgeblendet.
- Während des stromführenden Teil des Funkens treten Atom- und Ionenlinien auf. Nach Ende des Stromflusses, im sogenannten *afterglow* verschwinden die Ionenlinien. Auch die Untergrundstrahlung geht stark zurück. Die verbleibenden Atomlinien sind zwar vergleichsweise lichtschwach, aber wenig gestört.
- Die Gefahr der Strahlungsabsorption durch eine Schicht erkalteter Atome nimmt mit der Dauer des einzelnen Funkens zu, die Stoßverbreiterung der Linien reduziert sich dagegen.

Es kann sinnvoll sein, die Messung einzelner Analytlinien zu optimieren, indem man für sie einen passenden Funkenausschnitt wählt. So kann man versuchen, die Nachweisempfindlichkeit, Linearität, Streuung und den nutzbaren Gehaltsbereich der Kalibrierfunktion zu verbessern oder eine Linienstörung zu reduzieren. Allerdings wird man nicht in jedem Fall ein vorteilhaftes Resultat im Vergleich zur Integration ganzer Funken erzielen können, da der Prozess der Aufteilung der Einzelfunken-Intensitäten einen zusätzlichen Fehler einbringt. Die zur Integration von Teilfunken erforderliche Hardware wird in Kapitel 3.7 besprochen.

3.2.3 Der Laser als Anregungsquelle

Die Bestrebungen, den Laser als Anregungsquelle zu nutzen, ist fast so alt wie der Laser, der erstmals im Jahre 1960 realisiert wurde. Ab dem Jahr 1963 gibt es zahlreiche Veröffentlichungen. Horst Moenke und Lieselotte Moenke-Blankenburg veröffentlichten schon 1966 ein Lehrbuch zur Laser-Mikro-Emissions-Spektralanalyse [25]. Im 1973 erschienenen Lehrbuch *Analytical Emission Spectroscopy* von Jozsef Mika und Tibor Török [26] wird der Laser als Anregungsquelle für die Atom-Spektroskopie ausführlich besprochen. Als Bezeichnung für die Technik, bei der der Laser als Anregungsquelle zur Ablation, Ionisierung und Anregung genutzt wird hat sich das Akronym LIBS, eine Abkürzung für *laser-induced breakdown spectroscopy*, eingebürgert.

3.2.3.1 Grundsätzliche Funktionsweise eines Festkörperlasers

Im Zusammenhang mit der Bogenanregung hatten wir festgestellt, dass Atome durch Energiezufuhr, Stöße oder Strahlung in einen angeregten Zustand gebracht werden können (eine der über der Grundlinie liegenden Niveaus in Abb. 3.14). Normalerweise fällt das Atom innerhalb einer sehr kurzen Zeit von ca. $10^{-8} - 10^{-7}$ s nach der Anregung auf ein energetisch tieferes Level, dabei wird ein Lichtquant abgestrahlt (siehe Kapitel 2 dieses Buches). Die Wellenlänge Λ des Photons beträgt dabei, wie bereits in Gleichung 3.2 gezeigt wurde (h * c) / ΔE, wobei ΔE die Differenz zwischen Ausgangs- und Ziel-Energieniveau beschreibt. Es gibt aber auch angeregte Zustände, die eine längere Lebensdauer von einigen Mikrosekunden haben. Die meisten Energieübergänge werden schnell verlassen. Metastabile Zustände bleiben zwar ohne Wechselwirkung der angeregten Atome mit anderen Teilchen erhalten (s. Kapitel 2.6.3). Da es aber stets zu solchen Wechselwirkungen kommt, z. B. durch Stöße, verlassen die Atome auch diese Zustände innerhalb von Zeiten, die aber deutlich länger sind und z. B. im Millisekunden-Bereich liegen.

Ein Atom sei in einem angeregten Zustand, unter dem sich im Abstand E ein tieferes Energieniveau befindet. Wenn nun ein Photon der Wellenlänge Λ, für die $\Lambda = (h * c) / E$ gilt, auf das angeregte Atom trifft, wird der Rückfall des Atoms auf das niedrigere Niveau ausgelöst und ein zweites, dem ersten in Strahlungsrichtung,

Wellenlänge und Phasenlage genau gleiches Photon emittiert. Diese Art, die Freisetzung eines Photons zu bewirken, wird als stimulierte Emission bezeichnet. Beide Photonen können nun in gleicher Weise weitere Photonen freisetzen. Es bildet sich ein Laserstrahl, der sehr gut fokussierbar ist.

Die obige Darstellung ist in einer Beziehung zu sehr vereinfacht: Meist werden zu Anregungszwecken sogenannte Festkörperlaser genutzt. Dabei ist das Laser-aktive Medium ein mit Fremdatomen dotierter Kristallstab. In diesen sind die Energieniveaus nicht so scharf abgegrenzt wie es die Abb. 3.14 suggeriert, vielmehr können Energien in so genannten Bändern variieren. Mit Bändern sind breitere Bereiche um die gezeichneten Energieniveaus gemeint.

Um Laserstrahlung auszulösen, müssen sich genügend Atome in einem angeregten Zustand befinden. Wird der Energieübergang von E_{Hoch} nach E_{Tief} angestrebt, müssen sogar sehr viele Atome im Zustand E_{Hoch} sein. Umgekehrt dürfen nur sehr wenige Atome sich im Zustand E_{Tief} befinden, weil sonst die stimulierte Strahlung durch diese Atome absorbiert würde, die sich danach im energetischen Zustand E_{Hoch} befinden würden. Aus diesem Grund ist es meist ungünstig, für E_{Tief} das Grundniveau (Basislinie in Abb. 3.14) zu wählen. Die Atome werden durch so genanntes Pumpen auf ein höheres Energieniveau gebracht. Das Pumpen kann durch eine Bestrahlung mit einer externen Quelle, z. B. durch eine Blitzlampe oder durch Laserdioden, erfolgen. Dabei reicht es aus, wenn das Pumpen die Atome im Laserstab auf ein energetisch höheres Niveau E_{Pump} bringt, was oberhalb von E_{Hoch} liegt. Dabei kann es sich um ein breites Energieband handeln. Von E_{Pump} wird E_{Hoch} durch Energieabgabe an den Kristall erreicht. Abbildung 3.27 a zeigt links die Energieübergänge für einen Laser, bei dem E_{Tief} das Grundniveau ist. Dieses Schema wird als Drei-Niveau-System bezeichnet, weil es hier die drei Niveaus E_{Pump}, E_{Hoch} und E_{Tief} gibt, wobei E_{Tief} mit dem nicht angeregten Grundzustand identisch ist. Dieses Schema trifft auf den Rubinlaser zu. In Abb. 3.27 b ist ein Vier-Niveau-System wiedergegeben, bei dem E_{Tief} energetisch über dem Grundzustand liegt. Dieses System wird von dem als LIBS-Anregungsquelle vorzugsweise eingesetzten Nd:YAG-Laser genutzt.

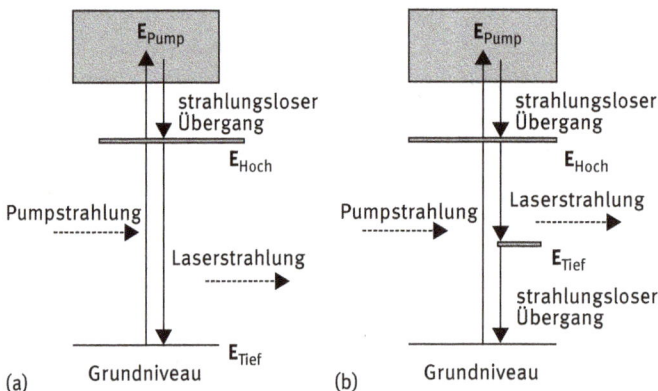

Abb. 3.27: Energieübergänge im Laser

Abbildung 3.28 zeigt den prinzipiellen Aufbau eines Festkörperlasers. Der Laserkristall L, ist ein zylindrischer Stab, der auf der Frontseite halbdurchlässig und auf der Rückseite voll verspiegelt ist. Parallel zum Laserstab befindet sich eine Blitzlampe B, deren Strahlung durch einen parabolischen Zylinderspiegel auf den Laserkristall fokussiert wird. Wird nun die Blitzlampe gezündet, entsteht ein Laserpuls: Die Energie der Blitzlampe hebt Atome im Laserkristall auf ein höheres, metastabiles Energieniveau. In diesem Zustand verweilen sie meist für eine Dauer im Millisekunden-Bereich. Von außen zugeführte Photonen der Energie E_{hoch} - E_{Tief} oder Photonen der gleichen Energie, die durch Wechselwirkung der metastabilen Atome mit anderen Kristallatomen emittiert werden, können auf andere angeregte Atome im metastabilen Zustand treffen. Diese werden dadurch zur Energieabgabe stimuliert, treffen auf andere Atome im angeregten Zustand, die ihrerseits zu stimulierter Emission bewegt werden. Laserstrahlung mit Photonen gleicher Richtung, Phasenlage und Frequenz entsteht. Die verspiegelten Flächen an beiden Enden des Lasers sorgen dafür, dass nur ein Teil der Strahlung an der Vorderseite austritt. Die reflektierten Strahlen gelangen in den Kristall zurück und können dort metastabil angeregte Atome zur Emission bewegen. An der Kristall-Rückseite werden sie, zusammen mit der von ihnen stimulierten Strahlung, wieder in Richtung Vorderseite reflektiert. Betrachtet man die Welleneigenschaften der erzeugten Strahlung, so kann man die durch die optische Strecke l_0 getrennten verspiegelten Flächen als Resonator betrachten, zwischen denen sich eine stehende Welle ausbildet. Man erhält die optische Strecke, indem man den geometrischen Abstand mit der Brechzahl des Kristalls multipliziert. Die Amplitude der Strahlung muss bei Resonanz an den Spiegeln 0 sein. Daraus folgt, dass dann $2 * l_0$ ein Vielfaches der Wellenlänge sein muss. Bleibt man bei der Wellenbetrachtung der Photonen, überlagern sich die stehenden Wellen und es entsteht Strahlung mit hoher Gesamtamplitude.

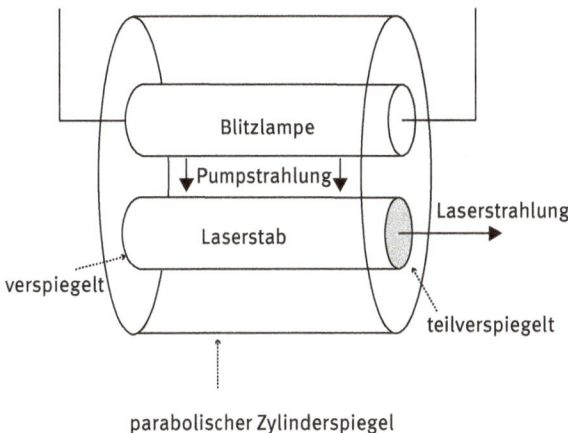

Blitzlampe

Pumpstrahlung

Laserstrahlung

Laserstab

verspiegelt

teilverspiegelt

parabolischer Zylinderspiegel

Abb. 3.28: Prinzipieller Aufbau eines Festkörperlasers

3.2.3.2 Laser mit Güteschalter

Die Anordnung nach Abb. 3.28 hat einen für die Laser-Spektroskopie entscheidenden Nachteil: Die Energie reicht im Allgemeinen nicht zur Zündung eines Plasmas. Dazu ist laut Cremers und Radziemski [30] eine Leistungsdichte der Größenordnung zwischen 10^8 bis 10^{10} W/cm^2 erforderlich. Die vom Laser abgegebene Leistung muss erhöht werden, um die genannte Leistungsdichten-Schwelle überschreiten zu können. Bei einer gegebenen Pulsenergie kann das dadurch geschehen, dass die Pulsenergie schneller abgegeben wird. Wenn es gelingt, die Pulsdauer bei gleicher Pulsenergie, die man ja in Joule, also Watt * Sekunden misst, um einen Faktor n zu verkürzen, so steigt die Leistung um den Faktor n. Mit Blitzlampen-gepumpten Lasern der oben beschriebenen Art lassen sich laut Kneubühl und Sigrist [27, S. 364] Spitzenleistungen von 10 kW erzeugen. Die Pulsdauer beträgt dabei 1–5 ms. Sie entspricht der Länge der Pumplicht-Pulse. Um zu kürzeren Laserpulsen zu gelangen, wird die Anordnung deshalb in einer Weise modifiziert, wie es in Abb. 3.29 dargestellt ist.

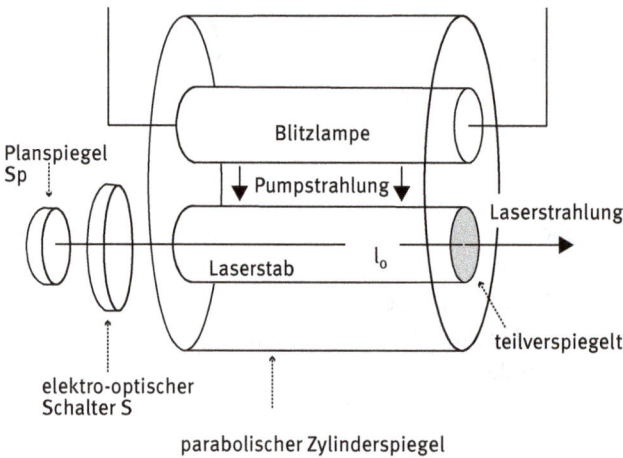

Abb. 3.29: Laser mit Güteschalter

Hinter dem Laserstab befindet sich ein elektro-optischer Schalter S, z. B. ausgeführt als Pockelszelle, und hinter diesem wiederum ein Vorderflächen-Spiegel Sp. Die Erzeugung der verkürzten Laserpulse geht nun folgendermaßen vor sich: Der Blitzlampenpuls pumpt die Atome im Laserkristall in das Energieband E_{Pump}, durch Energieabgabe an den Kristall fällt ihre Energie auf E_{Hoch}. Auf diesem Energieniveau verharren sie wegen der Metastabilität dieses Zustandes. Der optische Schalter S lässt keine Strahlung durch. Die aus dem Laserstab austretende Strahlung wird vielmehr in S absorbiert. Das hat in der Teilchenbetrachtung der Photonen zur Folge, dass die Photonen den Laserkristall verlassen, ohne wie in Abb. 3.28 durch Mehrfachreflexionen im Kristall zu bleiben und dabei angeregte Atome zu stimulierter Emission zu bewegen. In der Wellenbetrachtung der Photonen kommt kein Resonator zustande, da dieser ja zwei Spiegelflächen erfordert. Solange S keine Strahlung passieren lässt, wird die Pumpstrahlung also nur dazu verwendet, Atome in den Zustand E_{Hoch} zu bringen. Wird nun der Schalter S schlagartig auf Durchlass geschaltet, so sind die Verhältnisse so, wie wir sie in Abb. 3.28 hatten. Der Unterschied besteht nur darin, dass jetzt sehr viele Atome sich im Zustand E_{hoch} befinden. Diese werden jetzt schlagartig in kürzester Zeit zur stimulierten Emission bewegt. Natürlich muss der Abstand des hinter dem optischen Schalter befindlichen Spiegels Sp richtig gewählt werden, es muss also wieder das Doppelte des optischen Abstands l_0 zwischen halbverspiegelter Laserkristall-Vorderseite und dem Spiegel Sp ein Vielfaches der Laser-Wellenlänge sein. Die so erzeugten Laserpulse haben eine Dauer im Nanosekunden-Bereich und erreichen Leistungen von bis zu 50 MW [27, S. 364]. Pulse dieser Leistung lassen sich problemlos auf die eingangs erwähnten 10^9 W / cm^2 fokussieren, die zur Erzeugung eines LIBS-Plasmas erforderlich sind.

3.2.3.3 Ablation und Anregung durch Laser mit Güteschalter

Das LIBS-Plasma entwickelt sich in der in Abb. 3.30 skizzierten Art:

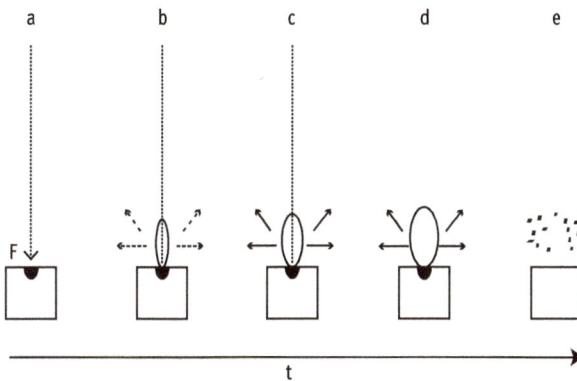

Abb. 3.30: Entwicklung des LIBS-Plasmas

Zu Beginn des Pulses wirkt die Strahlung auf den kleinen Teil der Probenoberfläche F, auf den der Laserstrahl (gestrichelter vertikaler Pfeil) fokussiert wurde (Abb. 3.30 a). Unmittelbar danach beginnt Material zu verdampfen (Abb. 3.30 b). Nach kürzester Zeit bildet sich ein Plasma das zunächst nur Temperaturstrahlung (gestrichelte kurze Pfeile) aussendet. Nach einigen Nanosekunden wird aber auch Strahlung emittiert, die von den ablatierten Elementen der Probe stammt (durchgezogene Pfeile). Der Laser-Strahlungseintrag dauert bis zum Pulsende (zwischen c und d) Die Pulsdauer liegt in der Größenordnung 10 ns. Zwischen Zündung und Pulsende dehnt sich das Plasma aus. Endet der Laserpuls, expandiert es zunächst weiter und auch die Emission der Spektrallinien setzt sich fort. Dabei wird es aber stets kälter. Die emittierte Strahlung schwächt sich beständig ab (Abb. 3.30 d), bis sie schließlich ganz erlischt. Die Strahlung der Ionenlinien verschwindet schon sehr schnell nach dem Laserpuls, aber auch die Atomlinien sind nach einer Zeit der Größenordnung 100 μs vollständig abgeklungen. Schließlich fällt die Temperatur bis unter den Schmelzpunkt des ablatierten Materials, es bilden sich Kondensatpartikel, die sich wegen der Ausdehnung des Plasmas, aus dem sie entstanden sind, vom Ort des Plasmas weg bewegen (Abb. 3.30 e).

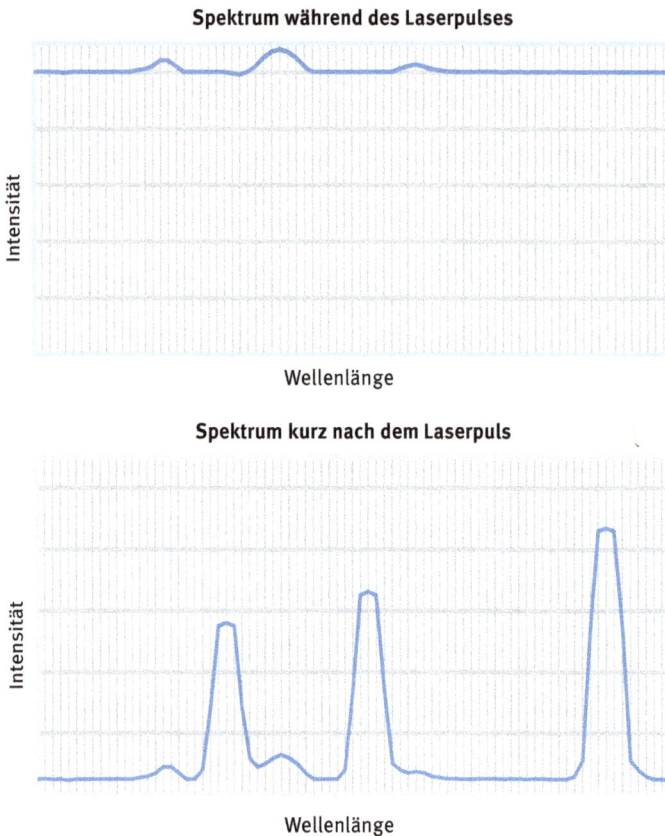

Spektrum während des Laserpulses

Spektrum kurz nach dem Laserpuls

Abb. 3.31: Spektren bei Entwicklung des LIBS-Plasmas

Abbildung 3.31 zeigt die Spektren der Strahlung, die während der verschiedenen Phasen eines einzelnen Pulses entsteht. Unmittelbar nach Plasmazündung wird fast ausschließlich Kontinuum-Strahlung, nur überlagert von schwachen Strahlungsanteilen, die von Atomen der Gasatmosphäre stammt, emittiert (Abb. 3.31 a). Misst man das Signal mit der zeitlichen Verzögerung einiger 100 ns nach Ende des Pulses, so ist das Plasma expandiert und das Linienspektrum der in der Probe enthaltenen Elemente zeigt sich (Abb. 3.31 b). Die kontinuierliche Untergrundstrahlung hat sich reduziert. Je weiter man den Startpunkt der Integration hinter das Pulsende legt, desto niedriger wird der Untergrund. Allerdings nimmt auch die Nutzstrahlung ab. Bei Verwendung einer Argon-Atmosphäre erhält man wesentlich stärkere Intensitäten für die Linien der Analytlinien. Die Nutzintensitäten können um einen Faktor von fünf oder mehr steigen. Auch störende Bandenspektren der Umgebungsluft werden vermieden. Wong, Bolshakov und Russo [28] nennen als Grund für die intensiven Spektren unter Argon eine hohe erzielbare Plasmatemperatur, die im Vergleich zu Luft leichtere Plasmazündung und eine vergleichsweise höhere Elektronendichte. Eine weitere Steigerung der Intensitäten lässt sich durch Verwendung von Mehrfach-Pulsen erzielen. Hier wird ein erster Puls zur Material-Ablation eingesetzt. Ist dessen Kontinuum-Strahlung abgeklungen, können weitere Pulse zur Nachanregung des generierten Plasmas eingesetzt werden. Das kann bei Blitzlampen-Pumpen, wie sie oben beschrieben wurde, ohne zusätzliche Hardware erfolgen. Hat der Pump-Puls Beispielsweise eine Länge von 2 ms, so kann durch Öffnen des Schalters S in Abb. 3.29 nach einer Millisekunde der Abbau-Puls freigegeben werden. Er wird unmittelbar nach diesem ersten Puls wieder geschlossen und der Pump-Prozess setzt wieder ein. Nach einigen 100 Mikrosekunden sind weitere Laserpulse zur Anregung möglich, die meist kleiner sein können als der erste, zur Ablation verwendete. Eine umfassende Darstellung der Mehrfachpuls-Technik sowie zahlreicher anderer LIBS betreffender Themen findet sich bei Noll [29]. Auch die Monographie von Cremers und Radziemski [30] liefert vielfältige Informationen zum Thema LIBS.

Für sehr einfache Applikationen reicht die aus einem einzigen Laserpuls gewonnene Information für eine Aussage über den Prüfling aus. Meist werden die beschriebenen Vorgänge jedoch über eine Messzeit im Sekundenbereich zyklisch wiederholt, um das Gesamtsignal zu erhöhen und mit der Summe einer Vielzahl gemessener Pulse ein statistisch besser abgesichertes Summenspektrum zu erhalten. Je nach Auslegung des Systems kann die Puls-Wiederholrate in einem Bereich von wenigen Hertz bis zu einigen 10 Kilohertz liegen.

3.2.3.4 Serienmäßig verfügbare LIBS-Systeme

Zurzeit (2017) werden zwei Gerätetypen kommerziell angeboten, die mit Laseranregung arbeiten:

- Handgeräte, die zur Sortierung vor allem von Leichtmetallen verwendet werden. Solche Geräte arbeiten meist mit Lasern kleiner Pulsenergie und Pulswiederholraten im Kilohertz-Bereich. Sie bilden eine gute Ergänzung zu Röntgen-Handgeräten, bei denen die Bestimmung leichter Elemente problematisch ist. Eine genaue Beschreibung von Laser-Handgeräten findet sich in Kapitel 6.1.4.
- In Recycling-Anlagen fest installierte Spektrometersysteme zur Identifizierung von kleineren Metallteilen, z. B. zur Sortierung von Schredderschrotten. In einem typischen Szenario werden die Teile auf einem Förderband transportiert, über dem ein Portal mit dem Laserspektrometer montiert ist. Das System erfasst jedes

Metallteil und beschießt es mit einem Laserpuls, dem eventuell ein Puls zur Reinigung der Oberfläche vorausgeht. Das Spektrum wird durch ein Optiksystem erfasst und ausgewertet. Dabei ist sind die analytischen Anforderungen nicht sehr hoch. Oft reicht es, das Basismetall zu erkennen und innerhalb der Basis eine grobe Gruppeneinteilung vorzunehmen. Für den Aluminiumbereich kann zum Beispiel eine Trennung nach den in Kapitel 6.1.4 und Tab. 6.1 beschriebenen Tausender-Gruppen erfolgen. Auch einige Unterscheidungen innerhalb dieser Gruppen sind bei großen Konzentrationsunterschieden möglich. So können die lithiumhaltigen Legierungen der 8XXX-Gruppe von den Lithium-freien unterschieden werden, da entweder kein Lithium enthalten ist, oder dieses Element im Prozentbereich vorliegt. Sind die Schrottpartikel auf dem Förderband vereinzelt, also hintereinander angeordnet, so können sie nach der Identifikation durch einen Pressluftstoß in einen Behälter geblasen werden. Die Behälter enthalten so sortenreine Materialfraktionen.

Werheit, Fricke-Begemann, Gesing und Noll beschreiben eine Anlage zur Sortierung von Aluminium-Schredderschrott, die mit Pulsraten von 40 Schüssen pro Sekunde arbeitet [31]. Die Pulse werden von einem Nd:YAG Laser erzeugt. Es kommt die oben beschriebene Doppelpuls-Technik zur Anwendung. Die Energie jedes Doppelpulses beträgt 200 mJ. Die Anlage kann Partikel, die innerhalb eines Volumens von 600 * 600 * 100 mm^3 anvisieren und kommt mit Bandgeschwindigkeiten von drei Metern pro Sekunde zurecht. Sie kann das zu sortierende Gut in acht Fraktionen mit einer Trefferquote über 95 % unterteilen.

3.3 Stative für Bogen- und Funkenspektrometer

Unter dem Begriff Stativ versteht man den Teil des Spektrometersystems, in dem das Plasma erzeugt wird.

Das Stativ muss die folgenden allgemeinen Anforderungen erfüllen:
–   Die Probe muss sich einfach, schnell und mit minimalem Fehlerrisiko auf dem Stativ positionieren lassen, dabei sollte sich vor allem die Weite des Gaps, also die Distanz zwischen den Elektroden, möglichst genau reproduzieren lassen.
–   Es ist erforderlich, die im Gap erzeugte Strahlung den Optiksystemen zugänglich zu machen. Die Optiken können dabei im direkten Lichtweg stehen. Sie sind dann nur durch Fenster und / oder Linsen vom Stativ getrennt. Alternativ wird die Strahlung, ebenfalls unter Zwischenschaltung von Fenstern und Linsen, in einen Lichtleiter eingekoppelt, der die Strahlung zur Optik transportiert. Häufig erlauben Stative auch Kombinationen, bei denen eine Optik im Direktlicht steht und weitere über Lichtleiter angekoppelt sind.

- Die Fenster und Linsen zur Strahlungsauskopplung müssen so positioniert sein, dass das während der Abfunkung entstehende Kondensat sich möglichst nicht auf ihnen niederschlägt. Das kann durch eine ausreichende Distanz vom Plasma oder, falls vorhanden, durch eine geeignete Führung des Betriebsgas-Stroms erreicht werden.
- Bei Verwendung einer Spülung mit Betriebsgas sollten das Innere des Stativs so beschaffen sein, dass der Schutzgas-Strom die bei der Messung entstehenden Rückstände möglichst vollständig aus dem Inneren des Stativs entfernt.
- Wartungs- und Reinigungsarbeiten sollten schnell, einfach, fehlertolerant und mit einem Minimum an Werkzeugen durchführbar sein.
- Bei Verwendung von Argon als Betriebsgas wird meist eine hohe Dichtigkeit des Stativs verlangt, weil schon Argon-Verunreinigungen im ppm-Bereich den Anregungsprozess empfindlich stören können.

3.3.1 Funkenstände

Das Stativ eines Funkenemissionsspektrometers wird auch als Funkenstand bezeichnet. Abbildung 3.32 zeigt den Schnitt durch einen solchen Funkenstand. Die Probe S liegt auf einer Funkenstandsplatte P, in der sich eine Öffnung H befindet. Sie wird durch den Niederhalter N auf P gedrückt und sorgt für gasdichten Abschluss und reproduzierbaren Elektrodenabstand.

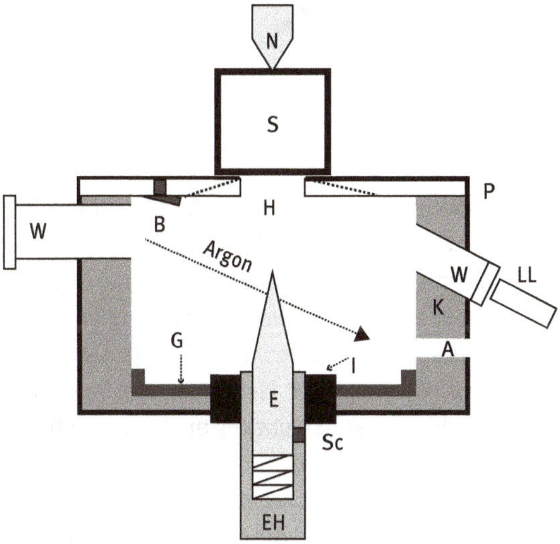

Abb. 3.32: Schnitt durch einen modernen Funkenstand

Die Funkenstandsplatte ist auf dem Funkenstandskörper K befestigt, an dessen Unterseite ein Isolierkörper I und in dessen Mitte sich der Elektrodenhalter EH befindet. Der Elektrodenhalter nimmt die Elektrode E auf. Sie ist mit einer Feder vorgespannt und wird mit einer Madenschraube Sc fixiert.

Die Einstellung des Elektrodenabstands geschieht, indem Sc gelöst, eine teilweise durch die Funkenstandsöffnung H ragende Abstandslehre auf P aufgelegt und Sc wieder fixiert wird. In Abb. 3.33 ist eine solche Abstandslehre (gekennzeichnet mit Sp) zu sehen. Abstandslehren werden auch als Spacer bezeichnet.

Abb. 3.33: Spacer, V-Aufnahme und Glocke, Abdruck mit freundlicher Genehmigung der Firma SPECTRO Analytical Instruments GmbH, Boschstr. 10, 47533 Kleve

Die erzeugte Strahlung wird entweder auf direktem Weg (über das linke Fenster W) oder durch Einkopplung (über das rechte Fenster W) in einen Lichtleiter LL der Spektrometeroptik zugänglich gemacht. Um unerwünschte Abschattungen von nahe der Probenoberfläche erzeugter Strahlung zu vermeiden, ist die Funkenstandsöffnung H an der Unterseite abgeschrägt (in Abb. 3.32 durch gestrichelte Linien angedeutet). Der Lichtleiter LL sieht dadurch das gesamte Plasma. Während der Lichtleiter nur Strahlung oberhalb von 185 nm überträgt, gelangt über den direkten Lichtweg auch kurzwelligere Strahlung in die Spektrometeroptik. Im Wellenlängenbereich unterhalb von 200 nm kann aber die im Kathodenfallgebiet direkt unterhalb der Probenoberfläche erzeugte Strahlung zu einem erhöhten Untergrundsignal führen und die Nachweisempfindlichkeit einschränken. Eine einstellbare Blende B verhindert deshalb, dass diese Untergrundstrahlung in die Optik gelangt. Oft möchte man teilweise mit, teilweise ohne Blendung messen, da der Einsatz der Blende die Wiederholgenauigkeit einschränken und die Streuung der Kalibrierfunktionen erhöhen kann. Deshalb wird B oft schaltbar ausgeführt, die Blendung kann also aus dem Lichtweg bewegt werden. Die Blende muss sich nicht unbedingt im Funkenstand befinden. Sie kann sich auch an anderen Stellen entlang des Lichtwegs befinden, z. B. innerhalb des optischen Systems.

Der Argonstrom wird meist aus Richtung vor den Fenstern W in den Funkenstand eingekoppelt und fließt dann durch den Funkenstand in Richtung des Argonauslasses A. Diese Art der Argonströmung schützt die Fenster vor Verschmutzung und transportiert das vom Funken erzeugte Metallkondensat ab. Das gelingt nicht vollständig. Ein Teil setzt sich auf der Unterseite der Funkenstandsplatte oder im Inneren des Funkenstandes ab. Deshalb befindet sich auf dem Isolierkörper K ein Glas- oder Glimmereinsatz G. Er hat oft die Form eines Topfes, um das nicht mit dem Argonstrom abtransportierte Kondensat aufzunehmen und die elektrischen Kriechstrecken zu erhöhen. Dadurch wird ein hochohmiger Kurzschluss des Zündimpulses vermieden. Die Gehalte an Sauerstoff, Wasserstoff, Feuchte und Kohlenwasserstoffen im Argon sollten im Gap nicht signifikant höher sein als im Gebinde, aus dem das Argon stammt. Deshalb ist jedes der Fenster F sowie die Funkenstands-Platte mit O-Ringen gegen den Funkenstands-Körper K abzudichten.

Sollen Kleinteile, die die Funkenstands-Öffnung nicht vollständig verschließen, gemessen werden, so können diese mit einer Glocke gasdicht abgedeckt werden. In Abb. 3.33 ist, gekennzeichnet mit G, eine solche Glocke zu sehen. Der Stößel an der Oberseite sorgt dafür, dass das zu analysierende Teil vom Strom durchflossen wird. Ebenfalls zu sehen ist ein Drahtadapter (Abb. 3.33, D) und ein Kupferblock, der bei der Analyse von Folien auf diese gelegt wird, um für planes Aufliegen und für Wärmeabführung zu sorgen. Um die Positionierung bei solchen Proben zu erleichtern, dient eine V-förmige Führung (Abb. 3.33, V), an der auch eine Schraube (Abb. 3.33, S) befestigt ist, mit dem Glocke, Kupferblock oder Drahtadapter fixiert werden können. Die Schraube ersetzt den sonst benutzten Niederhalter, der bei der Kleinteileanalyse weggeklappt wird.

Spektrometer-Systeme sind meist für die Analyse von Legierungen unterschiedlicher Metallbasen vorgesehen. Dabei kann es vorkommen, dass eines der Basismetalle in einer anderen Basis als Spur bestimmt werden soll. Wird nun ein solches Spurenelement bestimmt, nachdem zuvor Proben gemessen wurden, die dieses Element als Hauptelement enthielten, können Kontaminationen durch Kondensat im Funkenstand die Spurenanalytik behindern.

Folgende Maßnahmen können dagegen ergriffen werden:
- Der gesamte Funkenstand kann leicht wechselbar ausgeführt werden. Dieses Verfahren hat den Nachteil, dass der neu eingebaute Funkenstand selbst bei trockener Lagerung meist an den Oberflächen etwas Feuchtigkeit aufnimmt. Außerdem ist in den unvermeidlich vorhandenen Totvolumina Luft enthalten, die die Entladung und vor allem die ohnehin kritische Analyse von Sauerstoff und Stickstoff behindert. Der Funkenstand könnte unter Argonatmosphäre aufbewahrt werden, was aber zusätzlichen Aufwand bedeutet.
- Meist ist es praktischer, nur Funkenstandsplatte, Elektrode und Funkenstands-Einsatz zu wechseln. Totvolumina fallen hier nicht an. Um Wasser-Anhaftungen

zu vermeiden, ist eine Aufbewahrung im Exsikkator sinnvoll. Die Bürste zur Elektrodenreinigung sollte nur innerhalb einer Metallbasis verwendet werden, weil beim Putzen der Elektrodenspitze Kondensatpartikel von der Bürste auf die Elektrodenspitze gelangen können.

Kontamination kann auch entstehen, wenn die Probe bei der Positionierung über die Oberfläche der Funkenstandsplatte bewegt wird. Diese sollte deshalb bei Kontaminationsgefahr regelmäßig gereinigt werden. Das ist z. B. dann der Fall, wenn nach der Analyse hochlegierten Stahls Kohlenstoffstahl gemessen werden soll.

Abbildung 3.3 zeigt Beispiele für Funkenstände moderner Laborspektrometer.

Eine interessante Funkenstands-Variante ist in der deutschen Patentanmeldung DE102009018253 [89] beschrieben. Hier enthält der Funkenstand zwei Elektroden, die die Probe im Wechsel befunken. Hierdurch kann die Messzeit erheblich verkürzt werden. Man könnte meinen, der gleiche Effekt ließe sich durch eine Erhöhung der Funkenfolgefrequenz erreichen. Das ist aber nicht der Fall. Bei Frequenzerhöhung kommt es zu einer stärkeren Aufheizung der Stellen der Probe, die der Elektrodenspitze direkt gegenüber liegen. Diese Temperaturerhöhung beeinträchtigt die analytische Leistungsfähigkeit, besonders die Reproduzierbarkeit. Die in der Erfindung [89] beschriebene Lösung hat diesen Nachteil nicht, da sich die Energie der Funken auf die doppelte Fläche verteilt.

Die Geometrie der Funkenstandskammer und die Höhe des Gasflusses entscheiden darüber, wie gut das durch Funken produzierte Kondensat aus dem Funkenstand abtransportiert wird, Hohe Gasflüsse verursachen Mehrkosten und sind deshalb nicht wünschenswert. Als günstig für die Sauberhaltung der Funkenstandskammer hat sich ein laminarer Argonstrom mit möglicht wenigen Verwirbelungen erwiesen. In der europäischen Patentschrift EP2612133 B1 [90] werden in dieser Hinsicht vorteilhaft konstruierte Funkenstände beschrieben.

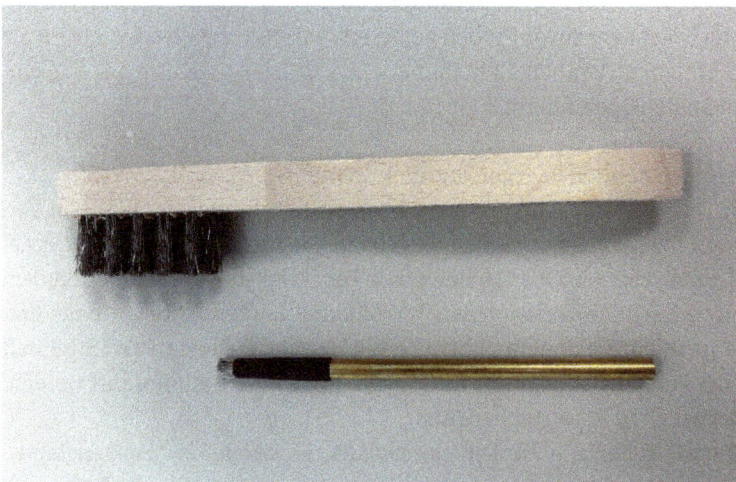

Abb. 3.34: Elektrodenbürste für Bogen (oben) und Funken (rechts). Abdruck mit freundlicher Genehmigung der Firma SPECTRO Analytical Instruments GmbH, Boschstr. 10, 47533 Kleve

3.3.2 Stative für Bogengeräte

Zurzeit (2017) wird der elektrische Bogen nur noch in Mobilspektrometern in nennenswerten Stückzahlen als Anregungsquelle eingesetzt. Die Stative der Mobilspektrometer sind meist so konstruiert, dass Elektrodenhalter, Strahlungs-Auskopplung und der Auslass zur Kondensat-Ableitung für Bogen- und Funkenbetrieb gemeinsam genutzt werden. Die Umrüstung von Funken- auf Bogenbetrieb erfolgt durch Aufstecken eines passenden Aufsatzes. Abbildung 3.35 zeigt links einen Sondenkopf ohne Aufsatz. In der Mitte ist die gleiche Sonde mit Funkenaufsatz dargestellt, Rechts ist sie mit Bogenaufsatz zu sehen. Auf Sonden für Mobilspektrometer wird in Kapitel 6.2 ausführlich eingegangen.

In den folgenden Aspekten unterscheiden sich Bogen- und Funkenstative:

– Die Anforderungen an die Dichtheit sind bei Bogenstativen niedriger als bei Funkenständen zum Betrieb unter Argon. Die verminderten Anforderungen des Bogens gelten auch dann, wenn der Bogen in von CO_2 gereinigter Luft betrieben wird, um die Analyse von Kohlenstoff zu ermöglichen. Einige 10 vpm Kohlenstoffdioxid sind unproblematisch.
– Im Bogenbetrieb wird an der Gegenelektrode eine höhere Wärmemenge frei als beim Funken. Die Elektroden-Halterung muss deshalb ausreichend gekühlt werden. Meist reicht passive Kühlung durch einen Kühlkörper nicht aus. Aktives Anblasen des Kühlkörpers ist vor allem bei Mobilspektrometern erforderlich, wo wegen der Größen- und Gewichtslimitierungen der Sonde keine voluminösen Kühlkörper verwendet werden können.
– Der Elektroden-Abbrand ist im Bogenmodus größer als im Funken. Es muss deshalb schnell und einfach möglich sein, den Elektrodenabstand nachzustellen.
– Die Kontamination der Gegenelektrode ist im Bogenmodus hartnäckiger als beim Funken, wo nur etwas Kondensatstaub von der Spitze entfernt werden muss. Zur Reinigung wird deshalb eine solide Bürste benötigt, wie sie in Abbildung 3.34 oben abgebildet ist. Die Öffnung des Stativs muss die Reinigung mit einer solchen Bürste ermöglichen.
– Im Bogen entfällt der Abtransport des Kondensats über den Argonstrom. Das gilt selbst dann, wenn mit gereinigter Luft gespült wird. Der Spülfluss kann hier nur gering sein, da es bei größeren Flüssen zum Verblasen, also zu einer Positionsänderung des Bogens kommt. Ein solches Verblasen sollte vermieden werden, da diese Positionsänderung von Messung zu Messung schwankt. Bei dichtem Abschluss zwischen Probe und Funkenstands-Öffnung kann das Verblasen stärker sein. Aus diesen Gründen ist es erforderlich, das Bogenstativ regelmäßig zu reinigen. Die Konstruktion des Stativs muss eine schnelle und einfache Reinigung ermöglichen, da es sonst zu einem (hochohmigen) Kurzschluss zwischen Gegenelektrode (Anode) und Funkenstandskörper (Kathode, verbunden mit der Probe) kommen kann. Auch die Gefahr einer Kontamination der dem Plasma zugewandten Fenster und Linsen ist im Bogenbetrieb größer. Diese Flächen müssen sich deshalb schnell und einfach säubern lassen.

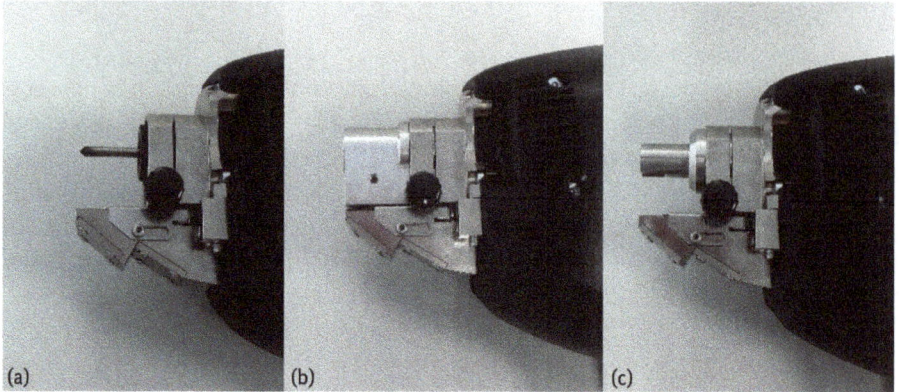

Abb. 3.35: Sonde ohne Aufsatz, mit Funkenaufsatz und mit Bogenaufsatz. Abdruck mit freundlicher Genehmigung der Firma SPECTRO Analytical Instruments GmbH, Boschstr. 10, 47533 Kleve

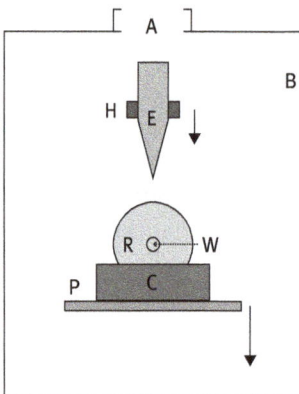

Abb. 3.36: Prinzipieller Aufbau eines Rotroden-Stativs

3.3.3 Rotroden-Stative

Während es eine große Ähnlichkeit zwischen Funken- und Bogenstativen gibt, sind die Rotroden-Funkenstände vollkommen verschieden konstruiert. Abbildung 3.36 zeigt ihren prinzipiellen Aufbau.

Ein kleiner Behälter C enthält ca. 2 ml der zu analysierende Flüssigkeit. Der Behälter wird auf eine Plattform P gestellt. P kann zur Bestückung der Probe um ungefähr einen Zentimeter abgesenkt werden und wird dann durch Betätigen eines Hebels in die Messposition gebracht, in der die Rotrode R, ein Rädchen aus spektralreinem Graphit von ca. 12 mm Durchmesser und 5 mm Stärke, in die zu messende Flüssigkeit eintaucht. Über der Rotrode ist eine angespitzte Gegenelektrode E von meist 6 mm Durchmesser angebracht. Sie besteht ebenfalls aus spektralreinem Graphit. Meist werden für Rotroden und Elektroden Graphitmaterial mit C-Gehalt größer 99,9995 % verwendet, die Summe aller Verunreinigungen ist also kleiner als fünf ppm.

Die Elektrodenhalterung H kann zwei Positionen in vertikaler Richtung einnehmen. In der unteren Position wird die Elektrode eingesetzt. Dann wird sie über einen Hebel um den gewünschten Gap-Abstand angehoben. Vor Beginn der Messung dreht sich die Rotrode langsam. Ist die der Gegenelektrode gegenüberliegende Stelle der Rotrode benetzt, kann die Abfunkung beginnen. Sie wird meist mit recht niedriger Frequenz um 100 Hz durchgeführt und dauert zwischen 10 Sekunden und einer Minute. Dabei geht, wie bei der Analyse von Metallproben, eine Vorfunkzeit der eigentlichen Messung voraus.

Folgende Anforderungen werden an Rotroden-Stative gestellt:
- Die Rotrode ist nach jeder Probe zu wechseln. Der Wechsel sollte einfach möglich sein.
- Auch die Gegenelektrode ist nach jeder Probe zu entnehmen. Sie kann ähnlich einem Bleistift angespitzt und dann wiederverwendet werden. Beim Wiedereinsetzung sollte werkzeuglos die Federspannung der Elektrodenklemmung K durch Ziehen eines Knaufs gelockert werden, damit die Elektrode auf die Rotroden-Oberfläche fallen kann. Wird der Knauf losgelassen, fixiert die Feder die Gegenelektrode.
- Der Raum B um das Rotroden-Stativ sollte abgedichtet sein. Für Arbeiten am Stativ wird eine Tür geöffnet. Die Abfunkung lässt sich nur dann starten lassen, wenn die Tür geschlossen ist. Eine Kapselung ist erforderlich, da während der Abfunkung die Gesundheit beeinträchtigende Gase entstehen können. An der Oberseite des Raumes B befindet sich ein Anschluss A für eine Absaugung.
- Der Innenraum sollte aus korrosionsfestem und leicht zu reinigendem Material bestehen, weil Kontaminationen, z. B. durch Verschütten der zu analysierenden Flüssigkeiten oder sich niederschlagende Rückstände, unvermeidlich sind. Da meist brennbare Substanzen analysiert werden, sollten die für den Innenraum verwendeten Materialien auch feuerfest sein. Rostfreie Stähle haben sich bewährt.
- Die Welle W, auf der die Rotrode gesteckt wird, sollte ebenfalls aus einem korrosionsbeständigem Material bestehen. Vorzugsweise wird ein Material verwendet, das nicht analysiert werden soll, z. B. Silber. Sind ausschließlich weniger aggressive Stoffe zu bestimmen, so kann es ausreichen, als Wellenmaterial säurefesten Edelstahl zu wählen.

Die Methode ist prinzipiell zur Analyse aller Elemente geeignet. Ausgenommen sind der Kohlenstoff und die Bestandteile der Umgebungsluft. Allerdings ist die Nachweisempfindlichkeit für die Elemente, die ihre empfindlichsten Linien unterhalb von 200 nm haben, eingeschränkt. Nadkarni [32] nennt als Nachweisgrenze für Magnesium 0,01 ppm, während die für das Zinn auf der weniger empfindlichen Linie 317,5 nm 0,88 ppm beträgt. Die empfindlichere Zinn-Linie bei 189,98 nm wird durch die Atmosphäre schon stark gedämpft.

3.4 Betriebsgas-Systeme

Die Anregung durch den Bogen und durch den Laser finden gelegentlich in Luft-Atmosphäre statt. Auch die Analyse von Schmierstoffen mit der Rotroden-Technik kommt ohne von außen zugeführtes Betriebsgas aus. Meist wird das Stativ aber gespült.

3.4.1 Handelsübliche Betriebsgase

Das mit Abstand am weitesten verbreitete Hilfssgas ist Argon. Es wird in Verbindung mit dem Funken fast immer und bei Einsatz des Lasers als Quelle häufig verwendet. Deshalb befasst sich das Kapitel 3.4 nur mit Argon und Argon-Wasserstoffgemischen. Gereinigte Luft als Betriebsgas wird gelegentlich in Mobilspektrometern benutzt. Nähere Infomationen finden sich in Kapitel 6.2.

Tabelle 3.2 gibt die in der Spektrometrie üblichen Argon-Qualitäten, zusammen mit dem maximalen Sauerstoff-, Wasserdampf-, Stickstoff- und Kohlenwasserstoff-Kontaminationen wieder.

Tab. 3.2: Argonqualitäten für Funken-Spektrometrie mit üblichen maximalen Verunreinigungen

	Argon für Spektrometrie (Ar 4.8)	Ar 5.0	Ar 6.0	Argonwasserstoff für Spektrometrie
Argongehalt [Vol.-%]	99,998	99,999	99,9999	Rest
H_2 [Vol.-%]	–,–			2–5 %
Sauerstoff [vpm]	3	2	< = 0,5	2
Stickstoffgehalt [vpm]	10	5	< = 0,5–1 *	10
Wasserdampf [vpm]	5	3	< = 0,5	3
Kohlenstoff- Verbindungen [vpm]	< = 0,5	< = 0,2	< = 0,2	< = 0,5

*: Herstellerabhängig

In vielen Fällen ist die Sorte „Argon für Spektrometrie" (Argon 4.8), eine Qualität mit maximal 20 vpm Gesamtverunreinigungen, ausreichend. Diese Qualität kann aber bis zu 10 vpm Stickstoff enthalten, was problematisch ist, wenn dieses Element bestimmt werden soll. Stickstoff im Stahl muss oft in Gehalten unter 100 ppm überwacht werden, wobei zwischen dem in der metallischen Matrix gelöstem Stickstoff und dem an anderen Elementen gebundenen unterschieden werden muss. Siehe hierzu z. B. Niederstraßer [33] oder Schriever [34]. Besonders störend ist, dass jedes vpm Stickstoff im Gas eine Intensitätserhöhung um 20–50 ppm in der Probe vortäuscht. Der Multiplikator ist dabei von den Messparametern abhängig. In diesen Fällen ist die Verwendung von Argon 6.0 empfehlenswerter, das maximal 0,5 vpm Stickstoff enthalten darf. Diese Sorte ist aber wesentlich teurer als Argon 4.8. Der Kompromiss Argon 5.0 ist zu erwägen, der zwar etwas teurer ist als Argon 4.8, aber nur halb so viel Stickstoff enthalten darf.

Gelegentlich erreicht man, bei nicht allzu hohen Anforderungen, auch mit Schweißargon überraschend gute Ergebnisse. Das ist aber nicht immer der Fall. Die Brennflecken sind dann wegen diffuser Entladungen weißlich (siehe Kapitel 3.2.2) und es findet eine zu geringe und unregelmäßige Ablation statt. Der Grund für diese wechselnden Resultate liegt darin, dass die Schweißargon-Flaschen zwar oft mit dem gleichen Argon wie solche der Qualität „für Spektrometrie" befüllt werden. Die Vorbereitung ist aber eine andere: Argonflaschen für Spektrometer-Argon werden vor Befüllung evakuiert. Damit ist die resultierende Reinheit der vollen Schweißargon-Flaschen von deren Vorgeschichte abhängig.

Argon-Wasserstoffgemischen bestehen aus Argon 4.8 und 2–5 % Wasserstoff 5.0, also Wasserstoff der Reinheit 99,999 %. Meist wird eine Beimischung um 2 % gewählt. Der Wasserstoff bindet den Restsauerstoffgehalt des Argons. Das ist vorteilhaft, wenn kleine Sauerstoffgehalte in der Probe bestimmt werden müssen, z. B. bei der Analyse von Elektrolytkupfer. Slickers [20, S. 334] stellte fest, dass Argon-Wasserstoff zwar für Legierungen der Eisen, Nickel und Kobaltbasis vorteilhaft ist, es aber bei Vorhandensein größerer Mengen von B, Al, Mg, Zn und Ti zu diffusen Entladungen kommen kann. Spektrometer-Systeme sind heute oft für die Bestimmung von Legierungen mehrerer Basen ausgelegt. Viele Spektrometer-Hersteller verwenden heute ausschließlich Argon als Betriebsgas, um den Betreibern nicht die Beschaffung verschiedener Betriebsgase zumuten zu müssen.

3.4.2 Argon-Lieferformen und Transport des Gases zum Spektrometer

Handelsübliche Lieferformen für Betriebsgase sind in Europa Flaschen mit Volumina von 2, 5, 10, 20 oder 50 Litern. Für Laborspektrometer kommen nur die 50 Liter-Flaschen infrage. Mobilspektrometer verwenden dagegen auch die kleineren Gebinde, weil hier das System-Gesamtwicht oft wichtig ist. Die Flaschen werden mit 200 bar Fülldruck geliefert. Die 50 l Flaschen sind auch mit 300 bar – Füllung erhältlich, was einer Argonmenge von ca. 15 m^3 entspricht.

Neben Einzelflaschen ist auch der Bezug von Flaschenbündeln möglich. Hier sind in der Regel zwölf Flaschen parallelgeschaltet. Auch hier sind 200 oder 300 bar Fülldruck verfügbar.

Die Verwendung eines Flaschenbündels hat den Vorteil, dass seltener ein Gebindewechsel erforderlich ist, die ja immer mit einer Unterbrechung der Argonzufuhr verbunden ist. Bei diesem Vorgang kann es zu Undichtigkeiten und zum Eintrag von Stickstoff, Feuchte, Sauerstoff und Kohlenwasserstoffen kommen. Es muss dann eine Spülphase eingefügt werden, um die Analysenfähigkeit des Systems wiederherzustellen. In dieser Hinsicht optimal ist die Verwendung eines Tanks mit Flüssig-Argon. Das

Argon wird im Tankwagen angeliefert und in einem Tank der Größe zwischen 200 und 10000 Litern gefüllt. Diese Tanks ähneln riesigen Thermoskannen, in denen die Temperatur niedrig gehalten werden muss, um das Argon flüssig zu halten. Die hierzu nötige Kälte entsteht bei der Expansion des entnommenen Gases. Abbildung 3.37 zeigt einen solchen Tank.

Flüssigargon für Spektrometrie-Zwecke wird in Reinheiten in den Qualitäten 5.0 und 6.0 geliefert. Technisch ist der Betrieb von Spektrometern mit Flüssigargon aus dem Tank vorteilhaft, weil die Zuleitung nie unterbrochen werden muss. Diese Lösung ist aber nur ab einem gewissen Mindestverbrauch wirtschaftlich.

Abb. 3.37: Tank für Flüssiges Argon, Abdruck mit freundlicher Genehmigung der Firma SPECTRO Analytical Instruments GmbH, Boschstr. 10, 47533 Kleve

Das Betriebsgas-Gebinde steht meist nicht unmittelbar neben dem Gerät, aber selbst in diesem Fall wird eine Leitung zwischen Spektrometer und Argonbehälter benötigt. Bei der Konzeption und Realisierung dieser Verbindungsleitung ist äußerste Sorgfalt geboten. Es kommen nur Edelstahl-Leitungen und solche aus Kupfer gemäß DIN EN 13348 [35] infrage. Kunststoffleitungen sind problematisch, weil sie eine zu große Durchlässigkeit für Wasserdampf und Sauerstoff haben. Sie kommen nur bei mobilen Geräten zum Einsatz, da dort Argon meist über einen Sondenschlauch, der flexibel sein muss, zum Funkenstand in der Prüfsonde geleitet wird.

Die Verbindungen von Kupferleitungen sollten nur mit speziell für Reinstgase zugelassenen Loten hergestellt werden. Zudem müssen sie während des Lötens mit Schutzgas gespült werden, um eine Verzunderung zu verhindern. Wertvolle Hinweise gibt die Broschüre „Kupferrohre in der Kälte-Klimatechnik, für technische und medizinische Gase" des Deutschen Kupferinstituts [36]. Von einer Entfettung oder Säuberung nach der Installation wird dort abgeraten. Sämtliche Verbindungen sind fettfrei auszuführen. Sind Verbindungen vorhanden, die O-Ringe enthalten, so sind nur solche zu verwenden, die nicht ausgasen. Hier kann der Einsatz von Fetten unvermeidlich sein. Dann dürfen aber nur Vakuumfette mit niedrigstem Dampfdruck zum Einsatz kommen. Auf sparsame Dosierung ist zu achten. Totvolumina, die sich bei einem Flaschenwechsel mit Luft füllen könnten, sind ebenfalls zu vermeiden.

Die Argon-Zuleitung muss auch absolut dicht sein, denn wo Gas austritt, gelangt auch Umgebungsluft in das System. Nach Fertigstellung der Zuleitung ist diese unter Druck zu setzen. Dann darf es zu keinem signifikanten Druckabfall kommen. Es empfiehlt sich, die Verlegung der Argonleitung einer erfahrenden Fachfirma zu überlassen. Die Lieferfirmen der Gase helfen hier in der Regel weiter.

3.4.3 Systeme zur Argon-Reinigung

Ist kein ausreichend sauberes Argon verfügbar oder die Sauberkeit der Zuleitung zweifelhaft, ist das Argon unmittelbar vor dem Spektrometer zu reinigen. Das kann auf zwei verschiedene Weisen geschehen:

– Der Argonstrom kann durch Reinigungspatronen geleitet werden, in denen Wasserdampf, Sauerstoff und Kohlenwasserstoffe entfernt werden. Es sind auch kombinierte Patronen erhältlich, die alle genannten Verunreinigungen entfernen. Der Sauerstoff wird durch Chemisorption, also durch eine Reaktion mit einem geeigneten Reagenz auf Chrom-, Nickel-, Titan- oder Kupferbasis entfernt. Feuchte und Kohlenwasserstoffe werden üblicherweise entfernt, indem das Argon durch ein Molekularsieb aus geeigneten Zeolithen oder durch einen Aktivkohlefilter geleitet wird. Die Verunreinigungen bleiben in den Poren des Molekularsiebes, das Argon wird durchgelassen. Molekularsiebe aus Zeolithen lassen sich durch Erhitzen regenerieren. Auch manche der Reagenzien zur Sauerstoff-Entfernung können erneuert werden. Das geschieht meist indem sie bei hohen Temperaturen (einige 100°C) mit Wasserstoff gespült werden.

Es lässt sich meist ein scharfer Übergang zwischen verbrauchten und frischen Reinigungsmedien feststellen. Das erlaubt es, das Patronengehäuse transparent zu halten und geeignete Indikatorsubstanzen hinzuzufügen. Der vom Indikator erzeugte Farbumschlag ermöglicht es abzuschätzen, wie lange die Kapazität der Patrone noch reicht. Soll das Spektrometer-System innerhalb der Europäischen Union betrieben werden, so sind jedoch die hier geltenden Beschränkungen für den Einsatz sechswertigen Chroms zu beachten. Diese sind in der sogenannten ROHS-Direktive [37] festgelegt. Einige Indikatorreagenzien können deshalb nicht verwendet werden.

– Die Argon-Reinigung durch passive Patronen lässt den Stickstoffgehalt des Argons unverändert. Muss auch der Stickstoff entfernt werden, bieten sich aktive Reinigungs-Systeme an. Praxiserprobte und -bewährte Systeme werden zum Beispiel von der Firma Sircal Instruments angeboten. Das Argon wird hier über Titan- und Kupfer-Reagenzien geleitet, die während des Betriebs auf 680°C bzw. 450°C geheizt werden [38].

3.4.4 Das interne Argonsystem des Spektrometers

Das Argon wird innerhalb des Spektrometers für folgende Zwecke benutzt:

1. Während der Messung wird der Funkenstand von Argon durchströmt. Die Funktionen im Anregungsprozess wurden in Kapitel 3.2 ausführlich erklärt. Es wurde außerdem bereits besprochen, dass der Argonstrom das beim Funken entstehende Metallkondensat abtransportiert. Typische Argonflüsse während des Funkens liegen bei ca. zwei Litern pro Minute.

2. Der Argonstrom wird schon bis zu drei Sekunden vor einer Messung eingeschaltet, um den Sauerstoff auszuspülen, der beim Wechsel der Probe ins Funkenstandinnere gelangt sein könnte. Die Durchflüsse sind meist die Gleichen, die auch beim Messen verwendet werden, gelegentlich löst man aber auch einen kurzen, starken Argonstoß an.

3. Zwischen den Messungen bleibt ein reduzierter Gasfluss bestehen. Dieser hält die Lichtwege im Funkenstand für Strahlung zwischen 115 und 190 nm transparent. So ist das Gerät auch nach einer Abfunkpause einsatzbereit. Die Spülrate liegt zwischen einem Liter und 30 Litern pro Stunde.

4. Kleinere Laborspektrometer und die UV-Optiken von Mobilspektrometern werden oft durch eine Argonspülung transparent gehalten. Dieser Gasfluss ist immer dann eingeschaltet, wenn auch der unter Punkt 3 beschriebene Spülgasfluss eingeschaltet ist. Gelegentlich kann das Argon zunächst durch die Optik geleitet werden und dann zur Spülung des Funkenstands weiterverwendet werden. Dann empfiehlt sich aber eine Zwischenreinigung, die mindestens die ausgespülte Feuchte entfernt.

5. Aus Kostengründen ist es wünschenswert, bei längerer Inaktivität des Spektrometers, z.B. über das Wochenende, die Argonversorgung ganz zu unterbrechen. Wird dann das Argon wieder eingeschaltet, muss eine längere Zeit (z.B.

30 Minuten lang) mit hohem Durchfluss gespült werden. Diese Reaktivierung kann programmgesteuert erfolgen, so dass der Anwender sein Spektrometer bei Arbeitsantritt in messfähigem Zustand vorfindet.

6. Soll das Element Sauerstoff bestimmt werden, so ist es sinnvoll, beim Hochklappen des Niederhalters, das jedem Entfernen der Probe von der Funkenstandsöffnung vorausgeht, den Gasfluss zu erhöhen, um ein Eindringen von Sauerstoff bei unbedeckter Funkenstandsplatte zu unterbinden.

7. Shutter zum Blockieren der Lichtwege und die in Kapitel 3.3.1 erwähnte schaltbare Blende werden aus Gründen der Geschwindigkeit und Zuverlässigkeit bevorzugt durch Pneumatikzylinder betätigt. Auch dazu wird das im Spektrometer vorhandene Argon verwendet.

8. Große Spektrometer-Optiken sind oft mit Argon gefüllt. Dieses Argon wird dann in einem geschlossenen System ständig umgepumpt und dabei durch ein Reinigungssystem, wie es in Kapitel 3.4.3 beschrieben wurde, geleitet.

Es ist technisch sicherer und wegen des reduzierten Montageaufwands meist auch ökonomischer, statt einzelner Kupferleitungen die Argonverbindungen durch Bohrungen in einem sogenannten Argonblock zu realisieren.

Abb. 3.38: Argonblock eines Laborspektrometers, Abdruck mit freundlicher Genehmigung der Firma SPECTRO Analytical Instruments GmbH, Boschstr. 10, 47533 Kleve

Abbildung 3.38 zeigt einen solchen Block. Er beinhaltet folgende Funktionen:

–   Das von außen kommende Argon wird eingespeist. Dabei ist es sinnvoll, im Eingang einen Partikelfilter vorzusehen, der verhindert, dass Fremdkörper die Magnetventile blockieren oder Argonblenden verstopfen.
–   Um den Ausfall des Argons bemerken zu können, ist meist ein Druckschalter vorgesehen, der nur dann schaltet, wenn der Argon-Eingangsdruck ausreicht.
–   Ein Druckminderer reduziert den Außendruck auf einen niedrigeren, konstanten Wert.
–   Der reduzierte Druck wird Festblenden oder einstellbaren Nadelventilen zugeführt. Diese dosieren die in der letzten Aufzählung genannten Argon-Flüsse. In den einzelnen Zweigen sind Magnetventile geschaltet, mit denen der betreffende Gasfluss aktiviert werden kann.
–   Für die geschalteten Gasflüsse ist je ein Auslass vorgesehen, der über eine öl- und fettfreie Kupfer- oder Edelstahl-Leitung mit dem zugehörigen Verbraucher verbunden ist.

Auch der Argonblock selbst muss öl- und fettfrei sein. Das gilt auch für sämtliche Anbauteile.

3.4.5 Abgas-System

Das Argon, das den Funkenstand über dessen Auslass verlässt, kann nicht direkt in die Umgebungsatmosphäre entlassen werden. Das Kondensat stellt Feinstaub dar, der am Arbeitsplatz unerwünscht ist. Eine mögliche Ausführung eines Abgas-Reinigungssystems zeigt Abb. 3.39. Der aus dem Funkenstand kommende Abgasschlauch S taucht in eine Waschflasche W ein. Die Waschflasche ist bis etwa 20 cm über dem Schlauchende mit Wasser gefüllt. Das Argon strömt aus und steigt zur Wasseroberfläche auf. Ein Teil des Kondensats wird so ausgewaschen. Große Gasblasen sind unvorteilhaft, da sie die Waschwirkung reduzieren und Druckschwankungen im Funkenstand bewirken können. Deshalb endet der Schlauch mit einem perforierten Einsatz E. Die Durchbrüche dieses Einsatzes dürfen aber nicht zu klein sein, da sonst Verstopfungsgefahr droht. Das Wasser der Waschflasche entfernt nicht nur Kondensat, es verhindert außerdem, dass Sauerstoff in den Funkenstand gelangt. Nachteilig ist allerdings, dass Feuchte dorthin rückdiffundiert. Das beeinträchtigt nicht nur die Entladung, sondern kann auch zum Verklumpen von Kondensat und damit zu einer Verstopfung des Abgasschlauches führen. Der Schlauch sollte deshalb in regelmäßigen Abständen gereinigt werden. Um diese Reinigung schnell und effizient durchführen zu können, muss er sich einfach vom Funkenstand lösen lassen. Das vorgereinigte Argon gelangt in ein Filtergehäuse G, die eine Filterkerze F enthält. Das Argon durchdringt den Filter, der aus Fasermaterial besteht. Danach wird das nun vollständig vom Kondensat befreite Argon entweder direkt in die Umgebung entlassen oder mit einem Abzug verbunden. Letzteres empfiehlt sich vor allem dann, wenn toxische Materialien gemessen werden. In diesem Fall sollte auch direkt an der Funkenstands-Platte eine Absaugung installiert werden, um Kondensat-Austritt aus der Funkenstands-Öffnung zu verhindern. Die Filterkerze muss in regelmäßigen Abständen ersetzt werden. Dabei ist darauf zu achten, dass das in ihr enthaltene Kondensat sich spontan entzünden kann. Das Kondensat ist sehr feinkörnig, was zu einer großen Gesamtoberfläche führt. Vorsicht ist also angebracht, vor allem beim Öffnen des Filtergehäuses, da dann das darin befindliche Argon durch Luft ersetzt wird.

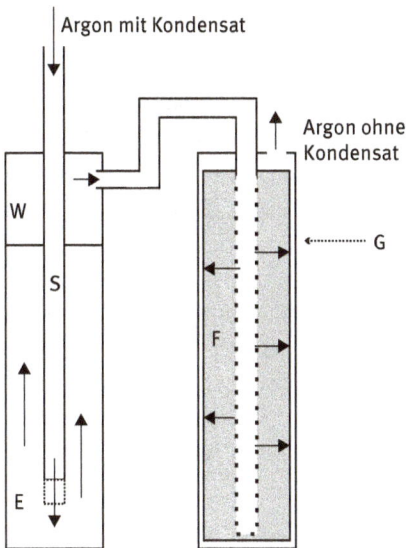

Abb. 3.39: Abgas-System

3.5 Spektrometer-Optiken

In den Anfangsjahren der Spektrometrie wurden als optische Systeme prismenbestückte Spektralapparate verwendet. Abb. 3.40 zeigt den Aufbau eines solchen Spektralapparats in einer Ausführung, die sich zur photographischen Spektrenregistrierung eignet. Sie funktionieren folgendermaßen:

Das vom Plasma emittierte Lichtgemisch fällt durch den Eintrittsspalt ES des optischen Systems, das sich im Brennpunkt eines Kollimatorobjektivs KO befindet. Die Strahlung verlässt KO als paralleles Lichtbündel. Ein Prismen-System P bricht die Strahlung abhängig von der Wellenlänge mehr oder weniger stark. Für jede Wellenlänge ergibt sich nun ein in sich paralleles Lichtbündel, das aber unter einem von der Wellenlänge abhängigen Winkel aus dem Prismen-System austritt. Schließlich bildet ein Kameraobjektiv KM diese Lichtbündel auf die Fokalkurve ab. Dort ergeben sich nun nebeneinanderliegende, in rot-blau Richtung scharf abgebildete Bilder des Eintrittsspaltes. Jedes Bild entspricht einer Wellenlänge und damit einem der in Abb. 3.14 beschrieben Energieübergängen, die einem bestimmten Element zuzuordnen sind. Die Registrierung der Spektren erfolgte durch direkte Beobachtung mit dem Auge oder durch Belichten einer Photoplatte PL, deren lichtempfindliche Oberseite auf der Fokalkurve liegt.

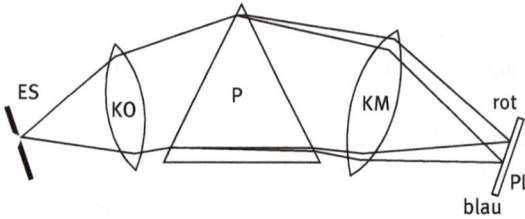

Abb. 3.40: Prinzipaufbau eines Prismen-Spektralapparats

Aus der Helligkeit geeigneter Linien im Spektrum lässt sich auf die Konzentration des zugehörigen Legierungselementes schließen. Bei Betrachtung der Spektren mit dem Auge wurde die Intensität der Analytlinie dabei mit der einer benachbarten Linie des Matrixelementes verglichen. Diese Methode der homologen Linienpaare wurde von Gerlach und Schweitzer [14] eingeführt. Erst der Vergleich im Spektrum nicht allzu weit voneinander entfernter Linienpaare ermöglicht es, Gehalte unabhängig von der Lichtstärke des Spektralapparates zu bestimmen. Zuvor hatte man versucht, sich bei der Analyse an absoluten Intensitätsniveaus zu orientieren, was wenig erfolgversprechend ist. Bis heute ist es erforderlich, die Analysenergebnisse unabhängig von dem Strahlungsdurchsatz des optischen Systems zu halten. Es soll hier unter Strahlungsdurchsatz das Verhältnis zwischen dem Licht, was den Sensor erreicht, zu der in das Optiksystem einfallenden Strahlung verstanden werden. Dabei wird nur Licht betrachtet, was aufgrund der Montageposition von Austrittsspalt oder Zeilensensor den Detektor erreichen kann. Algorithmen der Spektrometer-Software tragen dem Rechnung, s. Kapitel 3.9.4 *Verhältnisbildung* und Kapitel 3.9.6 *Rekalibration*.

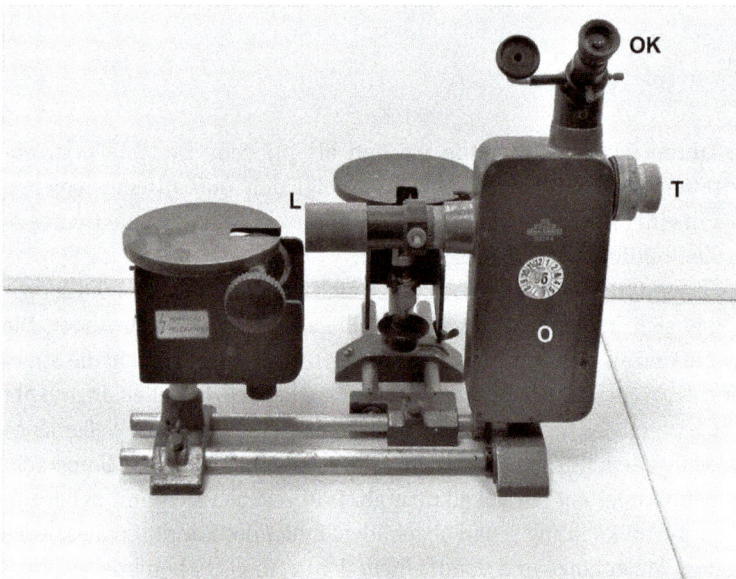

Abb. 3.41: Spektroskop

Abbildung 3.41 zeigt ein Spektroskop zur visuellen Beurteilung von Spektren. Die Strahlung gelangt durch das Linsensystem L in die Optik O, die mehrere hintereinander geschaltete Prismen enthält. Durch Verdrehen der Trommel T kann der gewünschte Ausschnitt des Spektrums eingestellt werden, der durch das Okular OK betrachtet wird.

Die Spektren-Photographien wurden im Prinzip in gleicher Weise genutzt. Zunächst wurde die Platte entwickelt und dann photoelektrisch die Schwärzung der Linien bestimmt. In Abb. 3.42 ist eine solche Photoplatte zu sehen.

Abb. 3.42: Belichtete und entwickelte Photoplatte

Ein Nachteil der photographischen Auswertung war der hohe erforderliche Zeitaufwand. Dem standen aber auch Vorteile gegenüber:
– Bei Betrachtung des Spektrums mit dem Auge ist immer nur ein Ausschnitt des Spektrums sichtbar. Dieser kann zwar durch Verdrehen der Prismen verschoben werden, aber die Überprüfung einer größeren Anzahl von Elementen ist nicht praktikabel. Die Photoplatte erfasst dagegen das gesamte Spektrum. Eine nachträgliche Auswertung beliebiger Stellen des Spektrums ist möglich.
– Die Photoplatte war Basis der Auswertung, andererseits konnte die Platte archiviert werden. Sie bot also die Möglichkeit der Dokumentation, und das lange bevor Rechner, Massenspeicher oder Drucker verfügbar waren.
– Zwar erreichten geübte Bediener beim Vergleich der Linien-Intensitäten erstaunlich gute Resultate. Das darf aber nicht darüber hinwegtäuschen, dass die visuellen Leistungen Schwankungen unterliegen und auch nicht alle Spektralprüfer zu Höchstleistungen fähig waren. Dagegen ist die Photoplatte vergleichsweise sicher. Die Fotoplatte konnte über charakteristische Linienmuster ausgerichtet werden, so dass das Auffinden von Linien einfach war und notfalls über Schablonen erfolgen konnte. Die Schwärzung konnte mit einem sogenannten Densitometer gemessen werden, indem man das Spektrum von unten beleuchtete und die durchtretende Strahlung über eine Selen-Photozelle maß. Dieses Verfahren war, verglichen mit der visuellen Beurteilung, objektiv. Es sei bemerkt, dass die

durchstrahlende Lichtstärke schwanken konnte und auch der Belichtungspro-
zess nicht stets gleich verlief. Da es aber das Verhältnis von Linie und internem
Standard war, was zählte, spielten diese Schwankungen keine Rolle.

Spektrometer mit Photoplatten-Registrierung wurden in der Praxis bis in die 1990er Jahre
hinein, z. B. zur Prüfung von Reinstgraphit, verwendet. Mit dem Aufkommen von Systemen, die weite Spektrenbereiche mit Hilfe von Halbleiter-Multikanalsensoren erfassen
können, wurden Spektrometer mit Photoplatten-Registrierung obsolet.

3.5.1 Rowlandkreis-Konkavgitteroptiken mit Photomultipliern (PMT) als Strahlungsempfänger

Die Möglichkeit, eine Vielzahl von Spektrallinien gleichzeitig zu messen und außerdem zu schnellen und objektiven Resultaten zu kommen, wurde erst mit der nächsten
Generation von Spektrometer-Optiken geschaffen. Bei Optiken dieser Bauart befinden
sich auf der Fokalkurve schlitzförmige Blenden, so genannte Austrittsspalte. Jeder
dieser Spalte ist so justiert, dass er genau eine Spektrallinie aus dem Gesamtspektrum
isoliert. Hinter jedem Austrittsspalt ist eine Photomultiplier-Röhre (*photomultiplier
tube*, PMT) so montiert, dass die Strahlung der Spektrallinie auf die Röhren-
Photokathode fällt. Im PMT wird die Strahlung in einen Strom gewandelt und kann
dann gemessen und ausgewertet werden. Die Wirkungsweise von Photomultiplier-
Röhren und der zugehörigen Auslese-Elektroniken sind in den Kapiteln 3.6.1 und 3.7.1
beschrieben. Diese moderneren Optiken waren über Jahrzehnte die in Bogen- und
Funkenspektrometern bevorzugte Ausführungsform und werden noch immer in
großen Stückzahlen hergestellt. Aus Kosten- und Platzgründen ist die Anzahl verfüg-
barer Analyt-Linien begrenzt. Auch bei den Linien für den internen Standard ist nur
für das Notwendigste Platz. Oft wird nur eine interne Standardlinie pro Basiselement
verwendet. Die Vorteile, die aus einer Verfügbarkeit des Gesamtspektrums resultieren, wurden der Messgeschwindigkeit geopfert und wurden erst in der darauffolgen-
den Optikgeneration wiederentdeckt.

Zentrale Komponente bei Optiken dieses Typs ist das so genannte Konkavgitter. Dabei handelt es sich um einen sphärischen Hohlspiegel, auf dessen Oberfläche
sich in sehr kurzen, gleichmäßigen Abständen senkrechte Furchen befinden. Das
resultierende Bauteil hat einerseits die Eigenschaften eines Konkavspiegels, kann
aber andererseits einen Teil der Strahlung wellenlängenabhängig beugen, also
ablenken.

Abbildung 3.43 zeigt den Prinzipaufbau einer Rowlandkreis-Optik in so genannter Paschen-Runge Aufstellung. Das Konkavgitter G, der Eintrittsspalt ES sowie eine
Anzahl von Austrittsspalten AS, von denen in Abb. 3.43 nur einer eingezeichnet ist,
sind bei dieser Aufstellungsart auf einem Kreis montiert, dessen Durchmesser dem
Radius der Gitterkrümmung entspricht. Dabei berührt der Kreis den Gittermittelpunkt

und bildet mit den Gitterfurchen einen rechten Winkel. Die Linie N, die senkrecht auf dem Gittermittelpunkt steht, wird Gitternormale genannt. Oft wird der Ausdruck „im Normal" für den Schnittpunkt S_N zwischen dieser Linie und der Fokalkurve benutzt. Welche Bedeutung gemeint ist, wird dann aus dem Kontext klar. Eine Optik der in Abb. 3.43 dargestellten Form bezeichnet man auch als Polychromator, weil mit ihr die gleichzeitige Messung mehrerer Linienintensitäten möglich ist.

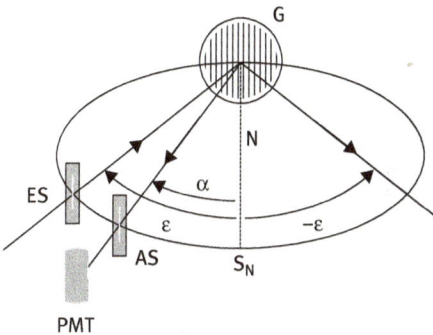

Abb. 3.43: Rowlandkreis-Optik in Paschen-Runge-Aufstellung

Man stelle sich eine punktförmige Lichtquelle auf der Fokalkurve vor. Der Winkel zwischen der Strecke Lichtquelle-Gittermittelpunkt und dem Gitternormal mögen ε betragen. Aus den Hohlspiegel-Eigenschaften des Gitters folgt, dass dann auf der gegenüberliegenden Seite des Normals, also unter einem Winkel von $-\varepsilon$, das Bild dieser Lichtquelle erscheint.

Das Gitter ist aber nicht nur ein einfacher Hohlspiegel. Ein Teil der Strahlung wird gebeugt. Dabei ist der Ort, an dem die Beugungsbilder erscheinen, von der Wellenlänge der Strahlungsquelle abhängig. Den Zusammenhang zwischen Wellenlänge der unter einem Winkel von ε einfallenden Strahlung und dem Winkel des gebeugten Stahls errechnet sich nach der Formel:

$$\lambda = \frac{\sin(\alpha) + \sin(\varepsilon)}{N * G} \tag{3.8}$$

Dabei bezeichnen:

ε den Einfallwinkel (Winkel zwischen Gitternormale und der Strecke Gittermitte-Eintrittsspalt)

α den Ausfallwinkel (Winkel zwischen Gitternormale und der Strecke Gittermitte-Linienposition)

λ die Wellenlänge (in mm), die unter dem Ausfallwinkel gebeugt wird

G die Anzahl der Gitterfurchen pro mm (Gitterstrichzahl)

N die Beugungsordnung

Die Beugungsordnung ist dabei eine ganze Zahl, die auch ein negatives Vorzeichen annehmen kann. Die Strahlung verteilt sich im Allgemeinen über mehrere Beugungsordnungen, wobei die Intensitätsverteilung vor allem von der Form der Gitterfurchen abhängt. Diese Thematik wird im Kapitel 3.5.4 in Verbindung mit dem so genannten Blaze-Winkel näher erläutert.

Es ist üblich, Einfallwinkel zwischen 40° und 45° zu wählen, die Austrittsspalte werden dann zwischen Eintrittsspalt und Gitternormale montiert (siehe Abb. 3.43). Bei Optiken für Bogen-/Funken-Spektrometern werden meist Gitter mit 1200 bis 3600 Furchen pro mm verwendet. Geht man von einem Einfallwinkel von 43° aus, so können in der ersten Beugungsordnung die in Tab. 3.3 gelisteten Spektralbereiche genutzt werden.

Tab. 3.3: Überstrichener Wellenlängenbereich zwischen 0° und 43° bei 43° Einfallwinkel

Gitterfurchen pro mm	Wellenlängenbereich zwischen 0° und 43°, 1. Beugungsordnung [nm]	Wellenlängenbereich zwischen 0° und 43°, 2. Beugungsordnung [nm]
1200	568,3–1136,7	284,2–568,3
1800	378,9–757,8	189,4–378,9
2400	284,2–568,3	142,1–284,2
2700	252,6–505,2	126,3–252,6
3600	189,4–378,9	94,7–189,4

Die Fokusse von Rowlandkreis-Gittern gehorchen den Beziehungen (siehe z. B. [41]):

Spektraler Fokus

$$\frac{\cos^2(\alpha)}{la} - \frac{\cos(\alpha)}{F} + \frac{\cos^2(\varepsilon)}{le} - \frac{\cos(\varepsilon)}{F} = 0 \qquad (3.9)$$

Meridionaler Fokus

$$\frac{1}{la} - \frac{\cos(\alpha)}{F} + \frac{1}{le} - \frac{\cos(\varepsilon)}{F} = 0 \qquad (3.10)$$

Die Bezeichnungen entsprechen den in Gl. 3.8 benutzten mit folgenden Ergänzungen:
F Gitterbrennweite
le Abstand Eintrittsspalt – Gittermitte
la Abstand Austrittsspalt – Gittermitte
Bei größeren Winkeln weichen der spektrale („sagittale") Fokus und der senkrechte („meridionale") Fokus immer stärker voneinander ab. Ein punktförmiger Eintrittsspalt erzeugt im sagittalen Fokus ein zur optischen Bank senkrechtes Bild einer Höhe $h_s > 0$ bei einer Breite $b_s \approx 0$ und im meridionalen Fokus ein zur optischen Bank paralleles Bild der Breite $b_m > 0$ bei einer Höhe $h_m \approx 0$.

Da die Austrittsspalte natürlich immer in den spektralen Fokus gesetzt werden müssen, sind die Linien als Beugungsbilder der Eintrittsspalte länger als die ausgeleuchtete Eintrittsspalthöhe. Mit Hilfe des Strahlensatzes der Geometrie, der Differenz der Fokal-Längen und der Ausleuchthöhe des Gitters lässt sich die Verlängerung der Spaltbilder leicht errechnen. Ein punktförmiger (stigmatischer) Eintrittsspalt führt zu Spaltbildern in Linienform. Deshalb wird dieser Effekt als Astigmatismus bezeichnet

Lange Spalte sind ungünstig (Justageprobleme, nicht gekrümmte, lange Spalte führen zu Defokussierung entweder in der Spaltmitte oder an den Spaltenden) und werden deshalb nicht eingesetzt. Bei kurzen Spalten (ca. 10 mm Ausleuchtung) kommt es zu Lichtverlusten.

Es wurde bereits erwähnt, dass Gitterstrichzahlen zwischen 1200 und 3600 mm^{-1} gebräuchlich sind. Meist sind die Gitter rund und haben Durchmesser zwischen 50–70 mm. Gängige Rowlandkreis-Durchmesser liegen zwischen 300 und 1000 mm. Das Auflösungsvermögen ist bei Rowlandkreis-Optiken zwar durch Beugungseffekte beschränkt, sinnvoll einsetzbare Optiken kleinerer Bauformen sind aber trotzdem möglich. Sie sind in der Kombination mit PMTs als Sensoren aber selten zu finden. Ein die Miniaturisierung limitierender Faktor ist die Notwendigkeit, die Austrittsspalte durch manuelle Justierung mit den Spektrallinien zur Deckung zu bringen. Spaltbreiten von 15–50 µm sind gebräuchlich, seltener (z. B. für den internen Standard) sind breitere Linien bis 150 µm anzutreffen. Eine ausführliche Diskussion der Dimensionierung von Spaltweiten findet sich bei Clark [39], Seite 40 ff. Der Eintrittsspalt sollte stets enger als die Austrittsspaltweite gewählt werden, damit auch bei kleinen Driften (Lageänderungen der Linien bei Änderung der Umgebungsparameter) die Linien voll im Austrittsspalt liegen. Drifteffekte sind nicht völlig zu vermeiden, sie entstehen durch unterschiedliche Wärmeausdehnung im Gitterbereich des optischen Systems sowie durch Dispersionsänderungen der Luft aufgrund von Druckschwankungen. Dadurch wird der Spalt von der Linie wegbewegt. Das ist vor allem dann kritisch, wenn die Verschiebung von internem Standard und Analyt unterschiedlich ist.

Die Positionierung muss mit einer Genauigkeit von besser als 1 / 10 der Spaltweite erfolgen. Dieser Prozess wird auch als Profilierung bezeichnet. Bei einer Verkleinerung der Brenn- und Spaltweiten würden die Anforderungen an die absoluten Positioniergenauigkeiten sehr hoch werden, was in der Praxis problematisch ist.

Ein weiteres Problem stellt der auf der Fokalkurve verfügbare Platz für Spalte und Photomultiplier dar. Gängige Photomultiplier haben Durchmesser von $1^1/_8$ Zoll (28 mm) oder ½ Zoll (13 mm) (siehe Kapitel 3.6.1), sind also im Vergleich zu den Spaltweiten sehr groß. Das kann vor allem dann zu Problemen führen, wenn wichtige Spektrallinien eng zusammenliegen.

Dazu ein Zahlenbeispiel:

Verkleinert man den Rowlandkreis-Durchmesser auf 150 mm und geht man von einer Gitterstrichzahl von 2400 mm^{-1} und einem Einfallwinkel ε von 43° aus, erhält man zwischen 0 und 43° eine mittlere reziproke Dispersion von ca. 2,5 nm/

mm. Zwischen Normal und Eintrittsspalt liegt der Wellenlängenbereich von 284 bis 568 nm. Er ist nur 112,5 mm lang. Dort wäre nur für vier große oder acht kleine PMT Platz, alle dicht aneinander liegend. Sind die Spaltträger 5 mm breit, beträgt der minimal mögliche Abstand zwischen zwei Linien (bei einer reziproken Dispersion von 2,5 nm/mm) 12,5 nm. Wichtige, kaum zu ersetzende Linien liegen jedoch oft enger zusammen. Zum Beispiel liegen die wichtigen Linien Al 396,2 nm, W 400,8 nm, Mn 403,4 nm und Pb 405,7 nm innerhalb eines Wellenlängenintervalls von nur 9,5 nm, was weniger als vier Millimeter auf der Fokalkurve entspricht.

Ein Polychromator mit einem Rowlandkreis-Durchmesser von 750 mm, einer Gitterstrichzahl von 2400 mm^{-1} und einem Einfallwinkel von 43° erlaubt dagegen, bei gleich breiten Spaltträgern, minimale Linienabstände von 2,5 nm. Auch dann kann es noch erforderlich sein, aus analytischer Sicht weniger geeignete Linien zu verwenden, weil die optimalen Linien sich an Stellen befinden, wo sich die zu messenden Linien häufen. Es können aber 20 große oder 40 kleine PMT montiert werden. Oft ist es erforderlich, den Photomultiplier dort zu montieren, wo Platz ist und unter Verwendung von Spiegeln die durch den Spalt tretende Strahlung der PMT-Kathode zuzuleiten. Abbildung 3.44 zeigt das Prinzip.

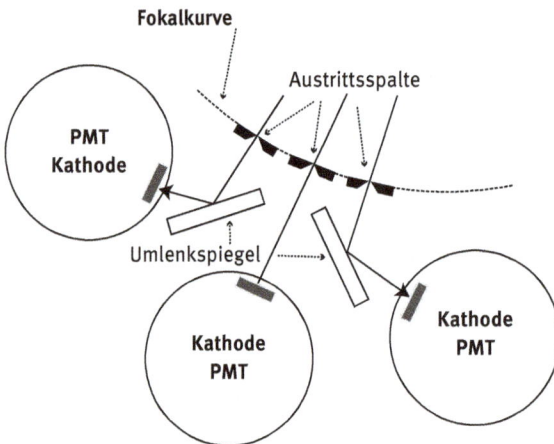

Abb. 3.44: Spiegeln der durch den Spalt tretenden Strahlung auf PMT-Kathoden

Gerade für Betriebsspektrometer sind Polychromatoren mit langen Brennweiten zu schwer und unhandlich, um sie direkt an das zu prüfende Werkstück zu halten. Zum Lichttransport werden deshalb Lichtleiter eingesetzt, die die Abfunksonde mit dem optischen System verbinden. Auf die Eigenschaften von Fiberoptiken wird in Kapitel 3.5.5 eingegangen. Dort ist beschrieben, dass ein sinnvoller Lichtleiter-Einsatz nur oberhalb von 185 nm möglich ist.

Zur Analyse von Stählen ist es aber oft erforderlich, auch die Elemente Phosphor und Schwefel zu bestimmen, deren Hauptnachweislinien mit 178,3 nm bzw. 180,7 nm unterhalb dieser Grenze liegen. Es kann aber ein spezieller Polychromator nur für den kurzwelligen Bereich entworfen werden, der kompakt ist und trotzdem eine hohe Auflösung erreicht. Die kurzen Wellenlängen ermöglichen eine hohe Gitterstrichzahl bei vertretbaren Winkeln, wie man mit der Gittergleichung Gl. 3.8 nachrechnen kann. So erreicht man mit einem Gitter von 150 mm Brennweite und 3600 mm^{-1} in zweiter Ordnung die gleiche Dispersion wie bei einer Optik mit 2400 mm^{-1} und 450 mm Brennweite in erster Ordnung.

Für $\varepsilon = 40°$ errechnet man mit Hilfe von Gleichung 3.8:

$\alpha_{P\,178,3} = 39,9°$

$\alpha_{S\,180,7} = 41,2°$

Durch die geringen Winkeldifferenzen wird ein sehr schmaler Aufbau möglich, der hauptsächlich durch den Gitterdurchmesser begrenzt wird. Unter Ausnutzung der Hohlspiegeleigenschaften des Gitters kann der Eintrittsspalt meist über oder unter der Austrittsspaltebene angebracht werden. Eine Spülung dieser kleinen Optik mit Argon erlaubt es, die Lichtwege transparent für kurzwellige Strahlung zu halten. Bei geeigneter Konstruktion kann ein zu spülendes Optikvolumen von nur 200 ml erreicht werden.

Oben wurde die durchschnittliche reziproke Dispersion über einen Beugungswinkel von 43° für eine Rowlandkreis-Optik mit 2400 Gitterfurchen pro mm^{-1} und 150 mm Brennweite berechnet. Dazu wurde die Breite des überstrichenen Wellenlängenbereichs (λ_H bis λ_L) durch die Länge des zugehörigen Rowlandkreis-Abschnittes dividiert. Die Abschnittslänge erhält man folgendermaßen:

Zunächst werden die Ausfallwinkel α_H und α_L der zu den Bereichsgrenzen gehörenden Wellenlängen berechnet. Der gesuchte Kreisbogen überstreicht dann einen Winkel von 2 * (α_H–α_L). Mit dem Umfang des Rowlandkreises π * D erhält man dann als Kreisbogenlänge π * D * 2 * (α_H–α_L). Beschränkt auf die erste Beugungsordnung ergibt sich folgende Beziehung:

$$RDISP_{AVG} = \frac{360 * (\lambda_H - \lambda_L)}{D * \pi * 2 * (\alpha_H - \alpha_L)} \qquad (3.11)$$

In dieser Formel bezeichnet $RDISP_{AVG}$ die mittlere reziproke Dispersion in nm/mm und D den Rowlandkreis-Durchmesser. Die Winkel sind in Grad, λ_H und λ_L in nm einzusetzen.

Der Faktor zwei ist einzufügen, weil die Beugungswinkel nach Gittergleichung die Winkel zwischen den Linienpositionen auf der Fokalkurve und Gittermittelpunkt errechnen. Der zugehörige Winkel bezüglich des Rowlandkreis-Mittelpunkts ist genau doppelt so groß (s. Abb. 3.45).

Sind die Winkel α_H und α_L bekannt, so können daraus mit Hilfe der Gittergleichung 3.8 leicht die Wellenlängen λ_H und λ_L bestimmt werden und umgekehrt. Gleichung 3.12 zeigt, welche Form die Gleichung annimmt, wenn die Wellenlängen in Winkeln ausgedrückt werden:

$$RDISP_{AVG} = \frac{360 * (sin(\alpha_H) - sin(\alpha_L)) * 10^6}{D * \pi * 2 * (\alpha_H - \alpha_L) * G} \qquad (3.12)$$

Gitter

Rowlandkreis-
Mittelpunkt

α

Gitternormale

2α

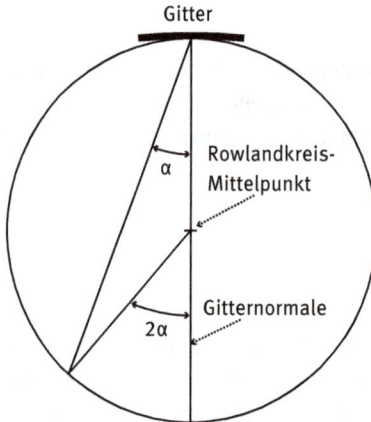

Abb. 3.45: Beugungswinkel und zugehöriger Zentrums-
Winkel

G steht dabei wie in Gleichung 3.8 für die Gitterstrichzahl pro mm. Der Multiplikator 10^6 im Zähler sorgt dafür, dass das Ergebnis trotzdem wieder die Einheit nm pro mm hat. Man beachte, dass die Wahl des Einfallwinkels keinen Einfluss auf die mittlere reziproke Dispersion hat.

Oft stellt sich in der Praxis die Frage, wie die reziproke Dispersion unter einem bestimmten Winkel α, bzw. bei der zugehörigen Wellenlänge λ ist. Diese Information gewinnt man leicht, indem man Gleichung 3.8 nach α ableitet

$$\frac{d\lambda}{d\alpha_B} = \frac{cos_B(\alpha_B)}{N * G} \tag{3.13}$$

Die Bezeichnung α_B besagt, dass es sich hier um den Winkel α im Bogenmaß handelt. COS_B ist die Kosinusfunktion für Argumente im Bogenmaß. Wir hatten bisher in unseren Beispielen die Gleichung 3.8 stets so benutzt, dass Winkel in Grad angegeben wurde und auch die Kosinus-Funktion verwendet wurde, die Argumente in Grad verlangt, obwohl die Gittergleichung auch für die Notation im Bogenmaß gilt.

Stellt man die Gleichung 3.13 wieder auf die handlichere Grad-Notation um, so erhält man:

$$\frac{d\lambda}{d\alpha} = \frac{\cos(\alpha) * 2 * \pi}{N * G * 360} \tag{3.14}$$

Der Term auf der rechten Seite der Gleichung ist nun die Dispersion pro Grad, die bei einem Ausfallwinkel α gilt. Dividiert man nun durch den Term D * 2 * π/360, was der Länge des Fokalkurven-Abschnitts pro Grad Beugungswinkel entspricht, so erhält man nach Kürzen die gewünschte Formel für die reziproke Dispersion $RDISP_\alpha$. $RDISP_\alpha$ gibt also die reziproke Dispersion an der Stelle des Rowlandkreises an, wo der Winkel zwischen Gitternormale und gebeugtem Strahl einen Winkel von α hat. Der Faktor 10^6 hat wieder die Funktion, das Ergebnis in der handlichen Einheit nm/mm zu erhalten.

$$RDISP_\alpha = \frac{\cos{(\alpha)}}{N * G * D} * 10^6 \qquad (3.15)$$

Auch hier gibt es keine Abhängigkeit von dem Winkel, unter dem der einfallende Strahl auf das Gitter trifft. In unserem Zahlenbeispiel hatten wir die mittlere reziproke Dispersion einer Optik mit 2400-Strich Gitter und 150 mm Rowlandkreis-Durchmesser für den Winkelbereich zwischen 0° und 43° berechnet. Er betrug ca. 2,5 nm/mm.

Setzen wir jetzt in Gl. 3.15 die Extremwinkel und die Mitte ein, so erhalten wir:

$RDISP_{0°}$ = 2,7777 nm/mm

$RDISP_{21,5°}$ = 2,5844 nm/mm

$RDISP_{43°}$ = 2,0315 nm/mm

Die reziproke Dispersion nimmt also mit steigenden Beugungswinkeln um den Kosinus dieser Winkel ab. Das ist aber auch intuitiv klar, da sich der Lichtweg zwischen Gittermitte und Fokalkurve mit dem Kosinus des Beugungswinkels als Faktor verkürzt.

Es ist wieder sehr einfach, diese Formel mit Hilfe der Gittergleichung so anzupassen, dass man die reziproke Dispersion in Abhängigkeit von der Wellenlänge erhält.

3.5.2 Optiken mit Rowlandkreis-Gittern und Registrierung über Sensorarrays

Im vorigen Abschnitt wurde gezeigt, dass die im Vergleich zur Spaltweite großen Photomultiplier den Bau kompakter Optiksysteme behindern. Die Entwicklungen auf dem Gebiet der Halbleitertechnik haben aber Sensoren hervorgebracht, die wesentlich kleiner als Photomultiplier sind und zudem die Möglichkeit der lückenlosen Erfassung ganzer Wellenlängenbereiche bieten.

Lichtempfindliche Halbleiterbauteile sind seit langem bekannt. So wurde der Phototransistor bereits 1948 von John Northrup Shive erfunden seit Beginn der 1950er Jahren in kommerziellen Anwendungen, z. B. in Lochkartenlesern eingesetzt. Allerdings reichte die Strahlungsempfindlichkeit der frühen Bauteile bei Weitem nicht für spektrometrische Anwendungen aus. Das änderte sich mit der Erfindung der sogenannten CCD-Sensoren um das Jahr 1970. Jeder dieser Sensoren besteht aus vielen lichtempfindlichen Elementen, den sogenannten Pixeln (abgeleitet von engl. *picture elements*), die als Rechteck oder als Zeile angeordnet sind. In der Zeilenanordnung lassen sich die Pixel in ähnlichen Dimensionen wie die Spaltöffnungen herstellen. Die Pixel sind mit einem analogen Schieberegister verbunden, das in einer Art Eimerkette die gemessenen Ladungen Pixel für Pixel einem Verstärker zuführt. Dessen Ausgang ist mit einem Pin des IC-Gehäuses verbunden und kann dort abgegriffen und weiterverwertet werden. Abbildung 3.46 zeigt einen CCD-Chip und einen Photomultiplier. Das abgebildete CCD kann als Aneinanderreihung von 2048 Austrittsspalten von 14 μm Breite und 200 μm Höhe verstanden werden. In jüngster Zeit gibt es auch Sensoren in CMOS-Technik, die in einer anderen Halbleiter-Technologie aufgebaut sind, aber in ähnlicher Weise wie die CCDs in die Optik integriert werden können. Kapitel 3.6.2 befasst sich ausführlich mit der Technik von CCD-, CMOS- und anderer Halbleiter-Detektoren.

Abb. 3.46: CCD-Chip (links) und Photomultiplier (rechts) Abdruck mit freundlicher Genehmigung der Firma SPECTRO Analytical Instruments GmbH, Boschstr. 10, 47533 Kleve

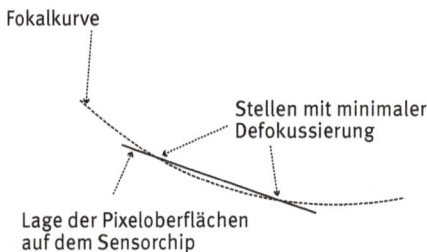

Abb. 3.47: Anpassung des linearen Sensorarrays an die Fokalkurve

Die Detektor-Arrays können nun genutzt werden, indem man die Sensoren entlang der Fokalkurve aufreiht.

Dabei treten allerdings zwei Probleme auf:

- Die Fokalkurve ist ein Kreisbogen, die Sensoren sind dagegen linear. Das führt dazu, dass nur an zwei Punkten der Sensor genau auf der Fokalkurve liegt (s. Abb. 3.47). Pixel, die nicht auf den Schnittpunkten liegen, sehen das Spektrum mehr oder minder stark defokussiert, die Linien sind also dort verbreitert. Die Linienverbreiterung δ_{LB} errechnet sich nach dem Strahlensatz zu:

$$\delta_{LB} = \frac{B_G * |la - la'|}{la} \tag{3.16}$$

Dabei bezeichnet B_G die Ausleuchtbreite des Gitters, la den Abstand zwischen Gittermitte und Fokalkurve und la' den Abstand zwischen Gittermitte und Sensor (alle Größen von 3.16 in m).

- Das Gehäuse der Sensor-Chips ragt an beiden Seiten weit über die optisch aktive Breite hinaus. Würde man die Sensorchips einfach Chip für Chip entlang der Fokalkurve aufreihen, so würden sich durch diese Überstände große Lücken im erfassbaren Spektrum ergeben. Es ist deshalb üblich, in Gitterrichtung vor der Fokalkurve Spiegel zu positionieren, die eine Neigung von 45° haben und die Strahlung wechselweise nach oben und unten reflektieren. Abbildung 3.48 zeigt das Prinzip. Die Breite der Spiegel ist dabei so dimensioniert, dass sie genau die Strahlung der lichtaktiven Fläche eines Sensors reflektiert. Werden die Spiegel Kante an Kante gesetzt, ist eine lückenlose Erfassung des Spektrums möglich. Da an den Spiegelkanten das Spektrum noch unscharf ist, kann eine dort befindliche Spektrallinie sowohl am Ende eines Sensors als auch am Beginn des nächsten erscheinen. Die Breite der Strahlung im Übergangsbereich kann wieder mit Gleichung 3.16 berechnet werden. Beispiel: Stehen die Spiegel $la - la' = 20$ mm vor der Fokalkurve, die sich im Abstand $la = 500$ mm von einem $BG = 20$ mm breit ausgeleuchtetem Gitter befindet, so verteilt sich die Strahlung einer auf der Fokalkurve scharf abgebildeten Spektrallinie auf eine Breite von 0,8 mm.

Die Patentanmeldung „Spektrometeroptik mit nicht-sphärischen Spiegeln" [40] beschreibt den Stand der Technik und erläutert einen weiteren Vorteil, der sich mit der Verwendung dieser 45°-Spiegel verbinden lässt: Führt man sie als parabolische Zylinderspiegel aus, so lässt sich die Höhe der Spektrallinie auf dem Sensorpixel komprimieren. Bei typischen Pixelhöhen von 200 µm erhält man auf den Pixeln so eine erhöhte Lichtdichte und verbessert damit das Verhältnis zwischen Nutzsignal und Sensor-Rauschen. Prinzipiell ist es auch möglich, sphärische Spiegel zu verwenden. Allerdings müssen dann Abbildungsfehler in Kauf genommen werden, die zu Auflösungsverlusten führen können.

Gitter

Gitternormale

Zeilen-Sensoren

Eintrittsspalt

Umlenkspiegel

Zeilen-Sensoren

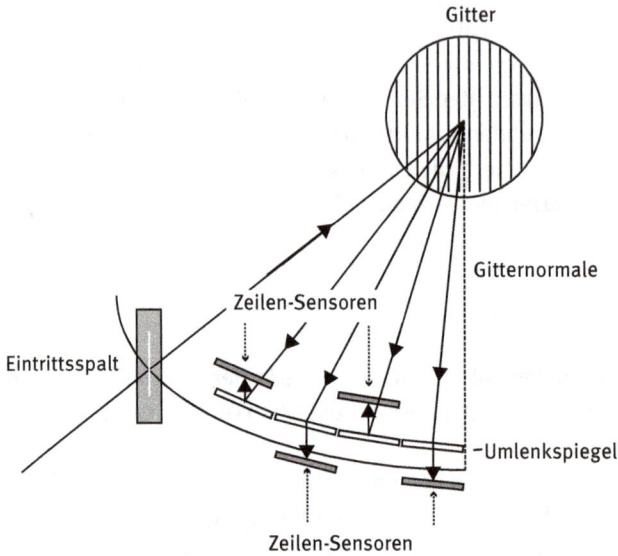

Abb. 3.48: Spiegelung zur lückenlosen Erfassung des Spektrums mit Zeilensensoren

3.5.3 Optiken mit korrigierten Konkavgittern

In Kapitel 3.5.1 wurden die Abmessungen der Spalte und der Photomultiplier als Haupt-Hindernis für eine Miniaturisierung von Rowlandkreis-Optiken genannt. Dass es wesentlich kleinere Sensoren gibt, die keine Spalte brauchen und zur Vollspektren-Erfassung geeignet sind, wurde in Kapitel 3.5.2 beschrieben. Dort wurde aber ebenfalls darauf hingewiesen, dass eine Aufstellung der linearen Sensoren entlang der sphärischen Spektralkurve zu Defokussierungen führt. Diese sind bei gegebener Sensorlänge natürlich umso gravierender, je kleiner der Rowlandkreis-Durchmesser ist. Nur bei großen Gitterbrennweiten F ($F > = 300$ mm) und kleiner Sensorlänge L_S ($L_S < = 30$ mm) bleibt die Defokussierung im Bereich der Tiefenschärfe. Diese ist von Beugungseffekten abhängig. In Kapitel 3.5.5 werden wir bei der Diskussion der förderlichen Spaltbreite sehen, wie der Tiefenschärfen-Bereich abzuschätzen ist. Man verwendet deshalb für kleine Gitterbrennweiten so genannte *flat field*- korrigierte Konkavgitter. Bei diesem Gittertyp verlaufen die Gitterfurchen nicht parallel, sondern ändern ihren Abstand zueinander über den Abstand von der Gittermitte. Das Spektrum erscheint dann nicht auf einem Kreisbogen, sondern ist über weite Spektralbereiche fast linear.

Gitter dieser Art werden ausschließlich holographisch hergestellt. Den Effekt des variierenden Gitterabstandes erreicht man durch geeignete Anordnung der interferierenden Laserquellen.

Die Fokalterme weichen von Gl. 3.9 und Gl. 3.10 ab (siehe z. B. [41]):

Spektraler Fokus (korrigiertes Konkavgitter)

$$\frac{\cos^2(\alpha)}{la} - \frac{\cos(\alpha)}{F} + \frac{\cos^2(\varepsilon)}{le} - \frac{\cos(\varepsilon)}{F} - \frac{N\lambda S}{\lambda'} = 0 \tag{3.17}$$

Meridionaler Fokus (korrigiertes Konkavgitter)

$$\frac{1}{la} - \frac{\cos(\alpha)}{F} + \frac{1}{le} - \frac{\cos(\varepsilon)}{F} - \frac{N\lambda A}{\lambda'} = 0 \tag{3.18}$$

Dabei haben die Symbole die gleiche Bedeutung wie in den Gleichungen 3.8 bis 3.10 mit folgenden Erweiterungen:

λ' Wellenlänge des zur Gitterproduktion benutzten Lasers
S, A Konstanten, festgelegt durch die Einfallswinkel der beiden interferierenden Laserstrahlen

$$S = \frac{\cos^2(\gamma)}{Q} - \frac{\cos(\gamma)}{F} - \left(\frac{\cos^2(\gamma')}{Q'} - \frac{\cos(\gamma')}{F}\right) \tag{3.19}$$

$$A = \frac{1}{Q} - \frac{\cos(\gamma)}{F} - \left(\frac{1}{Q'} - \frac{\cos(\gamma')}{F}\right) \tag{3.20}$$

Dabei bedeuten:

γ Winkel der ersten Laserlichtquelle zum Gittermittelpunkt
γ' Winkel der zweiten Laserlichtquelle zum Gittermittelpunkt
Q Abstand der ersten Laserlichtquelle zum Gittermittelpunkt
Q' Abstand der zweiten Laserlichtquelle zum Gittermittelpunkt

Abbildung 3.49 zeigt die Aufstellung der zur Erzeugung des Interferenzmusters erforderlichen Laser.

Das klassische Rowlandkreis-Gitter ergibt sich als Sonderfall mit Koeffizienten $A = 0$ und $S = 0$. Durch geeignete Wahl des Koeffizienten S kann die Krümmung der spektralen Fokalkurve geglättet werden.

Einzelheiten zu Eigenschaften, Produktion und Prüfung von Gitter sind z. B. bei American Holographics [41], Zeiss [42–45], Agilent [46] und Dobschal/Kröplin/Reichel/Rudolph/Steiner [47] beschrieben.

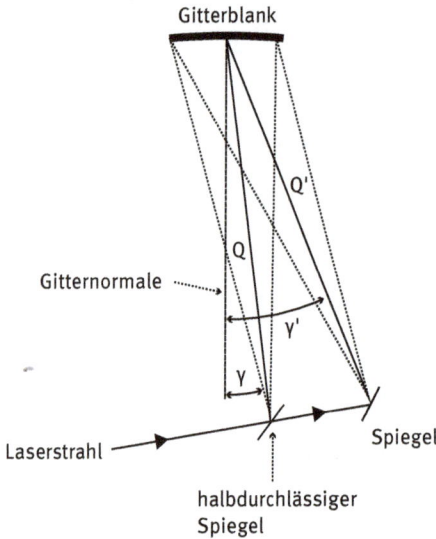

Abb. 3.49: Laseraufstellung zur Belichtung korrigierter Gitter

3.5.4 Echelle-Optiken mit zweidimensionalen Sensor-Arrays

Seit Mitte der neunziger Jahre sind kommerzielle Spektrometer-Systeme auf dem Markt, die mit zweidimensionalen CCD- oder CID-Arrays bestückt sind.

Hier kommen Echelle-Gitter mit sägezahnförmigem Furchenprofil zur Anwendung, die in hohen Beugungsordnungen betrieben werden (Abb. 3.50). Die Strahlung trifft auf die kurzen Spiegelkanten.

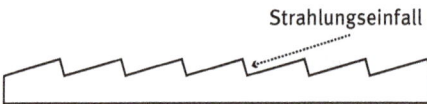

Abb. 3.50: Furchenprofil Echelle-Gitter

Abbildung 3.51 zeigt den prinzipiellen Aufbau einer Echelle-Optik. Das Licht fällt bei solchen Systemen zunächst durch einen Eintrittsspalt und wird durch einen Kollimator (Hohlspiegel oder Linse) parallelisiert. Das Echelle-Gitter beugt das Licht. Es ist für den Bereich höherer Ordnungen (z. B. 35. bis 55. Ordnung) optimiert. Der sogenannte *„order sorter"*, der aus einem Prisma oder einem zweiten Gitter besteht, fächert die verschiedenen Ordnungen in horizontaler Richtung auf.

Schließlich bildet der Kameraspiegel (oder das Kameraobjektiv) das Spektrum scharf auf einen zweidimensionalen Sensor ab. Dort erscheinen die verschiedenen Ordnungen durch die Dispersionswirkung des Order Sorters zeilenweise. Kollimator und Kameraspiegel wurden in Abb. 3.51 der besseren Übersichtlichkeit wegen weggelassen.

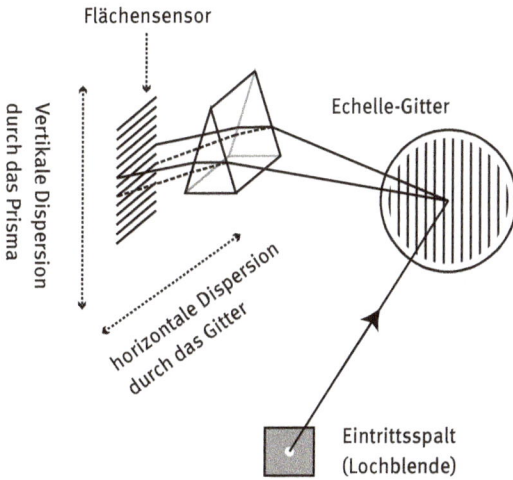

Abb. 3.51: Aufbau einer Echelle-Optik

Für Bogen- und Funkenspektrometer werden solche Optiken derzeit selten benutzt. Dafür gibt es zwei Gründe:

Flächensensoren lassen sich im Allgemeinen nicht so schnell auslesen wie Zeilensensoren. Hat der Flächensensor n Pixel-Spalten und m Zeilen, sind bei jedem Auslesevorgang n * m Pixel zu lesen. Diese Informationen liegen meist nur an 1-2 Ausleseleitungen an. Dadurch lässt sich selbst bei hohen Ausleseraten nur eine begrenzte Anzahle von Vollbildern (engl. *frames*) erfassen. Verteilt sich die gleiche Pixelanzahl auf z Zeilensensoren, lässt sich jeder Zeile ein Analog-/ Digital-Wandler zuordnen, die die Zeilen simultan auslesen können. Selbst bei hohen Abfunkfrequenzen ist es so möglich, das gesamte Spektrum nach jedem einzelnen Funken auszulesen.

Bei Flächensensoren konzentriert sich das gesamte Spektrum auf eine vergleichsweise kleine Fläche. Eine sehr lichtstarke Linie in Zeile i kann so durch Streulicht eine auf dem Sensor in der Nähe liegende Nachweislinie in Zeile i−1 oder Zeile i+1 stören und dadurch deren Signal anheben. Bei Rowlandkreis-Optiken sind spektral weit entfernte Spektrallinien auch immer räumlich weit entfernt (zumindest bei Unterdrückung höherer Beugungsordnungen, wie sie bei Verwendung von Zeilensensoren üblich ist). In Polychromatoren mit 750 mm Brennweite und Beugungswinkeln zwischen 0 und 43° überstreicht das Spektrum ca. 563 mm. Bei zweidimensionalen Sensoren haben gegenüberliegende Eckpunkte den größtmöglichen Abstand. Gängige zweidimensionale Sensoren zu Bildaufnahmezwecken haben meist Bilddiagonalen von weniger als einem Zoll (25,4 mm). Es ist möglich, größere Sensoren speziell zum Einsatz in Echelle-Spektrometern herzustellen. Das grundlegende Problem bleibt aber, es kann nur gemildert werden.

Echelle-Optiken kommen allerdings gelegentlich in Verbindung mit dem Laser als Anregungsquelle zum Einsatz, wo es oft weniger strenge Anforderungen an Richtigkeit und Nachweisempfindlichkeit gibt.

Detaillierte Beschreibungen solcher Optiksysteme finden sich z. B. bei Grobenski/ Radziuk/Schlemmer [48], Okruss [49] und Skoog/Leary [50].

3.5.5 Optische Komponenten

In diesem Abschnitt wird auf wichtige, einzelne optische Komponenten betreffende Aspekte eingegangen. Dabei werden vor allem mögliche Fehler besprochen, die aus Unterschieden zwischen idealen und real existierenden Komponenten resultieren.

3.5.5.1 Gitter

Es wurde bereits in den Kapiteln 3.5.1 bis 3.5.3 besprochen, wie sich Beugungswinkel und Fokus von Konkavgittern berechnen lassen.

In diesem Abschnitt sollen die mit Gittern erreichbaren Beugungseffizienzen sowie typische Fehlerbilder besprochen werden.

Herstellung von Originalgittern

Gitter können auf zweierlei Arten hergestellt werden:
- Die traditionelle Herstellungsart ist das mechanisches Ritzen auf einer so genann- ten Gitter-Teilungsmaschine. Bei dieser Methode werden die Gitterfurchen mit einem Diamantstichel graviert. Es können neben Plangittern auch Konkavgitter gra- viert werden, sofern deren Krümmung nicht zu groß wird. Die Gitter-Rohlinge, die man in der Übernahme des englischen Sprachgebrauchs auch als Blanks bezeich- net, können aus Vollmetall sein. Meist bestehen sie aber aus einer Glaskeramik die einen niedrigen Ausdehnungskoeffzient hat. Bei keramischem Trägermaterial wird die Oberfläche mit einer ausreichend starken Metall-Lage beschichtet. Nach dem Ritzen in der Teilmaschine wird das Gitter oft mit einer Schutzschicht passiviert. Gebräuchlich sind MgF_2-Passivierungen, die ab 115 nm verwendbar sind.
- Der Gedanke, Gitter phototechnisch herzustellen, ist schon recht alt. Bereits um die Wende zum 20ten Jahrhundert wurden Gitter niedriger Furchendichte durch Photographieren eines Interferenzmusters erzeugt. Allerdings hat diese Methode erst praktische Bedeutung gewonnen, seit man kurzwellige Laser zur Verfügung hat, mit denen man Linienmuster ausreichender Dichte erzeugen kann. Die Her- stellung verläuft folgendermaßen: Ein Gitterrohling wird zunächst mit einem Photolack versehen. Danach wird mit einem Interferenzmuster zweier geeignet aufgestellter Laser belichtet. Eine solche Aufstellung wurde in Abb. 3.49 gezeigt. Ein Entwicklungsprozess schließt sich an, bei dem der Photolack – je nach Prozess – entweder an den belichteten oder an den unbelichteten Stellen ent- fernt wird. Nun hat sich bereits eine Oberflächenstruktur gebildet, die sich zur Beugung eignet. Es kann aber noch eine Nachbehandlung, z. B. durch Ionenätzen erfolgen. Nachdem die gewünschte Oberflächenstruktur entstanden ist, wird das

Gitter mit einem Metall bedampft. Abschließend kann, wie bei geritzten Gittern, eine Oberflächen-Passivierung erfolgen.

Vervielfältigung von Gittern

Sowohl geritzte als auch holografisch, also mit Hilfe von Lasern hergestellte Gitter, können durch eine Abformtechnik vervielfältigt werden. Besonders das mechanische Ritzen von Gittern ist ein sehr zeitaufwändiger Prozess, so dass das Abformen zur Wirtschaftlichkeit der Gitterproduktion beiträgt.

Der Abformprozess besteht aus mehreren Schritten:
- Zuerst wird die Oberfläche des Originals mit einer dünnen Schicht eines Trennmittels versehen.
- Danach wird auf die benetzte Oberfläche eine Metallschicht aufgedampft.
- Nun wird eine Epoxidharzschicht aufgetragen und auf diesen der Kopie-Rohling positioniert.
- Nach Aushärten des Harzes wird die Kopie vom Original abgezogen.
- Abschließend kann ein Nachbedampfen der Kopie-Oberfläche und ggf. ein Passivieren der Oberfläche, z. B. mit MgF_2 erfolgen.

Das Abformen erfolgt oft in zwei Stufen: Zunächst wird aus dem Original eine Tochterkopie hergestellt. Konkave Gitteroriginale erzeugen konvexe Tochterkopien. Durch Abformen von der Tochterkopie werden Enkelkopien erzeugt, die wieder konkav sind. Die primären Gitter werden als Originale, die Kopien als Repliken bezeichnet.

Durch Abformen erzeugte Repliken haben eine hohe Qualität. Erst dann, wenn von einem Rohling eine große Anzahl von Abformungen gemacht wurden, sind merkliche Verschlechterungen, z. B. bezüglich des Streulichtanteils festzustellen. Die Gitterhersteller stellen aber durch Einzelstück-Prüfungen sicher, dass nur den Spezifikationen entsprechende Gitter zur Auslieferung kommen. Zeiss [43] beschreibt, dass u. a. Dimensionen der Gitterfläche, Furchendichte, Furchenprofil, Oberflächenschicht und Wirkungsgrad geprüft werden. Die Gitterhersteller liefern meist auf Wunsch zu jedem Gitter einen Prüfschein, aus denen einige Eckdaten des Gitterexemplars hervorgehen.

Tabelle 3.4 zeigt die Reflektivitäten von Gittern eines Baumusters. Es handelt sich dabei um Stichproben aus der Spektrometeroptik-Produktion, gesammelt über mehrere Jahre. Die Angaben stammen aus den Prüfscheinen des Gitter-Herstellers und wurden im Rahmen der Qualitätssicherung auf Plausibilität überprüft.

Eine gewisse Streuung der Reflektivität ist zu beobachten. Sie ist aber unvermeidlich und als eher unbedeutend zu betrachten. Auch eine Serie von Originalgittern ist mit Streuungen behaftet. Im Rahmen der Emissions-Spektrometrie ist das Erzielen stets gleicher absoluter Lichtleitwerte ohnehin ein aussichtsloses Unterfangen. Auf die Bedeutung absoluter Intensitäten in der Bogen-/Funken-Spektrometrie wird in Kapitel 3.5.6 eingegangen.

Tab. 3.4: Reflexion unterschiedlicher Gitter einer Baureihe

Exemplar 24 PK 400 -	Reflexion bei 200nm	Reflexion bei 240nm	Reflexion bei 500nm
1	44 %	37 %	25 %
2	46 %	40 %	25 %
3	43 %	38 %	26 %
4	41 %	36 %	25 %
5	41 %	37 %	26 %
6	46 %	40 %	26 %

Gitterfehler

Reale Gitter zeigen Fehler, die dazu führen, dass die gebeugte Strahlung nicht ausschließlich in die durch Gleichung 3.8 gegeben Richtung gebeugt wird.

Folgende Fehler sind zu unterscheiden:
1. Gittergeister entstehen vor allem bei mechanisch geteilten Gittern. Sie kommen durch periodische Unregelmäßigkeiten bei der Gitter-Ritzung zustande. Die sogenannten Rowland-Geister erscheinen unmittelbar neben der durch Gleichung 3.8 errechneten Linienposition. Lyman-Geister werden durch Überlagerung mehrerer Teilungsfehler erzeugt. Sie sind verteilt über das ganze Spektrum zu finden und laut dem Lexikon der Optik [51] um einen Faktor 10^3 bis 10^4 schwächer als die Spektrallinie.
2. Fehler, die mit dem aus dem Englischen übernommenen Begriff „*grass*" bezeichnet werden, kommen dadurch zustande, dass die Furchenpositionen leicht um ihre Sollpositionen schwanken. Diese Schwankungen sind im Gegensatz zu den unter 1 beschriebenen Effekten zufällig. Die Folge ist eine Signalerhöhung, die von Strahlung benachbarter Wellenlängen herrührt.
3. Streulicht hat dagegen seine Ursache in einer nicht ganz glatten Oberfläche der Gitterfurchen. Laut dem Lexikon der Optik [51] ist der Streulichtanteil holografisch hergestellter Gitter um eine dezimale Größenordnung geringer als bei der Herstellung durch mechanisches Ritzen. Das ist leicht einzusehen, denn beim Ritzen können an den Kanten der Rillen unregelmäßige Grate entstehen. Besonders streulichtarm lassen sich Laminargitter herstellen. Solche Gitter werden durch Belichten mit einem Interferenzmuster, Entwickeln des Photolacks, Ionenätzen und anschließender vollständiger Entfernung der Photoschicht hergestellt. So entsteht ein rechteckiges Furchenprofil mit variablem Steg/Lücken-Verhältnis. Das niedrige Streulichtniveau solcher Gitter ist leicht verständlich: Einerseits haben die erhöhten Stellen nach Photolack-Entfernung ihre ursprüngliche, glatte Struktur. Andererseits erzeugt das Ionenätzen in den Tälern ebenfalls Flächen geringer Rauigkeit. Einzelheiten zur Herstellung solcher Gitter sind bei Zeiss [45] beschrieben.

Streulicht erhöht wie Grass das Signalniveau. Diese Störstrahlung besteht aber im Gegensatz zum Grass aus einer breitbandigen Strahlung. An einem Punkt auf der Fokalkurve finden sich also auch Streulicht-Anteile mit Wellenlängen, die weit von der abweichen, die man an dieser Stelle erwarten würde.

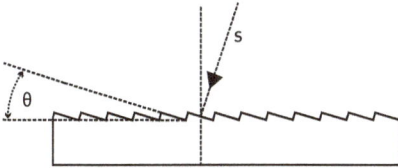

Abb. 3.52: Echellette-Gitter

Blaze

Tabelle 3.4 hat gezeigt, dass die Beugungseffizienz nicht für alle Wellenlängen gleich ist. Sie hängt vielmehr von der Form der Gitterfurchen ab. Abbildung 3.52 zeigt ein sägezahnförmiges Gitterprofil. Solche Formen mit verschiedensten Neigungswinkeln θ können bei mechanisch geritzten Gittern einfach durch eine geeignete Neigung des Diamantstichels hergestellt werden. Eine optimale Reflexion ergibt sich dann, wenn das Licht im rechten Winkel zur langen Seite des Dreiecksprofils ein- und ausfällt. Diese Strahlen sind in Abb. 3.52 mit s bezeichnet. Diesen Strahlverlauf erhält man aber bei den in 3.5.2 bis 3.5.4 beschriebenen Polychromator-Anordnungen höchstens für eine Wellenlänge, da Strahlung anderer Wellenlängen andere Ausfallwinkel gemäß Gleichung 3.8 zur Folge hat. Es lassen sich aber Kompromisse für die zu messenden Wellenlängenbereiche finden. Mechanisch geritzte Gitter der in Abb. 3.52 gezeigten Art werden als Echellette-Gitter bezeichnet. Für Echelle-Optiken, wie sie in Kapitel 3.5.4 beschrieben wurden, verwendet man Gitter mit ähnlichem Furchenprofil (s. Abb. 3.50). Allerdings sind die Gitterstrichzahlen mit Werten unter 100 vergleichsweise klein und die Reflexion erfolgt an den kurzen Dreiecksflanken. Solche Gitter werden als Echelle-Gitter bezeichnet.

Ursprünglich hatten mit Laserbelichtung hergestellte Gitter ein sinusförmiges Furchenprofil. Heute lassen sich auch mit der holografischen Methode Gitter produzieren, die ein sägezahnförmiges Furchenprofil haben. Täler und Spitzen sind gerundet, die Flanken haben aber die gleiche Form und Neigung wie bei Echellette-Gittern. Dadurch kann auch für holografische Gitter eine Optimierung für verschiedene Wellenlängenbereiche durchgeführt werden.

Handling

Gitteroberflächen sind sehr empfindlich. Sie dürfen keinesfalls berührt werden. Wurde ein Gitter versehentlich doch angefasst, so sollte kein Versuch erfolgen, es zu reinigen. Das hätte eine Zerstörung der Oberfläche zur Folge.

3.5.5.2 Lichtleiter

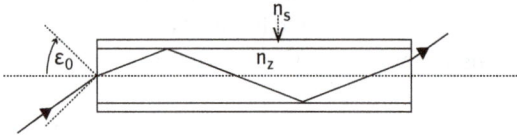

Abb. 3.53: Funktionsprinzip des Lichtleiters

Abbildung 3.53 zeigt das Funktionsprinzip eines Lichtleiters. Eine solche Fiberoptik besteht aus einem langgezogenen Zylinder Z aus einem strahlungsdurchlässigem Material mit Brechzahl n_z. Dieser Körper ist von einer als Cladding bezeichneten Schicht S eines optisch weniger dichten Materials mit Brechzahl ns umgeben. Ist der Winkel ε der einfallenden Strahlung zur Faserachse kleiner als der Grenzwinkel ε_0, so kommt es an der Faser-Innenseite zu einer wiederholten Totalreflexion, die nahezu verlustfrei ist. Gleichung 3.21 zeigt wie ε_0 von den Brechzahlen n_z und n_s abhängt. Die Strahlung tritt am Ende des Lichtleiters wieder aus.

$$\varepsilon_0 = \arcsin\left(\sqrt{n_z^2 - n_s^2}\right) \tag{3.21}$$

Die geschilderten Verhältnisse gelten für gerade Fasern. Bei einer Faserkrümmung werden die Verhältnisse komplizierter. Details der Wirkungsweise von Faseroptiken finden sich z. B. bei Schröder [52].

Eine Verwendung von Lichtleitern ist allerdings nicht unproblematisch:
1. Lichtleiter sind nicht für den gesamten interessierenden Wellenlängenbereich verwendbar. Messungen unterhalb von 185 nm sind nach heutigem Stand der Technik mit Quarz/Quarz-Lichtleitern (Kern und Cladding bestehen beide aus Quarzglas mit unterschiedlichen Brechzahlen) in der Praxis kaum durchführbar.
2. Ein zweites Problem stellt das durch harte UV-Strahlung bedingte „Erblinden" des Lichtleiters für Wellenlängen unter 250 nm dar. Dieser Effekt ist wie folgt zu erklären: Der Lichtleiter besteht aus einem Reinquarz-Kern, der mit fluordotiertem Quarz („*cladding*") ummantelt ist. Da der fluordotierte Quarz einen kleineren Brechungsindex als der Reinquarz des Kernes hat, wird Totalreflexion möglich. Durch harte UV-Strahlung wird die Diffusion von Fluor vom Cladding in den Kern begünstigt. Die scharfe „Stufe" des Brechungsindex verschwimmt. Das führt zu einer Verhinderung der Totalreflexion vor allem für kurze Wellenlängen. Abbildung 3.54 zeigt die Durchlässigkeit vor und nach einer Alterung des Lichtleiters durch Bestrahlung (60 Minuten Dauerfunken mit Hochenergie-Parameter). Die Dämpfung steigt ab 250 nm und erreicht bei ca. 215 nm ein lokales Maximum, um sich dann wieder etwas zu reduzieren. Dadurch bleibt

die Messung der wichtigen Kohlenstoff-Linie bei 193 nm auch mit gealtertem Lichtleiter möglich.

Relative Durchlässigkeit eines Lichtleiters vor (schwarz) und nach (blau) Alterung

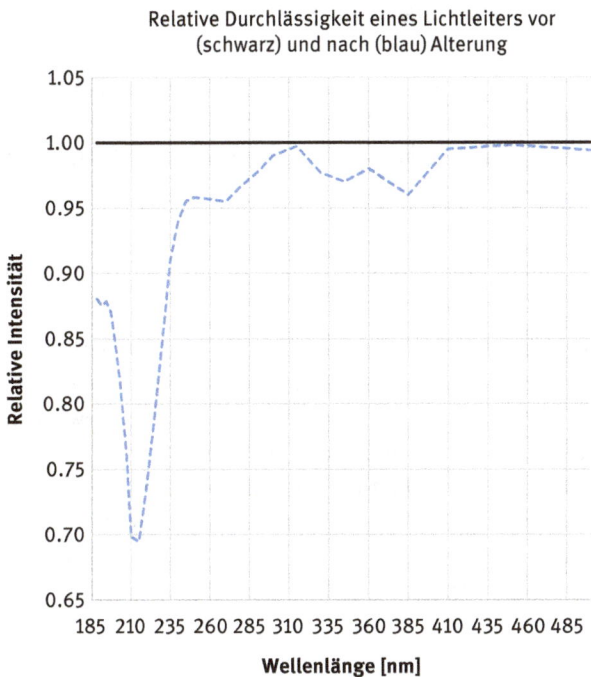

Abb. 3.54: Lichtleiter-Transmissionskurve

Gegen den unter Punkt 2 beschriebenen Effekt, der auch als „Solarisation" bezeichnet wird, können konstruktive Maßnahmen getroffen werden:

- Abschotten des Lichtleiters während des Hochenergie-Vorfunkens durch einen mechanischen Verschluss („*shutter*");
- Vermeiden von hohen Spitzenlichtstärken während der Messung durch geeignete Auslegung des Anregungsgenerators;
- Dämpfung der harten UV-Strahlung durch Herausfiltern nicht benötigter Wellen-längenbereiche.

Die Solarisation ist ein teilweise reversibler Prozess; die Erholung kann durch Heizen des Lichtleiters auf einen Wert deutlich über Zimmertemperatur, z. B. auf 70°C, beschleunigt werden.

Durch Kombination dieser Maßnahmen kann ein Erblinden des Lichtleiters fast vollständig unterbunden werden. Der Wellenlängenbereich zwischen 185 nm und 250 nm wird so nutzbar, wobei meist ein Bereich um 215 nm problematisch bleibt.

Es kommt zwischen den Lichtleiterchargen zu erheblichen Unterschieden in der Durchlässigkeit für kurze Wellenlängen. Der Grund dafür ist in unterschiedlicher Reinheit der zum Ziehen der Lichtleiter benutzten Quarzblöcke („*preforms*") zu suchen.

3.5.5.3 Spalte und förderliche Spaltweite

Die Öffnungen von Spektrometer-Spalten werden entweder mit einem Laser geschnitten oder galvanisch hergestellt. Die inneren Spaltkanten sollten möglichst gerade und gleichmäßig sein. Eine Ausbildung in Form von Schneiden sind unter dem Aspekt des Lichtdurchsatzes vorteilhaft.

Die Spalte sind stets aufrecht, also in Richtung der Gitterfurchen zu montieren. Gelingt das nicht, so erscheint der Spalt verbreitert. Hat der Spalt eine ausgeleuchtete Höhe von h und eine Neigung von v Grad bezüglich der Gitterfurchen so beträgt die Verbreiterung b_{add}:

$$b_{add} = h * \sin(v) \tag{3.22}$$

Durch konstruktive Maßnahmen ist sicherzustellen, dass diese Verbreiterung klein bleibt. Kann das nicht gewährleistet werden, muss die Spaltneigung einstellbar sein.

Wiederholt wurde auf die Existenz einer förderlichen Spaltweite hingewiesen. Eine Unterschreitung dieser Weite führt zu keiner Auflösungsverbesserung.

Um die förderliche Spaltweite bestimmen zu können, müssen die Beugungseffekte am Spalt betrachtet werden. Fällt ein Strahlenbündel aus perfekt parallelen Strahlen in rechtem Winkel durch einen Spalt, wird die Strahlung teilweise ausgelenkt. Die Intensität des gebeugten Strahls unter einem Winkel φ (s. Abb. 3.55) gehorcht der Beziehung 3.23.

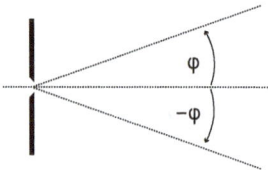

Abb. 3.55: Winkel φ eines gebeugten Strahls ab Spalt zur Richtung des einfallenden Strahls

$$I_\varphi \sim b^2 * \frac{\sin^2\left(\frac{\pi b}{\lambda}\sin\varphi\right)}{\left(\frac{\pi b}{\lambda}\sin\varphi\right)^2} \tag{3.23}$$

Dabei steht b für die Spaltweite und λ für die Wellenlänge. Die Herleitung dieser Beziehung findet sich bei Bergmann und Schäfer [53].

Aus Gleichung 3.23 ergeben sich folgende Spezialfälle:

$\sin\varphi = 0$: In gerader Richtung ist die Intensität maximal, sie wächst proportional zum Quadrat der Spaltweite

$\sin\varphi = \frac{\lambda}{B}$: An dieser Stelle ist die Intensität 0

Abbildung 3.56 zeigt die Intensitätsverteilung im Winkelbereich −0,24 und 0,24 (Winkel notiert im Bogenmaß). Für dieses Beispiel wurde eine Wellenlänge von 500 nm und eine Spaltweite von 10 μm gewählt.

Aus Gleichung 3.23 geht hervor, dass ein perfekt paralleles Strahlenbündel bei Spaltdurchtritt aufgefächert wird.

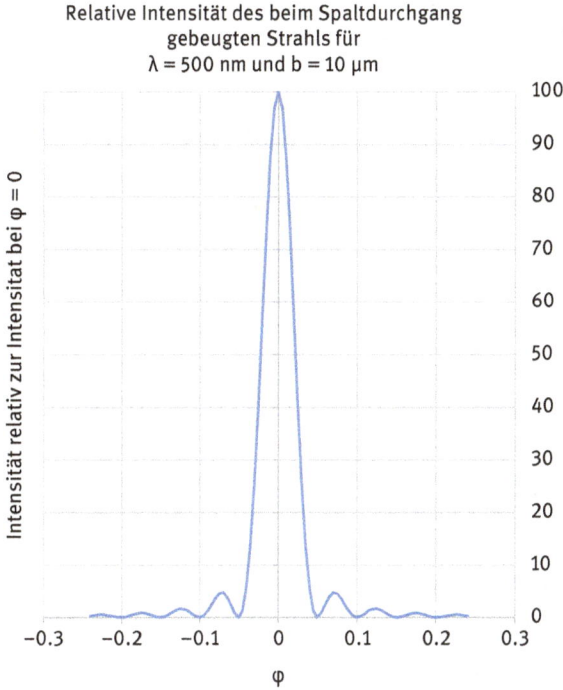

Abb. 3.56: Intensitätsverteilung der Strahlung nach der Beugung durch einen Spalt

Es soll ermittelt werden, wie breit diese Auffächerung ist. Dabei soll von folgenden Randbedingungen ausgegangen werden:
- Nur Strahlung zwischen den ersten Minima, dass sogenannte Zentralbild, wird berücksichtigt.
- Der Spalt hat eine Breite von 10 μm.
- Die Wellenlänge der durch den Spalt dringenden Strahlung ist 250 nm.
- Die Distanz zwischen Spalt und Gitter beträgt 500 mm.

Mit diesen Parametern verteilt sich die Strahlung des Zentralbildes über eine Breite von $\frac{0,00025}{0,01} * 2 * 500$ mm = 25 mm auf dem Gitter.

Diese Strahlungs-Auffächerung stört nicht, solange das Gitter eine nutzbare Breite von mindestens 25 mm hat. Die Hohlspiegeleigenschaften des Gitters sorgen dafür, dass das Spektrum scharf auf der Fokalkurve abgebildet wird. Umgekehrt sind es aber genau die Grenzen des Lichtflecks auf dem Gitter, die das Auflösungsvermögen der Optik begrenzen. Hat dieser, wie in obigem Beispiel, eine Breite von 25 mm, so gibt es einen Beugungseffekt, der die Strahlung vom Gitter in Richtung Fokalkurve betrifft. Die Rolle des Spaltes nimmt hier die beleuchtete Zone des Gitters ein. Mit den obigen Dimensionierungen erhält man eine Verbreiterung der Linien auf der Fokalkurve um

$$\frac{0,25}{25000} * 2 * 500000 \ \mu m = 10\,\mu m.$$ Die Linienbilder auf der Fokalkurve sind also (für Strahlung um 250 nm) mindestens 10 µm breit, selbst wenn die Eintrittsspaltbreite gegen null geht. Ein enger gewählter Spalt kostet also nur Intensität, ohne die Auflösung zu verbessern. Aus 3.23 geht hervor, dass der Einfluss der Spaltweite auf die Intensitäten sogar quadratisch ist. Sind Ausleuchtweite des Gitters, Wellenlängenbereich und Abstände zwischen Gittermitte und Fokalkurve bekannt, kann unter Zuhilfenahme von Gl. 3.23 eine geeignete Spaltweite ermittelt werden. Die Spaltweite, ab der eine weitere Verengung nicht mehr zu einem Auflösungsgewinn führen kann, wird als förderliche Spaltweite bezeichnet.

3.5.5.4 Spiegel, Linsen, Fenster und Refraktoren

Optische Fenster und Linsen müssen aus einem Material bestehen, das für die zu erfassenden Wellenlängen durchlässig ist. Die in der Bogen-/Funkenspektrometrie üblichen Fenstermaterialien sind bezüglich der Durchlässigkeit am langwelligen Ende des Spektralbereichs unkritisch. Tabelle 3.5 gibt eine Empfehlung, ab welcher unteren Wellenlänge diese üblichen Materialien verwendet werden sollten. Sie basiert auf dem Vorhandensein von Alternativen und strebt an, bei einer Materialstärke von 2 mm mindestens eine Transmissivität von 50 % zu erhalten.

Neben der Transmissivität muss bei der Auswahl des Fenster- bzw. Linsenmaterials auf zwei weitere Kriterien geachtet werden:

– Manche Materialien bilden Farbzentren, entwickeln also Filtereigenschaften, nachdem sie Strahlung ausgesetzt worden sind. Dieses Verhalten ist unerwünscht.
– Einige Fenstermaterialien sind hygroskopisch. So ist Kochsalz zwar von seiner Transmissivität her als Fenstermaterial für Wellenlängen ab 180 nm geeignet. Es wird aber selten als Fenstermaterial benutzt, da es wasserlöslich ist und Feuchte anzieht.

Tab. 3.5: Empfohlene Verwendung von Fenstermaterialien

Material	Verwendung ab [nm]
Borkron-Glas BK7	330
Quarzglas, allgemein	220
Quarzglas, UV-Qualitäten	180
Calciumfluorid	125
Magnesiumfluorid	120
Lithiumfluorid	116

Die Fertigung von Fenstern erfolgt heute in einer solch hohen Qualität, dass sich daraus Probleme ergeben können. So sind die gegenüberliegenden Fensterflächen oft perfekt parallel. Wird das Fenster nun durchstrahlt, kann es zu einem Interferenzeffekt kommen, der zu einer Modulation des Spektrums führen kann. Der Effekt äußert sich folgendermaßen: Fällt eine Kontinuum-Strahlung, die über einen Wellenlängenbereich konstant ist, in ein optisches System, sind in regelmäßigen Wellenlängen-Abständen Minima und Maxima festzustellen. Ursache für dieses Verhalten ist, dass ein Teil der Strahlung an den Fenster-Innenseiten reflektiert wird. Die zweimal reflektierte Strahlung legt einen verlängerten Lichtweg zurück und überlagert dann die direkt das Fenster durchdringende Strahlung. So kommt es zu einer periodischen Signalerhöhung oder -verminderung. Die Maxima erscheinen in Abständen von $\delta\lambda$ mit $\delta\lambda = 2nD$ im Spektrum. Dabei steht D für den Weg der parallelen Strahlung durch das Fenster und n für die Brechzahl des Fenstermaterials. Der Interferenzeffekt kann vermieden werden, indem man entweder Fenster benutzt, die nicht perfekt plan sind oder auch dadurch, dass die Fenstervorderseite leicht gegenüber der Rückseite geneigt ist.

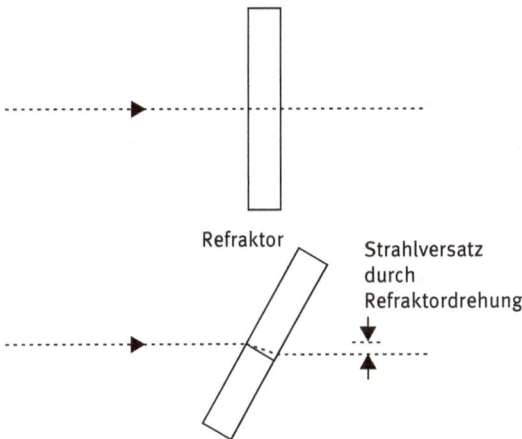

Abb. 3.57: Strahlengang durch einen Refraktort

Refraktoren sind planparallele Platten aus transparentem Material. Sie haben den Zweck, einen parallelen Versatz der Strahlung zu bewirken. Steht ein Refraktor im rechten Winkel zum Strahlengang, so passiert das Licht, ohne seine Richtung zu ändern (s. Abb. 3.57, oben). Allerdings bestehen Refraktoren aus einem optisch dichterem Medium als die Umgebung. Hat der Refraktor die Stärke D und besteht aus einem Material mit Brechzahl n, so entspricht der Lichtweg D durch den Refraktor einem Lichtweg von D * n durch Vakuum. Diese Bildhebung muss beim Einsatz von Refraktoren berücksichtigt werden. Wird nun der Refraktor leicht verdreht, so wird die Strahlung bei Eintritt in den Refraktor zum Lot dessen Vorderseite gebrochen, durchläuft ihn dann schräg und verlässt ihn an der Rückseite wieder (s. Abb. 3.57, unten). Dabei erfährt der ausfallende Stahl eine Brechung, die die beim Eintritt wieder aufhebt. An einer Grenzfläche zwischen zwei optischen Medien gilt die Gesetzmäßigkeit

$$n^* \sin(\varepsilon) = n'^* \sin(\varepsilon') \tag{3.24}$$

Dabei bezeichnen:

n   Brechzahl des Mediums vor der Grenzfläche

ε   Winkel zwischen einfallendem Strahl und Normale zur Grenzfläche

n′ Brechzahl des Mediums hinter der Grenzfläche

ε′ Winkel zwischen Strahl hinter der Grenzfläche und der Normalen zur Grenz-
    fläche

Durch eine Drehung des Refraktors kann also eine Parallelverschiebung des durch den Refraktor tretenden Spektrums erzielt werden. Mit Refraktoren hinter dem Eintrittsspalt kann das gesamte Spektrum pauschal verschoben werden. Refraktoren vor Austrittsspalten bieten eine einfache Möglichkeit, eine Spektrallinie genau über den für sie vorgesehenen Spalt zu schieben. Die Anforderungen an Refraktoren ähneln denen von Fenstern. Durch geeignete Materialwahl hat man oft die Möglichkeit, höhere Beugungsordnungen zu unterdrücken.

Beispiel: Soll eine Linie der Wellenlänge 400 nm gemessen werden, so kann an der gleichen Stelle im Spektrum die Wellenlänge 200 nm in zweiter Beugungsordnung auftreten. Wählt man als Material für den zugehörigen Austrittsspalt-Refraktor BK7, so dringt die 200 nm – Strahlung nicht durch den Refraktor und gelangt damit auch nicht durch den Austrittsspalt. Ein Nachteil von Refraktoren besteht darin, dass die Strahlung an beiden Innenseiten reflektiert wird und dann den Refraktor – nach dreifachem Passieren – wieder verlässt. Als Resultat ist dem Nutzspektrum ein zweites, stark defokussiertes überlagert, was Linienüberlagerungen vortäuschen und das Untergrundspektrum erhöhen kann. Die Wirkung ähnelt in seinen Auswirkungen dem Gitterfehler, der im Kapitel 3.5.5.1 unter dem Begriff „*Gitter-Grass*" besprochen wurde.

Das beliebteste Material für Spiegeloberflächen ist Aluminium. Als Spiegel-Trägermaterialien dienen in der Regel Glaskeramiken mit niedrigen Ausdehnungs-Koeffizienten. Spiegel-Oberflächen werden in der Regel durch eine dünne Magnesiumfluorid-Schicht passiviert. Bei kurzen Wellenlängen und Strahlungseinfall unter hohen Winkeln ist die Stärke der MgF_2-Schutzschicht kritisch für die Reflektivität. Sie muss abhängig von der Anwendung optimiert werden.

3.5.5.5 Optik-Behälter

Ein oft unterschätztes Bauteil ist der Behälter, in den die Optik eingebaut wird. Meist sollen auch Wellenlängen gemessen werden, die so kurz sind, dass Sauerstoff und Wasserdampf der Umgebungsluft zu einer nicht akzeptablen Strahlungsdämpfung führen. Um das zu ermöglichen gibt es drei verschiedene Lösungsansätze:

1. Der Optikbehälter wird mit einem für ultraviolette Strahlung transparenten Gas gespült. Bei kleineren optischen Systemen ist das eine gangbare Lösung. Als Spülgas kann entweder Stickstoff oder Argon verwendet werden. Meist wird Argon bevorzugt, da es ja ohnehin als Betriebsgas für den Funkprozess benötigt wird.

Aus Kostengründen hält man die Spülrate so klein wie möglich. Der erforderliche Durchfluss richtet sich nach der Behälter-Dichtheit, der Größe der Behälter-Innenoberfläche und den Materialien, die im Optikbehälter Verwendung finden. Der Argonstrom muss von außen eingedrungenen Sauerstoff und Wasserdampf abführen. Besonders langwierig ist es, den Wasserdampf zu entfernen, da er nur langsam von den Oberflächen des Behälter-Inneren abgegeben wird. Organische Verbindungen in der Gasphase können sich durch die harte UV-Strahlung innerhalb der Optik zersetzen und zu einem Belag auf Spiegeln, Fenstern, Linsen oder dem Gitter führen. Tabelle 3.6 zeigt, dass die in der Optik vorkommende Strahlung zur Aufspaltung energiereicher als die Bindungsenergien in organischen Materialien ist. Es besteht deshalb die Gefahr, dass diese Bindungen aufgebrochen werden. Wann immer möglich, sollte deshalb auf den Einsatz von Kunststoffen in der Optik verzichtet werden. Auch Elektronikkarten, Kabel usw. legt man nach Möglichkeit außerhalb des gespülten Bereichs. Auf Schmiermittel sollte ebenfalls möglichst verzichtet werden. Sind solche unvermeidlich, so ist auf sparsamsten Gebrauch und Auswahl einer Sorte mit möglichst niedrigem Dampfdruck zu achten.

2. Bei Spektrometeroptiken mit langen Brennweiten und weitem abzudeckenden Spektralbereich würde der erforderliche Spülfluss für einen wirtschaftlichen Betrieb zu groß. In diesem Fall kann der Optikbehälter als Vakuum-Rezipient ausgebildet werden. Das Vakuum sollte möglichst mit einer trockenen, also ölfreien Pumpenkombination erzeugt und aufrechterhalten werden, z. B. durch die Kombination einer Membranpumpe mit einer Turbomolekularpumpe. Bei Drehschieberpumpen kann das darin verwendete Öl problematisch sein. Die harte UV-Strahlung kann zu den bereits unter Punkt 1 erwähnten Zersetzungsprozessen führen. Insbesondere an der Innenseite des Fensters oder der Linse, durch die die Strahlung in das optische System eintritt, kann es zu Belägen kommen, die die Lichtdurchlässigkeit verschlechtern. Es ist vorteilhaft, durch konstruktive Maßnahmen ein einfaches Wechseln der Eintrittsoptik-Komponente zu ermöglichen.

3. Die dritte Möglichkeit zur Gewährleistung der Transparenz der Lichtwege für kurzwellige Strahlung besteht darin, das optische System mit einem transparenten Schutzgas zu füllen und die Füllung ständig durch eine Membranpumpe umzuwälzen. Der Argonstrom wird dabei durch eine Reinigungspatrone geleitet, wie sie in Kapitel 3.4.3 beschrieben wurde. Insgesamt scheint diese Lösung Vorteile zu bringen, was die Verschmutzung der Eintrittsoptik angeht. Eigene Erfahrungen legen das nahe, aber auch ein Experiment aus der Raumfahrt kommt zu Ergebnissen, die diese Beobachtung untermauern. Demets et al. [54] berichten von Magnesiumfluorid-Fenstern, die im Weltraum VUV-Strahlung ausgesetzt wurden. Befand sich im Raum hinter den Fenstern eine Argon-Atmosphäre, so blieben sie sauber. War er jedoch evakuiert, dann bildete sich ein typischer, bräunlicher Belag. Die Lösung mit Umwälz-Spülung hat allerdings den Nachteil, dass Undichtigkeiten nicht sofort erkannt werden. In diesem Fall ist ein schnelles Erschöpfen der Patronen-Reinigungskapazität zu befürchten.

Tab. 3.6: Bindungsenergien einiger Radikale, ausgedrückt in Wellenlängen

Bindung	Wellenlänge eines Lichtquants, dessen Bindungsenergie der Bindungsenergie des Radikals entspricht [nm]
C–H	288
C–C	342
C=C	193
C–O	337
C=O	167
O–H	257

3.5.6 Die Bedeutungen absoluter Intensitäts-Niveaus

Bis in die 1930er Jahre hinein galt der Einsatz von Bogen- und Funkenspektrometern zur quantitativen Bestimmung von Elementen als aussichtslos. Grund dafür war, dass es sehr schwer war und ist, absolute Intensitätsniveaus zu reproduzieren und das System in einem solchen Zustand zu halten. Wie schon mehrfach bemerkt, war es das Verdienst von Gerlach und Schweitzer [14] die Funkenspektrometrie von den Fesseln der Absolutmessung zu befreien und die Auswertung auf den Vergleich von Linienintensitäten aufzubauen.

Ein Beispiel soll erläutern, warum es schwer ist, ein konstantes Strahlungsniveau zu bewahren. Die Strahlung soll von einer perfekten Quelle erzeugt werden und dann folgenden Weg nehmen:
- Sie fällt zunächst durch das Fenster, das die Funkenstands-Atmosphäre von der Optikatmosphäre trennt.
- Dann wird sie durch eine Linse zur Parallelisierung geleitet.
- Als nächstes passiert sie den Eintrittsspalt.
- Danach einen Eintrittsspalt-Refraktor, der zur globalen Profilierung gebraucht wird.
- Nun wird das Gitter erreicht, dort wird die Strahlung gebeugt.
- Sie fällt danach durch einen Austrittsspalt-Refraktor, der die Funktion hat, die Spektrallinie so zu lenken, dass sie genau durch den Austrittsspalt fällt.
- Hinter dem Austrittsspalt befindet sich meist noch ein Umlenkspiegel, da aus Platzgründen der Photomultiplier selten direkt hinter dem Spalt stehen kann.
- Schließlich trifft die Strahlung auf den Glaskolben des Photomultipliers.

In diesem Beispiel trifft die Strahlung zwischen Funkenstandsfenster und PMT-Kolben auf 13 optische Flächen. In der Optik befindet sich harte UV-Strahlung, die zu strahlungsabsorbierenden Belägen führen kann. Dieser Sachverhalt wurde in Kapitel 3.5.5.4 erläutert. Nimmt man nun einmal an, im Laufe der Zeit gehe an jedem

Spalt, jeder Fenster-, Linsen- oder Spiegelfläche auch nur 4 % Strahlung verloren, so geht die Strahlung, die den Photomultiplier erreicht, auf 0,96^{13} also auf 51 % zurück. Das Signal halbiert sich also. 4 % Reduktion sind nicht viel: Im Zusammenhang mit den Spalten wurde gezeigt (Gl. 3.23), dass eine Spaltverengung um 2 % ausreicht, die durchtretenden Intensitäten um 4 % zu reduzieren.

Gewisse Rückgänge der absoluten Intensitäten sind deshalb zu tolerieren, vor allem auch deshalb, weil sich Komponenten wie z. B. das Gitter nicht reinigen lassen.

Wichtiger als die absolute Höhe der Signale ist die Forderung, dass die Standardabweichung des spektralen Untergrunds über die des Ausleserauschens dominieren muss. Der spektrale Untergrund muss für jede Basis separat bestimmt werden, z. B. durch Wiederholungsmessungen auf einer Reinprobe der betreffenden Basis. So kann z. B. in der Kupferbasis eine Elektrolytkupfer-Probe für eine solche Messung verwendet werden.

Das Ausleserauschen wird bestimmt, indem der Lichtweg komplett abgeschottet wird und dann ebenfalls Wiederholungsmessungen durchgeführt werden. Ist die Standardabweichung des Untergrunds wesentlich (z. B. um einen Faktor 5) größer als die der Blindmessung, so ist auch bei einem reduzierten Intensitätsniveau prinzipiell eine Messung ohne nennenswerte Einbußen der analytischen Leistungsfähigkeit möglich. Die Spektrometer-Software sorgt durch die Verhältnisbildung und durch die Algorithmen der Rekalibration (s. Kapitel 3.9.4 und 3.9.6) dafür, dass die Gehaltsbestimmung trotzdem erfolgen kann. In der Regel warnt die Software, wenn ein Fehlerzustand vorliegt. Das entbindet den Anwender aber nicht von der Notwendigkeit, durch Messen von Kontrollproben die Analysenfähigkeit seines Systems nach einem Intensitätsabfall zu kontrollieren.

3.6 Optoelektronische Detektoren für Atom-Emissions-Spektrometer

Im vorigen Abschnitt wurden verschiedene Optik-Konzepte vorgestellt. Dort wurde beschrieben, dass eine Möglichkeit zur Strahlungsdetektion entweder die Kombination aus Austrittsspalt und Photomultiplier ist oder alternativ mit Mehrkanal-Halbleitersensoren ganze Spektrenabschnitte erfasst werden können. Beide Detektor-Technologien werden im Kapitel 3.6 erklärt.

3.6.1 Photomultiplier-Röhren

Die Funktion von Photomultipliern beruht auf dem äußeren photoelektrischen Effekt, bei dem Strahlung Elektronen aus einer Metalloberfläche löst. Der Elektronenaustritt in die umgebende Atmosphäre wurde erstmalig im Jahre 1886 von Heinrich

Hertz beobachtet. Sein Assistent Hallwachs konstruierte mit dem so genannten Goldblatt-Elektroskop das erste Messgerät, das sich den äußeren photoelektrischen Effekt zu Nutze macht. Dabei lädt sich eine Metallelektrode unter dem Einfluss von Strahlung auf. Ein Goldblättchen, das an der Elektrode anliegt und einseitig fixiert ist, spreizt sich am nicht fixierten Ende wegen der Abstoßung von Ladungen gleicher Polarität von der Elektrode ab.

Julius Elster und Hans Geitel, beide ehemalige Studenten von Kirchhoff und Bunsen, erfanden schon um 1890 die Vakuum-Photozelle [58] und veröffentlichten zwischen 1890 und 1894 die Ergebnisse ihrer Arbeiten in den Annalen der Physik und Chemie [59–62]. Der Physiker Philipp Lenard untersuchte um 1900 den Photoeffekt im Vakuum erstmalig systematisch. Er erkannte, dass die Wellenlänge der auf die Kathode einfallenden Strahlung entscheidend dafür ist, ob der Effekt auftritt, die Strahlungsintensität bei ausreichend energiereicher Strahlung dagegen nur die Anzahl herausgelöster Elektronen bestimmt. Die Arbeiten von Albert Einstein lieferten 1905 das theoretische Gerüst zur vollständigen Erklärung des Effekts. Er erhielt dafür 1921 den Physik-Nobelpreis. 1929 entwickelten L. Koller und N. R. Campbell eine bis heute als S – 1 bezeichnetes Kathodenmaterial, das aus Silber, Sauerstoff und Cäsium besteht [63]. Optoelektronisch wirksam ist dabei eine dünne Lage von Cäsium unmittelbar auf der Oberfläche. Diese Art von Photokathode hatte eine um zwei dezimale Größenordnungen höhere Empfindlichkeit als die bis dahin bekannten Kathodenoberflächen. In der Folgezeit wurden verschiedene Kathodenmaterialien entwickelt, die meist aus Alkalielementen und solchen der Bor- und der Stickstoffgruppe bestehen, zum Beispiel in der Kombination Gallium und Arsen oder In, Ga und As. Die Empfindlichkeit der so hergestellten Photozellen war aber noch immer nicht zu der damals praktizierten photographischen Registrierung konkurrenzfähig, obwohl es schon Versuche in dieser Richtung gegeben hat. Erst durch die Kopplung der Photozellen mit einer Sekundärelektronen-Vervielfachung konnte die Sensorempfindlichkeit so weit gesteigert werden, dass sie mit der der photographischen Registrierung konkurrieren konnte.

Diese Kombination aus Photozelle und Elektronenvervielfacher wird als Photomultiplier (PMT) bezeichnet. Abbildung 3.58 zeigt das Prinzip. Die Strahlung gelangt durch ein transparentes Fenster in das Innere des Photomultipliers und trifft dort auf die Photokathode K. Die Strahlung löst durch den äußeren photoelektrischen Effekt Elektronen aus der Kathode. Zwischen Kathode und der ersten Dynode, einer flächigen Elektrode mit Magnesiumoxid oder Berylliumoxid-Beschichtung, besteht eine Potenzialdifferenz der Größenordnung 100 Volt. Die aus der Kathode ausgetretenen Elektronen werden in Richtung der Dynode beschleunigt und schlagen dort ein. Durch ihre kinetische Energie befreit jedes einschlagende Elektron mehrere weitere Elektronen aus dem Dynodenblech. Diese Elektronen werden in Richtung der zweiten

Dynode beschleunigt, die zur ersten Dynode ebenfalls eine Potentialdifferenz der Größenordnung 100 V hat. Hinter der zweiten Dynode folgen weitere. In modernen Photomultipliern sind typisch zehn Dynoden zu finden. Die Anzahl der Elektronen, und damit der Strom, vervielfacht sich von Dynode zu Dynode. Die Dynoden sind zugleich Anoden und Kathoden, weil sie zugleich Ziel und Quelle von Elektronen sind. Die Elektronen erreichen die letzte Elektrode A, die als reine Anode geschaltet ist. Dort kann der Ausgangsstrom I_A gegen Masse gemessen werden. Er ist annähernd proportional zu der Strahlung, die ursprünglich auf die Kathode gelangte. Die Widerstände R1 bis Rn bilden einen Spannungsteiler. Sie haben meist alle den gleichen Wert, so dass zwischen zwei benachbarten Dynoden die Spannung U_{PMT} anliegt. Der Strom zwischen der Anode und der letzten Dynode sowie zwischen den letzten Dynoden-Paaren kann so groß sein, dass die Spannung zwischen den zugeordneten Widerständen geringfügig abfällt, da die Strecken zwischen den Dynoden wie hochohmige Widerstände wirken. Das ist besonders bei Strahlungsquellen, die kurzzeitig starke Signale liefern, problematisch.

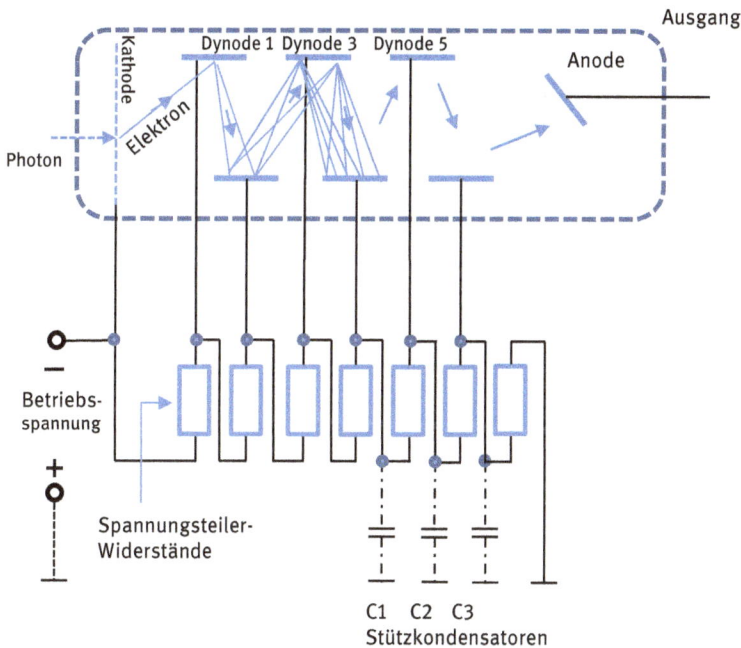

Abb. 3.58: Prinzipieller Aufbau eines Photomultipliers

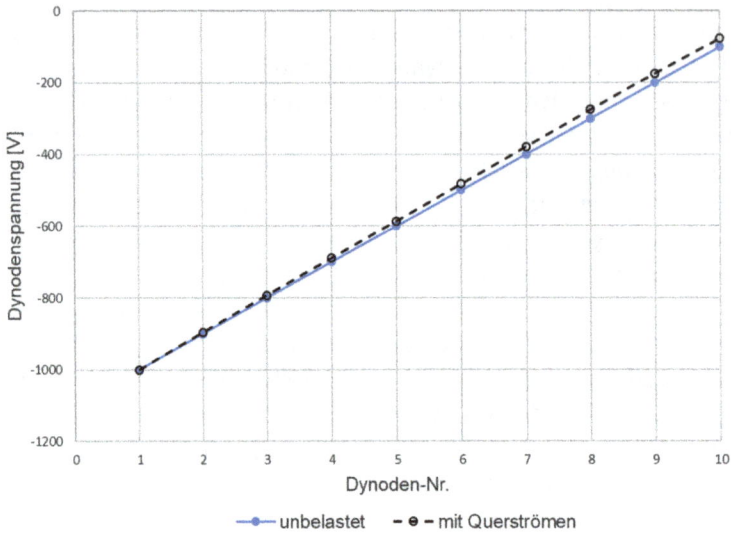

Abb. 3.59: Verzerrung der Dynoden-Spannungsabfälle durch Querströme

Abbildung 3.59 zeigt, wie die normalerweise von Dynode zu Dynode linear anstei-
gende Spannung (angedeutet durch eine durchgezogene Linie) verzerrt wird (gestrichelte Linie). Um diesen Effekt zu vermeiden, werden die in Abb. 3.58 gestrichelt
gezeichneten Kondensatoren C1 bis C3 hinzugefügt. Ihre Ladung stützt die Spannung,
die an den letzten Dynoden und an der Anode anliegt und verhindert eine Verzerrung
der in Abb. 3.59 skizzierten Art.

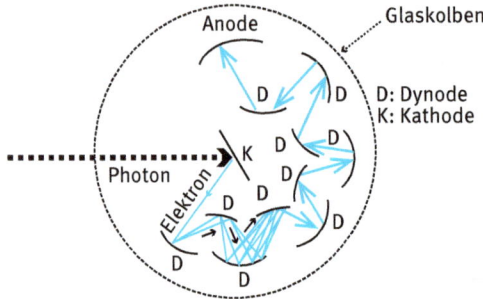

Abb. 3.60: Aufbau eines side on Photomultipliers

Die ersten PMTs wurden laut Ohls [1] erstmalig im Jahre 1935 von Iams und Salzberg
eingesetzt. Der Aufbau der Photomultiplier ist bei modernen Typen mit frontalem
(engl. *head on*) Lichteinfall prinzipiell noch immer so, wie ihn die Abb. 3.58 zeigt.
Bei PMTs mit seitlichem (engl. *side on*) Lichteinfall sind die Dynoden etwas anders
angeordnet. Abbildung 3.60 zeigt den Aufbau. Hier ist die Kathode kein Drahtgitter,
sondern ein durchgehendes Blech. Diese Bauform wird auch Reflexionsmodus-
Kathode bezeichnet, weil die Photonen in einem Einfallwinkel auf die Kathode treffen

und die Elektronen die Kathode unter einem Ausfallwinkel verlassen. Dieser Vorgang ähnelt der Reflexion von Strahlung an einem Spiegel.

Photomultiplier stehen in verschiedensten Ausführungen zur Verfügung. Die wichtigsten Unterscheidungs-Kriterien sind:

- *Baugröße und Lage des Fensters*

  Die Firma Hamamatsu, ein renommierter japanischer Hersteller qualitativ hochwertiger Photomultiplier, empfiehlt für die optische Emissions-Spektrometrie in seiner Produktlinien-Übersicht [64] Multiplier mit seitlichem Lichteinfall und Durchmessern von 13 mm (1/2″) bzw. 28 mm (1 1/8″). Die kleineren Durchmesser werden in der Optik-Konstruktion oft bevorzugt, weil sie erlauben eine größere von PMTs hinter den Austrittsspalten der Fokalkurve unterzubringen.

- *Aufbau der Kathode*

  Die Kathode kann semitransparent, also wie in Abb. 3.58, aufgebaut sein. Alternativ wird der kompakte Kathodenaufbau (s. Abb. 3.60) verwendet. Bei PMTs für die Bogen-/Funken-OES werden meist kompakte, im Reflexionsmodus betriebene Kathoden verwendet.

- *Kathodenmaterial*

  Das Kathodenmaterial entscheidet darüber, für welche Strahlung der Photomultiplier empfindlich ist. Das Datenbuch von Hamamatsu [65] nennt unter anderem die folgenden Kathodenmaterialien:

  Sb-Cs – Kathoden sind für den Wellenlängenbereich zwischen 185 nm und 650 nm brauchbar und werden hauptsächlich für kompakte Kathoden verwendet. Es sind höhere Kathodenströme möglich als bei den unten diskutierten Bialkali-Kathoden.

  Cs-Te – Kathoden sind nur für Strahlung zwischen 160 und 320 nm empfindlich. Da bei sichtbarer Strahlung kein Signal generiert wird, werden mit solchen Kathoden ausgerüstete PMTs als *solar blind* bezeichnet. Diese Eigenschaft ist beim Optik-Design sehr praktisch: Wie in Kapitel 3.5 erklärt wurde, erscheint bei Rowlandkreis-Optiken an einem Punkt der Fokalkurve die Strahlung mehrerer Beugungsordnungen. Durch einen Spalt, durch den z. B. aus der ersten Beugungsordnung stammende Strahlung der Wellenlänge 400 nm fällt, kann gleichzeitig Strahlung der Wellenlänge 200 nm fallen. Führt man nun die Messung mit einem PMT mit Cs-Te – Kathode durch, wird nur die kurzwellige Strahlung gemessen, da er für die langwellige Strahlung nicht empfindlich ist.

  Cs-I – Kathoden sind ebenfalls unempfindlich für Sonnenlicht. Ihre spektrale Empfindlichkeit liegt zwischen 115 nm und 195 nm. Sie eignet sich also dafür, Erstordnungs-Strahlung über 200 nm zu unterdrücken.

  Sb-Na-K-Cs „Multialkali" – Kathoden sind in einem weiten Bereich zwischen 185 nm bis 850 nm empfindlich.

  Sb-Rb-Cs, Sb-K-Cs „Bialkali" – Kathoden sind zwischen 185 nm und ca. 700 nm brauchbar.

Sb-Na-K „Low Noise Bialkali"–mit ähnlichem Wellenlängenbereich sind auf Rauscharmut ausgelegt.

Außerdem ist das Material der Kathode für die erzielbare Quanteneffizienz verantwortlich. Diese wird üblicherweise in Prozent angegeben und gibt darüber Auskunft, wie viele Elektronen pro Lichtquant aus der Kathode freigesetzt werden. Diagramme, in denen für die verschiedenen Kathodentypen die Quanteneffizienzen gegen die Wellenlängen aufgetragen sind, finden sich im Produktkatalog von Hamamatsu [64].

– *Fenstermaterial*
Borsilikatglas lässt nur Strahlung der Wellenlängen 300 nm und länger durch. PMTs mit diesem Fenstermaterial sind für Bogen- und Funkenspektrometer eher ungebräuchlich. Möchte man gezielt kürzere Wellenlängen unterhalb von 300 nm blockieren, arbeitet man meist mit Filtern, mit denen dann auch Absorptionskanten bei anderen Wellenlängen realisierbar sind.

Weit verbreitete Fenstermaterialien sind dagegen UV-Glas mit einer Absorptionskante bei 185 nm und *Quarzglas*, das über einen weiten Bereich zwischen UV-Strahlung der Wellenlängen ab ca. 160 nm transparent ist.

Sollen kürzere Wellenlängen gemessen werden, so werden Multiplier mit aufgekittetem Fenster aus *Magnesium-Fluorid* benutzt. Diese Fenster sind ab 115 nm transparent und bis ins Infrarot hinein durchlässig.

Photomultiplier sind zur Messung niedriger Lichtstärken ausgelegt. Strahlung hoher Intensität kann sie beschädigen oder sogar zerstören. Bevor eine mit PMTs bestückte Optik geöffnet wird, muss deshalb die Hochspannungsversorgung ausgeschaltet werden.

Es sollte ebenfalls vermieden werden, Photomultiplier in Helium-haltiger Atmosphäre zu betreiben oder zu lagern. Die Helium-Permeation durch Glas ist bekannt und kann das Vakuum in der Röhre verschlechtern und Effekte wie das noch zu besprechende „*Afterpulsing*" begünstigen.

Selbst bei fehlender Beleuchtung fließt ein kleiner Strom aus der PMT-Anode. Skoog und Leary [50] nennen als Hauptursache für diesen sogenannten Dunkelstrom die thermische Emission von Elektronen und berichten, dass dieser Effekt durch Kühlung auf –30°C vollständig ausgeschaltet werden kann. Im Hamamatsu-PMT-Handbuch [65] sind weitere Quellen für nicht durch einfallende Strahlung bewirkte Anodenströme genannt:

– Durch Szinillation des Glaskolbens hervorgerufene Photoströme
– Emission von Elektronen aus den Elektroden bewirkt durch starke elektrische Felder
– Durch Restgas-Ionisation bewirkte Ströme
– Ströme durch nicht perfekte Isolation von Sockel und Glaskolben: Da hohe Spannungen anliegen und sehr geringe Ströme gemessen werden, können selbst hochohmige Widerstände im Gigaohm-Bereich zwischen den negativen Spannungen und der Anode zu messbaren Strömen führen.

- Dem Photostrom überlagertes Rauschen, hervorgerufen durch kosmische Strahlung, Gammastrahlung der Umgebung und im Glaskolben enthaltene radioaktive Isotope

Ein weiterer Effekt ist das so genannte „*Afterpulsing*". Er äußert sich wie folgt: Bestrahlt man die Kathode mit einem kurzen Puls, erscheint zunächst das zugehörige Signal an der Anode. Mit zeitlicher Verzögerung einiger Mikrosekunden folgt aber ein zweiter, kleinerer Ausgangspuls. Im Kontext der zeitaufgelösten Funken-Spektroskopie ist das ein störender Effekt, weil man hier das Nachleuchten des Plasmas zu einem Zeitpunkt erfasst, wo der thermische Untergrund abgeklungen ist. Die Signalintensitäten aber sind ebenfalls deutlich geringer im Vergleich zur stromführenden Phase des Funkens. Bei Hamamatsu [65] werden folgende Ursachen für das Afterpulsing genannt:

- Elektronen, die von der ersten Dynode zurück zur Kathode wandern
- Emission von Strahlung, die innerhalb des PMTs entsteht und deren Photonen zurück zur Kathode gelangen

Im Hamamatsu-Handbuch werden als Gegenmaßnahmen eine künstliche Alterung des PMTs empfohlen und zur Prävention des Afterpulsing empfohlen, den PMT keinen mechanischen oder thermischen Belastungen auszusetzen. Das Hamamatsu-Handbuch [65] ist eine ausgezeichnete Quelle zum Thema Photomultiplier. Bei Jennewein [66] findet sich eine leicht lesbare Diskussion von Photomultipliern mit praxisnahen Einsatzhinweisen, die für einen allgemeinen Überblick ausreicht.

Besondere Anforderungen werden an die Spannungskonstanz der PMT-Hochspannungsversorgung gestellt. Eine bewährte Faustformel besagt, dass die relative Erhöhung der Hochspannung um ein Prozent eine Photostromerhöhung von 15 % zur Folge hat. Die Hochspannung muss außerdem frei von überlagerter Wechselspannung sein. Ist z. B. ein Brummanteil vorhanden, kann sich dieser bei der Aufnahme von Einzelfunken-Intensitäten störend bemerkbar machen. Die Höhe der Photoströme kann angepasst werden, indem man die Hochspannungsversorgung der PMTs innerhalb gewisser Grenzen ändert. Die Hochspannung sollte aber nicht höher als nötig gewählt werden. Erfahrungsgemäß steigt der Dunkelstrom bei hohen Versorgungsspannungen überproportional an.

3.6.2 Sensorarrays auf Halbleiterbasis

Die Beschreibung von Halbleitersensoren in diesem Kapitel ist eine aktualisierte Version einer Darstellung, die sich an einer älteren Veröffentlichung eines der Verfasser [67] orientiert.

Photoempfindliche Sensoren in Form von CMOS- und CCD (*charge coupled device*)-Arrays werden in großen Stückzahlen in Camcordern, Scannern und Photokopierern verwendet. Auch in der Spektrometrie werden solche Sensorarray seit langem eingesetzt. Die ersten Arbeiten (z. B. von Cox [68]) stammen aus der zweiten Hälfte der 1970er Jahre. Halbleiter haben einen kristallinen Aufbau. Die Elektronen der äußeren Schale eines Atomkerns (Valenzelektronen) teilen sich mit denen der benachbarten Atomkerne Elektronen, so dass die äußere Schale voll besetzt ist. Germanium hat beispielsweise vier Elektronen auf der äußeren Schale und teilt sich je ein Elektron mit vier Nachbaratomen.

Durch Energiezufuhr kann nun ein Elektron aus dieser Struktur herausgelöst werden. Dazu ist eine Mindestenergie W_g, der so genannte Bandabstand, notwendig. Der Bandabstand hängt vom Material und der Temperatur ab. Liegt an dem Halbleiter eine Spannung an, wird sich das Elektron in Richtung der Anode bewegen. Aber nicht nur das Elektron, sondern auch die Lücke, die es hinterlässt, wandert. Der Grund ist, dass eines der benachbarten in Kathodenrichtung liegenden Elektronen, angezogen durch die Anode, die Lücke füllt. Das Loch wandert also Richtung Kathode.

In sehr geringem Maße werden Elektronen durch thermische Anregung in das Leitungsband gehoben. Die daraus resultierende Leitfähigkeit wird als intrinsische bezeichnet. Werden Fremdatome mit unterschiedlicher Valenzelektronenzahl in die Halbleiterkristalle eingebaut („dotiert"), kommt es an diesen Stellen entweder zu Elektronenüberschuss oder zu Elektronenmangel, je nachdem, ob die Fremdatome mehr oder weniger Valenzelektronen als der Halbleiter haben. Durch diese eingebauten Störstellen wird die Leitfähigkeit erhöht. Bei Elektronenüberschuss erhält man einen so genannten n-Halbleiter, bei Elektronenmangel einen p-Halbleiter. Fremdatome mit Elektronenüberschuss werden als *Donatoren* bezeichnet, Atome mit Elektronenmangel heißen *Akzeptoren*.

Treffen Photonen auf halbleitendes Material, lösen sie gebundene Elektronen aus dem Valenzband heraus und heben sie auf das Niveau des Leitungsbandes. Das kann aber nur dann geschehen, wenn die Photonenenergie größer als die Energiedifferenz zwischen Leitungsband und Valenzband ist:

$$Wp = h\upsilon = \frac{h * c}{\lambda} \geqslant W_g \qquad (3.25)$$

Dabei bedeuten:
W_p Energie des Photons [J]
W_g Bandabstand für Silizium ([J], bei Raumtemperatur 1,12 eV oder $1,79 * 10^{-19}$ J)
υ Frequenz [s^{-1}]
h Plancksches Wirkungsquantum ($6,626 * 10^{-34}$ J $* s$)
c Vakuum-Lichtgeschwindigkeit ($3 * 10^8$ m / s)
λ Grenzwellenlänge [m]

Aus Gl. 3.25 ergibt sich, dass Wellenlängen < 1,1 μm mit Siliziumhalbleitern detektiert werden können. Zu kurzen Wellenlängen hin ist der nutzbare Bereich durch Absorptionseffekte begrenzt.

Der sogenannte Photowiderstand ist ein Halbleiter-Detektor denkbar einfacher Struktur (s. Abb. 3.61). Er besteht aus einem undotierten Halbleiter, an den zwei Elektroden angebracht sind. Bei Beleuchtung werden Elektronen in das Leitungsband gehoben und es kommt zu einem Stromfluss. Für Zwecke der Spektrometrie werden Photowiderstände selten verwendet. Auch in Halbleiterkristallen hoher Reinheit sind geringe Restgehalte an Fremdatomen enthalten, die als Donatoren und Akzeptoren wirken. Das führt dazu, dass durch den Photowiderstand bei Anlegen einer Spannung ein so genannter Dunkelstrom fließt, der den durch Bestrahlung induzierten Strom überlagert. Zudem rekombiniert ein Teil der Ladungsträgerpaare wieder, bevor die Ladungen die Elektroden erreichen, da die Feldstärke im Kristall recht gering ist. Andere Bauteile sind zum Nachweis kleiner Lichtmengen besser geeignet.

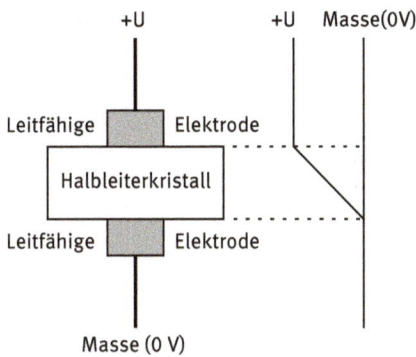

Abb. 3.61: Aufbau eines Photowiderstands mit zugehörigem Potentialverlauf

3.6.2.1 Photodioden-Arrays

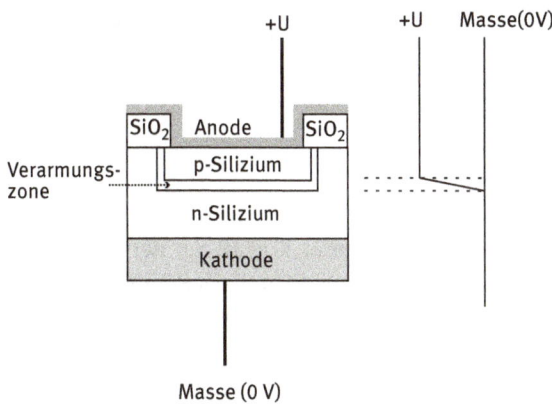

Abb. 3.62: Aufbau einer Photodiode mit zugehörigem Potentialverlauf

Abbildung 3.62 zeigt den Aufbau einer Photodiode und die in ihr herrschenden Feldstärken. Eine Photodiode ist nichts weiter als eine in Sperrrichtung betriebene Diode, die auf Detektion von Strahlung optimiert wurde.

Die dotierten p- und n- Zonen sind relativ niederohmig. An der Grenze zwischen diesen beiden Zonen werden die Elektronen zur Anode, die Löcher zur Kathode transportiert. Es entsteht eine schmale Zone, die frei von Ladungsträgern ist. Da diese Zone das gesamte Volumen des p-Silizium umschließt, ist der Stromkreis unterbrochen. Es kann kein Strom fließen. Das Potential wechselt von +U auf 0, die Feldstärke ist also in der Verarmungszone am höchsten. Löst nun dort ein Photon ein Elektron, wird das Elektron durch die hohe Feldstärke sofort in Richtung Anode weg beschleunigt. Die Rekombinations-Wahrscheinlichkeit ist klein. Wie oben bemerkt, kann es auch durch thermische Effekte zu Elektronen-/Loch-Paarbildung kommen. Während beim Photowiderstand das gesamte Halbleitervolumen zum Dunkelstrom beiträgt, ist es bei der Photodiode nur das Volumen der Verarmungszone.

Die Dicke N der Verarmungszone im n–dotierten Bereich errechnet man mit Hilfe folgender Formel (nach Krüger [69]):

$$N = \sqrt{\frac{2 * \varepsilon * (U * V)}{e * D * (1 + \frac{D}{A})}} \tag{3.26}$$

Für die Dicke P des p–dotierten Bereichs gilt [69]:

$$P = \sqrt{\frac{2 * \varepsilon * (U * V)}{e * A * (1 + \frac{A}{D})}} \tag{3.27}$$

Dabei bezeichnet:
- e die Elementarladung ($1{,}602 * 10^{-19}$ C)
- ε die Dielektrizitätskonstante des Halbleitermaterials [$\frac{C}{V*m}$]
- V den Betrag der Durchlassspannung der Diode (bei Si-Dioden ca. 0,7 V)
- A die Konzentration der Akzeptoren [m^{-3}]
- D die Konzentration der Donatoren [m^{-3}]
- U die angelegte Sperrspannung [V]

Die Herstellung erfolgt, indem ein schwach n–dotierter Kristall auf der Oberfläche stark p-dotiert wird. A ist also viel größer als D. Daraus folgt, dass P im Vergleich zu N klein ist.

Die Absorption nimmt exponentiell mit der Eindringtiefe in die p-Schicht zu. Deshalb muss die p-dotierte Schicht so dünn wie möglich ausgebildet sein.

Ein Photodioden-Array ergibt sich aus der linearen Anreihung von Strukturen, wie sie Abb. 3.62 zeigt. Unvermeidlich ist eine lichtunempfindliche „Lücke" zwischen zwei Photodioden (entspricht in Abb. 3.62 den SiO_2-Strukturen); sie sind erforderlich, um die Anoden gegeneinander zu isolieren. Jede Diode ist mit einem elektronischen Schalter verbunden, der die in der Diode gespeicherte Ladung auf einen integrierten Operationsverstärker gibt. Der Ausgang des Operationsverstärkers ist auf einen Kontakt des Sensorchips geführt. Der Analogschalter hat noch eine zweite Funktion: Er schaltet nach dem Auslesevorgang für das Pixel eine Reset-Spannung durch, die die Photodiode auf einen Nullzustand zurücksetzt. Gängige Diodenarrays haben 128 bis 2048 Einzeldioden. Deshalb kann nicht jeder Steueranschluss der zu den Photodioden gehörenden Analogschalter auf einen Pin gelegt werden.

Zwei Methoden zur Ansteuerung der Analogschalter sind möglich:
- *Ansteuerung über (digitalen) Multiplexer*
  Digitale Multiplexer sind logische Schaltnetze mit n Adresseingängen $A_1 ... A_n$, 2^n Ausgängen und einer *„Enable"*-Leitung (Freigabeleitung). Adressleitungen und Enable-Leitung sind mit Gehäusekontakten verbunden, die Ausgänge des Multiplexers führen zu den Steuerleitungen der Analogschalter. Die Adresse A des anzusprechenden Analogschalters wird nun als Binärwort kodiert auf $A_1 ... A_n$ gelegt. Das Aktivieren der Enable-Leitung bewirkt nun ein Öffnen des Analogschalters. Eine Beschreibung digitaler Multiplexer findet sich bei Tietze und Schenk [11].
  Ein Array mit 2048 Photodioden braucht $\log_2 (2048) = 11$ Adressleitungen. Der Vorteil dieser Adressierungsart ist der direkte Zugriff auf jedes Pixel.
- *Ansteuerung über ein digitales Schieberegister*
  Schieberegister bestehen aus einer Kette 1-Bit Speicher, so genannter Flip-Flops. Die Flip-Flops sind so verschaltet, dass bei einem Taktimpuls das Flip-Flop $n + 1$ den Inhalt des n-ten Flip-Flops annimmt (zu Schieberegistern siehe Tietze / Schenk [11] und Köstner [70] S. 359 ff). Zum Auslesen eines Pixels k wird das erste Flipflop gesetzt. Das logische High-Signal des ersten Flipflops wird dann durch k-1 Taktimpulse zum k-ten Pixel transportiert, wo es (zusammen mit einem Enable-Signal) das Schließen des k-ten Analogschalter bewirkt und so die Photodiode des k-ten Pixels mit der Datenleitung verbindet. Mit einer Datenleitung, einer Taktleitung und dem Enable-Signal lassen sich beliebig viele Photodioden ansprechen, allerdings die n-te Photodiode erst nach Ausgabe von n-1 Taktsignalen. Diese Verzögerung kann hinderlich sein, wenn ein unmittelbarer Zugriff auf eine Photodiode erforderlich ist, z. B. in der zeitauflösenden Spektroskopie.

Ein Nachteil von Diodenarrays ist die Tatsache, dass sich die Ladung der Photodiode über den Analogschalter in die Struktur entlädt, die die Analogschalter-Ausgänge untereinander verbindet. Leider ist es nicht möglich, diese beliebig zu verkleinern, da alle Ausgänge über die volle Arraybreite verbunden werden müssen. Deshalb hat sie eine Kapazität, die meist größer ist als die der Photodiode. Dadurch verschlechtert sich das Signal-/Rauschverhältnis. Das bedeutet einen Nachteil im Vergleich zu dem im nächsten Abschnitt beschriebenen CCDs.

3.6.2.2 CTDs (charge transfer devices, ladungsgekoppelte Sensorarrays)

CTD ist der Oberbegriff für CCD (*charge coupled device*) und CID (*charge injection device*).

Charge Coupled Devices (CCD)

Aus historischen Gründen (Patente auf CIDs, siehe Sweedler/Ratzlaff/Denton [71, S. 50]) gibt es mehr Anbieter von CCDs als von CIDs. CCDs sind derzeit der meist verbreitete Typ von Sensorarrays für spektroskopische Zwecke. Abbildung 3.63 zeigt den Aufbau eines CCD-Pixels.

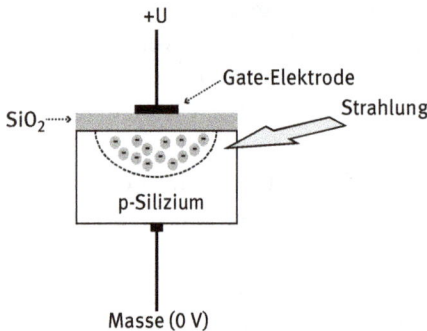

Abb. 3.63: Aufbau eines CCD-Pixel

Fundament für die funktionalen Einheiten ist das so genannte Substrat. Es besteht aus p-dotiertem (defektleitendem) Silizium und führt normalerweise Massepotential.

Darauf aufgebaut ist die leicht p-dotierte Epitaxialschicht; sie ist die photoaktive Schicht und hat eine Stärke von einigen μm. Eine isolierende SiO_2-Schicht von nur ca. 0,02 μm Dicke trennt sie von der Gate-Elektrode. Diese besteht aus hochdotiertem, also niederohmigem Silizium.

Am Gate liegt eine positive Spannung an. Fällt nun Strahlung mit Wellenlängen unterhalb 1000 nm auf die Strukturoberfläche, durchdringt sie Gate und SiO_2-Isolator und führt in der Epitaxialschicht durch den inneren photoelektrischen Effekt zur Bildung eines freien Elektrons. Der hier relevante innere photoelektrische Effekt ist qualitativ vom Sperrschichtphotoeffekt der Diodenarrays verschieden, siehe z. B. Perkampus [72] S. 49 und S. 447. Die freien Elektronen sammeln sich unter der Gateelektrode, da das Gate positiv geladen ist. Sie können aber die nichtleitende SiO_2-Schicht nicht durchdringen.

Nach Ende der Integrationszeit ist die unter der Gateelektrode gesammelte Ladung im Idealfall proportional zu der eingefallenen Strahlungsmenge. „Im Idealfall" heißt hier, es sind so wenig Elektronen produziert worden, dass die Abstoßung hinzukommender Elektronen durch bereits gespeicherte noch keine Rolle spielt. Spielt sie eine Rolle, kommt es zu einem als *„Blooming"* bezeichneten Effekt; er wird unten erklärt.

Die Ladung der Pixel muss nun ausgelesen werden. Im einfachsten Fall bilden beim CCD die Pixel ein analoges Schieberegister. Dadurch ist es möglich, an einem Ausgang sequentiell die Ladung eines jeden Pixels herauszutakten.

Abbildung 3.64 zeigt, wie die Ladung bewegt wird. Links neben der Gate-Elektrode jedes Pixels befinden sich drei Hilfselektroden. Im ersten Schritt ist nur die linke Elektrode positiv geladen. Die Elektronen sammeln sich folglich unter dieser Elektrode. Wird auch die rechts davon liegende Elektrode positiv vorgespannt, verteilen sich die Elektronen unter diesen beiden Elektroden (Schritt 2). Schaltet man nun die Steuerspannung der ersten Elektrode ab, ist die Ladung um ein Viertel Pixel nach rechts gewandert (Schritt 3). Denkt man sich die übrigen Pixel des Arrays links und rechts angereiht und die Gate- Elektroden 1 bis 4 eines jeden Pixels miteinander verbunden, lassen sich die Ladungen von links nach rechts über den Chip bewegen. Durch überlappende Gate-Elektroden lässt sich eine zweiphasige Ansteuerung realisieren. Auch einphasige Ansteuerung ist durch Implantation von Ladungsbarrieren möglich (siehe z. B. Hynecek [73]).

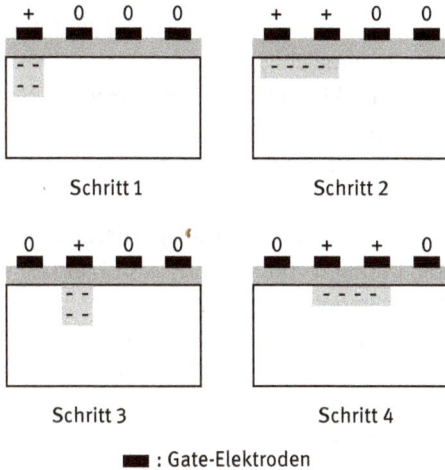

Schritt 1   Schritt 2

Schritt 3   Schritt 4

■ : Gate-Elektroden

0: Elekrodenspannung 0 V, +: Positive Elektrodenspannung   **Abb. 3.64:** Ladungstransport im CCD

Es ist ungünstig, die Pixel selbst als analoges Schieberegister zu nutzen. Das während des Schiebevorgangs einfallende Licht produziert eine Ladung, die nicht dem richtigen Pixel zugeordnet wird. Angenommen, bei einem 2000 Pixel-CCD erzeuge ein Lichtquant ein Elektron bei Pixel 1000. Nehmen wir weiter an, das geschähe während des Ausleseprozesses nach 500 Ladungsverschiebungen. Das Elektron würde dann zu der Ladung addiert, die ursprünglich (vor Beginn des Schiebens) unter Pixel 1500 gesammelt war. Aus diesem Grund überträgt man die Pixel-Ladungen zunächst in ein separates, mit einer strahlungsundurchlässigen Schicht abgedecktes Schieberegister. So ist es möglich, gleichzeitig zu integrieren und auszulesen.

Pixel   Schaltbare Ladungsbarrieren   Ausgangsverstärker

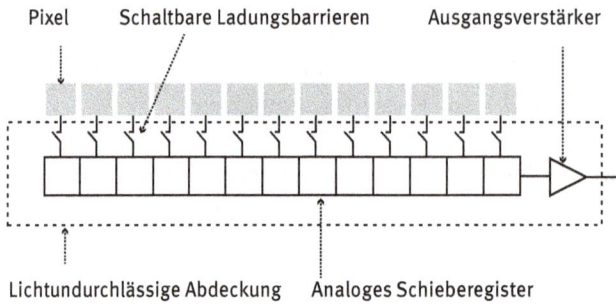

Lichtundurchlässige Abdeckung   Analoges Schieberegister

Abb. 3.65: Aufbau eines CCD-Bausteins

Abbildung 3.65 zeigt den prinzipiellen Aufbau eines CCD-Bausteins.

Die gesamte Chip-Oberfläche mit Ausnahme der Pixel ist von einer lichtundurchlässigen Aluminiumschicht bedeckt (gestrichelt).

Nach der Integrationszeit wird die Ladung in analoge Ausleseregister übertragen. Das geschieht durch Deaktivierung einer Ladungsbarriere. Die Ladungsbarriere kann man sich als Gate-Elektrode vorstellen, die während der Integration auf 0 V liegt. Beim Übertragen in das Ausleseregister wird dann wie in Abb. 3.64 verfahren (das Barriere-Gate entspricht dabei dem zweiten Gate-Anschluss).

Man beachte, dass es nicht zu dem für die Photodioden beschriebenen Spannungsabfall durch Entladung einer kleinen Kapazität in eine große kommt. Im Gegenteil: Die Pixelkapazitäten lassen sich groß gegenüber den Transferzellenkapazitäten wählen, dadurch ist sogar eine Spannungsverstärkung möglich.

Die durch die Photonen erzeugte Ladung wird vollständig abtransportiert. Ein expliziter Löschvorgang („*Reset*") ist nicht nötig. Dadurch ergibt sich beim CCD ein im Vergleich zu Diodenarrays deutlich verminderter Signal-/ Rausch-Abstand.

Ein Nachteil handelsüblicher CCDs ist ihr eingeschränkter Wellenlängenbereich. Die Gatestrukturen bilden einen Filter, der kurze Wellenlängen absorbiert. Die Absorptionskante liegt, abhängig von der Konstruktion der Chips, zwischen 140 nm und 400 nm (Sweedler, Ratzlaff und Denton [71, S.28] sprechen pauschal von einer Absorption ab 400 nm bei frontal, also durch die Gate-Strukturen beleuchteter CCDs, was für Sensoren mit Glasfenstern sicher richtig ist. Entfernt man dieses Fenster, lassen sich CCD-Typen finden, bei denen die Absorption erst unterhalb 160 nm eine Rolle spielt).

Wird durch Bedampfen oder Lackieren eine Fluoreszenzschicht auf die Sensoroberfläche aufgebracht, lassen sich die Sensoren im gesamten interessierenden Spektralbereich ab 115 nm nutzen. Speziell für die Spektrometrie entwickelte CCD werden oft so ausgelegt, dass das Licht von der Rückseite, also durch das Substrat, eindringt. Das Substrat muss dann besonders dünn ausgelegt sein, um Rekombination vorzubeugen. Diese CCDs werden auch als *back thinned* CCDs oder *back illuminated* CCDs bezeichnet. Solche Sensoren sind ab 100 nm einsetzbar.

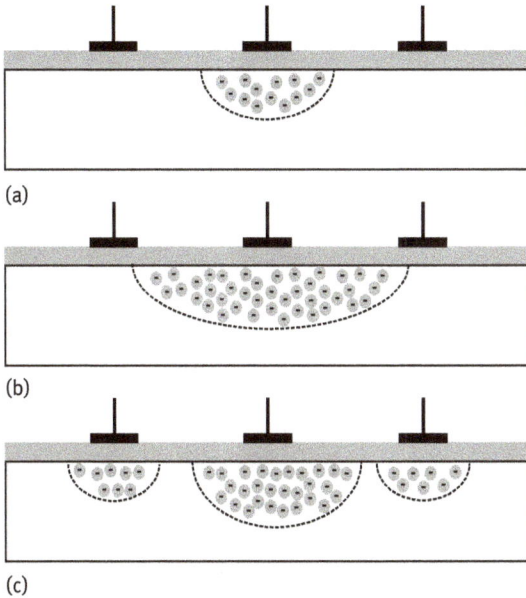

(a)

(b)

(c)

Abb. 3.66: Zustandekommen des Blooming

Ein weiteres Problem beim Einsatz von CCDs ist das bereits oben erwähnte Blooming. Dieser Effekt kommt folgendermaßen zustande:

Zunächst produzieren Lichtquanten Elektronen, die sich in der Raumladungszone unterhalb der Gate-Elektrode sammeln (s. Abb. 3.66 a). Durch die Abstoßung der negativ geladenen Elektronen wird das Volumen der Raumladungszone mit steigender Elektronenzahl größer (s. Abb. 3.66 b). Werden die Elektronen so weit nach außen gedrängt, dass die Anziehungskräfte der benachbarten Gate-Elektroden überwiegen, „springen" sie zu ihnen über (s. Abb. 3.66 c). Man beachte, dass in Abb. 3.66 zur Vereinfachung der Darstellung nur eine Elektrode gezeichnet wurde.

Neben CCD-Zeilen sind auch zweidimensionale CCD-Arrays erhältlich. Diese Arrays können prinzipiell ebenfalls für spektroskopische Zwecke, z. B. im Zusammenhang mit Echelle-Spektrometern, eingesetzt werden. Hier bereitet der Einsatz von handelsüblichen Sensoren jedoch Schwierigkeiten:

Um eine hohe Auflösung bei annehmbaren Chipabmessungen zu erreichen, sind Pixelabstände („*pitches*") von 7 μm * 7 μm üblich. Ein Teil dieser Fläche geht verloren, da ja auch Platz für die Verbindungsstrukturen benötigt wird. Deshalb werden die Pixel meist mit aufgeätzten Mikrolinsen versehen, um das ganze Licht auf die effektive Pixelfläche zu konzentrieren. Wie oben erläutert, ist für Wellenlängen unterhalb 300 nm eine fluoreszierende Beschichtung erforderlich. Diese befindet sich nun aber direkt auf den Linsenoberflächen, so dass die Linsen ihre Aufgabe, die Fokussierung der Strahlung auf die optisch aktiven Zonen der Pixel, nicht mehr erfüllen können. Schlimmer noch: die Fluoreszenzschicht wirkt als diffuse Lichtquelle und bestrahlt umgebende Pixel.

Ein weiteres Problem ergibt sich aus der Anzahl der Pixel. Hochauflösende CCD mit bis zu 63 Megapixeln sind schon seit einigen Jahren erhältlich [75]. Die Ladungen können aber nicht unbegrenzt schnell verschoben werden. Bei einer Pixel-Taktrate von 2 MHz dauert ein Auslesevorgang eines so großen CCD fast 32 Sekunden. Ein 2000 Pixel Linearsensor kann bei gleicher Pixel-Taktrate tausendmal pro Sekunde ausgelesen werden. Das hat für Megapixel-CCDs zwei Konsequenzen:

- Blooming lässt sich kaum vermeiden.
- Da die Messzeiten applikationsbedingt limitiert sind, ist der Dynamikbereich stark eingeschränkt.

Moderne CCDs haben oft Strukturen, die von den oben beschriebenen abweichen. Sehr verbreitet sind die so genannten Photodioden-CCDs, die zur Photonendetektion Dioden benutzen. Der Abtransport der Ladungen ist hier über CCD-Strukturen realisiert. Meist spricht man auch bei Photodioden-CCDs kurz von CCDs, da der Ladungstransport die Eigenschaften des Sensors nachhaltiger beeinflusst als die Methode der Ladungserzeugung. Ein Beispiel für solche Photodioden-CCDs sind die in HAD (hole accumulation diode) Technologie gefertigten Flächensensoren von Sony. Details dazu finden sich bei Sony [76].

Charge Injection Devices (CID)

CIDs basieren auf MOS-Strukturen wie CCDs. Abbildung 3.67 zeigt den Aufbau eines Pixels.

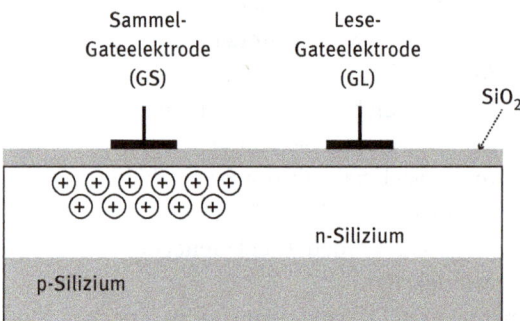

Abb. 3.67: Aufbau eines CID-Pixel

Aus historischen Gründen benutzt man bei CIDs verglichen mit CCDs umgekehrte Polaritäten: die Epitaxialschicht ist n-dotiert und das Gate ist negativ geladen. Es werden also Löcher statt Elektronen unter der SiO_2-Schicht gesammelt. Jedes Pixel hat eine eigene Sammelelektrode, die Leseelektroden aller Pixel sind miteinander verbunden. Während der Integrationsphase sind sowohl Sammelelektrode GS als auch Leseelektrode GL negativ geladen (Abb. 3.68 a). Da jedoch $-U_{GS} = 2 * -U_{GL}$ ist, sammeln sich die Ladungsträger nur unter GS. Der Auslesevorgang geht nun folgendermaßen vor sich:

Zunächst wird die Leseelektrode durch Öffnen eines elektronischen Schalters von der negativen Spannungsquelle getrennt (Abb. 3.68 b). Die Leseelektrode bildet jetzt eine Platte eines Kondensators, der mit einer Spannung -U geladen ist. Das n-Silizium bildet die gegenüberliegende Kondensatorplatte, die SiO$_2$-Schicht das Dielektrikum des Kondensators.

Senkt man nun U_{GS} auf 0 V ab, fließen die Ladungsträger unter die Leseelektrode, die immer noch negativ geladen ist (Abb. 3.68 c). Durch die zufließende Ladung Q_{Signal} ändert sich die Spannung an dem durch die Leseelektrode GL und dem n-Silizium gebildeten Kondensator C_{GL} um eine Spannung U_{Signal}. U_{Signal} berechnet sich nach der Formel:

$$U_{Signal} = \frac{Q_{Signal}}{C_{GL}} \tag{3.28}$$

Die Spannung an der Leseelektrode GL beträgt nun $U_{Signal} - U$. Man erhält U_{Signal}, indem man die Spannung an GL misst und U addiert.

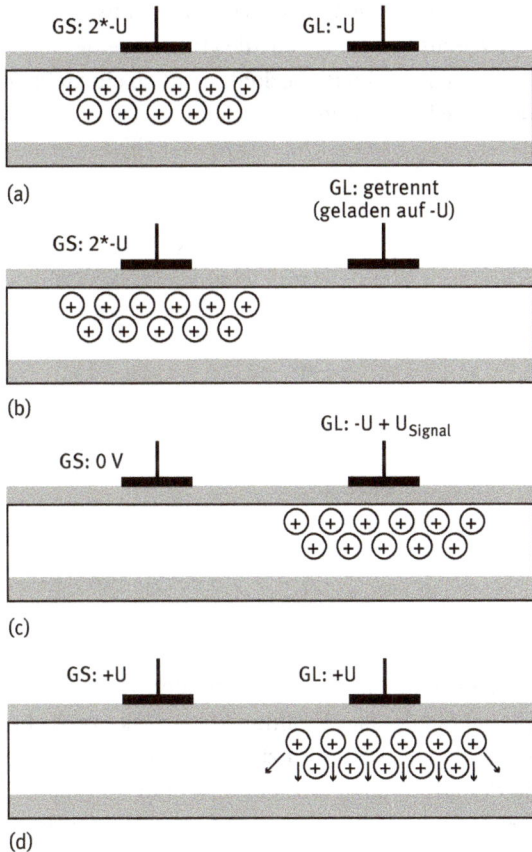

Abb. 3.68: Auslesen eines CID-Pixel

Durch Wiederanheben des Sammelelektroden-Potentials auf −2U (Rückkehr über Abb. 3.68 b zu Abb. 3.68 c) kann die Ladung wieder zur Sammelelektrode rückgeführt und der Integrationsvorgang fortgesetzt werden. Es ist also ein zerstörungsfreies

Auslesen möglich. Diesem Vorteil steht als Nachteil die große Kapazität der Lese-elektrodenstruktur gegenüber, die zu einem Spannungsabfall um etwa zwei Größen-ordnungen führt (siehe Sweedler/Ratzlaff/Denton [71, S. 53]). Dieser Effekt ist schon aus der Diskussion von Diodenarrays bekannt. Wird eine positive Spannung an *GL* angelegt, werden die Löcher in Richtung pn-Übergang abgestoßen und rekombinie-ren dort (Abb. 3.68 d). Eine ausführliche Beschreibung von CID Konstruktionsdetails, auch für den zweidimensionalen Fall, findet sich bei Ninkov [74, 75].

CMOS-Sensoren

Der CMOS-Prozess ist das derzeit gängigste Standardverfahren zur Produktion integ-rierter Schaltungen. CMOS steht dabei für *complementary metal oxide semiconductor*: Auf der Oberfläche von Silizium-Substraten werden n oder p dotierte Strukturen aufge-bracht. Die Oberfläche kann teilweise frei liegen oder mit einer SiO_2-Schicht abgedeckt werden. Darüber können wiederum Aluminiumschichten als Elektroden aufgedampft werden. Das C in CMOS steht für *complementary*, was sich auf die grundlegende Logik-struktur der in dieser Technik hergestellten Schaltkreise bezieht, nämlich einem Paar komplementärer Feldeffekttransistoren, die in Reihe geschaltet sind.

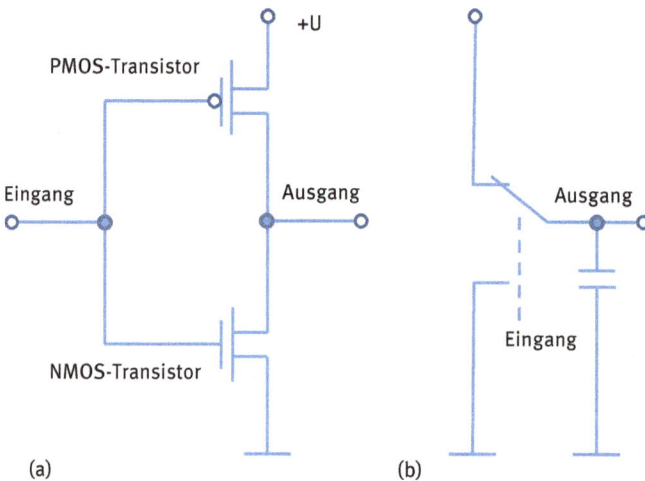

Abb. 3.69: CMOS-Inverter mit Ersatzschaltbild

Komplementär bedeutet in diesem Zusammenhang, dass einer der Transistoren ein n-Kanal-Typ, der andere ein p-Kanal-Mosfet ist. Abbildung 3.69, links zeigt die Schaltung. Die Gates-Elektroden der beiden Transistoren sind verbunden, so leitet entweder der p-Kanal Transistor und der mit n-Kanal-Mosfet sperrt oder umgekehrt, je nach Polarität an den Gate-Elektroden. Dabei fließt nach dem Umschalten kein Strom, weil stets einer der Transistoren sperrt. Nur im Umschaltmoment werden die parasitären Kapazitäten der Transistoren umgeladen. Abbildung 3.69 rechts zeigt ein Ersatzschaltbild. Mikroprozessoren und Speicherbausteine, aber auch Analogschalt-kreise wie Operationsverstärker und Analogschalter lassen sich mit diesem Prozess in hoher Integrationsdichte herstellen. Auch Photodioden sind implementierbar.

Dagegen lassen sich analoge Schieberegister nicht ohne weiteres realisieren. Die Ladung der Photodiode lässt sich deshalb nicht so einfach und verlustfrei zum Ausgangsverstärker transportieren, wie das mit Hilfe der analogen Schieberegister des CCDs möglich ist. Es bleibt die Möglichkeit, eine Sammelleitung zu implementieren, auf die die Pixelsignale nacheinander aufgeschaltet werden. Diese Lösung und ihre Nachteile hatten wir bereits im Zusammenhang mit den Diodenarrays kennengelernt: Die Sammelleitung muss über die volle Länge des Chips gehen und hat deshalb eine recht hohe Kapazität. Verbindet man die einzelnen Pixel einfach per Analogschalter mit dieser Struktur, so kombiniert man eine geladene kleine Kapazität (die der Photodiode) mit einem nicht geladenen, größeren Kondensator (die Kapazität der Sammelleitung). Die Ladung gleicht sich aus und die Spannung auf der Sammelleitung ist gering verglichen zur ursprünglichen Pixel-Spannung. Deshalb muss im Ausgang jedes Pixels ein Pufferverstärker vorgesehen werden, der die Spannung auf der Sammelleitung auf das Niveau der Pixel-Photodiode hebt.

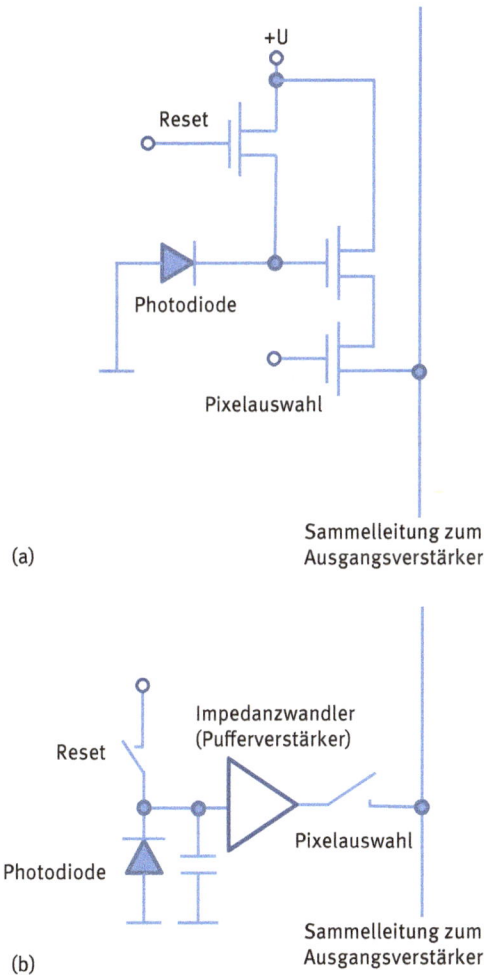

Abb.3.70: CMOS-Pixel mit Ersatzschaltbild

Abbildung 3.70 a zeigt ein in CMOS-Technik realisiertes Pixel, Abb. 3.70 b das zugehörige Ersatzschaltbild. Da jedes Pixel über einen eigenen Verstärker verfügt, bezeichnet man den beschriebenen Sensortyp auch als *active pixel sensors* (APS).

Bei CCDs wurde die Ladung praktisch verlustfrei über analoge Schieberegister einem einzigen Verstärker zugeführt. CMOS-Bausteine haben dagegen einen Verstärker pro Pixel. Das birgt die Gefahr, dass es bei CMOS-Sensoren zu größeren Abweichungen bezüglich Dunkelstrom und Übertragungsfunktion kommt. Unter Übertragungsfunktion ist dabei die Funktion gemeint, die man erhält, wenn man Bestrahlungsintensität und den daraus resultierenden Messwert gegeneinander aufträgt. Als weiterer Nachteil der CMOS-Technik wird oft genannt, dass die aktive Sensortechnik Platz auf der Sensoroberfläche einnimmt, der dann nicht mehr für die Strahlungsdetektion zur Verfügung steht. Bei zweidimensionalen Sensoren ist das ein ernst zu nehmender Einwand. Im Zusammenhang mit Zeilensensoren ist diese Tatsache aber irrelevant: Die zusätzlichen Schaltkreise können oberhalb oder unterhalb der Pixel angebracht werden. Die Pixel haben hier typische Längen von 200 µm bei 7 µm oder 14 µm Breite. Daraus ergeben sich Pixelflächen, die groß sind im Vergleich zu dem Platz, den die Hilfselektronik einnimmt.

Vergleich zwischen CCD, CID und CMOS-Arrays
CMOS-Sensoren
Vorteile:
- CMOS-Sensoren lassen sich mit dem am weitesten entwickelten und kostengünstigsten IC-Standardprozess herstellen. Damit können sie billiger als CTDs sein. Das gilt besonders für CIDs, die im Gegensatz zu CCDs nur in kleinen Stückzahlen gefertigt werden. Hier gibt es zudem die größten Entwicklungs-Fortschritte, da der CMOS-Prozess die verbreitetste Halbleitertechnologie ist.
- Elektronik zur Ansteuerung und Signalweiterverarbeitung sind auf dem Sensorchip integrierbar.
- Blooming-Effekte treten nicht auf.
- Durch Verwendung des hoch integrierten Standardprozesses können prinzipiell Chips gebaut werden die es erlauben, einzelne Pixel auszulesen. Dadurch ließen sich Dynamikprobleme lösen.
- Bei der Empfindlichkeit haben die CMOS-Chips deutlich aufgeholt und sind fast vergleichbar mit CCD-Bauteilen.
- Die Auslesegeschwindigkeit ist hoch.
Nachteile:
- Höheres *fixed pattern* – Rauschen
- CMOS-Chips nutzen aktive Pixel, was dazu führen kann, dass es von Pixel zu Pixel zu unterschiedlichen Kennlinien zwischen Bestrahlung und Messwerten kommen kann.

CCDs
Vorteile:
- Niedriges Rauschen
- Sehr hohe Empfindlichkeit

Nachteile:
- Es kann zu Blooming-Effekten kommen.
- Auslesen einzelner Pixel ist nicht möglich.
- Eingeschränkter Dynamikbereich

CIDs
Vorteile:
- Zerstörungsfreies Auslesen einzelner Pixel ist möglich.
- Die Empfindlichkeit ist hoch.
- Der Rauschpegel ist niedrig.
- Kein Blooming

Nachteile:
- Hoher Preis
- Geringere Möglichkeiten zur Implementierung von Spezialfunktionen verglichen mit CMOS-Chips

Bei Göhring [77] werden CCD- und CMOS-Sensoren miteinander verglichen. Die dort getroffenen Kernaussagen sind auch heute noch gültig. Es scheint so zu sein, dass dem CMOS-Sensor die Zukunft gehört. Der Empfindlichkeits-Vorsprung, der die CTDs über Jahre auszeichnete ist zusammengeschrumpft. Die vielfältigen Möglichkeiten für innovative Chipdetails, die Sicherheit vor Blooming, die Möglichkeit einer höheren Auslesegeschwindigkeit und auch der etwas niedrigere Preis sind Faktoren, die alle für den CMOS-Sensor sprechen. Auch die Nachteile, das höhere *fixed pattern* – Rauschen und die geringere Uniformität der Pixelempfindlichkeiten, sind heute (2017) nicht mehr so gravierend wie vor fünfzehn Jahren. Außerdem stehen Mikroprozessoren mit ständig steigender Rechenleistung zur Verfügung, die es erlauben, diese Effekte durch Anwendung geeigneter Algorithmen zu kompensieren. McCormick [78] vergleicht häufig für spektroskopische Zwecke verwendete CCD-Zeilensensoren mit einem modernen CMOS-Sensor der Firma Hamamatsu [79] und kommt zu dem Schluss, dass applikationsabhängig entschieden werden sollte, ob CMOS- oder CCD-Sensoren verwendet werden. Der CMOS-Sensor ist in einigen wichtigen Belangen den CCD-Sensoren überlegen oder ebenbürtig. Einen kleinen Nachteil, hat der CMOS-Sensor lt. [78] beim Dunkelstrom. Diese Eigenschaft dürfte für viele Anwendungen unbedeutend sein.

3.7 Messelektronik

Die Messelektronik, oft auch als Auslese-Elektronik bezeichnet, stellt das Bindeglied zwischen den optoelektronischen Sensoren und den übergeordneten Rechnern dar. Dabei unterscheiden sich die Anforderungen an die Elektronik zum Auslesen der Photomultiplier von den Schaltungen, die zum Ansteuern von Multikanal-Halbleitersensoren bestimmt sind.

3.7.1 Messelektronik für Photomultiplier-Röhren

In frühen direkt auslesenden Spektrometer-Systemen wurde die Ladung, die aus den Anoden der Photomultiplier-Röhren strömt, in Kondensatoren gesammelt. Die zugehörige Schaltung ist in Abb. 3.71 wiedergegeben.

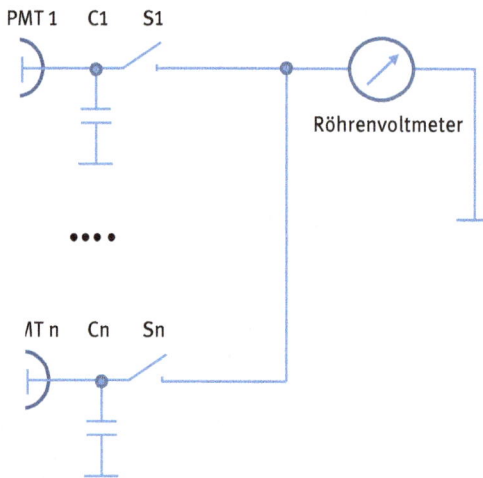

Abb. 3.71: Ladungsintegration über Einzelkondensatoren

Vor Beginn der Messung wurden kurzzeitig die Schalter S1 bis Sn geschlossen und das Röhrenvoltmeter überbrückt, um die Kondensatoren C1 bis Cn zu entladen. Nach Ende der Messung wurden die Kondensatoren nacheinander mit dem Röhrenvoltmeter verbunden, wo die Rohintensitäten abgelesen werden konnten. In Veröffentlichungen der 1950er Jahre findet man häufig solche Auslese-Elektroniken, z. B. bei Pfundt [80].

Die beschriebene Art der Integration hatte aber einen wichtigen Nachteil: Die Vorspannung der Dynoden wird über Spannungsteiler realisiert. Mit zunehmender Ladung der Kondensatoren C1 bis Cn nimmt die Spannungsdifferenz zwischen letzter Dynode und PMT-Anode ständig ab. Ist U_{C_Ende} die Spannung, die bei Messende über dem Kondensator C abfällt (C steht dabei für einen beliebigen der Kondensatoren C1 bis Cn), und U_D die Spannungsdifferenz letzter Dynode und Masse, so ergibt sich zu Beginn der Messung eine Spannungsdifferenz U_D zwischen letzter Dynode und Anode. Am Ende der Messung beträgt diese Messung aber nur noch $U_D - U_{C\_Ende}$. Photomultiplier reagieren empfindlich auf Änderungen der Beschleunigungsspannungen, wie bereits im Kapitel 3.6.1 erläutert wurde. Als Faustregel für gängige Multiplier, die mit

Spannungen um –800V betrieben werden, gilt, dass eine Senkung der Spannung auf –850V zu einer Verdopplung, eine Erhöhung auf –750V aber zu einer Halbierung des Ausgangsstroms führt. Ist der Ausgangsstrom vom Ladezustand des Kondensators abhängig, so wächst die Ladung im Kondensator nicht mehr proportional mit der Stärke der Bestrahlung.

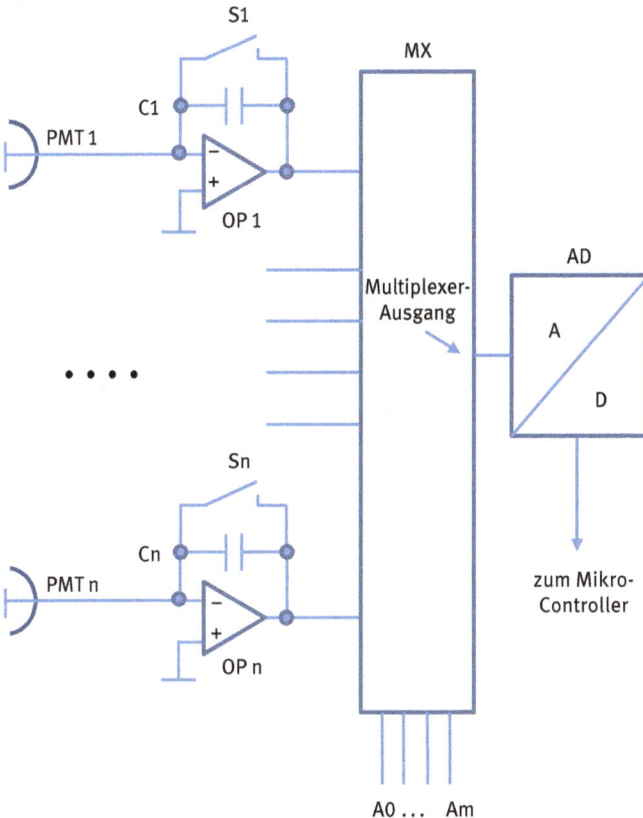

Abb. 3.72: Auslesesystem mit Umkehr-Integratoren

Die Schaltung nach Abb. 3.72 hat diesen Nachteil nicht. Die Anode des Photomultipliers PMT ist mit dem invertierenden Eingang des Operationsverstärkers OP verbunden. Dadurch wird er geringfügig negativer als der nicht-invertierende Eingang und die Spannung am Ausgang steigt leicht an, was zu einem positiven Strom durch den Kondensator C führt, der den Strom aus dem Photomultiplier genau ausgleicht und damit die Spannung am invertierenden Operationsverstärker-Eingang auf null hält. Der Minus-Eingang des OP liegt also ständig auf Masse-Potential. Durch C fließt ein gleich großer Strom, wie er aus dem PMT herausfließt, allerdings mit umgekehrten Vorzeichen. Dabei lädt sich der Kondensator C auf. PMT, C und OP stehen hier wieder für beliebige, zusammengehörige Photomultiplier, Kondensatoren und Operationsverstärker der in Abb. 3.72 gezeichneten n Integratoren. Eine detaillierte Beschreibung des hier vorgestellten Umkehr-Integrators, der auch als Miller-Integrator bezeichnet wird, findet sich bei Tietze und Schenk [11, S. 756 ff]. Die Spannung U_C, die am Integrations-Kondensator C abfällt, kann am Ausgang von OP gemessen werden, da die andere Seite des Kondensators ja stets auf Masse-Potential liegt. Sie hat, im Gegensatz zur Kondensatorspannung in Abb. 3.71 ein positives Vorzeichen, was es erlaubt, direkt hinter dem Operationsverstärker Bauteile zu verwenden, die nur unipolare, positive Spannungen verarbeiten können. In Abb. 3.72 ist das der Analogmultiplexer MX, mit dem mehrere Integrator-Ausgänge durch Anwahl einer digitalen Adressinformation A0 bis Am auf den Analog-Digitalwandler AD durchgeschaltet werden können. Die Ansteuerung von Analogmultiplexer und Analog-Digitalwandler erfolgt meist durch einen separaten Mikrocontroller.

Dabei wird wie folgt vorgegangen:
1. Zuerst werden die Integrations-Kondensatoren durch Schließen der Schalter S, die sich zum Entladen parallel zu jedem Kondensator C befinden, kurz betätigt. Die Kondensatoren sind nun alle entladen. Zu jedem Integrator i wird eine Speicherstelle Int[i] im Mikrocontroller reserviert. Diese werden mit Null initialisiert
2. Danach wird die Messung gestartet.
3. Während der Messung werden die Integratoren nacheinander durch Anwahl ihrer Adresse auf den A/D-Wandler AD durchgeschaltet. Die Spannung wird gewandelt, dabei wird eine Spannung U gemessen. Nähert sich U der maximal möglichen Spannung, die meistens etwas unter der positiven Versorgungsspannung des Operationsverstärkers liegt, so wird der dem Integrator zugeordnete Speicher Int[i] um U erhöht und der zugehörige Kondensator durch Betätigung des parallel zu ihm liegenden elektronischen Schalters gelöscht. Durch diese Vorgehensweise ist es möglich, pro Messung ein Vielfaches einer Kondensator-Ladung zu verarbeiten. Im Funkenbetrieb ist darauf zu achten, dass das Auslesen und besonders das Löschen der Integratoren in einem Zeitraum zwischen zwei Funken erfolgt, nämlich dann, wenn kein Nutzsignal erzeugt wird.
4. Ist das Ende der Messzeit erreicht, wird die Messung gestoppt.
5. Die Restladungen werden genau wie unter Punkt 3 ausgelesen und die im Array Int gespeicherten Intensitäten entsprechend erhöht.
6. Zum Abschluss werden die gemessenen, jetzt im Array Int vorliegenden Rohintensitäten dem übergeordneten Rechner übermittelt.

In modernen Geräten werden Photomultiplier bevorzugt dann eingesetzt, wenn eine Messung zeitaufgelöster Signale erforderlich ist.

Die Möglichkeit, das Signal der Photomultiplier zeitaufgelöst zu erfassen, hat verschiedene Vorteile:
– In den ersten Mikrosekunden des Funkens wird kein Nutzsignal erzeugt. Durch Ausblenden dieser Zeit kann das Linien-/ Untergrundverhältnis verbessert werden.

- Blendet man eine noch längere Zeit, gerechnet ab Zündzeitpunkt, aus, verschwinden die Ionenlinien, die Atomlinien werden aber noch angeregt. Ist eine Atomlinie durch Ionenlinien gestört, so kann diese Störung durch die Zeitauflösung reduziert werden.
- Integriert man nur den Beginn des Funkens, so hat sich noch keine kalte Atomwolke um das Plasma gebildet. Selbstabsorptionseffekte sind deshalb weniger ausgeprägt und die Gehaltsgrenzen, bei denen zu solchen Effekten neigende Spektrallinien noch genutzt werden können, verschieben sich nach oben.

Die Schaltung nach Abb. 3.72 kann durch Einführung zusätzlicher Schalter zum zeitaufgelösten Messen befähigt werden (SZ1 bis SZn in Abb. 3.73). Das Signal wird nur dann integriert, wenn SZ mit dem Integrator verbunden ist. In der anderen Schalterstellung wird der Strom aus der Anode des Photomultipliers PMT direkt gegen Masse geleitet. Eine Unterbrechung der Verbindung zwischen PMT und Operationsverstärker-Eingang wäre nicht zielführend: Der Photomultiplier ist eine Stromquelle. Es würden sich bei geöffnetem Schalter die Ladungen auf den durch die Anode und die Zuleitung gebildeten Kapazitäten sammeln, die beim Schließen des Schalters dann doch den Integrator erreichen.

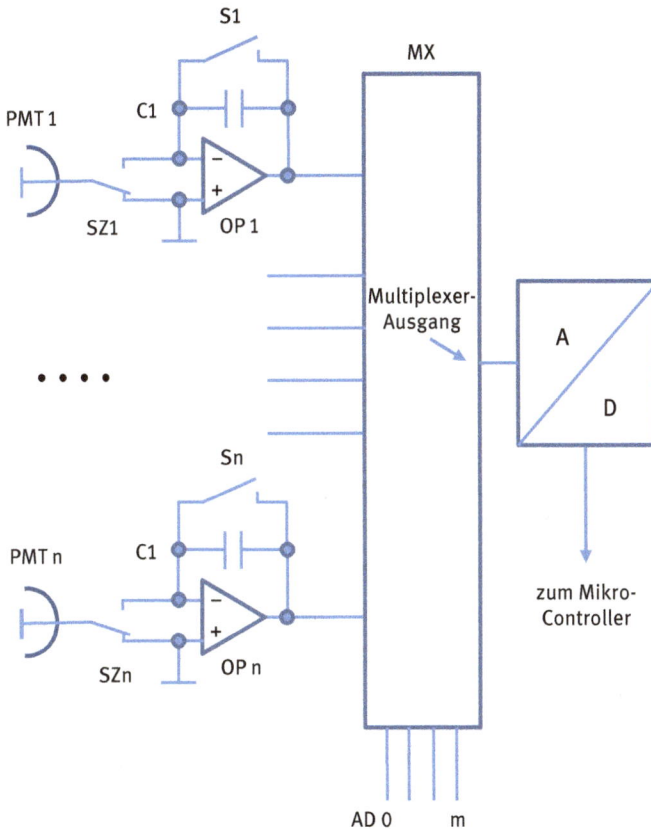

Abb. 3.73: Auslesesystem mit der Möglichkeit der zeitaufgelösten Erfassung

Nachteilig an der Schaltung nach Abb. 3.73 ist, dass pro Integrator nur ein einziger Funken-Ausschnitt integriert werden kann. Es kann aber durchaus sinnvoll sein, mehrere Integrationsfenster einer Analytlinie zu verwenden. Beispiel: Von einer Spurenlinie wird einmal das Gesamtsignal ohne die ersten Mikrosekunden für eine Kalibrierkurve verwendet. Gleichzeitig soll aber eine zweite Kalibrierfunktion erstellt werden, die nur den ersten Teil der Entladung berücksichtigt. Enthält eine Probe den Analyten im Spurenbereich, wird die erste Kurve genutzt. Ist jedoch der Analyt-Gehalt so groß, dass die Selbstabsorption einsetzt, wird die zweite Kalibrierfunktion verwendet. Algorithmen zur Linienumschaltungen sind in Kapitel 3.9.7 beschrieben.

Die hierzu notwendige Flexibilität bietet die in Abb. 3.74 wiedergegebene Schaltung. Sie sieht wie eine vereinfachte Version der Schaltung von Abb. 3.72 aus. Da die Integrationskondensatoren in sehr geringen zeitlichen Intervallen abgefragt werden, ist es sinnvoll, jedem Integrator einen A/D-Wandler und auch einen Mikrocontroller zuzuordnen. Der Integrationskondensator ist im Vergleich zu dem in Abb. 3.72 klein. Sind bei der Schaltung nach Abb. 3.72 Kapazitäten von 10 bis 100 nF üblich, haben die Kondensatoren C1 bis Cn in Abb. 3.74 nur Kapazitäten der Größenordnung einiger zehn bis einiger hundert Pikofarad.

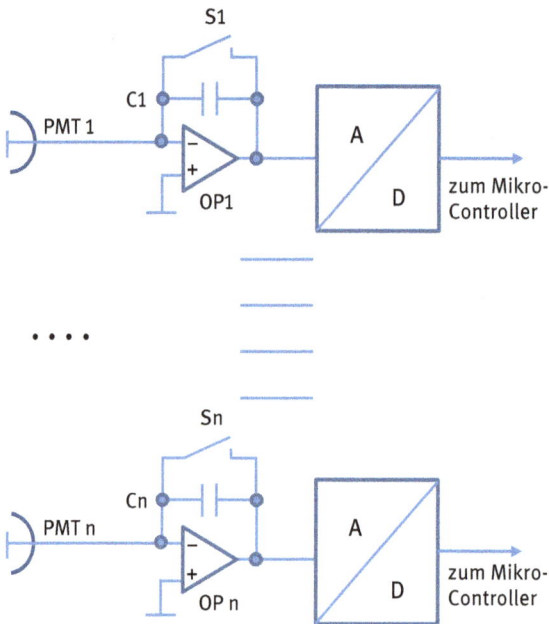

Abb. 3.74: Auslesesystem mit zeitaufgelöster Erfassung mehrerer Zeitfenster pro PMT

Die Messung erfolgt nun nach folgendem Schema:
1. Im Mikrokontroller wird für jedes Zeitintervall eine Speicherstelle reserviert. Bei Intervallen der Länge 5 Mikrosekunden ist je eine Speicherstelle für die Signale zwischen 1–5 µs, 6–10 µs, 11–15 µs usw. reserviert. Die Speicher werden mit null initialisiert.

2. Die Messung wird gestartet.
3. Sobald der Anregungsgenerator den Beginn eines Funkens anzeigt, wird C im vorgegebenen Zeitraster abgetastet und die zugehörigen Speicherstellen (also bei 5 µs Raster die erste Speicherstelle nach 5 µs, die zweite nach 10 µs usw.) um die gemessenen Intensitäten erhöht. Nach jeder Messung wird der Schalter S kurzzeitig geschlossen, um den Kondensator C zu entladen.
4. Ist das Ende der Messzeit erreicht, wird die Messung gestoppt.
5. Zum Abschluss werden die gemessenen, Rohintensitäten an den übergeordneten Rechner übertragen. Für jede Linie wird ein Feld von Rohintensitäten gesendet. Eine einzelne Rohintensität eines solchen Feldes enthält die Summe der Intensitäten aller Funken, die ab einer Zeit von t µs nach Zündzeitpunkt (z. B. t = 5, 10, 15, 20 usw.) über eine feste Dauer von d µs (z. B. d = 5) integriert wurden.

Die Schaltung nach 3.74 ist vom Prinzip her einfach, es werden aber kleinste Ladungen gemessen. Man gelangt schnell in einen Intensitätsbereich, wo das Ausleserauschen über das Quellenrauschen dominiert und damit die analytische Leistungsfähigkeit reduziert (vergl. 3.5.6). Deshalb ist eine sehr sorgfältige Umsetzung erforderlich, um die notwendige Leistungsfähigkeit zu erreichen.

3.7.2 Messelektronik für Multikananal-Halbleitersensoren

Abbildung 3.75 zeigt ein typisches Beispiel für die Ansteuerung von Halbleiter-Zeilensensoren. Bei den Sensoren kann es sich um CID, CCD oder CMOS-Sensoren handeln. In Kapitel 3.6.2 wurden solche Sensoren beschrieben.

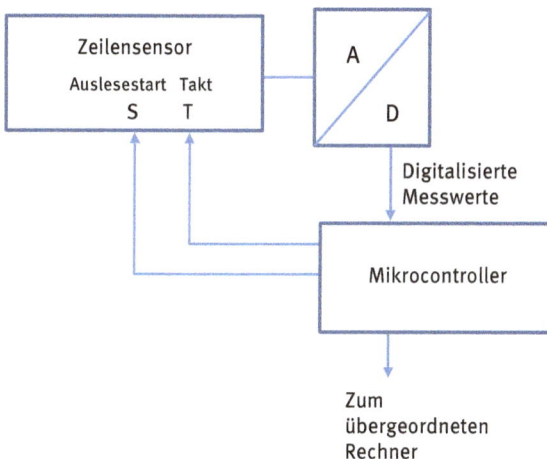

Abb. 3.75: Auslesesystem zur Ansteuerung von Multikanal-Halbleitersensoren

Die Ausgänge der Sensoren sind mit den Eingängen von Analog/Digital-Wandlern verbunden. Diese sind meist über eine serielle Schnittstelle, zum Beispiel einem SPI-Interface, mit einem Mikrocontroller verbunden. Der Mikrocontroller liefert auch die Steuerungssignale an die Sensoren. Ein Startpuls (Leitung S in Abb. 3.75) überträgt das in den Pixeln integrierte Signal in ein Ausgaberegister, das zum Beispiel ein analoges Schieberegister sein kann. Danach werden Pulse auf eine Taktleitung T gegeben. Die Taktpulse sorgen dafür, dass die Signale der Pixel nacheinander auf die mit dem A/D-Wandler verbundene Ausgabeleitung gegeben werden. Ein Mikrocontroller kann zwar im Allgemeinen mehr als einen Zeilensensor verarbeiten, die Anzahl ist aber wegen der erforderlichen Verarbeitungsgeschwindigkeit und der begrenzten Anzahl der im Controller verfügbaren seriellen Schnittstellen eingeschränkt. Selten kann ein Mikrocontroller die Daten von mehr als acht Sensorzeilen erfassen. Oft ist es deshalb erforderlich, mehrere Mikrocontroller zur Ansteuerung der Sensorzeilen einzusetzen.

Die Datenerfassung verläuft nach dem folgenden Muster:
1. Im Mikrocontroller wird zunächst ein zweidimensionales Zahlenfeld Int angelegt, in dem für jedes Pixel mit Nummer P eines jeden Sensors S eine Speicherstelle für die erfassten Intensitäten zur Verfügung steht. Jede Speicherstelle dieses Zahlenfelds wird mit Null initialisiert.
2. Die Sensoren werden gelöscht. Das geschieht meist, indem zunächst ein Startpuls und anschließend eine der Anzahl der Pixel entsprechende Anzahl von Pixeltakt-Pulsen ausgegeben werden.
3. Danach wird die Messung gestartet.
4. Es wird zunächst ein kurzer, festgelegter Zeitraum gewartet. Üblich sind hier Zeiten zwischen zwei und hundert Millisekunden. Während dieser so genannten Mikro-Integrationszeit sammelt sich Ladung in den Pixeln. Nach Ablauf der gegebenen Zeit wird über die Leitung S ein Startpuls an die Zeilensensoren geleitet. Anschließend wird der Timer gleich wieder gestartet, um den richtigen Zeitpunkt für die nächste Auslesung zu bekommen. Nun können die Signale der aktuellen Integration verarbeitet werden. Das Signal des ersten Pixels steht aktuell am Analogausgang des Sensors an. Es wird gewandelt und die dem Pixel zugeordnete Speicherstelle wird um den Messwert erhöht. Danach wird ein Pixel-Taktsignal auf die Leitung T gegeben. Auch das danach anstehende Signal des zweiten Pixels wird gewandelt und durch Erhöhung der zugehörigen Speicherstelle in Int verarbeitet. Dieser Vorgang wird wiederholt, bis alle Pixel ausgelesen worden sind. Nach Ablauf einer Mikro-Integrationsphase wiederholt sich der Vorgang.
5. Ist das Ende der Messzeit erreicht, wird die Messung gestoppt.
6. Die Restladungen werden ausgelesen und die im Array Int gespeicherten Intensitäten entsprechend erhöht.
7. Zum Abschluss werden die gemessenen, jetzt im Array Int vorliegenden Rohintensitäten dem übergeordneten Rechner mitgeteilt.

Moderne Spektrometersysteme verwenden oft parallel Multikanal-Zeilensensoren und Photomultiplierröhren. So lassen sich die Vorteile der Vollspektren-Erfassung mit denen aus der Aufnahme des zeitlichen Signalverlaufs der Intensitäten nach dem Funkenereignis kombinieren. Es ist möglich, optische Systeme zu bauen, die beide Sensortypen bei gleicher Funkensicht miteinander kombinieren. Die deutsche Patentanmeldung DE19853754 [81] beschreibt ein solches System. Gleiche Funkensicht muss vor allem für eine Analysenlinie und die ihr zugeordnete interne Standardlinie gelten. Nur dann werden Intensitätsschwankungen effektiv kompensiert.

3.8 Übergeordneter Rechner

Als Mikrocomputer kommen meist Rechner mit 80x86 kompatiblen Prozessoren und *Windows*®- oder Linux-Betriebssytemen zum Einsatz. Bei Handgeräten sind auch andere Hardware- und Software-Plattformen wie z. B. ARM-Prozessoren mit Android-Betriebssystem zu finden.

Werden nicht echtzeitfähige Betriebssysteme benutzt, übernehmen meist separate Mikroprozessoren oder DSP (digitale Signal Prozessoren) die Ansteuerung von Integratoren oder Halbleitersensoren. Das ist erforderlich, da besonders CCD-Arrays ein reproduzierbares, exaktes Timing erfordern. Eine Unterbrechung des Auslesevorgangs kann zu Fehlfunktionen führen. Die Kommunikation zwischen Slave-Prozessor und Master muss über eine schnelle Schnittstelle erfolgen. Hier werden meist Ethernet- oder USB-Schnittstellen benutzt.

3.9 Spektrometer-Software

Der Spektrometer-Software kommt eine stets steigende Bedeutung zu. Viele Funktionen, die in vorigen Jahrzehnten noch als Hardware ausgeführt waren, sind inzwischen in die Software verlagert worden. Im Kapitel 3.9 werden die wichtigsten Algorithmen erläutert, die zu folgenden Zwecken verwendet werden:
1. Aufstellen der Kalibrierfunktionen
2. Berechnung der Elementgehalte aus den Messwerten unbekannter Proben mit Hilfe der unter Punkt 1 ermittelten Kalibrierfunktionen
3. Rekalibration (Standardisierung) von einzelnen Linienpaaren oder gesamter Spektren

Andere Algorithmen, z. B. solche zur Verwechslungsprüfung, zur Kontrolle auf Übereinstimmung mit einer vorgegebenen Werkstoffspezifikation oder für das Auffinden von zu einer Analyse passenden Werkstoffen werden in Kapitel 6.7 erläutert. Diese Berechnungen sind besonders im Zusammenhang mit Mobilspektrometern von Interesse.

3.9.1 Berechnung der Linienintensitäten aus den Spektren

Mit Austrittsspalten ausgerüstete Optiken liefern Intensitäten für den Wellenlängen-ausschnitt, den der Spalt durchlässt. Bei mit Multikanaldetektoren ausgerüsteten Systemen sind die Verhältnisse komplizierter. Die Pixelbreiten treffen nicht exakt die zu messenden Linien. Es sind Rechenschritte erforderlich, um die Intensitäten der gewünschten Linien zugänglich zu machen.

Interpolation der Spektren

Die gemessenen Spektren bestehen aus einem zweidimensionalen Feld Int von ganzen Zahlen, in dem nach der Messung zu jeder Sensornummer s und jedem Pixel p eine Inten-sität i gespeichert ist, also in Zeichen $Int[s,p] = i$, wobei s eine ganze Zahl ist, die zwischen 1 und der Nummer der im System befindlichen Sensoren S_{max} liegt. p ist eine ganze Zahl zwischen 1 und der Anzahl der Pixel pro Sensor P_{max}. Jedes Pixel hat eine definierte Breite der Größenordnung 10 Mikrometer. Wir gehen vereinfachend davon aus, dass jedes Pixel des Sensors s ein Wellenlängenintervall der konstanten Breite ε erfasst, und mit dem erste Pixel von s das Wellenlängenintervall $[\lambda_s, \lambda_s + \varepsilon[$ erfasst wird. Dann erfasst das p-te Pixel das Intervall $[\lambda_s + (p-1) * \varepsilon, \lambda_s + p * \varepsilon[$. Es sind aber nur Aussagen über Intensitätssummen von Spektralbereichen möglich, die von Wellenlängen begrenzt werden, die die Form $\lambda_s + p * \varepsilon$ mit $1 < p < P_{max}$ und $1 < s < S_{max}$ haben. Leider sind die Wellenlängen der Pixelgrenzen $\lambda_s + p * \varepsilon$ nicht konstant. Durch Alterung oder Druck- oder Temperaturdriften können sie sich leicht verändern, wodurch sich die Spektralbereiche aller auf s befindlichen Pixel mit verschieben. Abbildung 3.76 zeigt die Problematik mit Hilfe eines Spektrenausschnitts. Oben ist das reale Spektrum zu sehen, wie es ein Sensor mit vielen sehr schmalen Pixeln erfassen würde. In der zweiten und dritten Reihe ist ein Sensor gezeichnet, dessen Pixel-weite ungefähr halb so groß wie die Breite der Spektrallinie beträgt. Die beiden Sensor-positionen sind um eine 5/7 Pixelweiten gegeneinander verschoben. Die beiden darunter befindlichen Grafiken zeigen die von den einzelnen Pixeln erfassten Intensitäten. Dabei decken sich die Pixelgrenzen mit den vertikalen Gitterlinien. Man sieht, dass die Sen-sorposition beim Erfassen des Spektrums aus der oberen Zeile eine große Rolle spielt. Kleinen Verschiebungen des Sensors oder des Spektrums können große Auswirkungen darauf haben, wie sich die Intensitäten auf die Pixel verteilen.

Um unabhängig von solchen Verschiebungen das Spektrum möglichst genau rekons-truieren zu können, bedient man sich der so genannten Spline-Interpolation. Durch die Spline-Interpolation wird jeder Pixelnummer p ein kubisches Polynom F_p zugeordnet. Die Spline-Polynome sind so konstruiert, dass sie an den Grenzen (also bei ganzzahligen Pixelwerten) im mathematischen Sinne differenzierbar sind, also „ohne Knick" ineinan-der übergehen. Algorithmen zur Spline-Interpolation finden sich z. B. bei Engeln-Müll-ges/Reutter [55] S.145 ff. Über eine Kurvendiskussion der Spline-Polynome lassen sich nun Lage und Höhe der Spektrallinien mit einer Auflösung von Pixel-Bruchteilen bestimmen.

Es soll nicht verschwiegen werden, dass die Spline-Interpolation kein Allheil-mittel ist. Es können Artefakte im Spline-interpolierten Spektrum auftreten. Ist die

Pixelbreite nicht wesentlich kleiner als die Halbwertsbreite der Linien und hat man gleichzeitig starke Linien bei niedrigem Untergrund, so kann es im Spline-interpolierten Spektrum zu „Unterschwingern", also zu negativen Intensitäten vor und hinter der Linie kommen. Hier hilft der Einsatz von Chips mit schmaleren Pixeln.

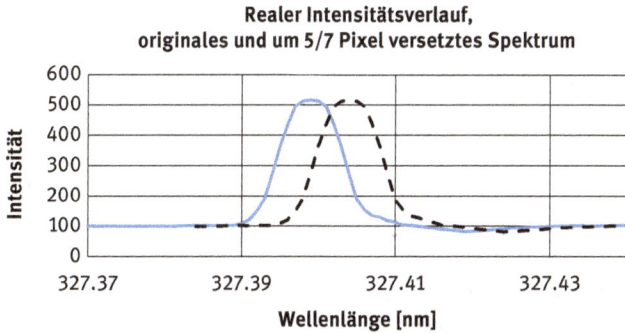

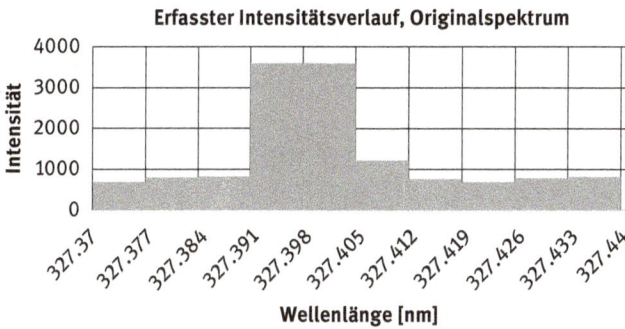

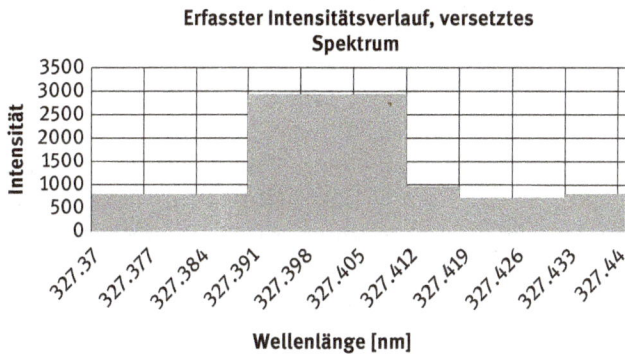

Realer Intensitätsverlauf, originales und um 5/7 Pixel versetztes Spektrum

Erfasster Intensitätsverlauf, Originalspektrum

Erfasster Intensitätsverlauf, versetztes Spektrum

Abb. 3.76: Reales Spektrum und erfasste Intensitäten bei zwei verschieden Sensorpositionen

Virtuelle Austrittsspalte

Liegen die Spline-Funktionen aller Pixel vor, so lassen sich beliebige Wellenlängenintervalle integrieren. Auf die Verhältnisse einer mit Austrittsspalten ausgerüsteten Optik übertragen heißt das, man kann beliebig breite Austrittsspalte an beliebiger Stelle positionieren.

Für jede Spektrallinie, die als Analysenlinie oder als interner Standard benutzt werden, soll können Grenzen definiert werden. Diese Grenzen brauchen keine ganzen Zahlen zu sein, auch Pixelbruchteile sind möglich.

3.9.2 Wellenlängenkalibration und Profilierung

Bei mit Spalten bestückten Optiken sind die Austrittsspalte schon während der Produktion an der richtigen Position auf der Fokalkurve montiert und anschließend feinjustiert worden. Im Laufe der Gerätelebensdauer kann sich aber das Spektrum leicht verschieben. Deshalb muss in regelmäßigen Abständen dafür gesorgt werden, dass sich die Spektrallinien der Analyten und internen Standardlinien möglichst exakt mit den Austrittsspalten decken. Diesen Vorgang bezeichnet man als Profilierung.

Bei optischen Systemen, die das gesamte Spektrum mittels Halbleitersensoren aufnehmen, brauchen die Spektrallinien nicht stets auf die gleichen Stellen der Sensoren abgebildet zu werden. Es ist aber erforderlich, vorhersagen zu können, wo und auf welchem Sensor eine Spektrallinie zu finden ist. Dazu muss eine Funktion ermittelt werden, die zu einer Wellenlänge eine Sensornummer und eine Pixelnummer errechnet.

Profilierung einer mit Austrittsspalten ausgerüsteten Optik

Um die Profilierung durchführen zu können, ist in der Optik die Möglichkeit vorzusehen, eine Verschiebung des Spektrums durchzuführen. Das kann dadurch geschehen, dass der Eintrittsspalt in kleinen Schritten motorisch entlang der Fokalkurve bewegt wird. Alternativ kann, ebenfalls bevorzugt motorisch, ein hinter dem Eintrittsspalt positionierter Refraktor verdreht werden. Die Wirkungsweise von Refraktoren ist in Kapitel 3.5.5 beschrieben. Zur Profilierung ist außerdem eine Probe erforderlich, in der möglichst viele Analyten in ausreichend hoher Konzentration vorhanden sind. Die Profilierung wird durchgeführt, indem der Eintrittsspalt schrittweise verfahren (bzw. der Refraktor in kleinen Winkelinkrementen verdreht) und nach jeder Bewegung die Probe sehr kurzzeitig gemessen wird. Wenn der ganze Weg gefahren ist, erhält man für jede Spektrallinie einen Messwert pro Position. Für jede Spektrallinie wird die Position ermittelt, bei der die gemessene Intensität maximal war. Abschließend wird der Eintrittsspalt auf die Position gefahren, bei der für möglichst viele Linien ihre maximale Intensität gemessen wurde. Es werden nur die Linien der Analyten betrachtet, die in der Profilierprobe vorhanden sind.

Wellenlängenkalibration mit Halbleitersensoren bestückter Optiken

Die Wellenlängenkalibration solcher Optiken kann erfolgen, indem Proben gemessen werden, die linienarme Spektren mit eindeutig identifizierbaren Spektrallinien liefern. Die ungefähre Zuordnung zwischen Pixel und von ihm gemessener Wellenlänge ergibt sich aus dem Einfallswinkel und dem Winkel, unter dem der Sensor montiert ist.

Das ermöglicht eine noch ungenaue, näherungsweise Wellenlängenkalibration. Erscheint nun eine Linie im Spektrum, so wird die angenäherte Wellenlänge und die Pixelposition, an der sie erscheint, abgelesen. Dann wird die genaue Wellenlänge einem Tabellenwerk wie dem Wellenlängenatlas von Saidel, Prokofjew und Raiski [56] entnommen. Diese exakten Wellenlängen werden gegen die Pixelpositionen aufgetragen. Es reicht dabei nicht, als Pixelposition die ganzzahlige Nummer des Pixels zu ermitteln. Die Position der Linie auf dem Sensor muss vielmehr auf Bruchteile eines Pixels genau bestimmt werden. Man ermittelt dazu entweder das Linienmaximum aus der wie in 3.9.1 beschriebenen Spline-Funktion oder rechnet einen so genannten Gaussfit. Dabei wird nach der Methode kleinster Fehlerquadrate eine Gausssche Glockenkurve möglichst gut mit dem Linienprofil zur Deckung gebracht. Diese Art der Berechnung hat den Vorteil, dass sie neben der genauen Lage im Subpixelbereich auch eine Information zur Linienbreite liefert, die auf Plausibilität hin kontrolliert werden kann. Wurden pro Sensor mehrere Linien mit zugehörigen Wellenlängen und Pixelnummern identifiziert, so kann daraus über eine Regressionsrechnung ein Polynom bestimmt werden, das die Umrechnung von Wellenlängen in Pixelnummern gestattet. Mit den gleichen Eingabedaten kann die ebenfalls als Polynom darstellbare Umkehrfunktion bestimmt werden. Sie liefert bei Eingabe der Pixelnummer die zugehörige Wellenlänge.

Der dargestellte Vorgang lässt sich leicht automatisieren. Das ist allerdings nicht immer erforderlich. Wird mit Vollspektren-Rekalibration (s. Kapitel 3.9.6.2) gearbeitet, so kann man für jedes Gerät einer Baureihe das Spektrum einer beliebigen Probe so umrechnen, dass sie dem Spektrum entspricht, das man für diese Probe auf dem Referenzgerät dieser Baureihe gemessen hätte. Deshalb ist für jeden Gerätetyp nur eine einzige Wellenlängenkalibration erforderlich, selbst wenn Tausende von Geräten dieses Typs produziert werden.

3.9.3 Untergrundkorrektur

Überdeckt eine Kalibrierung einen weiten Bereich zwischen unlegierten und hochlegierten Materialien, kann der spektrale Untergrund variieren. So ist in einem Nickel-Übersichtsprogramm der Untergrund bei Reinnickel oder Ni-Cu-Legierungen wesentlich niedriger als z. B. für Ni-Basis-Superalloys. Das kann zur Erhöhung der Reststreuung der Kalibrierkurven für kleine Gehalte führen. Um solche Untergrundschwankungen kompensieren zu können, werden in festen Abständen von den Linienpositionen eine oder zwei Untergrundpositionen pro Analysenlinie definiert. Die Untergrundintensitäten werden in der gleichen Weise wie die Linienintensitäten ermittelt.

Für Linien, bei denen nur eine Untergrundposition definiert ist, wird die Untergrundintensität von der Linienintensität subtrahiert. Wurden links und rechts der Analysenlinie Untergrundpositionen definiert, wird der Untergrund an der Linienposition interpoliert und dieser interpolierte Wert von der Linienintensität abgezogen. Einzelheiten zur Untergrundkorrektur finden sich bei Slickers [20].

3.9.4 Bildung von Intensitätsverhältnissen

Kalibrierungen werden üblicherweise auf Quotienten von Analytlinien-Intensitäten und Intensitäten eines so genannten internen Standards, gelegentlich auch als Referenzlinie bezeichnet, aufgebaut [20, 21]. Die interne Standardlinie ist dabei eine Linie des Hauptelementes.

Schon Walther Gerlach und Eugen Schweitzer [57] stellten bei der Erarbeitung ihres Verfahrens der homologen Linienpaare fest, dass es bei der Bestimmung von Elementgehalten günstiger ist, mit solchen „gut zusammenpassenden" Linienpaaren zu arbeiten, statt nur die Intensität einer Analytlinie zur Konzentrationsberechnung zu verwenden. Sie beobachteten, dass sich Linienpaare finden lassen, die auf Schwankungen der Plasmatemperatur mit der gleichen relativen Intensitätsänderung reagieren. Solche Temperaturschwankungen sind auch bei perfekt reproduzierten elektrischen Parametern stets vorhanden. Diese Kompensation ist wichtig, da kleine Änderungen der Plasmatemperatur große Intensitätsänderungen bewirken können.

Die Quotientenbildung hat einen weiteren Vorteil. Durch Verschmutzungseffekte kann die Lichtdurchlässigkeit optischer Komponenten beeinträchtigt werden. Der Quotient bleibt aber trotzdem gleich. Das ist selbst bei wellenlängenabhängigen Verschmutzungen der Fall, sofern die Wellenlängen von Analyt und Internstandard nicht weit von einander entfernt liegen.

3.9.5 Berechnung der Kalibrierfunktionen

Als Bestandteil der Geräteproduktion werden die Intensitätsverhältnisse von Standardproben gemessen. Jeder Standard wird als Punkt im ersten Quadranten eines kartesischen Koordinatensystems abgebildet, wobei das Intensitätsverhältnis auf der x-Achse, das gegebenenfalls additiv und multiplikativ korrigierte Konzentrationsverhältnis des Standards auf der y-Achse aufgetragen wird. Gelegentlich werden die Funktionen der Achsen vertauscht. Die korrigierten Konzentrationsverhältnisse befinden sich dann auf der Abszisse, die Intensitätsverhältnisse auf der Ordinate. Zwischen den Intensitätsverhältnissen und korrigierten Konzentrationsverhältnissen wird per Regressionsrechnung eine Kalibrierfunktion K errechnet (siehe z. B. Slickers [20] und Thomsen [21]). K besteht aus einem Polynom, das sich den Punkten bestmöglich annähert. Es ist also so gelegt, dass die Summe der zum Quadrat genommenen Abweichungen zwischen den Ordinaten der die Probe repräsentierenden Punkten und der Kurve minimal ist. K wird über eine multivariate Regressionsrechnung ermittelt. Abbildung 3.77 zeigt Intensitäts- und Konzentrationsverhältnisse einiger Standards mit dem zugehörigen Ausgleichspolynom, hier einer Geraden. Die Ausgleichsgerade ist so beschaffen, dass die Summe der Flächen aller eingezeichneten Abweichungsquadrate minimal sind.

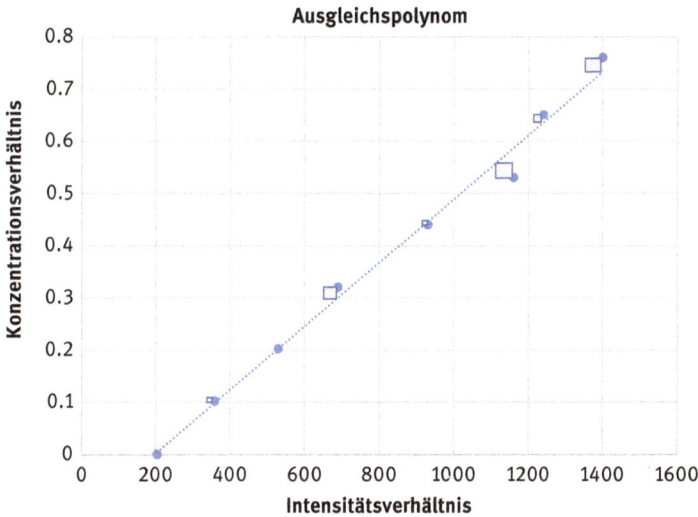

Abb. 3.77: Proben im kartesischen Koordinatensystem mit zugehörigem Ausgleichspolynom

Wie bereits gesagt wurde, werden Konzentrationsverhältnisse gegen Intensitätsver-hältnisse aufgetragen. Konzentrationsverhältnisse bekommt man, indem man die Gehalte des Analyten durch den des Basismetalls dividiert.

Beispiel: Enthält ein Chrom/Nickel-Stahl 20 % Chrom und 80 % Eisen, so beträgt das Chrom-Konzentrationsverhältnis 25 %. Es ist nicht zielführend, Intensitätsver-hältnisse gegen Konzentrationen statt Konzentrationsverhältnissen aufzutragen, wie die folgende Überlegung zeigt:

Es mögen drei Proben vorliegen. Probe 1 bestehe aus Reineisen, Probe 2 aus 20 % Chrom und 80 % Eisen, Probe 3 schließlich aus 20 % Cr, 20 % Ni, 20 % Co und 40 % Eisen. Die Chromlinie liefere 10 Volt pro Prozent Chrom, die Eisenlinie 1 Volt pro Prozent Eisen. Würde man dann die Punkte in das Cr-Koordinatensystem einzeich-nen, läge der Punkt für Probe 1 bei (0; 0), für Probe 2 erhielte man einen Punkt bei (2,5; 20) und für Probe 3 einen Punkt bei (5; 20). Das Intensitätsverhältnis ist also bei der dritten Probe doppelt so groß wie bei Probe 2, ohne dass sich der Ordinatenwert geändert hätte. Eine Regressionsgerade lässt sich nur unter Inkaufnahme sehr hoher Abweichungen einzeichnen (s. Abb. 3.78 a) und dass, obwohl wir ein ideales, lineares Verhalten der Spektrallinien unterstellt hatten.

Anders sind die Verhältnisse bei Verwendung von Konzentrationsverhältnissen (s. Abb. 3.78 b). Es ergeben sich die Punkte (0; 0) für Probe 1, (2,5; 25) für Probe 2 und (5; 50) für die dritte Probe. Alle Proben liegen perfekt auf einer Geraden.

Intensitätsverhältnisse aufgetragen gegen Konzentrationen

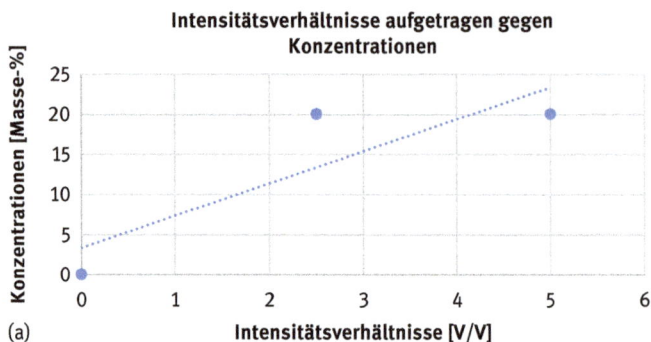

(a)

Intensitätsverhältnisse aufgetragen gegen Konzentrationsverhältnisse

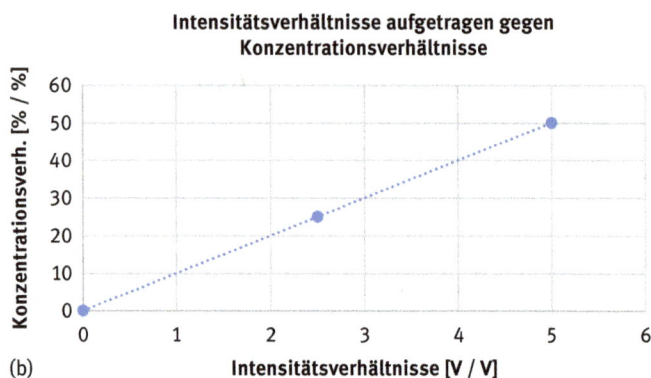

(b)

Abb. 3.78: Notwendigkeit der Verwendung von Konzentrationsverhältnissen

Eingangs hatten wir erwähnt, dass die Konzentrationsverhältnisse der Standards einer Korrektur unterzogen werden, bevor man die Berechnung des Ausgleichspolynoms durchführt. Man unterscheidet Störungen durch Linienüberlagerungen und Störungen, bei denen einzelne Elemente das Plasma beeinflussen, so genannte Interelementstörungen.

3.9.5.1 Linienstörungen

Liegen Linien anderer Elemente entweder direkt unter der Analytlinie oder sind sie so nah benachbart, dass sie teilweise durch den realen oder virtuellen Austrittsspalt der Analytlinie fallen, beeinflusst der Elementgehalt des zugehörigen Drittelements den Messwert. Potentiell störende Linien macht man ausfindig, indem man sich in Wellenlängenatlanten die Umgebung von Analysenlinien ansieht. Hat man ein möglicherweise störendes Element ermittelt, so wird die Störung, normalerweise ausgedrückt in %-Konzentrationserhöhung des Analyten pro %-Störelement probeweise berechnet. Die Korrektur sollte aber nur verwendet werden, wenn sie plausibel ist:

– Das Vorzeichen muss stimmen, bei Vorliegen einer Linienüberlagerung muss also für jedes Prozent des Störelements ein positiver Wert subtrahiert werden.

- Zumindest einige der zur Kalibrierung verwendeten Standards müssen das störende Element in höheren Gehalten (üblicherweise mindestens einige Prozent) enthalten. Außerdem sollten auch Standards mit geringen Gehalten oder ganz ohne Störelemente berücksichtigt sein.
- Ist die Störung sehr groß, wenn also z. B. pro Prozent Störer ein Prozent vom Analyten abgezogen werden muss, sollte die Verwendung einer alternativen Analysenlinie erwogen werden.
- Ist die Störung sehr klein, z. B. wenige ppm pro Prozent Störer, so kann es besser sein, die Störung nicht zu verwenden. Das ist z. B. dann der Fall, wenn die Abstände zwischen Konzentrationsverhältnissen der Proben und dem Verlauf des Ausgleichspolynoms sich durch die Korrekturen nicht signifikant verringern.
- Liegt der Störer innerhalb des erwarteten Rahmens, sollte der untere Bereich der Kalibrierkurve betrachtet werden, z. B. ein Bereich zwischen 0 und dem Doppelten des Untergrundäquivalents. Verbessert sich hier die Streuung der Kalibrierfunktion, rücken also hier die die Proben repräsentierenden Punkte näher an das Ausgleichspolynom, so sollte der Störer verwendet werden.

3.9.5.2 Interelementstörungen

Interelementeffekte haben ihre Ursache darin, dass einzelne Elemente Lage und Temperatur des Plasmas beeinflussen können. Üblicherweise unterstellt man, dass diese Elemente die Intensität des Analyten verstärken oder abschwächen. Es wird ein Korrekturwert c ermittelt, der mit der Störelement-Konzentration k multipliziert wird. Zu diesem Term wird eins addiert. Das Resultat multipliziert man mit dem bereits additiv korrigierten Konzentrationsverhältnis und erhält so das additiv und multiplikativ korrigierte. Die Addition von eins zum Produkt aus Korrekturwert und Störer-Konzentration hat folgenden Hintergrund: Wenn entweder das Störelement nicht vorhanden ist oder kein Korrekturbedarf besteht, der Korrekturwert also null ist, dann wird einfach mit eins multipliziert, das Konzentrationsverhältnis ändert sich also nicht. Je größer der Korrekturwert c und je höher der Störelementgehalt k ist, desto weiter entfernt sich der verwendete Multiplikator von 1. Bei negativem c wird er kleiner als 1, bei positivem größer.

Auch bei Verwendung multiplikativer Störer muss natürlich auf die Plausibilität geachtet werden.

3.9.5.3 Berechnung der Kalibrierfunktion

Die gesamte Kalibrierfunktion K setzt sich also zusammen aus:
- einem Regressionspolynom n-ten Grades
- m additiven Korrekturtermen mit Störergehalten k_s und Faktoren b_s
- t multiplikativen Korrekturtermen mit Störergehalten k_t und Faktoren c_t

K hat die Form:

$$K(x) = \left(\prod_{t=1}^{l} 1 + c_t\, k_t\right) \left(\sum_{i=0}^{n} a_0\, x^{i-1} + \sum_{s=1}^{m} b_s\, k_s\right) \tag{3.29}$$

Polynomkoeffizienten, Linienstörer und Interelementkorrekturen werden gleichzeitig durch Lösung eines Gleichungssystems berechnet. Dabei wird dasjenige Koeffiziententupel $(a_0,...a_n,b_1,...b_m,c_1,...c_l)$ bestimmt, was zu einer Funktion K mit minimaler Fehlerquadratsumme zwischen K und den korrigierten Konzentrationsverhältnissen der Standards führt.

Die Kalibrierpolynome können lineare, quadratische oder kubische Funktionen sein. In seltenen Fällen macht auch die Verwendung von Polynomen höheren Grades Sinn. Auch hier ist auf Plausibilität zu achten. Werden nur so viele Kalibrierstandards verwendet, wie das Koeffizienten-Tupel Komponenten hat, geht das Polynom zwangsläufig durch alle die Standards repräsentierenden Punkte und die Summe der Fehlerquadrate ist null. Das ist auch dann der Fall, wenn einer der Punkte, z. B. wegen Fehlmessung oder Fehleingabe komplett falsch ist. Wenn nur wenig mehr Standards als die Summe aus Polynomgrad und Störerzahl vorhanden sind, kann ein Polynom errechnet werden, das sich nah an den Punkten bewegt, ohne die physikalische Realität wiederzugeben. Die Analyse einer unbekannten Probe mit einer solchen Kalibrierkurve kann dann zu Fehlbestimmungen führen. Nicht plausibel ist es, wenn die Polynome Wendepunkte enthalten, also die Form eines gestreckten „S" annehmen. Hat das Polynom eine solche Form, so ist es besser mit einem niedrigerem Polynomgrad neu auszuwerten.

Zur Kalibrierung üblicher Materialgruppen, z. B. zur Kalibrierung niedriglegierter Stähle, werden deshalb eine Vielzahl von Standards, oft sind es einige hundert, herangezogen. Moderne Spektrometer-Software bietet die Möglichkeit, einzelne Standards, zum Beispiel eine Nullprobe aus reinem Material, höher zu gewichten als die andere. Sie erlaubt es in der Regel ebenfalls, schnell und einfach Standards zu eliminieren oder nur zu Informationszwecken grafisch darzustellen, ohne sie in die Berechnung mit einzubeziehen.

3.9.5.4 Aufnahme von Hoch- und Tiefproben-Sollwerte zu Rekalibrationszwecken

Bei Geräten, die keine Vollspektren-Rekalibration verwenden, wird zugleich mit den zur Kalibrierung verwendeten Standards ein Satz so genannter Rekalibrationsproben gemessen. Diese Proben dienen dazu, das Gerät kanalweise wieder in den Kalibrationszustand zu bringen. Unter Kanal wird dabei das Linienpaar, bestehend aus Analysenlinie und zugehörigem internem Standard verstanden. Die Proben werden so gewählt, dass zu jedem Kanal eine Probe mit niedrigem Gehalt (Tiefprobe) und eine mit hohem Gehalt (Hochprobe) vorhanden ist. Die Analyt-Konzentration der Tiefprobe sollte das Untergrundäquivalent nicht überschreiten, meist wird ein Rein- oder Reinstmaterial des Basismetalls verwendet. Für den Gehalt der Hochprobe ist es vorteilhaft, wenn ihr Elementgehalt im oberen Drittel des Arbeitsbereichs der

Kalibrierkurve liegt. Der exakte Elementgehalt der Rekalibrationsproben braucht nicht bekannt zu sein. Das Material muss aber homogen sein, damit bei jeder Rekalibration Material der gleichen Zusammensetzung abgefunkt wird wie das, mit dem die Sollwerte (je ein Tiefproben-Sollwert und ein Hochproben-Sollwert pro Kanal) zum Kalibrationszeitpunkt bestimmt wurden.

Spektrometer werden in periodischen Abständen rekalibriert. Die Rekalibrationsproben müssen angeschliffen, abgefräst oder abgedreht werden, sobald der zur Messung geeignete Teil der Oberfläche befunkt wurde. Das geht mit Probenverbrauch einher. Ist Ersatz einer solchen Probe erforderlich, kann sie durch ein anderes Exemplar der gleichen Charge ersetzt werden. Nach Jahren sind aber oft Proben der gleichen Charge nicht mehr verfügbar. In diesem Fall wird das Gerät ein letztes Mal sorgfältig mit den ursprünglichen, fast verbrauchten Proben rekalibriert. Die Berechnungen, die zur Rekalibration ausgeführt werden, werden in Kapitel 3.9.6 erklärt. Dann wird das Spektrometersystem in den Anzeigemodus „Rekalibrierte Intensitätsverhältnisse" gebracht und es werden die Proben des neuen Satzes gemessen. Die alten Tief- und Hochproben-Sollwerte werden durch die so erhaltenen Werte ersetzt.

Es ist üblich und erforderlich, für jede zu messende Metallbasis einen Satz von Rekalibrationsproben zu verwenden. Diese Sätze bestehen in der Regel aus zwei bis zehn Proben. Die Rekalibration eines Multibasen-Gerätes kann eine zeitraubende Angelegenheit sein, da jede dieser Proben vor einer Mittelwertbildung mehrfach gemessen werden muss.

Auch für Geräte, die mit Vollspektren-Rekalibration arbeiten, muss der Gerätezustand, der während der ersten Kalibrierung bestand, festgehalten werden. Zu diesem Zweck nimmt man das Spektrum einer geeigneten Probe. Anders als bei der konventionellen Kalibrierung reicht hier in der Regel eine einzige Probe, die ein linienreiches Spektrum aufweisen muss. Bei der zweiten und jeder weiteren Kalibrierung wird vor Messen des ersten Standards eine Vollspektren-Rekalibration durchgeführt, die das Gerät auf den Hardware-Zustand der ersten Kalibrierung umrechnet. Auch die Algorithmen der Vollspektren-Rekalibration werden in Kapitel 3.9.6 erläutert. Natürlich wird auch diese Probe im Laufe der Zeit verbraucht. Hier ist es üblich, dass zusammen mit der neuen Probe ein Datensatz mitgeliefert wird. Die Geräte-Software modifiziert dann den vorhandenen Referenzscan so, dass er zu der neuen Probencharge passt.

3.9.5.5 Zusammenfassung von Kalibrierfunktionen zu Methoden

Soll mit modernen Spektrometersystemen eine Analyse durchgeführt werden, wird zunächst eine passende Methode angewählt. In einer solchen Methode sind Kalibrierfunktionen für alle Elemente enthalten, die für die Analyse der zu messenden Probe relevant sind. Die Kalibrierfunktionen wurden dabei mit Standardproben ermittelt, die den später zu analysierenden Proben ähnlich sind. Es werden mindestens Übersichtsmethoden für die mit dem Spektrometer zu messenden Metallbasen (also z. B. für die Eisen-, Aluminium-, Nickel-, Kupferbasis) vorgesehen. Meist gibt es aber noch eine Unterteilung innerhalb der Metallbasen, um die Richtigkeiten zu erhöhen.

Solche Untermethoden decken in der Eisenbasis z. B. folgende Legierungsgruppen ab:
- Un- und niedriglegierte Stähle
- Chrom- und Chromnickelstähle,
- Un- und niedriglegierter Automatenstähle,
- Manganstähle
- Un- und niedriglegierte Gusseisen
- Schnellarbeitsstähle
- Gusseisen mit hohem Chromgehalt
- Gusseisen mit hohem Nickelgehalt

Anregungsparameter und Messzeiten können speziell für jede dieser Legierungsgruppe optimiert werden. Die Zusammensetzung bezüglich der Hauptelemente ist innerhalb der Untermethoden-Legierungsgruppe oft ähnlich. Dann gleichen sich auch das Abbauverhalten, die Höhe des spektralen Untergrundes und die Größenordnung der von den Hauptelementen hervorgerufenen Linienstörungen.

Die Streuung der Kalibrierfunktionen einer Untermethode ist deshalb im Allgemeinen besser als bei den Funktionen der Übersichtsmethode.

Es kann aber auch vorkommen, dass innerhalb einer der oben genannten Gruppen die Hauptelemente in verschiedensten Kombinationen vorkommen. Das ist z. B. bei den Schnellarbeitsstählen der Fall, die Wolfram zwischen 0 und 19 %, Molybdän und Kobalt von 0 bis 9 %, und Vanadium zwischen 0 und 5 % enthalten. Die Elemente Wolfram, Molybdän und Vanadium haben allerdings als Karbidbildner eine ähnliche metallurgische Funktion. Außerdem enthalten die Schnellstähle meist um 4 % Chrom, 1 % Kohlenstoff und nur Spuren von Nickel und Kupfer. Die genannten Ähnlichkeiten sorgen dafür, dass sich problemlos eine leistungsfähige Untermethode für Schnellarbeitsstähle erstellen lässt.

Umgekehrt ist es zweckmäßig, für un- und niedriglegierte Stähle und un- und niedriglegierte Automatenstähle zwei verschiedene Methoden zu verwenden, obwohl sich die Automatenstähle nur durch kleine Zusätze von Schwefel und / oder Blei von den un- und niedriglegierten Qualitäten unterscheiden. Schwefel bildet zusammen mit Mangan Einschlüsse, die vom Funken bevorzugt getroffen werden. Die Signale von Mangan und Schwefel sind deshalb zu Beginn einer Abfunkphase überhöht. Methoden für Automatenstähle arbeiten deshalb meist mit verlängerter Vorfunkzeit.

3.9.6 Rekalibration

Bei der Rekalibration muss zwischen kanalweiser Rekalibration, Vollspektrenrekalibration und Typrekalibration unterschieden werden. Wie bereits gesagt wurde, besteht ein Kanal aus der Kombination einer Analysenlinie mit einem internen Standard. Die Algorithmen zur kanalweisen Rekalibration nutzen skalare Werte, um einen

Faktor und einen Offset pro Kanal zu bestimmen, die es erlauben, einen Kanal auf den Zustand während der Kalibrierung rückzurechnen.

Zur Vollspektren-Rekalibration wird ein aktuelles Spektrum der Anpass-Probe aufgenommen, deren Spektrum ebenfalls zum Zeitpunkt der Kalibrierung gemessen wurde. Aus dem ursprünglichen und dem aktuellen Spektrum dieser Anpassprobe wird dann ein Satz von Parametern bestimmt, der es erlaubt, das aktuelle Proben-spektrum in das ursprüngliche, auf dem zur Kalibrierung verwendeten Mastergerät gemessene, zu überführen. Mit diesem Parametersatz lassen sich dann beliebige Spektren in solche überführen, die man auf dem Mastergerät erhalten hätte.

Die Typrekalibration dient schließlich dazu, die Richtigkeit für Proben eines bestimmten Legierungstyps zu verbessern.

3.9.6.1 Ein- und Zweipunkt-Rekalibration

Wird ein Gerät einige Zeit lang betrieben, so ändern sich die Intensitäten, die Ana-lytlinien und Linien der internen Standards liefern. Ursache hierfür sind durch Verschmutzung hervorgerufene Änderungen der Lichtdurchlässigkeit optischer Elemente sowie Alterungseffekte, wie man sie z. B. bei Lichtleitern findet. Teilweise werden solche Effekte durch die Division der Analytintensitäten durch die Intensi-täten des zugehörigen internen Standards kompensiert. Es ist aber nicht möglich, damit sämtliche Effekte auszugleichen. Beispielsweise kann die Alterung der Photomultiplier-Röhren bei Analyt und Internem Standard durchaus unterschiedlich verlaufen. Es wird deshalb eine Methode benötigt, die Kanalintensitäten wieder auf den Kalibrationszustand hochzurechnen.

Die so genannte Zweipunkt-Rekalibration ist die bei mit Austrittsspalten und Photomultipliern übliche Methode, diese Gerätedriften zu kompensieren. Sie ist zum Beispiel bei Lührs und Kudermann [82] detailliert beschrieben. Wie in Kapitel 3.9.5.4 erwähnt, wird zum Kalibrationszeitpunkt ein Satz von Rekalibrationsproben gemes-sen, die für jeden Kanal ein Intensitätsverhältnis für einen niedrigen und eines für einen hohen Gehalt liefern. Diese Messungen liefern für jeden Kanal dann einen Tief-proben- und einen Hochproben-Sollwert (TS und HS). Im Routinebetrieb des Gerätes wird die Messung dieser Proben wiederholt und man erhält die aktuellen Werte für Tief- und Hochproben, den Tiefproben- und den Hochproben-Istwert (TI und HI).

Es lässt sich nun ein Faktor und ein Offset in folgender Weise bestimmen:

$$\text{Faktor} := (HS - TS) / (HI - TI) \qquad (3.30)$$

$$\text{Offset} := (HS*TI - HI*TS) / (TI - HI) \qquad (3.31)$$

Eine Rückrechnung eines Intensitätsverhältnisses IV_{akt} auf das Intensitätsverhältnis IV_{Kal}, die man während der Kalibrierung gemessen hätte, kann dann einfach durch

Anwendung von Faktor und Offset erfolgen, wie man anhand von Beispielen leicht nachrechnet:

$$IV_{Rekal} := Faktor * IV_{akt} - Offset \qquad (3.32)$$

Häufig steht der Praktiker vor dem Problem, dass es für einzelne Elemente keine Rekalibrationsprobe gibt. In diesem Fall kann man sich mit einer so genannten Einpunkt- Rekalibration helfen. Das Reinmaterial dient in diesem Fall als *Hochprobe*. Die Rekalibration wird dann nur mit Hilfe des vom spektralen Untergrund herrührenden Signals vollzogen. Es gibt nur einen einzigen Sollwert (S) für solche Kanäle. Mit dem Istwert (I), der zum Rekalibrationszeitpunkt ermittelt wird, kann nur ein Faktor ermittelt werden:

$$Faktor := S/I \qquad (3.33)$$

Die Rückrechnung auf den Kalibrationszustand erfolgt einfach durch Multiplikation der aktuellen Werte mit diesem Faktor:

$$IV_{Rekal} := Faktor * IV_{akt} \qquad (3.34)$$

Oft werden die Begriffe Ein- und Zweipunktstandardisierung als Synonyme für die Ausdrücke Ein- und Zweipunkt-Rekalibration benutzt.

3.9.6.2 Vollspektren-Rekalibration

Multikanalsensoren erlauben eine Aufnahme kompletter Spektralbereiche. Dadurch ist für jede Analyt- und interne Standardlinie deren spektrale Umgebung zugänglich. Diese Tatsache eröffnet Möglichkeiten, die bei Systemen, bei denen nur Einzellinien gemessen werden, nicht vorhanden sind.

Die Entwicklung von Spektrometersystemen verläuft üblicherweise so, dass zunächst Hardwarekomponenten (Anregungsgenerator, Optiksysteme, Probenstative usw.) und die Gerätesoftware erstellt werden. Dann wird ein seriennaher Prototyp kalibriert und die Kalibrierung überprüft. Das kann ein iterativer Prozess sein: Stellen sich in Hardware oder Software Unzulänglichkeiten heraus, müssen diese behoben werden, danach kann es erforderlich sein, die Kalibrierung partiell oder vollständig zu wiederholen. Am Ende der Entwicklung steht ein Gerät mit sämtlichen für die Baureihe vorgesehenen Kalibrationen, das im Folgenden als Erstmuster dieses Bautyps bezeichnet werden soll.

Gelingt es, die gemessenen Spektren beliebiger Geräte einer Baureihe in die des Erstmusters umzurechnen, so könnten die Kalibrierfunktionen des Erstmusters unmittelbar benutzt werden.

Das spart den zeitlichen Aufwand für die individuellen Kalibrationen und vermeidet Fehler, die bei diesen Arbeitsschritten gemacht werden können. Es ergeben sich aber weitere Vorteile, wie sich noch zeigen wird.

Beim konventionellen Ansatz führen die Kalibrationsarbeiten dazu, dass man eine Kalibrierfunktion K konstruiert, die aus den Rohspektren die Gehalte errechnet. Etwas formalisiert kann man schreiben:

$$\text{Gehalte} = K\,(\text{Rohspektrum}) \tag{3.35}$$

Verwendet man die Vollspektren-Rekalibration, so zerfällt die Kalibrierfunktion in einen gerätespezifischen Teil K_G und eine geräteunabhängige Funktion K_U, die hintereinander ausgeführt werden. Die Vollspektrenkalibration übernimmt dabei die Rolle der geräteabhängigen Kalibrierfunktion K_G. K_U sind die Kalibrierfunktionen, die man wie in den vorigen Abschnitten beschrieben auf konventionelle Art mit Hilfe des Erstmusters erstellt hat.

$$\text{Gehalte} = K_U\,(K_G\,(\text{Rohspektrum})) \tag{3.36}$$

Um die Funktion K_G für eine Rückrechnung der Seriengeräte-Spektren auf diejenigen, die man für gleiche Proben auf dem Erstmuster gemessen hätte, konstruieren zu können, ist es erforderlich, dass von mindestens einer Probe das auf dem Erstmuster gemessene Spektrum und von der gleichen Probe ein solches des Seriengerätes vorliegt. In der Regel reichen tatsächlich diese beiden Spektren einer einzigen Probe, um die Funktion K_G zu ermitteln. Diese Probe soll als Anpassprobe bezeichnet werden. Es ist wichtig zu bemerken, dass das Spektrum des Erstmusters zum Kalibrierzeitpunkt aufgenommen wurde. In zeitlichem Abstand davon kann die Hardware des Erstmusters sich ändern, z. B. durch Alterung oder Verschmutzung. Die Kalibrierarbeiten am Erstmuster können sich über Monate hinstrecken, wenn das Spektrometersystem viele verschiedene Aufgabenstellungen abdecken soll. Es ist deshalb zweckmässig, das Spektrum unmittelbar vor Kalibrierung der ersten Methode aufzunehmen und vor der Erstellung weiterer Methoden genau wie später bei den Seriengeräten eine Vollspektren-Rekalibration durchzuführen.

Um eine geeignete Funktion K_G konstruieren zu können, muss zunächst geklärt werden, worin sich einzelne Geräte einer Baureihe unterscheiden bzw. wo sich Änderungen während der Lebensdauer eines Geräts einstellen können:

Die Pixel der Multikanalsensoren können, auch wenn stets Sensoren gleichen Typs verwendet werden, untereinander und verglichen mit den entsprechenden Sensoren des Erstmusters eine leicht verschiedene Strahlungsempfindlichkeit haben. Ursache dafür können Staubpartikel auf einzelnen Pixeln, abweichende Stärke einer eventuell vorhandenen Fluoreszenzbeschichtung oder einfach die Chargenstreuung der Sensorchips sein.

Pixel haben eine Weite der Größenordnung 10 μm. Innerhalb einer Serie von Spektrometer-Optiken ist die Variation der Sensorchip-Positionen aber in der Regel größer. Innerhalb der Serie kann sie durchaus in einem Bereich von ±0,2 mm schwanken. Das entspricht ca. ±20 Pixelweiten. Eine Spektrallinie, die beim Erstmuster auf Pixel i erscheint, kann also, über die ganze Baureihe betrachtet, irgendwo im Bereich i – 20 bis i + 20 erscheinen. Es kann auch zu einer leichten Verkippung des Sensors kommen, was sich in einer geringfügigen Stauchung oder Spreizung des Spektrums äußert.

Die Halbwertsbreiten der Linien können von Gerät zu Gerät leicht variieren. Wie in Kapitel 3.5 erklärt wurde, kann die Sensorstrecke nicht so montiert werden, dass sie perfekt auf der gekrümmten Fokalkurve liegt. Die Pixel optimaler Schärfe können von Gerät zu Gerät leicht variieren. Auch Variationen der Eintrittsspaltweiten beeinflussen die Halbwertsbreiten.

Die Strahlungsdurchlässigkeit von Fenstern und Linsen, die Reflektivität von Spiegeln, die Transmissivität von Lichtleitern unterliegt leichten Exemplarstreuungen und führt zu unterschiedlich hohen Intensitäten. Die durch diese Faktoren bedingte Unterschiede zwischen Erstmuster und Systemen der Baureihe können beträchtliche Abweichungen in der Lichtdurchlässigkeit verursachen, da eine Vielzahl optischer Komponenten zwischen Strahlungsquelle und Sensor liegen. Innerhalb der Serie ist mit Schwankungen der Lichtleitwerte von der Hälfte bis zum Doppelten des Serien-Durchschnitts zu rechnen. Für die Lichtdurchlässigkeit ist es typisch, dass sie sich nicht abrupt ändert. Betrachtet man ein enges Wellenlängenintervall, z. B. von einem Nanometer, so ist die Durchlässigkeit dort überall fast gleich und nur von einem leichten Anstieg oder Abfall überlagert, der natürlich berücksichtigt werden muss.

Zusammenfassend sind also die folgenden Teilfunktionen von K_G zu konstruieren:
- Korrektur der Pixelempfindlichkeit K_P
- Korrektur des Pixelversatzes K_V
- Auflösungskorrektur K_R
- Korrektur der wellenlängenspezifischen Empfindlichkeit K_E

Diese Teilfunktionen haben alle ein Spektrum als Argument und liefern als Funktionswert ein Spektrum. Sie werden zweckmäßig in der oben genannten Reihenfolge ausgeführt, so dass man schreiben kann:

$$K_G \,(\text{Rohspektrum}) = K_E \,(K_R \,(K_V \,(K_P \,(\text{Rohspektrum})))) \qquad (3.37)$$

Korrektur der Pixelempfindlichkeit, Teilfunktion K_P

Die pixelspezifische Empfindlichkeitsfunktion K_P für ein Pixel n wird bestimmt, indem der Sensor einer Lichtquelle ausgesetzt wird, die alle Pixel mit möglichst gleicher Helligkeit bestrahlt. Es ist allerdings kaum möglich, eine homogene Beleuchtung vom ersten bis zum letzten Pixel zu erzielen. Die Beleuchtung sieht etwa so aus, wie in Abb. 3.79 skizziert. Benachbarte Pixel messen eine sehr ähnliche Lichtmenge. Die Beleuchtung weiter entfernter Pixel kann aber abweichen. Um das n-te Pixel eines Multikanalsensors zu korrigieren, wird eine Ausgleichsgerade über die Messwerte eines Bereichs von ±b Pixeln um das Pixel n ohne den

Messwert des Pixel n selbst gebildet. Dabei steigt mit höherer Intervallbreite b die Anforderung an die Gleichmäßigkeit der Bestrahlung. Es kann sinnvoll sein, näher an n liegende Pixel höher zu gewichten als weiter entfernte. Ist $IM_{S,n}$ die Intensität, die Pixel n laut Ausgleichsgerade haben müsste, und $I_{S,n}$ die Intensität, die das auf Sensor S liegende Pixel n liefert, so erhält man für jedes Pixel n auf Sensor S durch Division von $IM_{S,n}$ durch $I_{S,n}$:

$$F_{S,n} := IM_{S,n}/I_{S,n} \qquad (3.38)$$

Die Funktion K_p wird angewendet, indem jedes Pixel mit dem ihm zugeordneten Faktor F multipliziert wird. Gelegentlich sind Pixel zu finden, deren Empfindlichkeit sich über die Zeit ändert („*hot pixel*"). Diese Effekte können nur durch wiederholte Berechnung von K_p erkannt werden.

Sensoren mit solchen Defekten müssen ausgesondert werden. Es ist sinnvoll, den Test auf *hot pixel* oder auch auf totale Pixelausfälle („*bad pixel*") in einer separaten Apparatur durchzuführen und nur vorgetestete Sensoren in die Spektrometersysteme einzubauen.

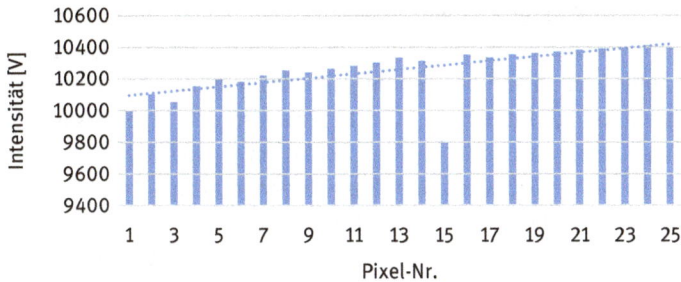

Beispiel für die Berechnung der pixelspezifischen Empfindlichkeitskorrektur

Pixelintensität bei Pixel 15
$I_{S,15}$:   9805

Intensität lt. Ausgleichsgerade, ermittelt aus den Intensitäten der umgebenden Pixel
$IM_{S,15}$:   10284

Korrekturfaktor für Pixel 15
$F_{S,15}$:   1,049

Abb. 3.79: Zur Pixelempfindlichkeits-Korrektur kontinuierlich bestrahlter Sensorausschnitt

Korrektur des Pixelversatzes, Teilfunktion K_v

Wie bereits gesagt wurde, erscheint durch unvermeidliche Ungenauigkeiten bei der Justage das Spektrum von Gerät zu Gerät um einige Pixel versetzt. Auch über die

Lebensdauer des Gerätes kann es durch Temperatur- oder Alterungseffekten zu einer leichten Verschiebung des Spektrums kommen, die aber bei druck- und temperatur-stabilisierten Optiksystemen meist nur im Bereich von Pixelbruchteilen liegen.

Diese Verschiebung ist dabei nicht notwendigerweise über das Spektrum konstant, sondern kann an den entgegengesetzten Enden eines Sensors abweichende Werte annehmen und auch von Sensor zu Sensor unterschiedlich sein. Es gibt allerdings keine sprunghaften, sondern nur stetige Änderungen des Pixelversatzes. Hat also der Versatz zwischen dem Pixel n auf Sensor S eines Seriengerätes den Wert $\delta_{S,n}$, so wird der Versatz $\delta_{S,n-1}$ und $\delta_{S,n+1}$ für die den n benachbarten Pixel sehr ähnlich sein. Eine Verschiebung des Spektrums um d Pixel ist einfach dadurch möglich, dass die Messwerte einfach um d Pixel umkopiert werden. Liegt das Spektrum also in einem Array Int mit m Pixeln vor, wird für eine Verschiebung um d Pixel nach rechts für alle Pixelnummern i zwischen 1 und m – d die Zuweisung $Int_{verschoben}[i + d] := Int[i]$ durchgeführt. Das verschobene Spektrum liegt dann in $Int_{verschoben}$ vor. Eine Verschiebung des Spektrums nach links wird analog durchgeführt.

Die physikalischen Pixel sind in der Realität so breit, dass es nicht ausreicht, eine Verschiebung um ganzzahlige Pixel durchzuführen. Meist ist eine Verschiebung in der Größenordnung von Hundertstel-Pixeln wünschenswert. Das Problem kann aber leicht auf das der Verschiebung um ganze Pixel reduziert werden, wie man sich leicht überlegt. In Kapitel 3.9.1 wurde beschrieben, wie mittels Spline-Interpolation ein kontinuierlicher Spektren-Verlauf nachgebildet werden kann. Mit Hilfe der Spline-Polynome kann man über beliebige Pixelbruchteile integrieren und erhält so für diese ihre anteilige Intensität. Möchte man also den Pixelversatz auf Hundertstel-Pixel genau bestimmen und hat das Spektrum p physikalische Pixel, so kann das Spektrum in ein p * 100 Komponenten zählendes Array virtueller Pixel aufgeteilt werden. Die Intensitäten der virtuellen Pixel werden mit Hilfe der Spline-Polynome errechnet. Natürlich muss diese Operation auch für die Anpassproben-Spektren des Erstmusters durchgeführt werden, um sinnvolle Berechnungen durchführen zu können.

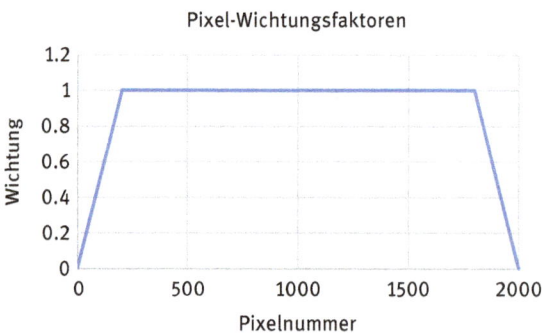

Abb. 3.80: Multiplikatoren für Pixelintensitäten zur Bestimmung des Normfaktors

Die Bestimmung des Pixelversatzes wird nun folgendermaßen durchgeführt:

Zunächst wird für jeden Sensor S ein Faktor F_{Norm} bestimmt, mit dem die Summe der aktuell auf S gemessenen Intensitäten denen des Erstmusters angeglichen werden. Dabei werden die Intensitäten beider Spektren nicht einfach aufsummiert. Die Randbereiche werden vielmehr geringer gewichtet, um Einflüsse von zufällig durch Verschiebungen am Rand erscheinender starker Linien zu minimieren. Für die ersten r Pixel steigt die Wichtung linear von 0 auf 1, für die letzten r Pixel fällt sie von 1 auf 0. Für innere Pixel werden die Pixel-Intensitäten unverändert aufsummiert. Die Berücksichtigung der Intensitäten ist in Abb. 3.80 skizziert. Hat die so ermittelte Spektrensumme für den Sensor S beim Erstmuster Sum_{erst} und für das aktuelle Gerät Sum_{akt}, so errechnet man den Normfaktor wie folgt:

$$F_{Norm} := Sum_{erst}/Sum_{akt} \qquad (3.39)$$

Jedes Pixel des Sensors S wird nun mit F_{Norm} multipliziert, um die Intensitäten des aktuellen Spektrums dem Niveau des Erstmusters anzupassen. Natürlich ist für jeden Sensor ein separater Normfaktor zu bestimmen.

Danach wird ein Teilspektrum in der Pixelmitte abgegrenzt. Die Breite ist nicht kritisch, sie sollte aber so gewählt werden, dass sie mehrere Spektrallinien enthält. Diese Spektrallinien haben jetzt ein charakteristisches Muster aus Abständen und Höhen, die mit denen des Anpass-Spektrums des Erstmusters vergleichbar sind. Oben wurde erwähnt, dass mit Verschiebungen von ±20 physikalischen Pixeln zu rechnen ist. Im einfachsten Fall schiebt man nun den Spektrenausschnitt Pixel für Pixel über den Bereich, in dem das Muster zu erwarten ist. Dabei erfolgt die Verschiebung um virtuelle Pixel, also Bruchteile physikalischer Pixel. Der richtige Versatz ist an der Stelle gefunden, wo die Summe der Abweichungs-Beträge zwischen dem Spektrum des Erstmusters und dem durchgeschobenen aktuellen Teilspektrum minimal ist. Abbildung 3.81 zeigt die Differenzen zweier Spektren als schraffierte Linien bei nicht korrekt bestimmtem Pixelversatz, Abb. 3.82 zeigt die Differenzen bei richtig bestimmtem Offset.

Nach diesen Schritten ist der Pixelversatz in der Sensormitte bekannt. Es kann nun getestet werden, ob eine Spreizung oder Stauchung des Spektrums vorliegt. Eine Stauchung (zur Kompensation einer Spreizung) wird realisiert, indem in regelmäßigen Abständen ein virtuelles Pixel aus dem Array entfernt wird, indem die folgenden virtuellen Pixel um eine Stelle hochkopiert werden. Umgekehrt kann eine Spreizung erreicht werden, indem in festen Abständen ein virtuelles Pixel verdoppelt wird. Eine Stauchung oder Spreizung ist dann erfolgreich, wenn sich durch eine solche Maßnahme die Summe der Abweichungs-Beträge vermindert.

In der gleichen Weise, wie die Abweichungen für die Spektren-Mitte bestimmt wurde, können jetzt Stück für Stück die Spektren-Bereiche zu kleineren und höheren Pixelnummern hin bestimmt werden. Dabei muss nur die Schräge bestimmt werden, da sich jeder Bereich unmittelbar an den vorigen anschließen muss.

Differenz zweier versetzter Spektren

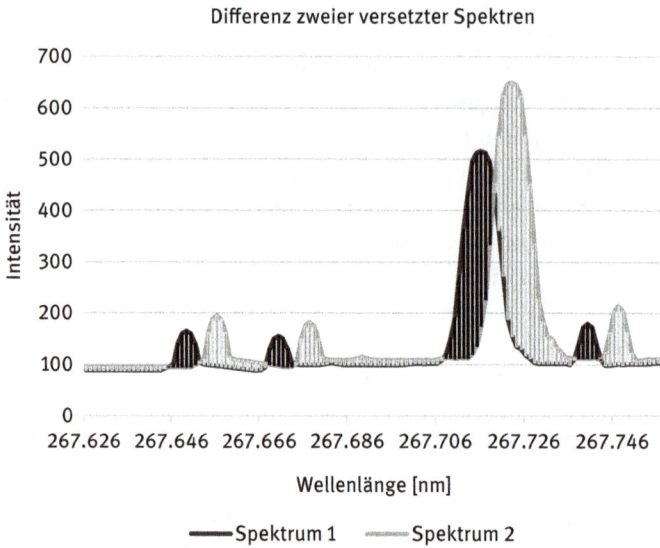

Wellenlänge [nm]

——Spektrum 1 ——Spektrum 2

Abb. 3.81: Differenzspektrum als Kriterium zum Finden des Pixeloffsets

Differenz zweier Spektren bei korrekter Pixeloffset-
Bestimmung

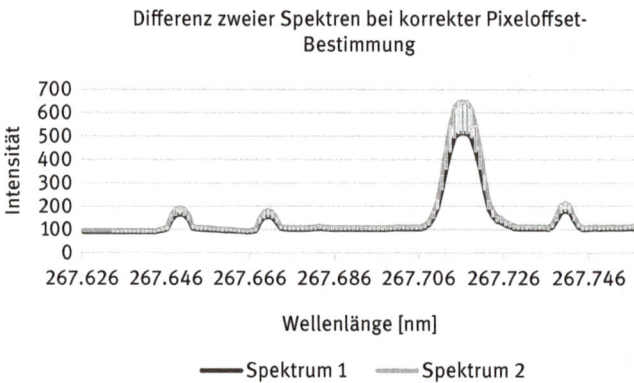

Wellenlänge [nm]

——Spektrum 1 ——Spektrum 2

Abb. 3.82: Differenzspektrum bei korrekt bestimmtem Pixeloffset

Korrektur der Auflösung, Teilfunktion K_R

Auflösungsschwankungen haben genau wie der Pixelversatz ihre Ursache in Jus-
tierungenauigkeiten von Sensorarray und Eintrittsspalt. Die Auflösung ändert sich,
genau wie der Pixelversatz, nicht sprunghaft, für eng benachbarte Wellenlängen
gelten ähnliche spektrale Auflösungen.

Geht man von einer radial gekrümmten Fokalkurve und einem geraden Sensor
aus, schneidet die Sensorlage die Fokalkurve an zwei Stellen (s. Abb. 3.47). Die Auflösung verschlechtert sich stetig mit zunehmendem Abstand von den Schnittpunkten. In den Schnittpunkten ist die Auflösung am besten. Fertigungstoleranzen des

Eintrittsspaltes (Verbreiterung, Schrägstellung) können zudem die Auflösung verschlechtern. Diese Einflüsse wirken konstant über alle Pixel.

Bevor die Auflösung eines Seriengerätes mit dem des Erstmusters eines Referenzgerätes verglichen werden kann, muss die Bestimmung des Pixelversatzes bereits erfolgt sein.

Bei der Entwicklung eines Algorithmus zur Korrektur der Auflösung hilft die Tatsache, dass die Auflösung in einem Pixelbereich (bei gleichem Messwertintegral) umso besser ist, je größer die Varianz der Einzelmesswerte ist. Einfaches Beispiel: Bei schlechtestmöglicher Auflösung liefern alle Pixel das gleiche Signal, und die Varianz ist null. Der Algorithmus arbeitet nun nach dem Prinzip, dass zur Verbesserung der Auflösung Intensitäten anteilig von den Flanken einer Linie subtrahiert und zu den Intensitäten der Peak-Spitzen addiert wird. Zur Reduktion der Auflösung wird umgekehrt verfahren. Der Prozess kann iterativ durchgeführt werden, am Ende muss die Varianz des mit Hilfe von K_R korrigierten Spektrums der Varianz des Spektrums der Anpassprobe, gemessen auf dem Erstmuster, entsprechen.

Berechnung der wellenlängenspezifischen Empfindlichkeitsfunktion, Teilfunktion K_E

Nach Anwendung der zuvor beschriebenen Berechnungsschritte wird diese Korrektur als letzte durchgeführt, da ihre Berechnung erst erfolgen kann, nachdem Pixelspezifische Einflüsse, Profilverschiebungen und Auflösungsänderungen berücksichtigt wurden.

Es hat sich als günstig erwiesen, zur Korrektur die Flächen von Linien-Peaks im Spektrum der Anpassprobe zu identifizieren und die Peakflächen F_E aus dem Anpassproben-Spektrum des Erstmusters denen aus dem Anpassproben-Spektrum des aktuellen Gerätes F_{akt} gegenüberzustellen. Um für eine Pixelnummer n auf einem Sensor S eine Korrektur durchführen zu können, werden die Quotienten F_E / F_{akt} der in der Umgebung liegenden Linienpeaks gebildet und gemittelt. Dabei ist es sinnvoll weiter entfernte Peaks weniger stark zu berücksichtigen. Bereiche der spektralen Breite von einem bis fünf Nanometer reichen bei geeigneter Wahl der Anpassprobe aus, um eine ausreichende Anzahl von Linienpeaks zu Korrekturzwecken zur Verfügung zu haben. In Bereichen, bei denen z. B. wegen steiler Absorptionskanten mit schnellen Änderungen der Strahlungs-Durchlässigkeiten zu rechnen ist, wird man sich eher auf kleine Wellenlängenintervalle beziehen. Ist das nicht zu befürchten, so kann ein weiterer Wellenlängenbereich, also ein Wert nahe fünf Nanometer, gewählt werden. Prinzipiell ist es möglich, statt eines Faktors ein Polynom zur Wellenlängen-spezifischen Empfindlichkeitskorrektur zu errechnen. Bei einer einwandfrei konstruierten Optik ist das aber nicht erforderlich.

Um die Korrektur durchzuführen, muss also jedes Pixel mit einem zugehörigen Faktor $F_{Norm} * F_E / F_{akt}$ multipliziert werden. Dabei ist F_{Norm} der Normfaktor, der während der Berechnung der Pixeloffsets bestimmt wurde, um die Gesamtintensitäten der Anpassproben-Spektren von Erstmuster und aktuellem Gerät einander anzugleichen.

Das beschriebene Verfahren zur Rückrechnung der aktuellen Spektren in solche, die man mit dem Erstmuster der Geräteserie erhalten hätte, setzt voraus, dass die Anregung stets gleich erfolgt. Eine Änderung der Anregungsparameter kann bewirken, dass Atomlinien verstärkt, Ionenlinien aber abgeschwächt werden oder umgekehrt. Auch können Linien unterschiedlicher Anregungsenergien völlig verschieden auf solche Änderungen reagieren. Da im Spektrum Atom- und Ionenlinien sowie Linien mit verschiedenen Anregungsenergien in jeder Kombination aufeinander folgen können, trifft bei Änderung der Anregungsbedingungen die Annahme, dass spektral benachbarte Linien sich ähnlich verhalten, nicht mehr zu. Die Vollspektren-Rekalibration kann solche Effekte deshalb nicht mehr kompensieren. Allerdings gilt diese Tatsache auch für die Kalibrierung und die konventionelle Standardisierung: Sie liefern nur richtige Werte, solange die Anregungsbedingungen die gleichen sind. Es ist zu beachten, dass nicht nur die elektrischen Größen des Generators die Anregung beeinflussen. Diese sind recht leicht zu kontrollieren. Es ist ebenso wichtig, das Argonsystem stets sauber und dicht zu halten und mit ausreichend reinem Argon zu arbeiten. Die Argonqualität hat einen großen Einfluss auf die Anregungsvorgänge, wie bereits in Kapitel 3.4 erläutert wurde. Auch die Blendungssituation darf sich nicht ändern, da bei einer geringeren Blendung plötzlich Linien von Strahlung erscheint, die nur direkt unter der Probenoberfläche entsteht und die bei der ursprünglichen Blendsituation im Spektrum fehlten. Es ist aber sehr einfach zu beurteilen, ob es zu Fehlern der beschriebenen Art gekommen ist. Wendet man die Funktion K_G auf das Spektrum der Anpassprobe an, so lässt sich im Idealfall das Anpassproben-Spektrum des Erstmusters perfekt reproduzieren. Die Differenzfläche, die durch Subtraktion beider Spektren voneinander entsteht ist praktisch null. Bei Änderung von Anregung oder Blendung kommt es zu Fehlern und die Differenzfläche wird größer. Bezieht man die Differenzfläche auf die gesamte Fläche des Spektrums, so hat man ein Maß dafür, wie gut die Anpassung gelungen ist. Bei Überschreiten einer Grenze kann eine Fehlermeldung erfolgen.

Eingangs wurde erwähnt, dass die Vollspektren-Rekalibration neben der automatisierten Übertragbarkeit von Kalibrationen weitere Vorteile bietet. Diese treten nun, nach Konstruktion von K_G, deutlich zu Tage:

1. Rekalibrationsproben werden obsolet. Eine Erweiterung des Kalibrationsumfangs um zusätzliche Metallbasen führt deshalb zu keinen höheren Kosten.

2. Die Bedienung wird vereinfacht. Statt vieler Rekalibrationsproben ist nur noch eine einzige zu messen. Das bedeutet Zeitersparnis für den Benutzer.

3. Die Fehlerquelle einer Verfälschung der Rekalibration durch „Memory-Effekt" bei Bogengeräten entfällt, da hauptsächlich Linien des Basismetalls und der Haupt-Legierungselemente die Signale für die Rekalibration liefern.

4. Für viele exotische Elemente stehen keine Rekalibrationsproben zur Verfügung. Wie bereits beschrieben, behilft man sich in solchen Fällen mit einer Einpunktrekalibration mit dem Untergrundsignal der Reinprobe, was oft zu beträchtlichen Fehlern führt. Diese Fehlerquelle entfällt. Schleichend verlaufende

Hardwareänderungen werden erkannt und können in Grenzen kompensiert werden. Eine Annäherung an diese Grenze kann im Vorfeld erkannt und Servicemaßnahmen können eingeleitet werden.

5. Die Fehlerdiagnose wird vereinfacht. Die Parameter der Anpassfunktion K_G, kombiniert mit einem Reproduzierbarkeitstest erlaubt es, sich ein recht genaues Bild über ein Spektrometersystem zu verschaffen. Werden die Daten regelmäßig gespeichert, so lassen sich Histogramme über Zustandsänderungen erstellen.

6. Die unter 5 ermittelten Daten helfen dem Kunden, seinen Dokumentationspflichten im Rahmen der in der ISO 9001 geforderten Messmittelüberwachung nachzukommen.

7. Spektrometersysteme werden flexibler: Nachrüstungen von Elementen und Nachkalibrationen erfordern nicht mehr den Rücktransport des Gerätes ins Werk: Kalibrierungen können per Email verschickt werden. Wartezeiten entfallen.

8. Oft hat ein Kunde eine zeitlich begrenzte Prüfaufgabe. Eine temporäre Überlassung von Kalibrierungen wird möglich. Auch ein Updateservice im Abonnement kann angeboten werden.

Das Verfahren ist in [67] und in der Deutschen Patentanmeldung DE10152679 [83] detailliert beschrieben. Prinzipiell ist es auch möglich, einen ähnlichen Algorithmus für mit Austrittsspalten und Photomultipliern ausgerüstete Spektrometern zu nutzen. Die Umgebungsinformationen werden dann dadurch gewonnen, dass durch Verschiebung des Eintrittsspalts ein Teilspektrum sequentiell über die Austrittsspalte bewegt wird. Um vollständig genutzt werden zu können, muss allerdings eine motorische Profilierung jedes einzelnen Austrittsspalts möglich sein, was mit einem beträchtlichen Hardware-Aufwand verbunden ist. Aus diesem Grund kommen im Moment nur Teile des Verfahrens serienmäßig zum Einsatz. Dieses Verfahren ist im europäischen Patent EP1825234 [84] offengelegt.

3.9.6.3 Typ-Rekalibration

Wie zu Beginn von Kapitel 3.9.6 bereits gesagt wurde, dient die Typ-Rekalibration der Verbesserung der Richtigkeit. Das Gerät wurde zuvor bereits mit einem der beiden anderen in diesem Kapitel beschriebenen Verfahren rekalibriert. Soll eine Probe mit hoher Richtigkeit bestimmt werden, wird zunächst, nach Aufruf einer entsprechenden Softwarefunktion, ein Standard gemessen, der eine ähnliche Zusammensetzung wie die unbekannte Probe hat. Nach dieser Messung wird jede Kalibrierkurve entlang der Achse für die Konzentrationsverhältnisse so verschoben, dass der Punkt für den Typstandard genau auf der Kurve liegt (s. Abb. 3.83). Danach werden die unbekannten Proben gemessen und ihre Gehalte mit den verschobenen Kurven bestimmt. Diese Vorgehensweise läuft darauf hinaus, dass die Kalibrierfunktionen nur noch dazu benutzt werden, um, ausgehend vom Typstandard, die Konzentrationen der unbekannten Probe zu interpolieren. Grundgedanke dabei ist, dass die Abweichungen der Typstandards von den Kalibrierfunktionen nicht zufällig sind, sondern auf die Zusammensetzung des Standards zurückzuführen ist. Dann ist bei unbekannten Proben ähnlicher Zusammensetzung mit ähnlichen Abweichungen zu rechnen. Zusätzlich kompensiert die Typrekalibration eventuell vorhandene Gerätedriften für Proben, deren Zusammensetzung ähnlich der des Typstandards sind. Die verschobene Kalibrierkurve wird nur in einem engen Bereich um den Gehalt des Typstandards verwendet. In Abb. 3.83 ist dieser Bereich durch aufrechte gestrichelte Linien gekennzeichnet. Außerhalb dieses Bereichs wird die nicht verschobene Kalibrierfunktion benutzt. Die Typrekalibration erfordert nur die Messung eines einzigen Standards und ist deshalb schneller durchzuführen als eine komplette Rekalibration. Eine Darstellung des Verfahrens findet sich bei Lührs und Kudermann [81].

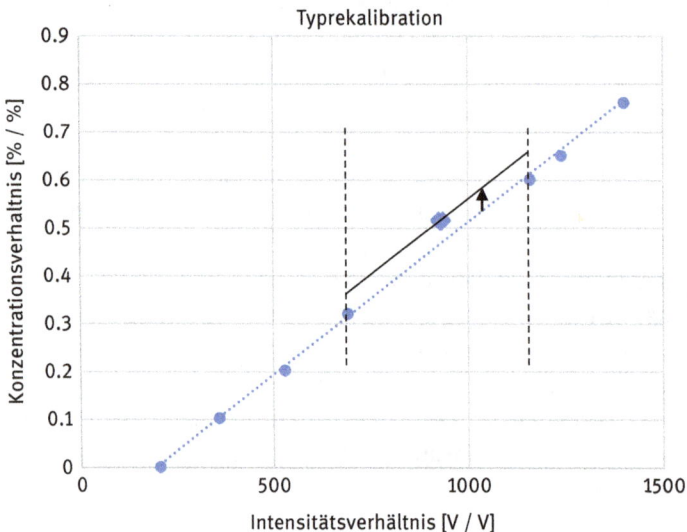

Abb. 3.83: Verschiebung der Kalibrierkurven bei Anwendung der Typ-Rekalibration

3.9.7 Linienumschaltung

In Kapitel 3.2 wurde der Effekt der Selbstabsorbtion beschrieben, der dazu führt, dass die Kalibrierfunktion zunächst sehr steil wird, und bei weiter steigenden Gehalten die Intensitäten sogar zurückgehen können. Dieser Effekt ist typisch für besonders nachweisstarke Linien.

Aus diesem Grund ist es üblich, für Elemente, die sowohl im Spurenbereich als auch für höhere Gehalte genutzt werden, mehr als eine Spektrallinie (oder genauer: Mehr als einen Kanal, bestehend aus Analytlinie und internem Standard) zu verwenden. Zu jedem Kanal wird ein Bereich rekalibrierter Intensitätsverhältnisse definiert. Eine Linie darf nur dann verwendet werden, wenn das rekalibrierte

Intensitätsverhältnis innerhalb dieses Bereichs liegt. Das ist aber nur ein notwendiges, nicht aber ein hinreichendes Kriterium, denn bei einer Linie in Selbstumkehr können zwei Gehalte einem rekalibriertem Intensitätsverhältnis zuzuordnen sein. Werden aber die Linien für die hohen Gehalte stets zuerst auf Anwendbarkeit getestet, so vermeidet man dieses Problem. Auf die tiefe Linie wird nur dann geschaltet, wenn die Gehalte so niedrig sind, dass es zu keiner Selbstumkehr kommen kann. Es empfiehlt sich, die Umschaltpunkte zwischen den Linien bei Gehalten anzusiedeln, die bei gängigen Werkstoffen nicht vorkommen. Damit vermeidet man, dass bei einer Mehrfachmessung die angezeigten Gehalte von verschiedenen Analytkanälen stammen. Der Übergang von einer Spektrallinie zur nächsten ist oft mit Abweichungen verbunden, die größer sind als die Reproduzierbarkeiten, die man von einer Mehrfachmessung gewohnt ist. Das liegt daran, dass die systematische Abweichung einer Probe bei verschiedenen Kalibrierkurven unterschiedlich sein kann. Für viele Elemente liegt die Wiederholgenauigkeit im Funkenmodus deutlich unter 0,5 % relativ. Erkennt man bei einer Doppelmessung eine größere Abweichung, die ihren Grund in der Verwendung wechselnder Analytlinien hat, so vermutet man eine Fehlmessung, obwohl das nicht der Fall ist.

3.9.8 100 %-Rechnung

Abschließend müssen die Konzentrationsverhältnisse in Konzentrationen umgewandelt werden. Das geschieht, indem die Summe aller Konzentrationsverhältnisse plus 100 für das Referenzelement gebildet wird und man sie anschließend durch 100 teilt [20]. Ein Konzentrationsverhältnis muss nun durch diesen Term dividiert werden, um die zugehörige Konzentration zu erhalten.

3.9.9 Errechnung der Konzentrationen aus Spektren bzw. PMT-Rohintensitäten

Die Gehaltsberechnung für eine unbekannte Probe läuft bei mit Austrittsspalten bestückten Geräten nach dem folgenden Schema ab:
1. Messung der Rohintensitäten
2. Ggf. Durchführung einer Untergrundkorrektur (s. 3.9.3)
3. Bildung der Intensitätsverhältnisse, wie in Kapitel 3.9.4 beschrieben
4. Anwendung der Rekalibrationsfaktoren und -offsets (s. 3.9.6.1)
5. Anwendung der Kalibrierfunktion (s. Formel 3.29 in Kapitel 3.9.5.3)
6. Ggf. Durchführung einer Typrekalibration (s. 3.9.6.3)
7. Wahl der Linien im Arbeitsbereich (s. 3.9.7)
8. Durchführung der 100 %-Rechnung (s. 3.9.8)
9. Ausgabe der Ergebnisse

Der Ablauf bei Geräten mit Vollspektren-Rekalibration weicht geringfügig ab:
1. Messung der Rohspektren
2. Vollspektren-Rekalibration (s. 3.9.6.2)
3. Untergrund-Korrektur (s. 3.9.3)
4. Interpolation des Spektrums (s. 3.9.1)
5. Gewinnung der Linienintensitäten durch Integration der Spline-Funktion über die Breite der virtuellen Austrittsspalte
6. Bildung der Intensitätsverhältnisse, wie in Kapitel 3.9.4 beschrieben
7. Anwendung der Kalibrierfunktion (s. Gleichung 3.29 in Kapitel 3.9.5.3)
8. Falls eine Typ-Rekalibration eingeschaltet ist, folgt nun diese wie in 3.9.6.3 beschrieben
9. Wahl der Linien im Arbeitsbereich (s. 3.9.7)
10. Durchführung der 100 %-Rechnung (s. 3.9.8)
11. Ausgabe der Ergebnisse

Nachgelagert können weitere Berechnungen erfolgen, wie zum Beispiel das Ermitteln eines zur Analyse passenden Werkstoffs oder die Kontrolle auf Übereinstimmung mit Soll-Gehalten. Bei Mobilspektrometern kommen solche nachgelagerten Berechnungen häufig vor. Die gängigsten Algorithmen werden in Kapitel 6.7 beschrieben.

Literatur

[1] Ohls K. *Analytische Chemie – Entwicklung und Zukunft*. Weinheim, Wiley-VCH Verlag GmbH & Co. KGaA, 2010.
[2] Kirchhoff GR, Bunsen RW. Poggendorf Annalen der Physik, 1860, 110.
[3] Zech P. *Das Spektrum und die Spektralanalyse*. München, Verlag Rudolf Oldenbourg, 1875.
[4] Landauer J. *Die Spectralanalyse*. Braunschweig, Friedrich Vieweg und Sohn, 1896.
[5] Liveing GD, Dewar J. Proceedings of the Royal Society, 1879.
[6] Liveing GD, Dewar J. Proceedings of the Cambridge Philosophical Society, 4, 882.
[7] Kayser H, Runge C. *Über die Spektren der Elemente*. Abhandlungen der Berliner Akademie, 1890.
[8] Demtröder W. *Experimentalphysik 2, Elektrizität und Optik*. Berlin, Heidelberg, New York, Springer Verlag, 2006, 64.
[9] Küpfmüller K, Kohn G. *Theoretische Elektrotechnik und Elektronik. 15. Auflage*. Berlin, Heidelberg, New York, Springer Verlag, 2000, S. 233.
[10] Holm R. *Electric Contacts – Theory and Applications*. Berlin Heidelberg New York, Springer Verlag, Nachdruck der vierten Ausgabe von 1967, 2000.
[11] Tietze U, Schenk C. *Halbleiter-Schaltungstechnik, 12*. Auflage. Berlin Heidelberg New York, Springer-Verlag, 2002.
[12] Görlich P. *Einhundert Jahre Wissenschaftliche Spektralanalyse*. Berlin, Akademie Verlag, 1960.
[13] Junkes S. J. *Hundert Jahre chemische Emissions-Spektralanalyse*. Vatikanstaat, Laboratorio Astrofisico Della Specola Vaticana, Ricerche Spettroscopiche, Vol. 3, Nr. 1, Vatikanstaat, 1962.
[14] Gerlach W, Schweitzer E. *Die chemische Emissions-Spektralanalyse*. Verlag Leopold Voss, 1930.
[15] Feussner O. *Zur Durchführung der technischen Spektralanalyse*. Archiv für das Eisenhüttenwesen, 1932/33, 6, S. 551.

[16] Feussner O. Zeiß Nachrichten 1933, Nr. 4, S. 6 ff.

[17] Kaiser H, Walraff A. *Gesteuerte Funkenentladungen als Lichtquelle für die Spektralanalyse.* Zeitschrift für technische Physik 1938, Nr. 11, S. 399 ff

[18] Kipsch D. *Lichtemissions-Spektralanalyse.* Leipzig, VEB Deutscher Verlag für Grundstoffindustrie, 1974.

[19] De Galan L. *Analytische Spectrometrie.* Amsterdam, Agon Elsevier, 1972.

[20] Slickers KA. *Die Automatische Atom-Emissions-Spektralanalyse.* Gießen, Brühlsche Universitätsdruckerei, 1992.

[21] Thomsen V. *Modern Spectrochemical Analysis of Metals.* Materials Park, OH, ASM International, 1996.

[22] Laqua K, Hagenah W-D. *Spektrochemische Analyse mit zeitaufgelösten Spektren von Funkenentladungen. Spectrochim. Acta* 1962, 18, S. 183 ff.

[23] Kaiser H, Walraff A. *Über elektrische Funken und ihre Anwendung zur Anregung von Spektren. Phys.* 1939, 34, S. 297 ff.

[24] Weizel W, Rompe R. *Theorie elektrischer Lichtbögen und Funken.* Leipzig, Verlag Johann Ambrosius Barth,1949.

[25] Moenke H, Moenke-Blankenburg L. *Einführung in die Laser-Mikro-Emissionsspektralanalyse.* Leipzig, Geest & Portig, 1966.

[26] Mika J, Török T. *Analytical Emission Spectroscopy.* Budapest, Akademiai Kiado, 1973.

[27] Kneubühl F K, Sigrist M W. *Laser.* Stuttgart, B. G. Teubner, 1989.

[28] Wong D M, Bolshakov A, Russo R E. *Encyclopedia of Spectroscopy and Spectrometry,* 2nd Edition. Academic Press, 2010, Seiten 1281–1287.

[29] Noll R. *Laser Induced Breakdown Spectroscopy, Fundamentals and Applications.* Heidelberg Dordrecht London New York, Springer Verlag, 2012.

[30] Cremers DA, Radziemski LJ. *Handbook of Laser-Induced Breakdown Spectroscopy.* Chichester, John Wiley & Sons, Ltd., 2013.

[31] Werheit P, Fricke-Begemann C, Gesing M, Noll R. *Fast single piece identification with a 3D scanning LIBS for aluminium cast and wrought alloys recycling.* Journal of Atomic Emission Spectrometry 2011, Issue 11.

[32] Nadkarni R A. *Modern Instrumental Methods of Elemental Analysis of Petroleum Products and Lubricants.* American Society for Testing & Materials, 1991.

[33] Niederstraßer J. *Funkenspektrometrische Stickstoffbestimmung in niedriglegierten Stählen unter Berücksichtigung der Einzelfunkenspektrometrie.* Duisburg, Dissertation, 2002.

[34] Schriever U. *Untersuchungen zur Wirkungsweise der Elemente Bor, Titan, Zirkon, Aluminium und Stickstoff in wasservergüteten, schweißbaren Baustählen.* Luxemburg, Forschungsbericht EUR 13503 DE, Kommission der Europäischen Gemeinschaften, 1991.

[35] *Kupfer und Kupferlegierungen – Nahtlose Rundrohre aus Kupfer für medizinische Gase oder Vakuum; Deutsche Fassung EN 13348:2008.* Berlin, Beuth-Verlag, 2008.

[36] Deutsches Kupferinstitut. *Kupferrohre in der Kälte-Klimatechnik, für technische und medizinische Gase.* Düsseldorf, Informationsdruck i.164, 2006.

[37] Richtlinie 2011/65/EU des europäischen Parlaments und des Rates vom 8. Juni 2011.

[38] Sircal Instruments. Firmenschrift *MP-2000 Rare Gas Purifier – The cost effective and reliable solution for rare gas purification.* Geladen aus dem Internet 20.05.2017, www.sircal.co.uk.

[39] Clark G L. *The Encyclopedia of Spectroscopy.* New York, Reinhold Publishing Corporation, 1961.

[40] *Spektrometeroptik mit nicht-sphärischen Spiegeln.* Deutsche Patentanmeldung DE102007027010, Spectro, 2008

[41] American Holographic. Firmenschrift *Concave Diffraction Gratings.* Littleton, MA, USA Firmenschrift American Holographic, 1986.

[42] Carl Zeiss GmbH. Firmenschrift *Rowlandkreis-Gitter.* Oberkochen, 1992.

[43] Carl Zeiss GmbH. Firmenschrift *Prüfung von Beugungsgittern*. Oberkochen, 1993.

[44] Carl Zeiss GmbH. Firmenschrift *Präzisions-Beugungsgitter*. Oberkochen, 1993.

[45] Carl Zeiss GmbH. Firmenschrift *Abbildende Gitter*. Oberkochen, 1993.

[46] Agilent Technologies. Firmenschrift *Concave Diffraction Grating Design Guide*. Agilent Technologies, 2002 (aus dem Internet, 25.4.2002 www.agilent.com).

[47] Dobschal HJ, Kröplin P, Reichel W, Rudolph K, Steiner M. *Beugungsgitter und Hohlspiegel zugleich*. München, F&M 100, Carl Hanser Verlag, 1992.

[48] Grobenski Z, Radziuk B, Schlemmer G. *Perfect Marriage: Echelle Optics and Solid State Detectors*. Modern Aspects of Analytical Chemistry.1997 Proceedings 5th Argus.

[49] Okruss M, Becker-Ross H, Florek S, Franzke J, Koch J. *NIRES – Ein NIR-Echelle-Spektrometer mit Flächen-CCD-Sensor für die simultane, hochauflösende Spektrenregistrierung zwischen 640 und 990 nm*. Berlin, Institut für Spektrochemie und Angewandte Spektroskopie, 2001.

[50] Skoog DA, Leary JJ. *Instrumentelle Analytik*. Berlin, Springer Verlag, 1996.

[51] Paul H. *Lexikon der Optik*. Heidelberg, Berlin, Spektrum Akademischer Verlag GmbH, 2003.

[52] Schröder G. *Technische Optik*. Würzburg, Vogel Verlag, 1974.

[53] Niedrig H (Hrsg.). *Bergmann – Schäfer Lehrbuch der Experimentalphysik*. Berlin, New York, Verlag W. de Gruyter, 2004.

[54] Demets R, Bertrand M, Bolkhovitinov A, Bryson K, Colas C, Cottin H, Dettmann J, Ehrenfreund P, Elsaesser A, Jaramillo E, Lebert M, van Papendrecht G, Pereira C, Rohr T, Saiagh K, Schuster M. *Window contamination on Expose-R*. International Journal of Astrobiology 2015, 14 (1), 33–45.

[55] Engeln-Müllges G, Reutter F. *Formelsammlung zur numerischen Mathematik mit C-Programmen*. Mannheim/Wien/Zürich, B.I. Wissenschaftsverlag, 1987.

[56] Saidel A N, Prokofjew W K, Raiski S M. *Spektraltabellen*. Berlin, VEB Verlag Technik, 1955.

[57] Schweitzer, E. *Eine absolute Methode zur Ausführung der quantitativen Emissionsspektralanalyse*. Zweite Mitteilung. Z. Anorg. Allg. Chem. 1927, 164, 127–144.

[58] Zu Stolberg-Wernigerode O. *Neue deutsche Biographie*, Bd.: 6. Berlin, Duncker & Humblot, 1964.

[59] Elster J, Geitel H. *Über die Verwendung des Natriumamalgams zu lichtelectrischen Versuchen*. Annalen der Physik und Chemie, 1890, NF 41, 161–165.

[60] Elster J, Geitel H. *Notiz über eine neue Form der Apparate zur Demonstration der lichtelectrischen Entladung durch Tageslicht*. Annalen der Physik und Chemie 1891, NF 42, S. 564–567.

[61] Elster J, Geitel H. *Lichtelectrische Versuche*. Annalen der Physik und Chemie 1892, NF 46, S. 281–291.

[62] Elster J, Geitel H. *Lichtelectrische Versuche*. Annalen der Physik und Chemie 1894, NF 52, S. 433–454.

[63] Koller LR. *Photoelectric Emission from Thin Films of Caesium*. Phys. Rev 36, 1639, American Physical Society, Dezember 1930.

[64] Photomultiplier Tubes. Hamamatsu Photonics K. K., Firmenschrift TPMZ0002E01. Iwata City, Japan, Februar 2016.

[65] Hamamatsu Photonics K.K. Firmenschrift *Photomultiplier Tubes*. Shimokanzo, Japan, 1994.

[66] Jennewein T. *Charakterisierung von Photomultiplier Tubes hinsichtlich deren Verwendung in Flüssig-Xenon Zeitprojektionskammern*. Bachelorarbeit, Mainz, 2012.

[67] Joosten HG. *Verfahren zur automatisierten Übertragung von Emissionsspektrometer-Kalibrationen*. Duisburg, Dissertation, 2003.

[68] Cox WG. *Use of the Diode Array Detector with the DC Argon Plasma – Echelle Spectrometer*. Applications of Plasma Emission Spectrochemistry, Editor Barnes R M, Philadelphia, Heyden & Sons, 1979.

[69] Krüger H. *Entwicklung eines Detektorsystems zum schnellen ortsaufgelösten Nachweis von Einzelmolekülen*. Dissertation, Universität Bonn, 1999.

[70] Köstner R, Möschwitzer A. *Elektronische Schaltungen*. München, Carl Hanser Verlag, Verlag 1993.

[71] Sweedler J V, Ratzlaff K L, Denton M B. *Charge Transfer Devices in Spectroscopy*. New York, VCH Publishers Inc., 1994.

[72] Perkampus HH. *Encyclopedia of Spectroscopy*. Weinheim, VCH Verlagsgesellschaft GmbH, 1995.

[73] Hynecek J. *Virtual Phase Technology: A New Approach to Fabrication of Large-Area CCD's*. IEEE Transactions on Electron Devices Mai 1981, Vol ED-28, No. 5.

[74] Ninkov Z, Backer B, Corba M. *Characterization of a CID-38 Charge Injection Device*. New York, Center for Electronic Imaging, 1996, (www.cis.rit.edu/research/CID/SJ96/paper.html).

[75] Ninkov Z. *Advanced Image Devices*. New York, Center for Electronic Imaging, 2002, (www.cis.rit.edu).

[76] Sony. Firmenschrift *CCD Camera Systems*. 1999, (www.sony.net/products/SC-HP/Index.html).

[77] Göhring D. *Digitalkameratechnologien, eine vergleichende Betrachtung CCD kontra CMOS*. Humboldt Universität Berlin, 2002, (www.informatik.hu-berlin.de/~meffert/Seminararbeiten/Weitere/cmos/ccd-cmos.pdf).

[78] McCormick D T. *Line Array Sensor Comparison Version 1.0*. Publikation der Firma Advanced-MEMS, San Francisco, 2016, (www.advancedmems.com/pdf/AMEMS_LineSensorArraySummary_v1.pdf).

[79] *CMOS linear image sensor S11639-01*. Hamamatsu Photonics K. K., Solid State Division, Datenblatt, Hamamatsu City, Japan, Dezember 2016.

[80] Pfundt H-U. *Beiträge zur Spektralanalyse der Leicht- und Schwermetalle mit einer direkten lichtelektrischen Anzeige*. Dissertation, München, 1955.

[81] *Simultanes Doppelgitter-Spektrometer mit Halbleiterzeilensensoren oder Photoelektronenvervielfachern*. Deutsche Patentanmeldung DE19853754, Spectro, 1998.

[82] Lührs C, Kudermann G. *Funkenspektrometrie*. Chemikerausschuss des GDMB Gesellschaft für Bergbau, Metallurgie, Rohstoff- und Umwelttechnik, Clausthal-Zellerfeld, 1996.

[83] *Verfahren zur vollautomatischen Übertragung von Kalibrationen optischer Emissionsspektrometer*. Deutsche Patentanmeldung DE10152679, *Spectro*, 2001.

[84] *UV-Spektrometer mit positionierbaren Spalten und Verfahren zur vollautomatischen Übertragung von Kalibrationen zwischen mit solchen Optiken bestückten Spektrometern*. Europäisches Patent Nr. EP1825234, *Spectro*, 2007.

[85] DIN EN 61010-1/A1:2015-04; *VDE 0411-1/A1:2015-04 – Entwurf Sicherheitsbestimmungen für elektrische Mess-, Steuer-, Regel- und Laborgeräte- Teil 1: Allgemeine Anforderungen (IEC 66/540/CD:2014)*. Berlin, Beuth Verlag, 2015.

[86] Wikipedia-Eintrag zum Stichwort Kohlebogenlampe. https://de.wikipedia.org/wiki/Kohlebogenlampe, abgerufen am 24.08.2017

[87] Seidel T. *Gleitfunkenspektrometrie – Eine neue atomspektrometrische Methode zur Untersuchung von Kunststoffen und anderen nichtleitenden Materialien*. Dissertation, Duisburg, 1993.

[88] Golloch A, Siegmund D. *Sliding spark spectroscopy – rapid survey analysis of flame retardants and other additives in polymers*. Fresenius J Anal Chem 358: 804–811, 1997

[89] *Method and Device for Spectrometric Elemental Analysis*. Deutsche Patentanmeldung, DE102009018253 (A1), *OBLF*, Gesellschaft für Elektronik und Feinwerktechnik, 2010.

[90] *Spark chamber for optical emission analysis*. Europäische Patentschrift, EP 2612133 (B1), Thermo Fisher Scientific Ecublens Sarl, 2010 (Prioritätsjahr).

4 Probenahme und Probenvorbereitung

Dieses Kapitel soll dem Leser Hinweise darauf geben, wie seine zu analysierende Probe zu nehmen und vorzubereiten ist. Probenahme, Probenvorbereitung und Probenanalyse sind getrennte Arbeitsschritte. Der für die Analyse zuständige Operateur ist an der Probenahme und oft auch an der Probenvorbereitung nicht direkt beteiligt, er sollte sie jedoch genau kennen. Nur mit dieser Kenntnis kann er Messunsicherheiten, die ihre Ursache in einer fehlerhaften Probe haben, identifizieren und die Anlieferung einwandfreier Proben veranlassen.

Der Schwerpunkt dieses Kapitels liegt auf Eisen- und Stahlproben. Hier sind Probenahme und Probenvorbereitung aufwändig und es werden gleichzeitig hohe Anforderungen an die Probenqualität gestellt. Die prinzipielle Vorgehensweise lässt sich aber oft auf andere Metallbasen übertragen.

4.1 Grundsätzliche Anforderungen an Spektrometer-Proben

Bei der Probenahme zur spektrometrischen Analyse müssen einige Aspekte beachtet werden. Brauchbare Proben aus Metallschmelzen erhält man nur, wenn folgende Bedingungen beachtet werden:

- Es muss versucht werden, die *Homogenität* der chemischen Zusammensetzung zu sichern. So muss z. B. bei Stahlproben gewährleistet sein, dass die Probe aus einer definierten Zone der Schmelze unterhalb der Schlacke stammt.
  Bei der Beprobung von Halbzeugen ist zu beachten, dass die Oberflächen oft eine andere chemische Zusammensetzung als das Halbzeug-Innere hat. Ursachen hierfür können Beschichtungen wie z. B. Verzinkung sein, aber auch Effekte wie Randentkohlung, Aufkohlungen oder Nitrierung können die Zusammensetzung an der Oberfläche beeinflussen.
- Wird die Probe aus einer Schmelze genommen, sollte der *Abkühlprozess* sorgfältig kontrolliert werden, um Proben mit identischem Gefüge zu erhalten. Meist ist eine schnelle Abkühlung vorteilhaft.
- Die Probe sollte *frei von Einschlüssen, Lunkern, Rissen, Seigerungen und Graten* sein.
- Die Größe der Probe sollte ausreichen, um spektroskopisch Mehrfachmessungen durchführen zu können. Bei rotationssymmetrischen Proben hat es sich eingebürgert, nur einen Ring parallel zum Außenumfang für die Analyse zu nutzen. Hier können Seigerungen in der Mitte oft toleriert werden.
- Die Probe ist mit einer geeigneten Methode vorzubereiten. Hier sind *Schleifen, Fräsen und Drehen* möglich. Nach der Vorbereitung sollte die Probe plan sein, so dass sie die Funkenstands-Öffnung des Spektrometers dicht verschließt.
  Besonders die Probenvorbereitung mit Tellerschleifmaschinen von Hand erfordert Übung. Es besteht die Neigung, Proben „ballig" zu schleifen. Der

https://doi.org/10.1515/9783110524871-004

Probenabtrag ist dann zu den Kanten hin größer, es ergibt sich eine leichte Kissenform. Diese Gefahr ist bei weicheren Materialien wie Reineisen besonders groß. Nur in seltenen Fällen, z. B. bei Schnelltests auf Oberflächen von Cr/Ni-Stählen kann auf spanabhebende Probenvorbereitung verzichtet werden.
– Die Probenoberfläche muss vor der Analyse *frei von Beschichtungen, Feuchtigkeit, Schmutz oder Schmierstoffen* sein. Korrosionsempfindliche Materialien, wie z. B. Werkstoffe der Magnesiumbasis, neigen zur Oxidbildung an der Oberfläche. Hier sollte der zeitliche Abstand zwischen Probenvorbereitung und Analyse so kurz wie möglich sein. Für Proben einiger Metallbasen z. B. für solche aus Aluminium, ist eine Aufbewahrung von Standardisierungs- und Kontrollproben im Exsikkator vorteilhaft. Damit wirkt man Veränderungen der Oberfläche und Anlagerung von Feuchte entgegen und kann die Probenvorbereitungsintervalle verlängern.
– Eine sorgfältige *Kennzeichnung* beugt Probenvertauschungen und -verwechslungen vor.
– Oft ist es erforderlich, die Probe nach der Analyse zu verwahren, um *Nachweis- und Archivierungspflichten* zu genügen. Sie sollte dann sicher und geschützt vor Verunreinigungen aufbewahrt werden. Die archivierten Proben selbst sollten also, ebenso wie ihre Analysenergebnisse, nachverfolgbar sein.

Es ist dringend zu empfehlen, die Durchführung von Probenahme und Probenvorbereitung in Arbeitsanweisungen festzuhalten um, unabhängig vom Probennehmer stets Proben gleicher Beschaffenheit zu erhalten.

Auch auf die Arbeitssicherheit ist zu achten. Sowohl Probenahme als auch Probenvorbereitung können mit Sicherheitsrisiken verbunden sein. Deshalb sollten alle Arbeitsabläufe von Sicherheitsfachkräften überprüft und Probennehmer und Probenvorbereiter entsprechend geschult und mit persönlicher Schutzausrüstung versehen werden.

Was bei der Probenahme an Halbzeugen und Schrotten beachtet werden muss, ist in Kapitel 6.8 detailliert beschrieben. Dieses Thema ist besonders bei Wareneingangs- und Warenausgangskontrolle sowie in der Sekundärrohstoffwirtschaft von Bedeutung. Da diese Aufgaben meist mit Mobilspektrometern durchgeführt werden, wurde die Beprobung von Halbzeugen in das sechste Kapitel aufgenommen, das sich mit Konstruktion und Einsatz solcher Spektrometersysteme befasst.

4.2 Probenahme aus flüssigen Schmelzen

Probenahme und Probenvorbereitung von Eisenbasismetallen sind im Handbuch für das Eisenhüttenlaboratorium [1] detailliert beschrieben und in der der DIN EN ISO 14284 [2] genormt.

4.2.1 Probenahme aus Roheisen

Die Proben von flüssigem Hochofeneisen (flüssigem Roheisen) zur Stahlerzeugung kann in der Produktion an verschiedenen Stellen entnommen werden:
- aus der Rinne während des Gießprozesses
- direkt aus dem Gießstrahl
- aus Transportpfannen

Als Probenahme-Verfahren werden folgende Verfahren angewendet:
- Probenahme mit dem Löffel
- Probenahme mit der Tauchkokille
- Probenahme mit der Tauchsonde
- Probenahme durch Ansaugen

Probenahme mit dem Löffel

Bei dieser Art der Probenahme wird das flüssige Roheisen mit Hilfe eines Löffels entnommen und in eine kalte Metallkokille gefüllt. Die Zeichnung einer solchen Kokille findet sich in der DIN EN ISO 14284 [2].

Probenahme mit der Tauchkokille

Die Probenahme mit der Tauchkokille erfolgt durch Eintauchen der Kokille in die Schmelze, die sich dort füllt. Bei diesem Vorgang ist der Einfluss von Luftsauerstoff und Schlacke unterbunden. Es muss erreicht werden, dass die Probe auch unter diesen Bedingungen schnell weiß, also ohne Graphitbildung, erstarrt. Abbildung 4.1 zeigt eine weiß erstarrte Roheisenprobe, Abb. 4.2 eine grau erstarrte, bei der ein Teil des Kohlenstoffs als Graphit vorliegt (s. auch Abb. 5.1 und 5.2).

Abb. 4.1: Weiß erstarrte Roheisenprobe

Grau erstarrte Roheisenprobe

Probenahme mit der Tauchsonde

Bei dieser Technik werden Tauchkokillen für die Einwegnutzung verwendet. Die Kokille wird in ein Papprohr eingebaut und mit einer Lanze in das flüssige Metall getaucht.

Bei der Verwendung von Tauchsonden wird eine Scheibenprobe produziert, die für die Spektrometrie geeignet ist. Voraussetzung ist ein weißes Gefüge der Probe. Der Vorgang der Probenahme kann verschieden ablaufen. Eintauchdauer, -winkel und -tiefe sollten aber, hat man einmal optimale Parameter durch Versuche gefunden, stets gleich gehalten werden.

Die Probe kann der Hochofenrinne oder auch dem Eisen-Gießstrahl entnommen werden. Dazu wird die Sonde in die Schmelze eingeführt und die Einwegkokille füllt sich nach einigen Sekunden. Dann wird die Sonde aus der Schmelze gezogen und auseinandergebrochen. Die Probe wird entnommen und abgekühlt. Diese Tauchsonde unterscheidet sich vom Aufbau der Sonde für die Probenahme von flüssigem Stahl durch einige konstruktive Merkmale, wie z. B. dem seitlichen Einlauf, der eine Probenahme aus der Rinne erlaubt.

4.2.2 Probenahme aus flüssigem Stahl

Bei der Probenahme aus flüssigem Stahl hat sich seit Mitte der 70er Jahre die Probenahme mit der Tauchsonde durchgesetzt (siehe Handbuch für das Eisenhütten-Laboratorium [1]). Diese Entwicklung erklärt sich durch die Vorteile, die das Verfahren aufweist:

- Das Verfahren ist automatisierbar.
- Die Probe ist durch einen Roboterarm gut greifbar.
- Es lassen sich gut ausgebildete Proben erzeugen, die keine langwierige Probenvorbereitung erfordern.

Durch den Einsatz von Tauchproben lassen sich deshalb die Analysenlaufzeiten verkürzen, was wichtig für eine Beschleunigung der Produktionsabläufe ist.

Die Probenahme mit der Tauchsonde erfordert gute Verfahrenskenntnisse. Es muss vermieden werden, dass beim Abkühlungsprozess Seigerungen in der Probe entstehen. Zur Bindung des Sauerstoffs werden Metallstreifen aus Aluminium oder Zirkon im Sonden-Inneren platziert.

Ein wichtiger Vorteil der Tauchsondentechnik besteht darin, dass sie es ermöglicht, die Elemente Kohlenstoff und Stickstoff in Proben direkt (und damit schnell) mit Funkenemissionsspektrometern zu bestimmen.

Eine spezielle Technik zur Arbeit mit Tauchsonden ist die „Blas- und Saugtechnik":
- Die Tauchsonde wird bei der Probenahme solange mit Argon gespült, bis die Schlackenzone durchstoßen ist und die Probenform frei von Sauerstoff und Stickstoff ist.
- Danach wird gesaugt und die Probenkokille gefüllt.

Der apparative Aufwand ist bei Verwendung dieser Technologie aber hoch.

Abbildung 4.3 zeigt den Aufbau einer Saugsonde, Abb. 4.4 gibt verschiedene Probenkörperformen wieder.

4.2.3 Probenahme aus flüssigem Gusseisen

Bei der Herstellung von Gusseisenproben ist es vorteilhaft, zur Absicherung der Homogenität zwei Proben zu nehmen. Tauchprobennahme ist zwar möglich, die Probenahme mit dem Löffel ist aber verbreiteter. Es wird ein Grafitlöffel oder ein Stahllöffel benutzt, der mit einem feuerfesten Material beschichtet ist.

Die Probenahme läuft wie folgt ab:
- Die Schlacke auf der Schmelze wird abgestreift, der vorgewärmte Löffel in die Schmelze getaucht und mit Eisen gefüllt. Bei der Probenahme während des Gießprozesses wird der Löffel direkt in den Gießstrahl gehalten.
- Der Löffelinhalt wird in eine Kokille gegossen, die eine gute Wärmeableitung hat. Vollkupferkokillen haben gegenüber Stahlkokillen den Vorteil, dass sie eine schnellere Abkühlung erlauben. Es ist darauf zu achten, dass die Kokille vor der Befüllung nicht zu heiß ist. Mit einer kalten Kokille aus einem Material guter Wärmeleitfähigkeit wird die Bildung eines weiß erstarrten Eisengefüges erzielt.

Kipsch [3] bemerkt, dass Weißerstarrung einerseits und Freiheit von Lunkern, Schlacken und Schlieren andererseits gegenläufige Forderungen sind. Im Zweifel ist es vorteilhaft, Proben zu erzeugen, die sicher weiß erstarrt sind. Trifft der Funken z. B. einen Lunker, sieht man das sofort am Brennfleck. Grau erstarrte Proben können dagegen mit möglicherweise unbemerkten Messfehlern beim Kohlenstoff einhergehen.

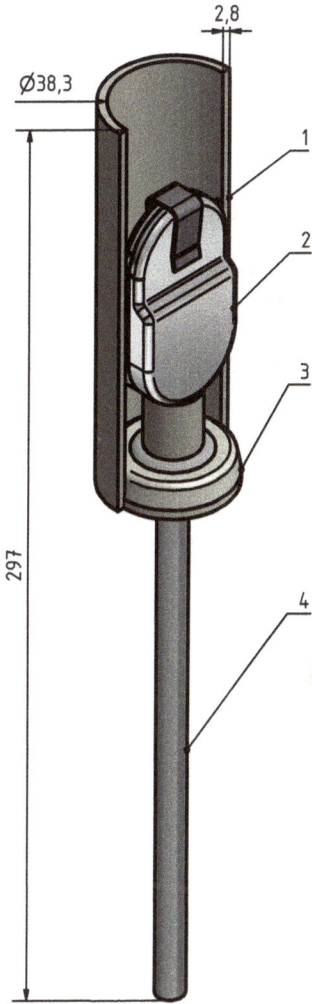

MINKON Saugsonde / Suction Sampler
Typ / Type: SLC-79-200-NK-X
Art.Nr. / Part no: 111-6430

1	Aufnahmehülse / Paper tube
2	Probenform Typ 79DM / Steel mould type 79DM
3	Keramikring / Ceramic ring
4	Edelstahlrohr / Stainless steel pipe

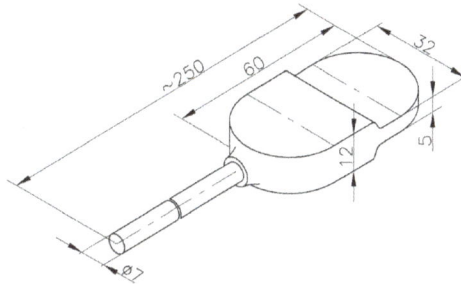

Minkon GmbH, Heinrich-Hertz-Straße 30-32, D-40699 Erkrath
Tel.: +49-211-2099080, Fax: +49-211-20990890

Abb. 4.3: Saugsonde für flüssigen Stahl (Abdruck mit freundlicher Erlaubnis der Firma MINKON GmbH, Heinrich-Hertz-Straße 30-32, D-40699 Erkrath)

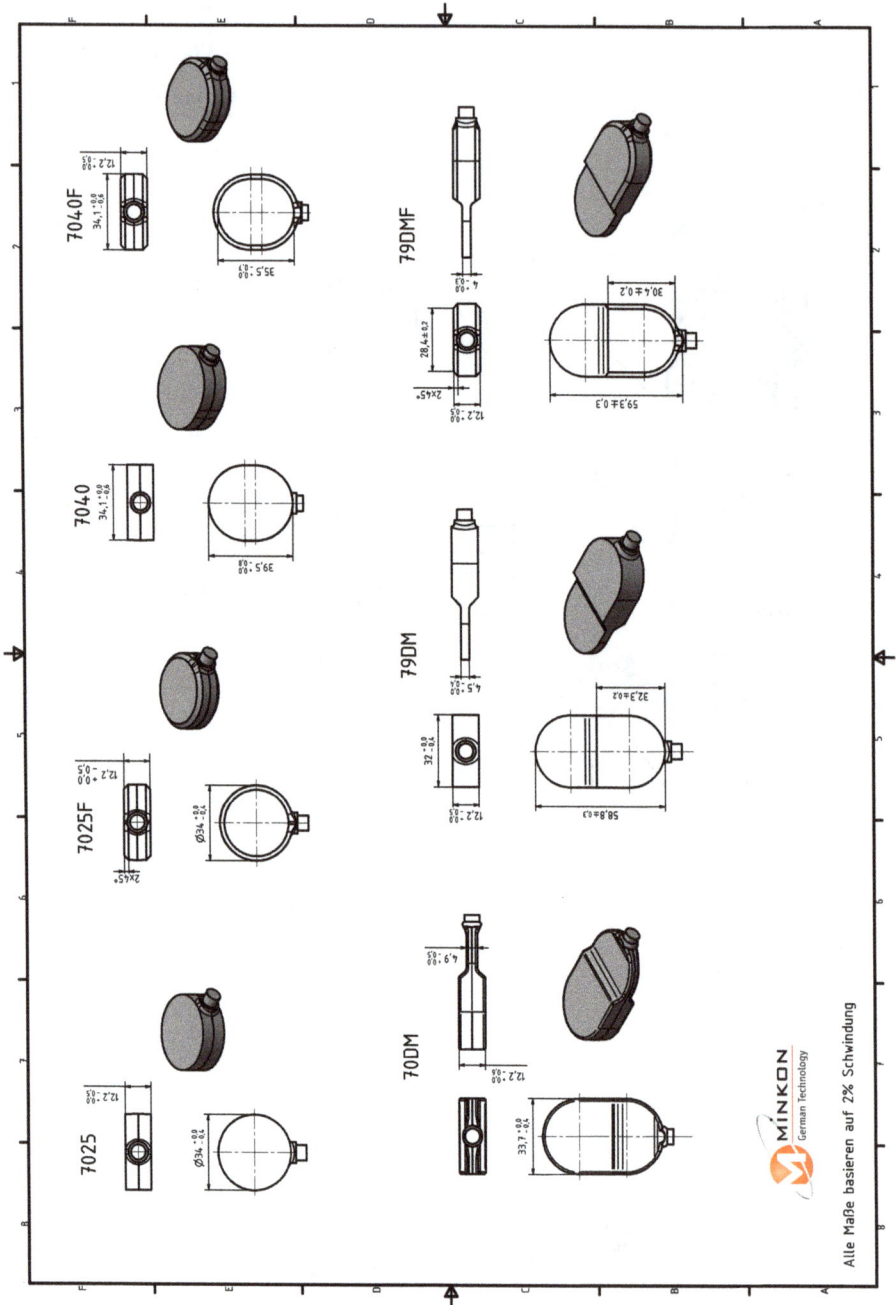

Abb. 4.4: Verschiedene Probenkörper (Abdruck mit freundlicher Erlaubnis der Firma MINKON GmbH, Heinrich-Hertz-Straße 30-32, D-40699 Erkrath)

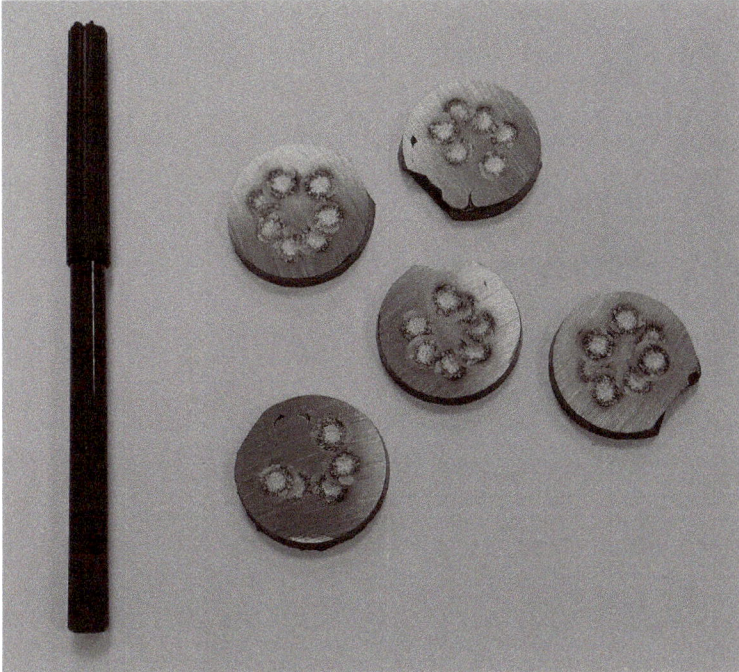

Abb. 4.5: Typische Gusseisenproben

Es entsteht eine runde Probe von 4–8 mm Dicke und 35–40 mm Durchmesser (s. Abb. 4.5). Nach dem Abkühlen wird die Probe sofort der Kokille entnommen.

Die Abbildung 4.5 zeigt typische Gusseisenproben nach Probenvorbereitung und Messung. In der EN ISO 14284 [2] ist die Zeichnung einer zur Herstellung von Gusseisenproben geeigneten Kokille dargestellt. Die Kokillen müssen sorgfältig gepflegt und vorbereitet werden, um Proben mit einwandfreier Oberfläche zu erhalten.

4.2.4 Probenahme aus Aluminiumschmelzen und anderen Metallbasen

Auf die Probenahme aus Aluminiumschmelzen gehen Lührs und Kudermann [4] ein. Sie berichten, dass Proben meist mit einem Löffel aus der Schmelze entnommen werden. Die Löffel sind vor Gebrauch mit einer temperaturfesten Beschichtung, der sogenannten Schlichte, zu versehen. Mit dem Löffel werden Kokillen befüllt, die denen für Guss- und Roheisen ähneln. Es können aber auch Tauch- und Saugkokillen verwendet werden. Sie weisen außerdem darauf hin, dass die optimale Zone der Probenahme empirisch ermittelt werden sollte.

Auch in der Kupferbasis kommen sowohl Löffel- als auch Tauchproben zum Einsatz. Bei den niedrigschmelzenden Metallen der Zink-, Blei- und Zinnbasis dominieren Proben, bei denen Kokillen über Löffel befüllt werden (Schöpfproben). Abbildung 4.6 zeigt als Beispiel eine Zinkprobe.

Zinkprobe

4.3 Probenvorbereitung

Zur Probenvorbereitung sind die folgenden Methoden gebräuchlich:

– *Schleifen mit Band- oder Tellerschleifmaschinen*
   Ein Vorschliff kann nass erfolgen. Am Ende sollte aber trocken geschliffen werden. Nach dem Schleifen sollte die Probe nicht mehr mit Wasser gekühlt werden.
   Das Schleifmittel kann zu Kontaminationen führen. Hier sind Al_2O_3, SiC und ZrO_2 gebräuchlich. Bei den Elementen Al, Si, C, Zr und auch bei O, falls eine Einzelfunkenauswertung durchgeführt wird, muss deshalb mit Beeinträchtigungen der Messunsicherheiten im Spurenbereich gerechnet werden.
   Das manuelle Schleifen mit Tellerschleifmaschinen ist für Stähle, Nickel- und Kobaltbasislegierungen weit verbreitet. In automatischen Anlagen erfolgt die Probenvorbereitung für solche Materialien mit Hilfe von Bandschleifmaschinen, weil sich so längere Standzeiten der Schleifmittel realisieren lassen. Allerdings kommen in neueren Automatiksystemen meist Fräsen zum Einsatz.
   Die Körnung der Schleifscheiben sollte nicht zu fein sein. Keinesfalls sollten Schleifscheiben für metallografische Feinschliffe verwendet werden. Eine zu glatte Oberfläche ist eher nachteilig, Körnungen von 60 oder 80 haben sich bewährt.

– *Schleifen mit Pendelschleifmaschine*
   Gusseisenproben schleift man meist mit Hilfe von Pendelschleifmaschinen. Hier wird die Probe mit Hilfe einer Magnetspannplatte oder eines Schraubstocks arretiert und ein Schleiftopf mit Durchmesser von ca. 150 mm in pendelnder Bewegung über die Probenoberfläche geschwenkt. Der Schleiftopf wird zunächst soweit abgesenkt, dass er die Probenoberfläche gerade berührt. Im Verlauf des

Schleifprozesses kann er über ein Handrad in Schritten von Millimeterbruchteilen abgesenkt werden. Der Schleifprozess ist beendet, sobald die gesamte Oberfläche plan und metallisch blank ist.

Eine Vorbereitung von Gusseisenproben mit Tellerschleifmaschinen ist weniger empfehlenswert. Einerseits besteht die Gefahr einer Überhitzung. Die Probe läuft dann blau an. Diese Überhitzung der Probe kann eine Erhöhung der Messunsicherheit bewirken. Außerdem ist die Handhabung der beim Gusseisen üblichen dünnen „Probentaler" auf Tellerschleifmaschinen schwierig. Verwendet man ein geeignetes Hilfsmittel, das es erlaubt, die Gusseisenprobe sicher und plan auf den Schleifteller zu halten (z. B. einen an die Probenform angepassten Magnetprobenhalter) und vermeidet man Überhitzung, ist prinzipiell auch die Verwendung von Tellerschleifmaschinen möglich.

– *Drehen und Fräsen*

Bei weichen Nichteisenmetallen ist Drehen oder Fräsen dem Schleifen überlegen, weil das weiche Material die Schleifscheiben „verschmiert" und so zu einer Kontamination nachfolgender Proben führen kann. Fräsen hat gegenüber Drehen den Vorteil, dass in Probenmitte kein Grat verbleibt. Ein solcher Grat kann verhindern, dass die Probe plan auf dem Funkstand aufliegt. Diese Tatsachen machen das Fräsen zur bevorzugten Methode der Probenvorbereitung. Allerdings kann es bei sehr harten Materialien, wie z. B. bei Titanaluminiden, nicht eingesetzt werden. In den letzten Jahren wurde die Frästechnik ständig verbessert und eine zunehmende Anzahl von Legierungen kann durch Fräsen vorbereitet werden.

Lührs und Kudermann [4] weisen darauf hin, dass beim Drehen und Fräsen eine Kühlung mit Propanol vorteilhaft sein kann. Bei Verwendung dieses Kühlmittels ist für eine ausreichend dimensionierte Absaugung zu sorgen.

Tabelle 4.1 informiert darüber, welches Probenvorbereitungsverfahren für welche Legierungsgruppe praktikabel bzw. empfehlenswert ist.

Tab. 4.1: Mögliche Probenvorbereitungsmethoden für verschiedene Legierungsgruppen

Vorbereitungsmethode	Stahl	Gusseisen, Roheisen	Ni, Co, Ti-Basis-Legierungen	Al, Mg, Zn, Pb, Sn	Cu-Basis
Schleifen (Band- oder Tellerschleifmaschine)	geeignet	weniger empfehlenswert	geeignet	ungeeignet	für einige Legierungen bedingt geeignet
Schleifen (Pendelschleifmaschine)	unüblich	gut geeignet	unüblich	ungeeignet	unüblich
Fräsen und Drehen	gut geeignet bei nicht zu harten Proben	bedingt geeignet	gut geeignet bei nicht zu harten Proben	gut geeignet	gut geeignet

Literatur

Für einige Werkstoffgruppen existieren Normen, die Probenahme und Probenvorbereitung regeln. Diese Normen [2, 5–8] wurden in die nachfolgenden Literaturhinweise aufgenommen.

[1] *Handbuch für das Eisenhüttenlaboratorium* Band 5. Düsseldorf, Verlag Stahleisen, 2012.

[2] DIN EN ISO 14284:2003-02: *Stahl und Eisen – Entnahme und Vorbereitung von Proben für die Bestimmung der chemischen Zusammensetzung (ISO 14284:1996); Deutsche Fassung EN ISO 14284:2002.* Berlin, Beuth Verlag, 2002.

[3] Kipsch D. *Lichtemissions-Spektralanalyse.* Leipzig, VEB Deutscher Verlag für Grundstoffindustrie, 1974.

[4] Lührs C, Kudermann G. *Funkenspektrometrie.* Clausthal-Zellerfeld, Chemikerausschuss des GDMB Gesellschaft für Bergbau, Metallurgie, Rohstoff- und Umwelttechnik, 1996.

[5] ISO 1811-2:1988-10: *Kupfer und Kupferlegierungen; Auswahl und Vorbereitung von Proben für die chemische Analyse; Teil 2: Probenahme von Kneterzeugnissen und Gussstücken.* Berlin, Beuth Verlag, 1988.

[6] DIN EN 14361:2005-02. *Aluminium und Aluminiumlegierungen – Chemische Analyse – Probenahme von Metallschmelzen.* Berlin, Beuth Verlag, 2005.

[7] DIN EN 12060:1998-01: *Zink und Zinklegierungen – Probenahme – Spezifikationen.* Berlin, Beuth Verlag, 1997.

[8] DIN EN 12402:1999-10: *Blei und Bleilegierungen – Probenahme für die Analyse.* Berlin, Beuth Verlag, 1999.

5 Analytische Leistungsfähigkeit für die wichtigsten Metalle

In Kapitel drei wurde die Funktionsweise moderner Emissionsspektrometer mit Funkenanregung beschrieben. Mit diesen Geräten ist es möglich, die Elementgehalte einer großen Anzahl verschiedener Metalle zu bestimmen. In diesem Kapitel soll nun für einzelne Metallbasen umrissen werden, welche Elemente innerhalb welcher Gehaltsbereiche sinnvoll gemessen werden können. Die Bereiche geben dabei die Spanne zwischen Nachweisgrenze (nicht etwa der Bestimmungsgrenze) und den nach Kenntnisstand der Autoren höchsten mit Funkenemissionsspektrometern bestimmten Gehalten an. Auf die analytische Leistungsfähigkeit mit Bogen- und Laseranregung wird in diesem Kapitel nicht eingegangen.

Es werden nur solche *Elemente* aufgeführt, die üblicherweise mit Bogen-/Funkenspektrometern bestimmt werden. Diese Auswahl spiegelt aber, von sehr wenigen Ausnahmen abgesehen, die Liste der für die betreffenden Metalle relevanten Elemente wider. Auf einige wichtige Ausnahmen wird im Verlauf dieses Kapitels hingewiesen.

Bemerkungen zu den Messbereichs-Obergrenzen

Die *Obergrenzen* der Gehaltsbereiche orientieren sich einerseits an den Anforderungen, andererseits ist nicht in jedem Fall eine ausreichende Abdeckung mit Referenzmaterialien vorhanden. Reicht der Gehaltsbereich dann für die Praxis nicht aus, kann man sich in solchen Fällen eventuell mit Sekundärstandards behelfen. Dabei sind mit Sekundärstandards Eigenproben der Anwender gemeint, deren Elementgehalte mit Hilfe anderer Verfahren bestimmt wurden. Solche Verfahren sind z. B. die Atomabsorptionsspektrometrie, die Coulometrie oder die optische Emissionsspektrometrie mit induktiv gekoppeltem Plasma (ICP-OES). Die Homogenität von Sekundärstandards ist zu überprüfen, wobei diese Kontrolle mit dem Funkenemissionsspektrometer über eine Messung der Intensitätsverhältnisse an verschiedenen Stellen der Probe erfolgen kann. Dabei wird die Homogenität als ausreichend erachtet, wenn sich kein Zusammenhang zwischen Messposition und Messwerten erkennen lässt.

Die in diesem Kapitel gelisteten Gehalts-Obergrenzen lassen Sekundärstandards nicht vollständig außen vor. Sie werden jedoch nur eingeschränkt berücksichtigt. Der Kalibrationsbereich sollte nur über den durch Referenzmaterialien abgesicherten Bereich erweitert werden, wenn mehrere Sekundärstandards unterschiedlicher Quellen zur Verfügung stehen, die auch eine konsistente Kalibration, also eine Kalibrationsfunktion vertretbarer Streuung, liefern.

Folgen auf die Angabe einer Gehalts-Obergrenze ein zweiter Wert in Klammern, heißt das, dass die Kalibration prinzipiell bis zu dem in Klammern stehenden Wert möglich ist, es aber schwierig ist, den Bereich zwischen der Obergrenze und dem Wert

https://doi.org/10.1515/9783110524871-005

in Klammern mit Referenzproben oder einer ausreichenden Anzahl Sekundärstandards abzudecken. Erstreckt sich der Mangel geeigneter Referenzmaterialien über den kompletten Kalibrationsbereich, ist er komplett eingeklammert.

In den Tabellen dieses Kapitels wurden die Obergrenzen von Legierungselementen auf 50 % begrenzt. In der Praxis sind aber auch höhere Obergrenzen vertretbar, um Gruppen von Metallen mit ähnlichem Anwendungsbereich nicht über verschiedene Methoden verteilen zu müssen. Dann misst man strenggenommen aber in der Metallbasis des Legierungselementes. Beispiel: In der Zinn-Übersichtsmethode werden die Kalibrationskurven für Blei oft über 60 % hinaus verlängert. Misst man dann eine Legierung mit über 60 % Blei, so analysiert man genau genommen kein Metall der Zinnbasis, sondern eine Bleilegierung. Man kann so aber Lote mit verschiedensten Kombinationen der Elemente Blei und Zinn ohne Wechsel der Methode messen.

Bemerkungen zu den Messbereichs-Untergrenzen

Problematisch ist die Festlegung der Gehalts-Untergrenzen. Es ist sinnvoll, diese an die erreichbare Nachweisempfindlichkeit zu koppeln.

Ein wichtiges Kriterium zur Festlegung der *Messbereichs-Untergrenzen* bilden die gemäß DIN 32465 [1] ermittelten Nachweisgrenzen, die mit größeren Funken-Laborspektrometer erreichbar sind. Dabei wird unter einem größeren Laborspektrometer ein System mit einer maximalen reziproken Lineardispersion von 0,6 nm pro mm verstanden. Viele der gelisteten Untergrenzen sind nur zu erreichen, wenn alle technischen Möglichkeiten ausgeschöpft werden. Eine solche Möglichkeit zur Verbesserung der Nachweisgrenzen ist z. B. die zeitaufgelöste Messwerterfassung.

Nachweisgrenzen lassen sich auch durch speziell auf die Analysenlinien zugeschnittenen Messparameter optimieren. Solche Maßnahmen müssen zum Erreichen der gelisteten Grenzen zwar angewandt werden, die linienspezifischen Anpassungen sollten sich aber in Grenzen halten. Damit ist gemeint, dass jedes einzelne einer größeren Anzahl gemessener Elemente (z. B. 40) einer wesentlich kleineren Zahl von Anregungsparametern (z. B. drei) zugeordnet wird. Diese Vorgehensweise ist sinnvoll. Würde man jedem Element eine eigene Messzeit mit optimiertem Anregungsparameter zuordnen, würde die Gesamtmesszeit zu lang werden. Die beschriebene Kompromisslösung kommt in kommerziellen Funkenemissionsspektrometern zur Anwendung. Bei guter analytischer Leistungsfähigkeit lassen sich so Messzeiten unter 30 Sekunden für eine Einzelmessung realisieren. Kurze Messzeiten sind in vielen Fällen, z. B. bei der Schmelzenführung, eine wichtige Randbedingung. Manchmal ist es trotzdem notwendig, Optimierungen für einzelne Elemente durchzuführen, weil die Anwendung niedrigste Nachweisgrenzen erfordert. Längere Messzeiten oder andere Nachteile werden dann in Kauf genommen. In solchen Fällen wird die dann erreichbare Nachweisgrenze in Klammern vor den Messbereich gesetzt.

Man darf eine nach DIN 32465 bestimmte Nachweisgrenze G für ein Element E nicht so interpretieren, dass dann, wenn eine Probe P einer beliebigen Legierung gemessen und ein Gehalt von G errechnet wird, tatsächlich das Element E in der Probe enthalten ist. Der Schluss ist nur dann zulässig, wenn es sich um eine reine Probe des Basismetalls handelt, die nur Spuren von E enthält. Auch dann, wenn die Kalibrationsfunktionen im unteren Bereich keinerlei Streuung aufweisen, wäre diese Annahme berechtigt. In der Praxis ist die erzielbare reale Nachweisgrenzen für eine ganze Gruppe von Metallen von der Streuung der Kalibrationskurven abhängig. Es ist aber nicht sinnvoll, diese Streuung als Grundlage der gelisteten Untergrenzen zu nehmen, weil sie sich durch Einengung der Materialgruppe, die mit einer Methode abgedeckt wird, stark reduzieren lässt. Auch wenn die in Kapitel 3.9.6.3 beschriebene Typrekalibration verwendet wird, lassen sich oft die mit Hilfe der Reinprobe ermittelten Nachweisgrenzen für den betreffenden Legierungstyp erreichen. Das ist aber nur dann der Fall, wenn die Analysenlinie nicht signifikant durch eine Störlinie des Legierungselementes überlagert ist und auch die Höhe des spektralen Untergrundes annähernd der Reinprobe entspricht.

Einige Gründe für eine erhöhte Streuung lassen sich nicht durch ausgefeiltere Kalibration kompensieren:
- Elemente können teils metallisch gelöst und teils in Einschlüssen vorkommen. Dieses Verhältnis kann innerhalb der zur Kalibration verwendeten Standards variieren.
- Die Messunsicherheiten der Standards im Spurenbereich können hoch sein. Sie sind, gerade bei älteren Referenzmaterialien, häufig nicht in den Zertifikaten vermerkt. Allerdings erregen „glatte" Werte Verdacht. Beispiel: Sind bei den fünf Standards eines Satzes die Gehalte eines Spurenelements mit 1 ppm, 5 ppm, 10 ppm, 20 ppm und 50 ppm angegeben, ist es sehr unwahrscheinlich, dass das die wahren Werte sind, da es nicht möglich ist, eine Zielkonzentration genau einzustellen. Wahrscheinlich wurde also gerundet.

Es sollte Folgendes zu den in diesem Kapitel genannten Messbereichs-Untergrenzen festgehalten werden:
- Die in den Tabellen dieses Kapitels genannten Messbereichs-Untergrenzen können nur Richtwerte sein können, die zur groben Orientierung gedacht sind.
- Nicht für jede Legierung entsprechen die genannten Messbereichs-Untergrenzen den real erreichbaren Nachweisgrenzen.
- Für konkrete analytische Aufgabenstellungen ist die Inanspruchnahme einer Beratung durch die Gerätehersteller empfehlenswert. Ist das Erreichen von Mindest-Nachweisgrenzen für die Anwendung wichtig, sollten sie bei der Bestellung angegeben und vom Verkäufer bestätigt werden. Die Einhaltung der Grenzen ist vor Lieferung vom Hersteller zu überprüfen, um sicherzustellen, dass sie trotz der unvermeidlichen Geräte-Serienstreuung nicht überschritten werden. Eine Kontrolle der Nachweisempfindlichkeit ist nicht mit beliebigen Proben möglich.

Enthält eine Probe z. B. geringe Gehalte eines Spurenelementes, die aber inhomogen verteilt sind, so ist sie zu Überprüfungszwecken ungeeignet. Die inhomogene Verteilung führt zu höheren Standardabweichungen und täuscht damit höhere Nachweisgrenzen vor.

– Während der gesamten Geräte-Lebensdauer sollten Nachweisgrenzen, genauso wie andere wichtige analytischen Kriterien, in regelmäßigen Abständen kontrolliert werden.

Abschließend sei bemerkt, dass zur Abdeckung der in den Unterabschnitten angegebenen Kalibrationsbereiche meist mehr als eine Analysenlinie erforderlich ist.

Manchmal sind nicht genügend Referenzmaterialien zur durchgängigen Abdeckung des Bereichs zwischen niedrigen und hohen Gehalten vorhanden. In diesen Fällen sind für die betreffenden Elemente zwei Gehaltsbereiche angegeben, zwischen denen es eine Lücke gibt, in der keine sichere Konzentrationsbestimmung möglich ist.

Tab. 5.1: Gehaltsbereiche für Messungen in der Eisenbasis

Element	Gehaltsbereich [%]	Element	Gehaltsbereich [%]	Element	Gehaltsbereich [%]
Al	0,0001–5,6	La	0,00005–0,02 (0,3)	Sb	0,0004–0,3
As	0,0003–0,28	Mg	0,00005–0,4	Se	0,001–0,31
B	0,0001–1,3	Mn	0,0002–24	Si	0,0003–24
Bi	0,0002–0,2	Mo	0,0001–12	Sn	0,0001–0,4
C	0,0001–5,4	N	0,0006–1,1	Ta	0,001–0,8
Ca	0,0001–0,013	Nb	0,0003–4	Te	0,0008–0,06 (0,76)
Cd	0,0002–0,015	Ni	0,0003–45	Ti	0,0002–3,6
Ce	0,0002–0,12 (0,66)	O	0,002–0,06	V	0,0001–10
Co	0,0002–22	P	0,0002–2,9	W	0,002–25
Cr	0,0002–40	Pb	0,0002–0,4	Zn	0,0001–0,1
Cu	0,00005–10	S	0,0002–0,52	Zr	0,0003–0,3

5.1 Analyse von Eisenbasis-Materialien

Tabelle 5.1 gibt Elemente und zugehörige Gehaltsbereichen an, für die in Stählen, Gusseisen und sonstigen Eisenbasismaterialien eine Bestimmung routinemäßig möglich ist.

Für Eisenbasismetalle ist die Erstellung folgender Untermethoden sinnvoll:
– Unlegierte und niedriglegierter Stähle
  (C < 2 %, kein Legierungselement > 5 %, S < 0,12 %, Pb < 0,1 %)
– Unlegierte und niedriglegierte Automatenstähle
  (zusätzlich 0,12 %–0,5 % Schwefel und/oder einige Zehntelprozent Blei)
– Chrom- und Chrom/Nickel-Stähle
  (C < 2 %, Cr 5–30 %, Ni 0–30 %, S < 0,12 %)

- Chrom/Nickel-Automatenstähle
  (zusätzlich > 0,12 % Schwefel)
- Unlegiertes und niedrig legiertes Gusseisen
  (C > 2 %, kein Legierungselement > 5 %)
- Manganstahl / Manganhartstahl
  (C < 2 %, Mangan > 10 %, Chrom 0–20 %)
- Schnellarbeitsstahl
  (um 1 % C, um 4 % Cr, der Gesamtgehalt von W, Mo, V, Co beträgt mehrere Prozent)
- Maraging-Stahl
  (C < 0,05 %, Ni 12–25 %, Co bis 12 %, Mo bis 5 %, Ti bis 1,7 %)
- Chrom-Hartguss
  (verschleißfestes Gusseisen mit bis zu 5 % C, 12–32 % Chrom und 0–3 % Mo)
- Austenitisches Gusseisen
  (Ni-Resist, bis 3 % C, Si bis 6 %, Ni bis 36 %, Cr bis 4 %, Mn bis 5 %, eine Sorte auch mit bis zu 7,5 % Cu)

Genaue Informationen über die chemische Zusammensetzung und die Eigenschaften der in den oben genannten Gruppen enthaltenen Legierungen finden sich im Stahlschlüssel [3]. Auch die gängigen Werke zur Werkstoffkunde helfen dabei, sich einen Überblick über gängige Legierungen zu verschaffen, z. B. die Bücher von Domke [4], Merkel/Thomas, [5] und Bargel/Schulze [6].

Sollen Stähle analysiert werden, bei denen die Zuordnung zu einer der oben genannten Gruppen nicht von vorneherein klar ist, kann eine Übersichtsmethode benutzt werden. Bei der Analyse mit Hilfe dieser Methode müssen jedoch Abstriche bezüglich der Richtigkeit gemacht werden. Für viele Zwecke reicht die so erhaltene Analyse aber aus. Auch dann, wenn eine passende Untermethode auf einem Spektrometersystem nicht verfügbar ist, ist das Vorhandensein der Übersichtsmethode hilfreich.

Weit oberhalb der in Tab. 5.1 gelisteten Untergrenzen (also z. B. oberhalb des Hundertfachen der Untergrenze) erreicht man bei vollständig in der Eisenmatrix gelösten Elementen einen Variationskoeffizienten der Messwerte, der meist zwischen 0,1 % und 0,7 % liegt. Lässt sich zu einer Analytlinie ein interner Standard finden, der bei Schwankungen der Plasmatemperatur ähnlich reagiert, ergibt sich ein besonders niedriger Variationskoeffizient. Das ist beispielsweise bei der Chromlinie 298,9 nm der Fall. Bei metallisch gelösten Elementen sind nicht die Wiederholgenauigkeiten, sondern die Streuungen der Kalibrationsfunktionen und die Stabilität des Systems die limitierenden Faktoren für die erzielbaren Richtigkeiten.

Liegen Elemente ganz oder teilweise in nichtmetallischen Ausscheidungen vor, ist die Standardabweichung der bestimmten Gehalte höher, da Einschlüsse oft bevorzugt getroffen werden. Hier ist, wiederum für Gehalte weit oberhalb der in Tab. 5.1 gelisteten Untergrenzen, mit Variationskoeffizienten von 1 % bis 3 % zu rechnen.

5.1.1 Besonderheiten bei der Analyse von Stählen

Das wichtigste Element in Stählen ist der Kohlenstoff. Meist wird zur Bestimmung die Linie bei 193 nm benutzt. Sollen jedoch sehr kleine Kohlenstoffgehalte bestimmt werden, ist es vorteilhaft, die nachweisstärkere Kohlenstofflinie bei 133 nm zu verwenden. Um diese Linie benutzen zu können, muss das Optiksystem mit Komponenten ausgerüstet sein, die für eine so kurzwellige Strahlung transparent sind, was einen gewissen Mehraufwand bedeutet. So müssen Fenster und Linsen aus Lithiumfluorid, Magnesiumfluorid oder Calciumfluorid bestehen.

Problematisch ist die Analyse von Automatenstahl-Halbzeugen. Aus der Schmelze entnommene Proben lassen sich ohne größere Schwierigkeiten analysieren. In gewalzten Halbzeugen liegt ein großer Teil des Schwefels in Form von langgestreckten Mangansulfid-Einschlüssen vor. Diese Einschlüsse werden während des Funkens bevorzugt angegriffen, was zu Schwefel- und Mangangehalten führt, die gemessen an den Durchschnittsgehalten der Probe zu hoch sind. Die Überhöhung ist neben den Schwefel und Mangangehalten von der Form der Einschlüsse und damit von der mechanischen Vorgeschichte der Probe abhängig. Man hilft sich mit langen Vorfunkzeiten, deren Dauer im Extremfall bis zu eine Minute betragen kann. Trotzdem erreicht man nicht die gleichen Richtigkeiten wie in anderen Methoden.

Die Funkenspektrometrie erlaubt die Analyse fast aller interessierenden Elemente mit einer ausreichenden Richtigkeit. Eine Ausnahme bildet der Wasserstoff. Die Spektrallinie bei 121 nm ist zwar recht empfindlich. Jedoch behindern die folgenden Faktoren:

– Die vom Funken abgetragene Menge von Probenmaterial ist sehr klein.
– Sauerstoff kann leicht durch Spülen aus Argonsystem und Funkenstand entfernt werden. An den inneren Oberflächen von Funkenstand und Argonsystem haftende Feuchte wird dagegen nur sehr langsam entfernt. Das hat zur Folge, dass auch während des Funkens Wasserdampf im Argon enthalten ist, was zu einer Erhöhung des Wasserstoffsignals führt.
– Wasserstoffatome sind mobil. Allein durch die Probenerwärmung beim Schleifen kann sich der H-Gehalt an der Oberfläche, also gerade da, wo Material ablatiert wird, reduzieren.

Nach dem Stand der Technik sind für die Wasserstoffbestimmung in Stählen andere Verfahren, so z. B. die Trägergas-Heißextraktion, der Funkenspektrometrie vorzuziehen. Das Verfahren ist im Handbuch für das Eisenhüttenlaboratorium beschrieben [7]. Auftragslabors bieten die Trägergas-Heißextraktion für verschiedenste Materialien an. Es wird von Nachweisgrenzen deutlich unter einem ppm [8] berichtet.

Zur Bestimmung von Stickstoff müssen Vorkehrungen bezüglich der Reinheit des Spektrometerargons und der Dichtheit des Argonsystems getroffen werden (s. Kapitel 3.4). Sind die notwendigen Voraussetzungen erfüllt, ist eine Bestimmung möglich. Details finden sich in der Arbeit von J. Niederstraßer [9].

5.1.2 Besonderheiten bei der Analyse von Gusseisen

Wie im Stahl, ist auch im Gusseisen der Kohlenstoff das mit Abstand wichtigste Element. Leider lässt sich Kohlenstoff in fertigen Gusseisenprodukten im Allgemeinen nicht mit dem Funkenemissionsspektrometer bestimmen, da er als Graphit ausgeschieden vorliegt. Dieser liegt in Fertigteilen meist kugelförmig oder als Lamellengraphit vor.

Kugelgraphit wird während des Vorfunkens bevorzugt getroffen, sublimiert und ist während der eigentlichen Messzeit stark reduziert.

Lamellengraphit erzeugt auch nach der Vorfunkzeit ein überhöhtes Kohlenstoffsignal. Hier ist eine näherungsweise Bestimmung möglich, wenn mit sehr langen Vorfunkzeiten gearbeitet wird. Natürlich muss bei der Erstellung einer solche Methode zur Bestimmung von Kohlenstoff in Halbzeugen mit den gleichen langen Vorfunkzeiten gearbeitet werden.

Das Messen an Fertigteilen gelingt nur in Ausnahmefällen:

- Beim Chromhartguss liegt der Kohlenstoff als Carbid gebunden vor und fällt deshalb nicht als Graphit aus.
- Wird beim Gießen die Oberfläche abgeschreckt, bleibt die Zementit (Fe₃C)-Phase erhalten. Beim Schalenguss wird dadurch die Verschleißfestigkeit der Oberfläche verbessert. Auf solchen Oberflächen lässt sich der Kohlenstoff bestimmen.

Kohlenstoffmessungen auf Proben, die während des Fertigungsprozesses aus der Schmelze genommen werden, sind dagegen möglich. Es muss allerdings gewährleistet sein, dass die Probe schlagartig erkaltet. Zu diesem Zweck wird das flüssige Gusseisen in eine Vollkupfer-Kokille gegossen. Dieses Abschrecken bewirkt, dass der Kohlenstoff anschließend ausschließlich als Zementit vorliegt. Fällt Graphit aus, ist die Probe für die Funken-Spektralanalyse unbrauchbar. Das kann z. B. dann geschehen, wenn die Kokille durch eine vorige Benutzung bereits zu warm geworden ist. Zerschlägt man unbrauchbare Proben, ist die Bruchfläche leicht grau, was unter einem Mikroskop leicht zu erkennen ist. Auch ein metallographischer Schliff gibt Auskunft über die Probenqualität. Oft findet man Graphiteinschlüsse in den Regionen der Probe, wo die Speisung stattfindet. Das kann zur Folge haben, dass dort andere Kohlenstoffwerte gefunden werden als auf den Teilen der Probenoberfläche, die graphitfrei sind. Die nicht zueinander passenden Einzelmessungen führen dann zu Verwirrung. Es gibt Algorithmen in der Spektrometer-Software, die es erlauben, schlechte Probenpositionen zu ermitteln. Das geschieht, indem beobachtet wird, ob es zu einer Überhöhung des Kohlenstoffsignals zu Beginn der Vorfunkzeit kommt. Sind die Graphitausscheidungen und damit die Intensitätsüberhöhungen mäßig, kann eine Korrektur erfolgen. Bei zu großen Graphitanteilen wird die Probe jedoch als unbrauchbar eingestuft. Es ist dann eine erneute Probennahme erforderlich. Ein solches Verfahren ist im deutschen Patent DE102010008839 [10] beschrieben. Die Abb. 5.1 und 5.2 zeigen zwei Schliffbilder, die an verschiedenen Stellen derselben Probeoberfläche

Oberflächenausschnitt einer Gusseisen-
probe, nahezu frei von Graphitanschlüssen

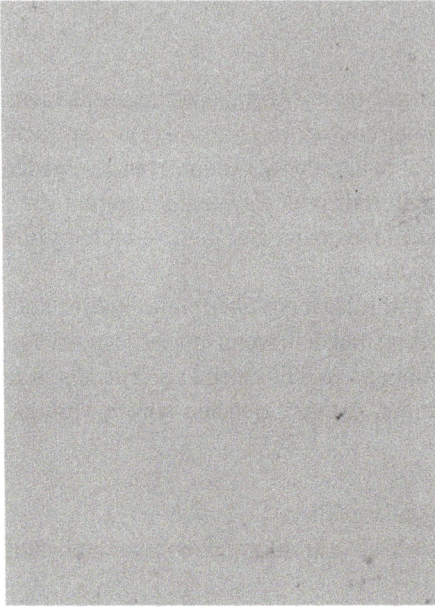

Abb. 5.2: Oberflächenausschnitt einer Gusseisen-
probe mit Graphitanschlüssen

aufgenommen wurden. Jedes Bild gibt eine Fläche von ca. 0,2 mm² wieder. Die in Abb. 5.1 abgebildete Zone ist nahezu frei von Graphitausscheidungen, während in Abb. 5.2 viele Graphitausscheidungen in Form dunkler Stellen zu erkennen sind.

Schon Kipsch [2] weist darauf hin, dass es schwierig ist, eine Gusseisen-Probe zu nehmen, die einerseits weißerstarrt und andererseits frei von Lunkern und Schlackeneinschlüssen ist. In den letzten Jahren ist das Erzeugen weißerstarrter Proben zusätzlich dadurch erschwert worden, dass vorkonditioniertes Basiseisen verwendet wird, das die für den Gießer oft wünschenswerte Graphitbildung begünstigt.

In den letzten Jahren gewinnen duktile Gusseisensorten mit Kugelgraphit wie GJS 450-18, GJS 500-14 und GJS 600-10 an Bedeutung. Diese in der DIN EN 1563 genormten [11] Sorten weisen gleichzeitig hohe Werte für Zugfestigkeit und Bruchdehnung auf. Sie haben neben guten Festigkeitswerten den Vorteil, dass sie sich plastisch verformen, bevor sie reißen. Das erleichtert bei Schäden die Diagnose. Ermüdungsbrüche lassen sich von solchen, die durch mechanische Überlastung bedingt sind, unterscheiden. Bei diesen Werkstoffen ist die Überwachung der korrekten Siliziumwerte wichtig. Diese sollten in einem engen Fenster um 4,3 % liegen. Bei diesem Si-Wert liegt das Optimum der Zugfestigkeit. Wird der Wert überschritten, geht die Bruchdehnung schlagartig zurück. Bei Si-Gehalten um 4,8 % sinkt sie auf einen Wert von fast null. Die Si-Werte liegen damit höher als bei den klassischen Sorten mit Kugelgraphit und die Einhaltung der Grenzen ist kritischer. Eine Beschreibung der geschilderten Problematik findet sich bei Werner, Lappat und Ajrich [12].

Tab. 5.2: Gehaltsbereiche für Messungen in der Aluminiumbasis

Element	Gehaltsbereich [%]	Element	Gehaltsbereich [%]
Ag	0,00002–1,2	Mo	(0,00002) 0,0005–0,2
As	0,0004–0,2	Na	0,00004–0,03
B	(0,00002) 0,00005–2,8	Nd	(0,0002–0,25)
Ba	0,00005–0,02	Ni	0,00004–5
Be	0,00001–0,05	P	(0,0002) 0,0003–0,035
Bi	0,0001–0,75	Pb	(0,00003) 0,00008–2
Ca	0,0001–2,1	Pr	(0,0003–0,08)
Cd	0,00003–0,4	Sb	0,0002–0,6
Ce	0,0001–0,055 (0,6)	Sc	0,00002–0,22 (0,8)
Co	0,00005–10	Se	(0,001–0,01)
Cr	0,00003–0,8	Si	0,00005–43
Cu	0,00001–50	Sm	(0,0002–0,02)
Fe	0,00005–14	Sn	0,0001–22 (30)
Ga	0,00003–0,1	Sr	0,00002–0,5
Hg	0,0002–0,01	Ti	0,00002–7
In	0,0002–0,12	Tl	0,00005–0,1
La	0,0001–0,04 (0,3)	V	0,00005–0,5
Li	0,00001–12	W	(0,001–0,01)
Mg	0,00001–15	Zn	0,00006–12
Mn	0,00003–32	Zr	0,00005–0,8

5.2 Analyse von Aluminiumbasis-Materialien

Die Analyse von Aluminium und seinen Legierungen mit der Funkenspektrometrie ist einfach und mit guten Nachweisgrenzen möglich, da die Spektren, verglichen z. B. mit solchen der Eisen- oder Nickelbasis, recht linienarm sind. Die nutzbaren Gehaltsbereiche sind in Tab. 5.2 zusammengefasst. Es muss jedoch beachtet werden, dass der Spektralbereich zwischen 172–222 nm nur eingeschränkt Verwendung finden kann, da hier durchgehend ein hohes Untergrundsignal vorhanden ist. Die Nutzung einiger empfindlicher Spektrallinien, die in diesem Bereich liegen, ist deshalb weniger zu empfehlen. Solche Linien sind z. B. As 189,0 nm, B 182,6 nm und Sn 190,0 nm. Für diese Elemente ist es günstiger, Alternativlinien außerhalb des genannten Bereiches zu wählen. Die Bestimmung von Phosphor muss aber mangels geeigneter Alternativen mit der Linie P 178,3 nm erfolgen.

Hier hilft eine Untergrundkorrektur, die zur P-Bestimmung erforderlichen Nachweisgrenzen zu erreichen.

Die folgende Unterteilung in Methoden ist sinnvoll:
– Reinstaluminium
  In dieser Methode sind die Hauptlegierungselemente bis maximal 0,05 % kalibriert, die Kalibrationsbereiche für andere Elemente enden meist unterhalb von 0,01 %.

- Niedriglegiertes Aluminium
  Si und Fe < 2 %, Cu < 0,4 %, Mn, Mg und Pb < 1,5 %
- Aluminium/Silizium
  Si < 30 %, Fe < 5 %, Cu < 6 %, Ni < 3 %, Mn < 1,5 %, Zn < 4,5 %, Mg < 2 %, andere
  Elemente jeweils unter 1 %
- Aluminium/Kupfer
  Cu < 10 %, Si < 4 %, Fe < 1,5 %, Ni < 2,5 %, Mn < 2 %, Zn < 4 %, Mg < 2 %, andere
  Elemente jeweils unter 1 %
- Aluminium/Magnesium
  Mg < 11 %, Si < 4 %, Mn < 1,5 %, Zn < 1,5 %, andere Elemente jeweils unter 1 %
- Aluminium/Zink
  Zn < 12 %, Si < 10 %, Cu < 10 %, Mg < 4 %, andere Elemente jeweils unter 1 %

Über die chemische Zusammensetzung die Legierungen dieser Gruppen informieren der erste Band des Aluminium-Taschenbuches [13] und die Normen, deren Gegenstand Eigenschaften und Zusammensetzung von Aluminium und seinen Legierungen ist [14,15].

Es gibt Legierungen, die außerhalb der Grenzen der oben beschriebenen Gruppen liegen. Beispielsweise fallen Luftfahrtlegierungen, die Lithium im Prozentbereich enthalten, in keine der obigen Bereiche. Es ist jedoch möglich, eine leistungsfähige Übersichtsmethode für die Aluminiumbasis zu erstellen. Die erzielbaren Richtigkeiten

Tab. 5.3: Gehaltsbereiche für Messungen in der Kupferbasis

Element	Gehaltsbereich [%]	Element	Gehaltsbereich [%]
Ag	0,00005–2	Ni	0,00005–40
Al	0,00002–15	O	0,002–0,05
As	0,00005–1,5 (2)	P	0,00005–10
Au	0,00005–0,1	Pb	(0,0001) 0,0002–23
B	0,00002–0,04	Pd	(0,00002–0,05)
Be	0,00001–3	Pt	(0,0001–0,06)
Bi	0,00005–7	Rh	(0,00005–0,03)
C	0,001–0,07	Ru	(0,00005–0,02)
Cd	0,00002–0,5 (1)	S	0,00005–0,3
Co	0,00005–3	Sb	0,0001–4,2
Cr	0,00002–3	Se	0,00005–1,5
Fe	0,00005–7,5	Si	0,00005–8
Ir	(0,0001–0,03)	Sn	0,0001–20
Li	(0,00001–0,015)	Te	(0,0002) 0,0003–0,55
Mg	0,000005–0,3	Ti	0,00005–0,8
Mn	0,00002–25	Zn	(0,00005) 0,0001–50
Nb	0,001–1,5	Zr	0,00005–0,4

sind für viele Anwendungen, z. B. für die Kontrolle, ob der erwartete Werkstoff vorliegt, ausreichend.

5.3 Analyse von Kupferbasis-Metallen

Für Kupferbasis-Metalle ist folgende Aufteilung in Methoden sinnvoll:
– Reinkupfer
   Alle Elemente unter 0,05 %
– Niedrig legiertes Kupfer
   Si < 4 %, Ni < 3 %, Fe < 2 % Cr, Mn und Pb < 1,5 %, Ag, Zn, Mg und Sn < 1 %, P, As, Sb, Co und Zr < 0,4 %, Te, Cd und Se < 0,2 %, übrige Elemente jeweils < 0,1 %
– Berylliumbronzen und Kobalt-Beryllium-legiertes Kupfer
   Be < 3 %, Co < 2,5 %, Ni und Ag < 1,6, Fe, Cr, Si und Al < 0,25 %, Zn, Sn und Mn < 0,15 %, andere Elemente je < 0,1 %
– Messing, Sondermessing und Tombak
   Zn 8–45 %, Al < 8 %, Mn, Bi und Si < 6 %, Pb, und Fe < 5 %, Sn < 3 %, Se < 2 %, Sb < 1 %, Co < 0,5 %, andere Elemente je < 0,3 %
– Neusilber
   Zn < 31 %, Ni < 20 %, Fe < 1,5 %, Mn < 1 %, andere Elemente alle unter 0,3 %
– Cupronickel
   Ni 8–35 %, Mn, Cr, Fe und Nb < 3 %, Zn, Ti und Si < 1 %, Zr < 0,5 %, andere Elemente jeweils unter 0,2 %
– Maschinenbronzen
   Zn < 12 %, Sn < 10 %, Pb < 7 %, Bi, Ni < 6 %, Sb und Se < 2 %, Fe < 1 %, Co < 0,5 %, Al, As, S, Mn und P < 0,25 %, alle anderen Elemente jeweils < 0,1 %
– Zinn- und Bleibronze Pb < 23 %, Sn < 15 %, Zn < 8 %, Ni < 3 %, Sb < 1,5 %, Fe und Mn < 0,5 %, As, Al, Si und Bi bis zu 0,3 %
– Aluminiumbronze
   Al < 12 %, Fe und Ni < 7 %, Mn und Zn < 2,5 %, Sn < 1,5 %, Pb und Si < 1 %, As < 0,5 %, Cr, Mg und P < 0,25 %, übrige Elemente jeweils < 0,1 %

Andere Methodenaufteilungen sind möglich. Beispielsweise lassen sich die Kalibrierungen für niedrig legiertes Kupfer und Berylliumbronzen zusammenfassen. Werden berylliumhaltige Legierungen gemessen, muss gewährleistet sein, dass kein Metallkondensat in die Umgebung entweicht, da Beryllium gesundheitsschädlich ist. In den betrieblichen Arbeitsanweisungen kann festgelegt werden, dass nach Laden der entsprechenden Methode und vor Messen berylliumhaltiger Proben Schutzvorkehrungen, wie z. B. eine Kontrolle der Absaugung getroffen werden. Auch bei Proben, die Schwermetalle wie Pb und As enthalten ist auf eine funktionsfähige Absaugung zu achten.

Tab. 5.4: Verbesserte Nachweisgrenzen bei für Reinstkupfermessungen optimierten Systemen

Element	Nachweis-grenze [%]	Element	Nachweis-grenze [%]	Element	Nachweisgrenze [%]
Ag	0,00003	Co	0,00002	Pb	(0,00008) 0,0002
Al	0,00001	Cr	0,00001	S	0,000035
As	0,00004	Fe	0,000035	Se	0,00003
Au	0,00003	Li	(0,000004)	Si	0,000035
B	0,00001	Mg	0,000002	Sn	0,00006
Be	0,000006	Mn	0,00001	Te	(0,0001) 0,0002
Bi	0,00003	Ni	0,00002	Ti	0,00002
Cd	0,000015	P	0,000035	Zn	(0,000025) 0,00005

In vielen Fällen reichen die in Tab. 5.3 angegebenen Gehalts-Untergrenzen für die Analyse von Reinkupfer nicht aus. In Elektrolytkupfer der Qualität Cu-ETP dürfen maximal 400 ppm Sauerstoff, 50 ppm Blei und 5 ppm Bismut enthalten sein. Die Summe der Gehalte aller sonstigen Elemente, außer Silber, muss unterhalb einer Grenze von 300 ppm bleiben (Quelle Deutsches Kupferinstitut [16]). Um kleine Gehalte in Reinstkupfer messen zu können ist es möglich, die Spektrometersysteme speziell für diese Anwendung zu optimieren. Tabelle 5.4 gibt für einige Elemente an, welche Nachweisgrenzen mit derart optimierten Systemen erreicht werden können. Allerdings sind die Grenzen für einige Reinstkupfer-Qualitäten so niedrig, dass selbst mit optimierten Nachweisempfindlichkeiten die Grenzen des Verfahrens erreicht werden. So müssen für die Qualität Cu-OTP Maximalgehalte von 2 ppm bei den Elementen Bismut, Zinn, Tellur und Selen und ein Höchstwert von 1 ppm bei Cd und Zn überwacht werden [17,18]. Es ist zu beachten, dass es sich bei den in Tab. 5.4 gelisteten Werten um Nachweisgrenzen handelt. Bestimmungsgrenzen liegen nach DIN 32465 [1] um einen Faktor 10/3 höher und liegen damit nahe den zu überwachenden Gehalten. Das in Kupferbasis wichtige Element Sauerstoff kann mit der Spektrallinie bei 130 nm analysiert werden. Die Anforderungen an ein dichtes Argonsystem und an minimale Sauerstoffgehalte im Spektrometerargon sind noch höher als bei der Bestimmung von Stickstoff in Stählen. Auf diese Tatsache wies schon 1992 der geschätzte und leider viel zu früh verstorbene Manfred Richter [19] hin. Es sei daran erinnert, dass ein vpm eines Gases im Argon die gleiche Signalintensität erzeugt wie 20–50 ppm in der Probe (s. Kapitel 3.4.1). Um Sauerstoff und Feuchte, die bei einem Wechsel der Probe in den Funkenstand gelangen können, schnell auszuspülen, arbeitet man bei der Analyse von Reinstkupfer im Allgemeinen mit erhöhten Argonflüssen. Es ist sinnvoll, auf einen hohen Durchfluss zu schalten, sobald der Niederhalter angehoben wird. Diesem Vorgang folgt ein Probenwechsel, in dessen Verlauf die Funkenstandsöffnung kurzzeitig frei bleibt.

Umfassende Informationen über Legierungen der Kupferbasis, aber auch über andere Nichteisenmetalle liefert der Band 2 des ASM Handbooks [20].

Die Durchführung von Analysen mit Funkenemissionsspektrometern ist in der DIN EN 15079 [21] genormt.

Tab. 5.5: Gehaltsbereiche für Messungen in der Nickelbasis

Element	Gehaltsbereich [%]	Element	Gehaltsbereich [%]	Element	Gehaltsbereich [%]
Al	0,0001–10	Mg	0,0001–1	Si	0,0005–7
As	0,0003–0,015	Mn	0,0001–12	Sn	0,0001–19
B	0,0001–0,03	Mo	0,001–40	Ta	0,003–15
C	0,0001–1	N	0,0005–0,35	Ti	0,0005–10
Co	0,0005–35	Nb	0,0005–10	V	0,0002–0,85 (1,2)
Cr	0,0005–50	P	0,0005–0,05 (2,4)	W	0,0005–15
Cu	0,0001–40	Pb	0,0001–0,08	Zn	0,0001–0,02 (0,5)
Fe	0,0002–50	Re	0,01–8	Zr	0,0002–0,3
Hf	0,005–4	S	0,0005–0,35		

5.4 Analyse von Nickel und Nickellegierungen

Tabelle 5.5 gibt eine grobe Orientierung, innerhalb welcher Grenzen eine Messung von Nickel und Nickel-Legierungen möglich ist.

Eine sinnvolle Methodenunterteilung ergibt sich wie folgt:
- Unlegiertes und niedriglegiertes Nickel
  Co < 2 %, C < 1,5 %, Fe, Cr und Al < 1 %, Si, Mn, Cu und Ti < 0,5 %, Mg < 0,2 %, andere Elemente jeweils < 0,1 %
- Ni/Cu (Monel)
  Cu 20–40 %, Al, Fe und Si < 5 %, Mn < 3 %, Ti < 2 %, alle anderen Elemente unter 1 %
- Ni/Cr
  Cr 15–30 %, Mo < 10 %, Fe und Nb < 5 %, Ti < 3 %, Co, Si und Al < 2 %, alle anderen Elemente unter 1 %
- Ni/Cr/Fe
  Cr 15–30 %, Fe 5–40 %, Mo < 10 %, Nb < 7 %, Co und W < 5 %, Si < 3 %, Al, Mn, Ti und Cu < 2 %, andere Elemente je < 1 %
- Ni/Mo
  Mo 10–35 %, Cr und Fe < 30 %, Fe < 25 %, W und Co < 5 %, Mn und Si < 1,5 %, alle anderen Elemente unter 1 %
- Ni/Cr/Co
  Cr 10–20 %, Co 10–20 %, W und Nb < 7 %, Al und Ti < 5 %, Ta < 4 %, Fe < 1 %, andere Elemente je < 0,5 %

– Einkristalline Ni-Basis Superalloys
Cr 1–12 %, Co < 16 %, W < 15 %, Ta < 14 %, Re und Ru < 7 %, Al 4–7 %, Ti < 5 %, Mo < 4 %, V < 2 %, Nb < 1 %, Hf < 0,5 %

Zur Analyse der einkristallinen Superalloys sind oft die Elemente Rhenium und Ruthenium, die in anderen Metallbasen selten vorhanden sind, in hohen Gehalten zu bestimmen. Auch eine richtige Bestimmung von Kohlenstoff, Bor und Yttrium im Spurenbereich ist oft erforderlich. Superalloys verdanken ihren Namen der Tatsache, dass sie bei Temperaturen eingesetzt werden können, die über den Betriebstemperaturen der meisten Stähle liegen. Einkristalle Superalloys werden für Turbinenschaufeln in Brennräumen von Gasturbinen eingesetzt und erlauben Betriebstemperaturen von bis zu 90 % des Schmelzpunktes. Die Scheiben, an denen die Turbinenschaufeln montiert sind, bestehen meist aus polykristallinen Superalloys, die in den Methoden Ni/Cr, Ni/Cr/Fe, Ni/Mo und Ni/Cr/Co gemessen werden. Diese Legierungen betreibt man bei bis zu 80 % des Schmelzpunktes. Details zu Nickelbasis-Superalloys finden sich bei Reed [22]. Teile von Flugzeugturbinen sind sicherheitsrelevant und erfordern daher oftmals eine 100%-Prüfung. Deshalb entsteht ein hohes Analysenaufkommen bei der Herstellung der Werkstoffe und bei der Weiterverarbeitung bis hin zur fertigen Turbine. Die damit befassten Labors müssen z. B. durch periodische Messung von Kontrollproben und das Führen von Qualitätsregelkarten, Vorkehrungen treffen, die gewährleisten, dass bei den Bestimmungen vorgegebene Messunsicherheiten nicht überschritten werden.

Tab. 5.6: Gehaltsbereiche für Messungen in der Zinkbasis

Element	Gehaltsbereiche [%]	Element	Gehaltsbereiche [%]
Ag	0,00005–0,05	Mg	0,00002–1,2
Al	0,00002–50	Mn	(0,00004) 0,0001–0,25, 0,9–1,1
As	0,0002–0,005	Ni	0,00001–0,1, 1,9–2,1
Cd	0,00002–0,7, 30–32	Pb	(0,00002) 0,0001–3
Ce	(0,00001) 0,00005–0,08	Sb	0,0005–0,25, 0,8–4
Cr	0,0001–0,19	Si	0,00002–0,1, 1,2–3,3
Cu	0,00002–7	Sn	(0,00002) 0,00005–3
Fe	0,00005–1,5	Ti	0,0001–0,35
In	0,00001–0,04	Tl	0,00001–0,07
La	(0,00001) 0,00005–0,06	Zr	0,0001–0.02

5.5 Analyse von Zink und Zinklegierungen

Tabelle 5.6 zeigt, in welchen Gehaltsbereichen Zinklegierungen verwendet werden können. Mangels Standards ergeben sich bei einigen Gehaltsbereichen Lücken.

Die folgende Einteilung in Methoden ist sinnvoll:
- Reinzink
  Alle Elemente < 0,2 %
- Titanzink
  Ti 0,4 %, Cu < 2 %, andere Elemente jeweils < 0,2 %
- Hüttenzink und Sekundärzink
  Pb und Cd < 3 %, Sn < 1 %, andere Elemente alle < 0,2 %
- Gusslegierungen mit Al-Gehalten bis 6 %
  Al 1,5–6 %, Cu < 4 %, andere Elemente alle < 0,2 %
- Gusslegierungen mit Al-Gehalten über 6 %
  Al 6–15 %, Cu < 4 %, Cr und Ti < 0,4 %, andere Elemente < 0,2 %
- Hoch-aluminiumhaltige Legierungen
  Al 15–50 %, Cr und Ti < 0,4 %, andere Elemente jeweils < 0,2 %

Die Kalibrationsbereiche der Reinzink-Methode überschreiten die erlaubten Obergrenzen realer Qualitäten weit. So beträgt die Summe zulässiger Verunreinigungen bei Feinzink der Qualität Z3 maximal 0,05 %. Bei Feinzink Z1 sind sogar nur 0,005 % erlaubt. Die Primärzinksorten Z1 bis Z5 sind in der DIN EN 1179 [23], die Sekundärzinksorten ZSA, ZS1 und ZS2 in der EN 13283 [24] genormt. Die Zusammensetzung der gängigsten Zink-Gusslegierungen finden sich in der DIN EN 1774 [25]. Wie die Probennahme zu erfolgen hat ist in der DIN EN 12060 [26] geregelt. Höchstgehalte für die Elemente Sn, Pb, Bi, Ni, Al und die Summe sonstiger Elemente in Zinkbädern für die Feuerverzinkung sind in der DASt-Richtlinie 022 [27] festgelegt. Mit der DIN EN ISO 3815-1 [28] existiert auch eine Norm zur Durchführung der Funken-Spektralanalyse. Sie enthält auch Angaben zu Nachweisgrenzen, die aber recht konservativ angegeben sind.

In der Zinkbasis ist es nicht sinnvoll, ein Übersichtsprogramm zu erstellen. Der Gehalt des Hauptlegierungselementes Aluminium hat einen starken Einfluss auf den Anregungsprozess. Das ist schon an der Messung der Brennspannungen abzulesen. Slickers [29] berichtet, dass für einen festen Abfunkparameter eine Funken-Brennspannung von 25 V gemessen wurde. Bei Reinaluminium lag sie bei 35 V. Die Brennspannung Aluminium-legierter Zinklegierungen lag dazwischen, nämlich bei 28 V für einen Al-Gehalt von 2 % und bei 29 V für einen Al-Gehalt von 6 %. Für Legierungen, die außerhalb der in den Untermethoden gelisteten Grenzen liegen, müssen deshalb passende Methoden erstellt werden. Meist wird diese Kalibration vom Gerätehersteller auf Anforderung durchgeführt, wobei es oft erforderlich ist, dass der Endanwender Kalibrierstandards zur Verfügung stellt.

Kleine Ti- und Al-Gehalte (Ti zwischen 100 und 2000 ppm und Al zwischen 20 und 200 ppm) sind manchmal problematisch. Aus nicht geklärten Gründen sind hier die Streuungen der Kalibrationskurven und damit die Messunsicherheiten höher als bei anderen Elementen und auch höher als für Aluminium und Titan in anderen Metallbasen.

Tab. 5.7: Gehaltsbereiche für Messungen in der Bleibasis

Element	Gehaltsbereich [%]	Element	Gehaltsbereich [%]
Ag	0,00001–6	Na	(0,000002) 0,00001–0,07
Al	0,00001–0,08	Ni	0,00001–0,05
As	0,00005–1,7	P	(0,0003–0,025)
Au	0,00005–0,18 (0,26)	Pd	0,00005–0,008
Ba	(0,000001) 0,00001–0,06	Pt	0,00003–0,01
Bi	0,00001–1,3, 10–50	Rh	(0,00001–0,001)
Ca	0,000005–1,1	Ru	(0,00001–0,005)
Cd	0,00001–18,5	S	0,0001–0,05
Co	0,00001–0,05	Sb	0,00003–21
Cu	0,000005–1,6 (7,5)	Se	0,0002–0,05
Fe	0,00001–0,05	Sn	0,00005–50
Hg	0,0005–0,03	Sr	(0,00001–0,005)
In	0,000005–2,2, 15–30	Te	0,00004–0,1
Mg	(0,0000005) 0,0001–0,2	Zn	0,00001–0,1
Mn	0,00001–0,0015		

5.6 Analyse von Blei und Bleibasis-Legierungen

Bei der Analyse des Schwermetalls Blei ist auf eine funktionsfähige Absaugung am Funkenstand zu achten. Auch das Abgassystem zur Säuberung des den Funkenstand verlassenden Argons ist regelmäßig zu überprüfen. Verstopfte Filterkerzen sind unter Berücksichtigung der notwendigen Sicherheitsaspekte auszutauschen und zu entsorgen. Diese Arbeiten sollten mit Atemschutz durchgeführt werden.

Tabelle 5.7 zeigt die in der Bleibasis derzeitig möglichen Messbereiche. Die Gehaltsbereiche sind nach oben hin hauptsächlich durch die Verfügbarkeit von Standards beschränkt. Spurenelemente in Batterieblei können die Eigenschaften von Batterien, besonders die Selbstentladung, nachteilig beeinflussen. Deshalb wäre eine Erweiterung der Anzahl von Elementen wünschenswert, kann aber mangels geeigneter Referenzproben nicht erfolgen.

Die Erstellung einer Übersichtsmethode ist, anders als für die Zinkbasis, für Blei problemlos möglich.

Folgende Aufteilung in Untermethoden ist sinnvoll:
– Reinblei
  Sn < 2 %, Ag, Sb, Bi, Ca < 0,2 %, andere Elemente jeweils < 0,1 %
– Niedriglegiertes Blei
  Ag < 4 %, Sn < 3 %, Cd, As, Bi < 1 %, In und Cu < 0,5 %, andere Elemente alle unter 0,1 %
– Hartblei
  Sb 0,5–21 %, Sn < 12 %, As < 1,7 %, Sn < 1 %, In < 0,5 %, Bi < 0,3 %, alle anderen Elemente unter 0,1 %

– Pb-Sn
   Sn 1–64 %, Sb < 17 %, As < 1,7 %, Cu < 0,6 %, Bi < 0,25 %, alle anderen Elemente < 0,1 %

Gehaltsgrenzen für gängige Sorten von Blei und Bleilegierungen sind in den Normen DIN EN 12659 [30] und DIN 17640–1 [31] festgelegt. Die Zusammensetzung von Blei für Kabelmäntel und Muffen findet sich in der DIN EN 12548 [32], die von Blei für das Bauwesen in der DIN EN 12588 [33]. Wie die Probennahme zu Analysenzwecken zu erfolgen hat, ist in der DIN EN 12402 [34] beschrieben. Auch eine Vornorm für die Durchführung der Analyse mit Funkenemissionsspektrometern existiert (DIN V ENV 12908 [35]). Die dort genannten Messbereiche beginnen bei deutlich höheren Gehalten als bei denen, die in Tab. 5.7 gelistet sind.

Tab. 5.8: Gehaltsbereiche für Messungen in der Zinnbasis

Element	Gehaltsbereich [%]	Element	Gehaltsbereich [%]
Ag	0,00001–4 (35)	Hg	0,0002–0,15
Al	0,00001–0,07 (0,11)	In	0,00001–0,11 (21)
As	0,0004–0,6 (2,2)	Ni	0,00001–1,3 (13)
Au	0,00002–0,5	P	0,0006–0,03
Bi	0,00005–1,1 (3)	Pb	0,00002–4 (50)
Cd	0,00002–0,15 (2)	Pd	(0,00005–0,6)
Cr	0,00001–0,005 (1,3)	S	0,0001–0,005 (0,02)
Cu	0,00001–12 (41)	Sb	0,0001–8,5 (15)
Fe	0,00001–0,06 (3,1)	Se	0,0003–0,05 (0,07)
Ge	0,0001–0,5 (1,1)	Zn	0,00001–8,5 (50)

5.7 Analyse von Zinn und Zinnbasis-Legierungen

Auch bei der Analyse von Zinnlegierungen sind die in Kapitel 5.6 erwähnten Sicherheitsvorkehrungen bezüglich Absaugung und Abgasfilterung zu treffen.

Eine sinnvolle Untermethoden-Einteilung kann folgendermaßen aussehen:
– Fein-, Hütten- und Hartzinn
   Pb < 1,5 %, Cu, As, Ge < 1 %, Sb, Ag, Au, Hg, In < 0,2 %, alle anderen Elemente unter 0,1 %
– Lagermetalle
   Sb und Cu < 10 %, As, Bi und Pb < 0,5 %, Cd < 0,2 %, alle anderen Elemente < 0,1 %
– Weichlote, cadmiumfreie Sonderlote
   Pb < 50 %, Sb < 6 %, Cu und Ag < 5 %, Bi und Au < 0,3 %, andere Elemente alle unter 0,1 %

Andere Zinnbasis-Materialien können in der Übersichtsmethode analysiert werden. Tabelle 5.8 zeigt die für die Zinnbasis möglichen Gehaltsbereiche.

Die chemische Zusammensetzung von Zinn, Zinnlegierungen und Weichloten ist in den Normen DIN EN 610 [36], DIN EN 611 [37,38] und DIN 1707-100 beschrieben [39].

Tab. 5.9: Gehaltsbereiche für Messungen in der Titanbasisbasis

Element	Gehaltsbereich(e) [%]	Element	Gehaltsbereich(e) [%]
Al	0,0003–40	Ni	0,001–0,15 (20)
C	0,001–0,05 (0,13), 0,9–1,1	O	0,005–0,4
Co	0,004–0,06 (0,3)	Pd	0,001–0,3
Cr	0,001–5	Ru	0,01–0,05 (0,2)
Cu	0,0001–3	Si	0,0005–0,75
Fe	0,0005–4	Sn	0,0005–3,1 (14)
H	0,0001–0,013	V	0,001–14
Mn	0,0003–10	W	0,02–1,8
Mo	0,0003–16	Y	0,0005–0,004, 1,8–2,2
N	0,002–0,04	Zr	0,001–4,5 (50)

5.8 Analyse von Titanbasis-Legierungen

Die Gehaltsbereiche, in denen Elemente in der Titanbasis gemessen werden können, gibt Tab. 5.9 wieder.

Mögliche Methodeneinteilung:
– Rein-Titan und Ti-0,2Pd
 W < 0,5 %, Pd, Cr, O, Fe, Mo < 0,3 %, Al, Sn, V, Cu, Ru, Mn, Ni < 0,2 %, andere Elemente < 0,1 %
– Legierungen mit Zr und Mo
 Al < 7 %, Zr < 6 %, Mo < 15 %, Mn < 7 %, Fe und Cr < 4 %, Nb und W < 1 %, O < 0,5 %, andere Elemente jeweils < 0,1 %
– Legierungen mit Niob und Vanadium
– Al < 8 %, Sn < 4 %, Nb < 7 %, Mn < 5 %, Mo, Fe und Cr < 1,5 %, W < 1 %, O < 0,5 %, andere Elemente jeweils weniger als 0,1 %

Die Zusammensetzung von Titan und Titanlegierungen sind in der DIN EN 17850 [40] und der DIN EN 17851 [41] genormt. Interessante Informationen über die Verwendung verschiedener Titanlegierungen finden sich in einer von E. W. Kleefisch herausgegebenen Monographie [42].

Tab. 5.10: Gehaltsbereiche für Messungen in der Magnesiumbasis

Element	Gehaltsbereich [%]	Element	Gehaltsbereich [%]
Ag	0,00005–4	Ni	0,0001–0,03
Al	0,00001–14	P	0,0003–0,007
Ca	0,00003–0,5	Pb	0,0002–0,1
Cd	0,00003–0,08	Pr	(0,0005) 0,0015–0,5
Ce	0,0001–3,3	Si	0,0003–2
Cu	0,00005–0,4 (3)	Sn	0,0003–0,11
Fe	0,0001–0,05	Sr	0,0001–2,5
Gd	0,002–0,11 (0,3)	Th	0,01–4
La	0,0005–1,5	Ti	0,0001–0,011
Mn	0,00003–3	Y	0,001–0,04
Na	0,00005–0,01	Zn	0,0001–8
Nd	0,0005–3,5	Zr	0,0001–0,9

5.9 Analyse von Magnesiumbasis-Legierungen

Folgende Methodeneinteilung ist sinnvoll:
- Reinmagnesium
  Al < 0,1 %, alle anderen Elemente jeweils unter 0,05 %
- Legierungsgruppen Magnesium-Aluminum-Zink (AZ), Magnesium-Zink-Zirkon (ZK),
  Magnesium-Zink-Zirkon (ZK), Magnesium-Aluminium-Mangan (AM), Magnesium-Aluminium-Silizium (AS) und Magnesium-Mangan (M) -Legierungen
  Al < 12 %, Zn < 7 %, Mn < 3 %, Si < 2 %, Zr < 1 %, Ca < 0,5 %, Cu < 0,1 %, andere jeweils < 0,1 %
- Legierungsgruppen Magnesium-Zink-Seltene Erden (ZE), Magnesium-Zink-Thorium (ZH), Magnesium-Silber-Seltene Erden-Zirkonium (QE), Magnesium-Zink-Kupfer (ZC) und Magnesium-Zink-Zirkonium (ZK)
  Zn < 7 %, Ag, Th, Nd und Ce < 4 %, Cu < 3 %, Zr und La < 1 %, Pr < 0,5 %, Cu, Mn, Al, Pb < 0,2 %, andere Elemente jeweils unter 0,1 %

Die obige Aufstellung von Untermethoden berücksichtigt einige Legierungsgruppen nicht. So ist die Gruppe Magnesium-Yttrium-Seltene Erden (WE) nicht enthalten. Das Haupthindernis ist hier der Mangel an Standardproben mit hohem Yttrium-Gehalt. Tab. 5.10 zeigt die für die Magnesiumbasis typischen Gehaltsbereiche der Analyten.

In der Magnesiumbasis empfiehlt es sich, eine Elektrodenbürste mit Molybdän-draht-Borsten zu verwenden. Hintergrund ist die Tatsache, dass kleine Gehalte von nur wenigen ppm der Elemente Fe und Ni bestimmt werden müssen. Der Abrieb der Borsten kann schon für eine Kontamination ausreichen. Es wäre wünschenswert, auch die Elemente der Seltenen Erden Scandium, Samarium, Europium, Terbium, Dysprosium, Holmium, Erbium und Ytterbium bestimmen zu können, da bei der Erschmelzung der seltenerdhaltigen Legierung Mischmetalle eingesetzt werden. Cer-Mischmetall besteht z. B. je nach Herkunft aus 45–60 % Cer, 20–30 % Lanthan, 15–21 % Neodym und 4–6 % Praseodym sowie 1–4 % Samarium, Yttrium und Terbium. Außerdem finden sich im Cer-Mischmetall jeweils ca. 1 % Eisen und Magnesium. Lange Zeit war es schwierig, die Elemente der Seltenen Erde voneinander zu trennen. Deshalb wurden und werden sie als Mischmetall eingesetzt. Heute wird aber oft Neodym abgetrennt, da dieses Element für die Produktion von Dauermagneten verwendet wird. Deshalb findet man heutzutage oft höhere Gehalte an Ce, La und Pr, als in älterer Literatur angegeben wurde. Die Bestimmung bislang nicht analysierter Seltener Erden ist anzustreben, um den Seltenerd-Gesamtgehalt genauer bestimmen zu können. Im Moment fehlen jedoch die dazu erforderlichen Referenzproben. In der Vergangenheit wurden die Elemente Dy bis 0,35 %, Er bis 0,15 %, Eu bis 0,01 %, Ho bis 0,07 %, Sm bis 0,1 %, Tb bis 0,05 %, Yb bis 0,1 % kalibriert. Die dazu notwendigen Standards sind aber gegenwärtig kaum noch beschaffbar. Details zur funkenspektrometrischen Bestimmung Seltener Erden findeen sich im *„Handbook of Rare Earth Elements"* [49].

Das Element Thorium ist leicht radioaktiv. Deshalb kommen thoriumhaltige Magnesiumlegierungen heute nur noch selten zum Einsatz. Die Thoriumbestimmung dient meist nur dazu, sicherzustellen, dass die produzierten oder verarbeiteten Legierungen dieses Element nicht enthalten. Sind jedoch thoriumhaltige Legierungen zu bestimmen, ist die Berücksichtigung der in Kapitel 5.6 genannten Sicherheitsmaßnahmen wichtig.

Die DIN 1729 normt die Zusammensetzung gängiger Magnesium-Aluminium-Zink- und Magnesium-Mangan Knetlegierungen [43]. Umfassende Informationen zur Zusammensetzung der gängigen Magnesiumlegierungen und deren Eigenschaften, aktuell laufende Entwicklungstrends und über europäische und internationale Normen liefert das Magnesium-Taschenbuch [44]. Auch *„Smithells Light Metals Handbook"* [45] ist diesbezüglich hilfreich. Es enthält außerdem nützliche Informationen zur Aluminium- und Titanbasis.

Tab. 5.11: Gehaltsbereiche für Messungen in der Kobaltbasis

Element	Gehaltsbereich [%]	Element	Gehaltsbereich [%]
Al	0,001–1,2	Ni	,001–36
B	0,00005–0,14	P	0,0001–0,05
C	0,0002–3,5	Pb	0,00005–0,03
Cr	0,05–41	S	0,0001–0,05
Cu	0,0003–0,15 (0,4)	Si	0,0001–2,2 (4)
Fe	0,0001–50	Sn	0,0001–0,11
La	0,0003–0,06	Ta	0,003–4 (12)
Mn	0,0001–3,5	Ti	0,0002–1 (6)
Mo	0,0001–10 (35)	V	0,0002–0,05 (11)
N	0,003–0,2	W	0,001–16 (23)
Nb	0,0002–3 (15)		

5.10 Analyse von Kobaltbasis-Legierungen

Tabelle 5.11 listet die mit der Funken-Emissionsspektrometrie abgedeckten Bereiche für Kobaltbasislegierungen auf. Kobaltbasis-Legierungen sind durch eingelagerte Karbide hart und verschleißfest. Ein informatives Diagramm, das die wichtigen Co-Basis-Legierungen in einem durch die Achsen Härte und Korrosionsbeständigkeit aufgespannten Koordinatensystem darstellt, steht als Firmenschrift der Deutschen Edelstahlwerke zur Verfügung [46]. In der Vergangenheit wurden Co-Basis-Legierungen für Flugzeugturbinen entwickelt. Heute nutzt man hier bevorzugt Nickelbasis-Superalloys. Nickelbasis-Turbinenschaufeln werden laut Reed [22] aber mit Kobaltlegierungen beschichtet, z. B. mit der Legierung Co – 25 % Cr – 14 % Al – 0,5 % Y, um die Korrosionsbeständigkeit zu erhöhen.

Für Kobaltbasis-Legierungen bietet sich die folgende Methoden-Unterteilung an:
- Niedrig legiertes Kobalt
  Fe < 2,5 %, Si < 1 %, Cr < 0,1 %, alle anderen Elemente < 0,1 %
- Co-Cr-Legierungen mit niedrigen Nickelgehalten
  C und Si < 1 %, Cr < 25 %, W < 12 %, Mo < 10 %, Ni, Fe und Nb < 3 %, Mn < 2 %, Al < 1 %, Sn und Ta < 0,2 %
- Co-Cr-Legierungen mit hohen Nickelgehalten
  C < 3 %, Cr < 35 %, Ni 2–30 %, W < 16 %, Nb < 5 %, Mo und Si < 4 %, Fe < 3 %, Mn < 2 %, V < 0,5 %, Al < 0,3 %, N < 0,2 %, B < 0,1 %
- Co-Cr-Legierungen mit hohen Molybdängehalten
  Si < 4 %, Cr 5–20 %, Mo 25–35 %, Fe < 4 % Ni < 1 %

Gehalte, die die Grenzen der genannten Untermethoden überschreiten, können wieder mit einer Übersichtsmethode gemessen werden.

5.11 Analyse von Edelmetallen

Auf dem Gebiet der Edelmetallanalytik wird die Funkenspektrometrie hauptsächlich eingesetzt, um Verunreinigungen in reinen Metallen zu bestimmen. Tabelle 5.12 nennt erprobte Gehaltsbereiche für die Elemente Silber, Gold, Palladium und Platin. Zur Bestimmung der Hauptkomponenten von Edelmetall-Legierungen eignet sich die Funkenspektrometrie weniger, weil sich mit anderen Verfahren, z. B. mit der Röntgenfluoreszenz-Spektrometrie, bei hohen Gehalten an Legierungskomponenten bessere absolute Richtigkeiten erzielen lassen. Einen Überblick über Edelmetall-Legierungen findet sich im „*Metals Handbook*" [47] bzw. in der bereits erwähnten umfangreicheren Version des „*ASM Handbook*" [20]. Auskunft über geeignete Verfahren zur Analyse von Edelmetallen gibt die Monographie „*Determination of the Precious Metals*" [48].

Tab. 5.12: Gehaltsbereiche für die Bestimmung von Spuren in Edelmetallen

	Gehaltsbereiche [ppm]			
	Ag	**Au**	**Pd**	**Pt**
Ag	–	0,1–200	0,5–100	0,2–300
Al	–	0,1–500	0,5–100	0,5–30
As	–	1–100	–	–
Au	0,1–250	–	0,5–1000	0,5–30
Bi	0,4–200	1–100	0,5–100	1–100
Ca	–	0,05–100	–	–
Cd	0,1–200	0,1–50	–	–
Co	–	0,2–50	–	–
Cr	–	0,1–100	–	–
Cu	0,2–200	0,2–200	0,1–200	0,2–200
Fe	0,3–20	0,5–200	2–1000	0,5–1000
Ir	–	–	–	3–1000
Mg	–	0,1–100	0,1–20	0,1–20
Mn	–	0,1–800	0,5–100	0,2–200
Ni	0,5–200	0,1–100	0,5–50	0,5–100
Pb	0,8–200	0,3–100	0,2–50	0,5–20
Pd	0,2–200	0,3–200	–	0,5–1000
Pt	1–200	1–200	2–1500	–
Rh	–	0,2–20	2–1000	0,2–400
Ru	–	–	1–1000	0,5–500
Sb	1–200	1–100	2–300	3–200
Se	1–200	2–30	–	–
Si	–	0,5–50	2–300	1–100
Sn	1–200	1–100	1–300	2–200
Te	2–100	0,5–50	–	–
Ti	–	0,1–20	–	–
Zn	0,1–200	0,2–100	0,5–300	0,3–150

5.12 Sonstige Metalle

Refraktärmetalle

In der Zirkonbasis sind Reinzirkon und die mit ca. 1,5 % Zinn legierten Qualitäten zu untersuchen. Neben Zinn ist auch Eisen, Chrom, Nickel, Kupfer und Niob zu bestimmen. Es sind einige wenige Standards auf dem Markt. Eine Sortierung der Hauptqualitäten über Intensitätsverhältnisse (siehe Kapitel 6.7.3) ist meist möglich. Gleiches gilt auch für die gängigen Werkstoffe der Wolfram- und Molybdänbasis. Hier ist der Materialabbau wegen der hohen Schmelzpunkte nur sehr gering, was die Nachweisempfindlichkeit beschränkt.

Niedrigschmelzende Schwermetalle

Bismut, Indium, Thallium und Cadmium sind niedrigschmelzende Schwermetalle und damit dem Zinn und dem Blei verwandt. Es gibt nur sehr wenige käuflich erhältliche Standards, die meisten davon zur Kalibration kleiner Gehalte von Ni, As, Sb, Sn, Cu, Pb, Tl und Ni in der Cadmiumbasis. Die beschränkten analytischen Erfahrungen mit diesen Schwermetallbasen lassen die Vermutung zu, dass die Nachweisempfindlichkeit ähnlich gut wie in der Zinn- oder Bleibasis ist.

Mit der funkenspektrometrischen Bestimmung Seltener Erden in verschiedenen Metallbasen befasst sich das von Jörg Niederstraßer verfasste Kapitel 7 des *„Handbook of Rare Earth Elements"* [49].

Einen guten Überblick über Metall-Legierungen liefert die von F. Habashi herausgegebene Monographie *„Alloys"* [50], die auch auf Refraktärmetalle und niedrigschmelzende Legierungen eingeht.

Literatur

[1]   DIN 32465:2008-11, *Chemische Analytik – Nachweis-, Erfassungs- und Bestimmungsgrenze unter Wiederholbedingungen – Begriffe, Verfahren, Auswertung.* Beuth Verlag, Berlin, 2008.

[2]   Kipsch D. *Lichtemissions-Spektralanalyse.* Leipzig, VEB Deutscher Verlag für Grundstoffindustrie, 1974.

[3]   Wegst M, Wegst C. *Stahlschlüssel – Key to Metals.* Marbach, Verlag Stahlschlüssel Wegst, 2016, ISBN 978-3922599326.

[4]   Domke W. *Werkstoffkunde und Werkstoffprüfung, 10. Auflage.* Düsseldorf, Verlag W. Girardet, 1986.

[5]   Merkel M, Thomas KH. *Taschenbuch der Werkstoffe.* München, Wien, Fachbuchverlag Leipzig im Carl Hanser Verlag, 2003.

[6]   Bargel HJ, Schulze G. *Werkstoffkunde.* Düsseldorf, VDI-Verlag, 1988.

[7]   *Handbuch für das Eisenhüttenlaboratorium, Band 2, Analyse der Metalle, Teil 2, Neue Verfahren.* Düsseldorf, Verlag Stahleisen, 1998.

[8]   Trägergasheißextraktion, aus dem Internet: http://www.revierlabor.de/fileadmin/Resources/Public/pdf/Flyer-_Traegergasheissextraktion_09.14.pdf, Schrift der Firma Revierlabor, Essen, eingesehen am 22.07.2017.

[9]   Niederstraßer J. *Funkenspektrometrische Stickstoffbestimmung in niedriglegierten Stählen unter Berücksichtigung der Einzelfunkenspektrometrie.* Dissertation, Duisburg, 2002.

[10] Van Driel R, Van Stuivenberg B. *Verfahren zur Bestimmung von Kohlenstoff in Gusseisen.* Deutsche Patentschrift DE 102010008839 B4, angemeldet am 22.02.2010.

[11] DIN EN 1563:2012-03: *Gießereiwesen – Gusseisen mit Kugelgraphit.* Berlin, Beuth Verlag, 2013.

[12] Werner H, Lappat I, Ajrich B. *Mischkristallverfestigte GJS-Werkstoffe für Groß- und Schwergussteile.* Werkstoffzeitschrift, Mering, HW-Verlag, Ausgabe 2, 2014.

[13] Kammer C. *Aluminium-Taschenbuch, Band 1, Grundlagen und Werkstoffe. 16. Auflage,* Düsseldorf, Aluminium-Verlag Marketing & Kommunikation GmbH, 2002.

[14] DIN EN 573-3:2013-12, *Aluminium und Aluminiumlegierungen – Chemische Zusammensetzung und Form von Halbzeug – Teil 3: Chemische Zusammensetzung und Erzeugnisformen; Deutsche Fassung EN 573-3:2013.* Berlin, Beuth Verlag, 2013.

[15] DIN EN 1780-1:2003-01 *Aluminium und Aluminiumlegierungen – Bezeichnung von legiertem Aluminium in Masseln, Vorlegierungen und Gussstücken – Teil 1: Numerisches Bezeichnungssystem; Deutsche Fassung EN 1780-1: 2002*. Berlin, Beuth Verlag, 2003.

[16] *Datenblatt Cu-ETP*. www.kupferinstitut.de/fileadmin/user_upload/kupferinstitut.de/de/Documents/Shop/Verlag/Downloads/Werkstoffe/Datenblaetter/Kupfer/Cu-ETP.pdf, Deutsches Kupferinstitut, Düsseldorf, eingesehen am 20.07.2017.

[17] DIN EN 13601:2013-09: *Kupfer und Kupferlegierungen – Stangen und Drähte aus Kupfer für die allgemeine Anwendung in der Elektrotechnik*. Berlin, Beuth Verlag, 2013.

[18] *Datenblatt Cu-OFE*. https://www.kupferinstitut.de/fileadmin/user_upload/kupferinstitut.de/de/Documents/Shop/Verlag/Downloads/Werkstoffe/Datenblaetter/Kupfer/Cu-OFE.pdf, Deutsches Kupferinstitut, Düsseldorf, eingesehen am 20.07.2017.

[19] Richter, M. *Erfahrungen bei der Bestimmung von Stickstoff und Sauerstoff in Metallen mittels optischer Emissionsspektrometrie*. Beitrag im Tagungsband: Nichtmetalle in Metallen '92, DGM Informationsgesellschaft mbH, Oberursel, 1992.

[20] Asm Handbook: *Properties and Selection: Nonferrous Alloys and Special-Purpose Materials (Asm Handbook)* VOL. 2 10th Edition. Metals Park, Ohio, USA, 1992, ISBN-13: 978-0871703781

[21] DIN EN 15079:2015-07: *Kupfer und Kupferlegierungen – Analyse durch optische Emissionsspektrometrie mit Funkenanregung (F-OES)*. Berlin, Beuth Verlag, 2015.

[22] Reed, R C. *The Superalloys: Fundamentals and Applications*. Cambridge (GB), Cambridge University Press, 2006, ISBN 978-0-521-07011-9.

[23] DIN EN 1179:2003-09: *Zink und Zinklegierungen – Primärzink*, Berlin, Beuth Verlag, 2003.

[24] DIN EN 13283:2003-01: *Zink und Zinklegierungen – Sekundärzink*. Berlin, Beuth Verlag, 2003.

[25] DIN EN 1774:1997-11: *Zink und Zinklegierungen – Gusslegierungen – In Blockform und in flüssiger Form*. Berlin, Beuth Verlag, 1997.

[26] DIN EN 12060:1998-01: *Zink und Zinklegierungen – Probenahme – Spezifikationen*. Berlin, Beuth Verlag, 1997.

[27] *Deutscher Ausschuss für Stahlbau: Feuerverzinken von tragenden Stahlbauteilen, DASt-Richtlinie 022*. Düsseldorf, Institut Feuerverzinken GmbH, 2009.

[28] DIN EN ISO 3815-1:2005-08: *Zink und Zinklegierungen – Teil 1: Optische Emissionsspektrometrie an festen Proben (ISO 3815-1:2005)*. Berlin, Beuth Verlag, 2005.

[29] Slickers K, Iten J, Frings S. *Spektrometrische Zinkanalyse in Argon*. GIT, Labor-Fachzeitschrift, GIT-Verlag, 21. Jg., Oktober 1977.

[30] DIN EN 12659:1999-11: *Blei und Bleilegierungen – Blei*. Berlin, Beuth Verlag, 1999.

[31] DIN 17640-1:2004-02: *Bleilegierungen für allgemeine Verwendung*. Berlin, Beuth Verlag, 2004.

[32] DIN EN 12548:1999-11: *Blei und Bleilegierungen – Bleilegierungen in Blöcken für Kabelmäntel und Muffen*. Berlin, Beuth Verlag, 1999.

[33] DIN EN 12588:2007-03: *Blei und Bleilegierungen – Gewalzte Bleche aus Blei für das Bauwesen*, Berlin. Beuth Verlag, 2007.

[34] DIN EN 12402:1999-10: *Blei und Bleilegierungen – Probenahme für die Analyse*. Berlin, Beuth Verlag, 1999.

[35] DIN V ENV 12908:1998-01: *Blei und Bleilegierungen – Analyse durch Optische Emissionsspektrometrie (OES) mit Funkenanregung*. Berlin, Beuth Verlag, 1998.

[36] DIN EN 610:1995-09: *Zinn und Zinnlegierungen – Zinn in Masseln*. Berlin, Beuth Verlag, 1995.

[37] DIN EN 611-1:1995-09: *Zinn und Zinnlegierungen – Zinnlegierungen und Zinngerät – Teil 1: Zinnlegierungen*. Berlin, Beuth Verlag, 1995.

[38] DIN EN 611-2:1996-08: *Zinn und Zinnlegierungen – Zinnlegierungen und Zinngerät – Teil 2: Zinngerät*. Berlin, Beuth Verlag, 1996.

[39] DIN 1707-100:2016-12: *Weichlote – Chemische Zusammensetzung und Lieferformen*. Berlin, Beuth Verlag, 2016.

[40] DIN 17850:1990-11: *Titan; Chemische Zusammensetzung*, Berlin. Beuth Verlag, 1990.

[41] DIN 17851:1990-11: *Titanlegierungen; Chemische Zusammensetzung*. Berlin, Beuth Verlag, 1990.

[42] Kleefisch EW (Herausgeber): *Industrial Applications of Titanium and Zirconium*. Philadelphia USA, American Society for Testing and Materials,, 1981.

[43] DIN 1729-1:1982-08: *Magnesiumlegierungen; Knetlegierungen*, Berlin, Beuth Verlag, 1982.

[44] Kammer C. *Magnesium-Taschenbuch*. Düsseldorf, Aluminium-Verlag, 2000.

[45] Brandes EA, Brook GB (Herausgeber). *Smithells Light Metals Handbook*. Oxford, England, Butterworth-Heinemann, 1998.

[46] *Schematischer Stammbaum „Celsite"*. https://www.dew-stahl.com/fileadmin/files/dew-stahl.com/documents/Publikationen/Werkstoffdiagramme/dew_stammbaum_celsite_de_131031.pdf, Deutsche Edelstahlwerke, eingesehen am 24.07.2017.

[47] Boyer HE, Gall TL (Herausgeber). *Metals Handbook – Desktop Edition*. Metals Park, Ohio USA, American Society for Metals, 1984.

[48] Van Loon JC, Barefoot RR. *Determination of the Precious Metals*. Chichester, England, John Wiley & Sons, 1991.

[49] Golloch A (Herausgeber). *Handbook of Rare Earth Elements – Analytics*. Berlin Boston, DeGruyter, 2017.

[50] Habashi F (Herausgeber). *Alloys*. Weinheim, Wiley-VCH, 1998.

6 Mobile Spektrometer

Kapitel 6 beschreibt den Entwicklungsstand moderner Mobilspektrometer. Dieses Kapitel ist als Erweiterung von Kapitel 3 zu sehen. Auch für das Kapitel sechs soll nicht unerwähnt bleiben, dass die Autoren diesen Status beschreiben, nicht aber die geistige Urheberschaft für die hier dargestellten Vorrichtungen und Verfahren beanspruchen. Nennenswerte Beiträge der Autoren zum Stand der Technik sind an den betreffenden Stellen des Kapitels durch Verweise auf deren Patentanmeldungen gekennzeichnet.

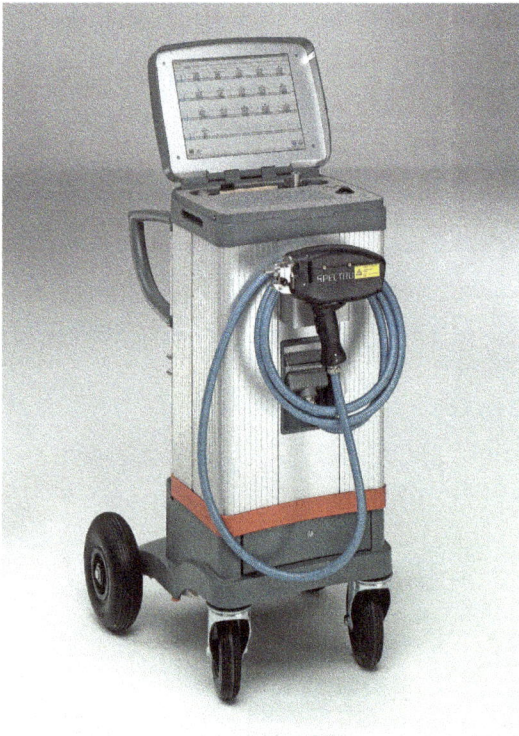

Abb. 6.1: Modernes Mobilspektrometer, Abdruck mit freundlicher Genehmigung der Firma SPECTRO Analytical Instruments GmbH, Boschstr. 10, 47533 Kleve

Mobile Spektrometer sind für Messungen direkt am Werkstück ausgelegt. Sie verfügen über ähnliche Grundkomponenten wie die Laborgeräte. In der Auslegung der Mobilspektrometer gibt es allerdings erhebliche Unterschiede, denn die Anforderungen an Mobilspektrometer weichen von denen der Laborspektrometer ab:

– Mobilspektrometer müssen *möglichst klein und leicht* sein, um sie einfach zur Probe bringen zu können. Beispiel: Sind 100 %-Prüfungen im Materiallager

https://doi.org/10.1515/9783110524871-006

erforderlich, muss das Spektrometer von einem Lagerregal zum nächsten bewegt werden.

- Oft sind Prüfungen im Freien erforderlich, deshalb müssen die Systeme *über einen weiten Temperaturbereich* funktionieren. Auch die Beständigkeit gegen Umgebungsfeuchte spielt eine größere Rolle als bei Laborgeräten.
- Nach dem Transport sollten die Geräte *möglichst schnell betriebsbereit* sein (Schlagwort: *readiness on the spot*). Verzögerungszeiten zum Temperieren der Optiksysteme sollten so klein wie möglich sein. Die Optiksysteme zur Messung von Spektrallinien im Vakuum-UV werden mit Argon gespült, da die Umgebungsluft für diese Wellenlängen undurchlässig ist. Auch die Zeitverluste, die durch Spülen der Optik nach Lagerung oder Transport entstehen, müssen minimiert werden.
- Mobilspektrometer müssen *neben Netz- auch Batteriebetrieb* zulassen. Die Batteriekapazität ist so auszulegen, dass einige Stunden Arbeit ohne Nachladen oder Batteriewechsel möglich ist.
- Die zu prüfenden *Werkstücke sind oft unhandlich groß* und können nicht direkt auf einen Funkenstand gelegt werden. Mobilspektrometer (s. Abb. 6.1) verfügen deshalb über eine meist pistolenförmig ausgeführte Abfunksonde, deren Frontseite aus einem miniaturisierten Funkenstand besteht. So ist es möglich, die Sonde an eine zur Messung geeignete Stelle des Werkstücks zu halten. Die während der Messung im Mini-Funkenstand erzeugte Strahlung gelangt entweder im direkten Lichtweg in ein ebenfalls in der Sonde eingebautes optisches System oder wird über einen Lichtwellenleiter in eine größere Optik im Hauptgehäuse des Mobilspektrometers eingekoppelt. Abfunksonde und Hauptgerät sind dann über einen meist mehrere Meter langen Sondenschlauch verbunden, der neben dem Lichtleiter auch Signalkabel und die Zuleitungen zwischen Anregungsgenerator und Funkenstand enthält. Auch die Kombination aus in die Sonde eingebauter Optik und über Lichtleiter angekoppelter Optik im Hauptgehäuse wird gebaut, da Lichtleiter nicht für die Strahlung der Spektrallinien im Vakuum-UV transparent sind
- Die Software beschränkt sich meist nicht auf eine einfache Analyse. Es werden spezielle Prüfabläufe vorgegeben, die eine schnelle und effiziente Verwechslungsprüfung ermöglichen. Außerdem besteht in der Regel die Möglichkeit, die Analyse auf Übereinstimmung mit einer Soll-Spezifikation zu überprüfen und unbekannte Materialien zu identifizieren.

Abbildung 6.2 zeigt den Aufbau von Mobilspektrometern, die aus einem Hauptgerät mit über einen Sondenschlauch angebundener Prüfsonde bestehen. Daneben gibt es auch Handgeräte, bei denen entweder sämtliche Komponenten in der Prüfsonde untergebracht sind (s. Abb. 6.3 a), oder bei denen die Komponenten zwischen der Prüfsonde und einer kleinen Umhängetasche verteilt sind (Abb. 6.3 b).

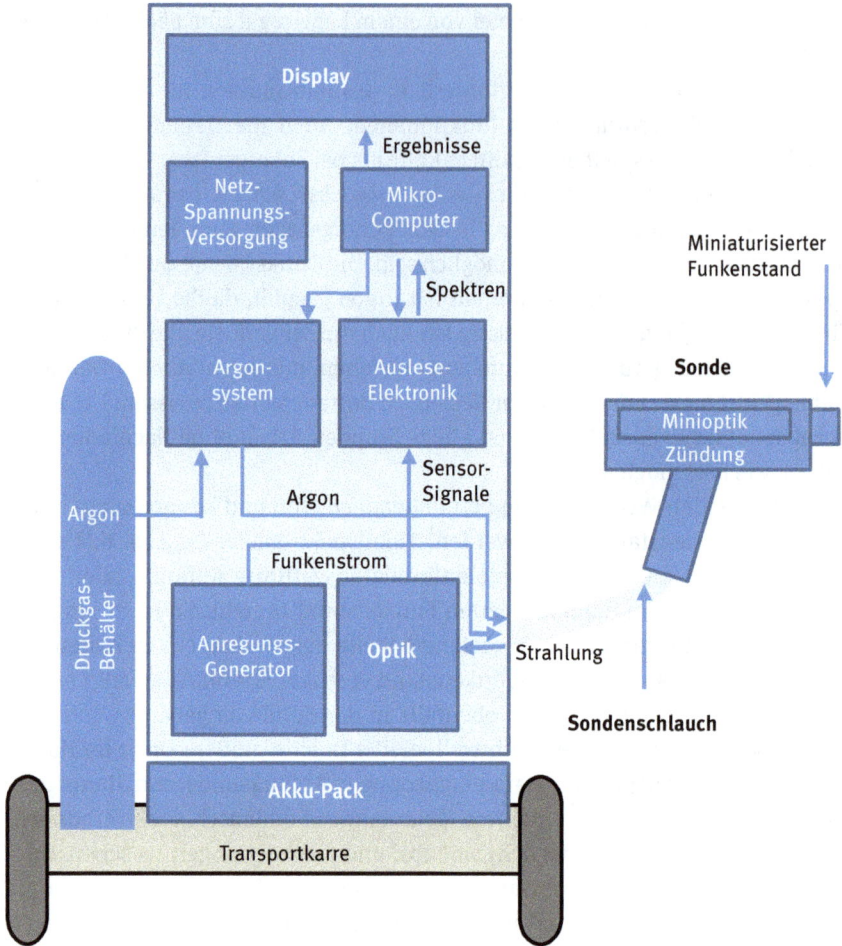

Abb. 6.2: Aufbau eines Mobilspektrometers

Die Lösung mit Umhängetasche hat den Vorteil, dass die Prüfsonde leichter und handlicher gemacht werden kann, da die zur Spannungsversorgung erforderlichen Akkumulatoren eine nicht unbeträchtliche Masse haben.

In den folgenden Abschnitten wird auf die konstruktiven Besonderheiten der Baugruppen von Mobilspektrometern im Detail eingegangen.

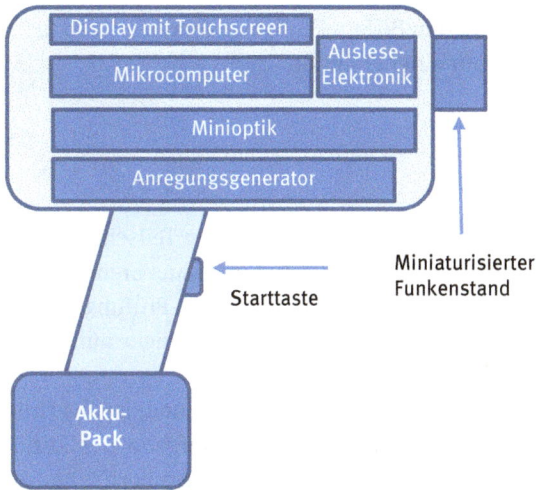

(a)

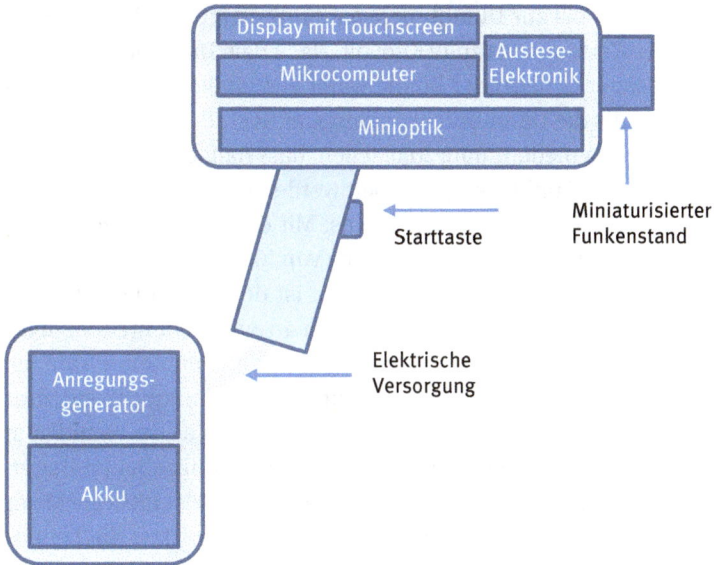

(b)

Abb. 6.3: Aufbau eines Handspektrometers

6.1 Anregungsgeneratoren in Mobilspektrometern

Mobilspektrometer bieten meist die Möglichkeit, wahlweise mit Bogenanregung unter Luft oder mit Funkenanregung unter Argon zu arbeiten. Es sind also die in 3.1.1 und 3.1.2 vorgestellten Schaltungen in einer Baugruppe vereinigt, wobei einige Schaltungsteile sowohl für den Bogen- als auch für den Funkenbetrieb genutzt werden. Der

Hardwareaufwand für einen kombinierten Bogen-/Funkengenerator ist also nicht viel höher als der eines Generators mit nur einer Funktion.

6.1.1 Besonderheiten der Zündung

Eine solcher gleichermaßen im Bogen wie im Funken genutzte Teilschaltung ist die Zündung. Sie wird meist in die Prüfsonde eingebaut und muss aus Ergonomie-Gründen so klein und leicht wie möglich konstruiert sein. Bei 100 %-Prüfungen größerer Lose muss der Prüfer die Sonde oft über Stunden auf die Werkstücke aufsetzen und während jeder Messung ruhig halten.

Die Zündung in das Hauptgerät statt in die Sonde einzubauen, ist aus Gründen der elektromagnetischen Verträglichkeit ungünstig: Die Aufgabe der Zündelektronik ist es, das Gas zwischen Elektrodenspitze und Probenoberfläche, das so genannte Gap, niederohmig leitend zu machen. Zu diesem Zweck wird ein Hochspannungspuls erzeugt, der bis zur Durchbruchspannung steigt. Die Durchbruchspannung erreicht dabei Werte von bis zu 12 Kilovolt. Nach dem Durchbruch entlädt sich ein parallel zur Gasstrecke liegender Kondensator von einigen 100 pF, an dem in diesem Moment ebenfalls die Durchbruchspannung anliegt. Dieser Kondensator ist notwendig, um das Gap so niederohmig zu machen, dass danach die Mittelspannung für den Bogen oder den Funken eingekoppelt werden kann. Der Kondensator entlädt sich innerhalb einer Zeit von typisch 100 ns. Mit dieser Entladezeit, einer Kapazität von 200 pF und einer Durchbruchspannung von 10 kV, errechnet man 20 A als mittleren Strom der Zündphase. Der Spitzenstrom ist deutlich höher. Die Einzelpulse mit hohen Strom- und Spannungsänderungen erzeugen ein breitbandiges Hochfrequenzspektrum, was zu Abstrahlung gelangen kann, wenn eine Antenne angekoppelt wird. Sind Zündspule (L in Abb. 6.4) und Hochspannungskondensator (C in Abb. 6.4) nahe dem Funkenstand positioniert (Abb. 6.4 a), so kann kaum Hochfrequenz abgestrahlt werden. Befindet sich die Zündelektronik aber im Hauptgerät, muss diese mit dem Funkenstand in der Sonde über den meist mehrere Meter langen Sondenschlauch verbunden werden (Abb. 6.4 b). Dann wirken die Leitungen im Sondenschlauch als Antennen, sodass Störstrahlung ausgesendet wird. Die betreffenden Leitungen sind durch einen gestrichelten Rahmen gekennzeichnet. In Europa sind die grundsätzlichen Anforderungen für die erlaubte Störaussendung in der Richtlinie 2014/30/EU über die elektromagnetische Verträglichkeit geregelt [1]. Ihre Einhaltung ist erforderlich für die CE-Erklärung, die wiederum Voraussetzung für das Inverkehrbringen der Geräte in Europa ist. So genannte „notifizierte Stellen" (engl. *notified bodies*) können in Ausnahmefällen Grenzwertüberschreitungen genehmigen. Sie werden diese allerdings nur erteilen, wenn die Möglichkeiten nach dem Stand der Technik ausgeschöpft wurden.

(a)

(b)

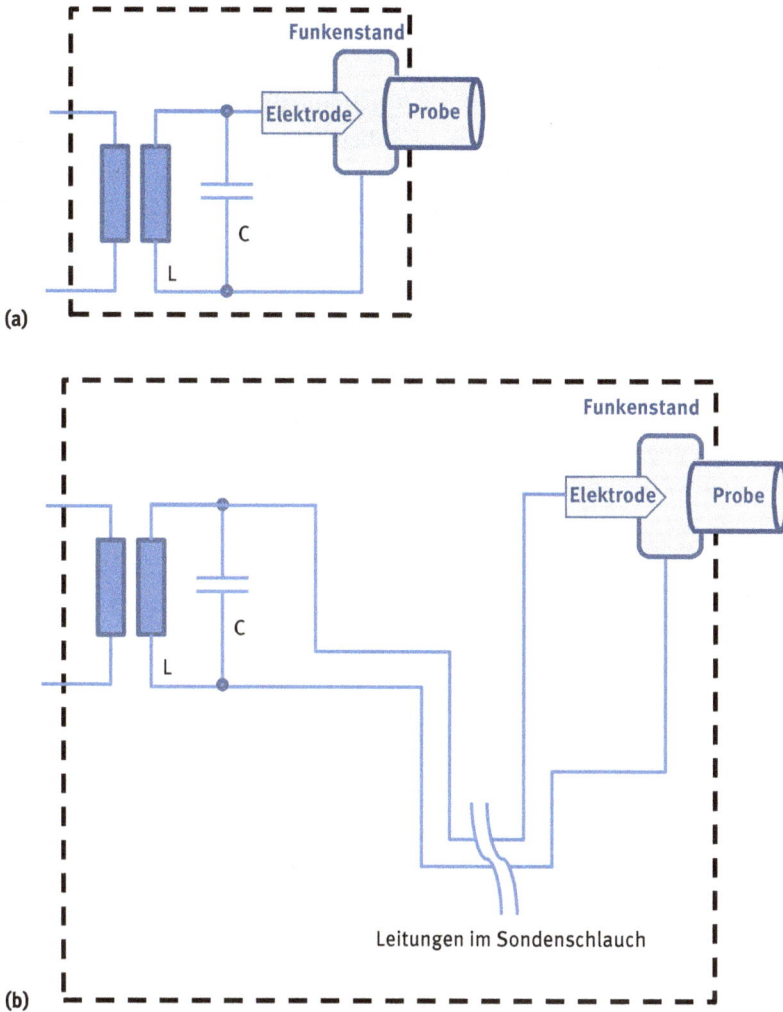

Abb. 6.4: Direkte Ankopplung der Zündung (a) oder Ankopplung über eine Leitung (b)

6.1.2 Bogengeneratoren für Mobilspektrometer

Bogenanregungen für Mobilspektrometer nutzen meist das unter 3.2.1.2 beschriebene Schaltregler-Prinzip, da die Energieeffizienz besonders bei Akkubetrieb wichtig ist. Außerdem lässt sich diese Bauform auf kleinstem Bauraum realisieren. Meist werden Bogenströme zwischen einem und drei Ampere genutzt. Bei geringen Stromstärken sind Elektrodenabbrand und -kontamination niedriger als bei hohen Strömen.

Allerdings wird für einen stabilen Bogen ein Mindeststrom benötigt, der meist zwischen einem und zwei Ampere liegt. Die Höhe des Mindeststroms ist vom zu analysierenden Material abhängig. So reicht z. B. für Zinnbronzen ein Strom von 1,2 A, während Aluminiumbronzen mindestens 1,8 A benötigen. Hohe Ströme um drei Ampere braucht man nur in Sonderfällen, z. B. wenn Kohlenstoff mit Hilfe der CN-Molekülbande bestimmt wird. Hier begünstigt der hohe Bogenstrom die Bildung des Cyan-Radikals.

6.1.3 Funkengeneratoren für Mobilspektrometer

Die Funkengeneratoren, die für Mobilspektrometer konstruiert werden, unterscheiden sich kaum von denen der Funken-Laborgeräte. Auch hier werden in modernen Geräten die Entlade-Energiekurven meist durch elektronisch geschaltete Induktivitäten geformt.

Es gibt aber auch einige Unterschiede:
- Laborspektrometer nutzen Funkparameter mit hohen Stromstärken zur Anregung von Linien im tiefen Vakuum-UV. Da mit Mobilspektrometern diese Linien nicht gemessen werden, brauchen die Funkengeneratoren nicht auf solch hohe Ströme ausgelegt zu werden. Induktivität und Widerstand der meterlangen Prüfsonden-Zuleitungen erschweren zudem die Realisierung hoher Ströme.
- Während bei Laborgeräten die Funkenstands-Masse galvanisch mit dem Schutzleiter verbunden ist, ist die Masse des Prüfsonden-Funkenstativs vom Schutzleiter isoliert. Der Grund hierfür liegt in der abweichenden Handhabung: Beim Laborspektrometer wird die Probe auf das Stativ gelegt, der Niederhalter abgesenkt und die Messung gestartet. Es ist sichergestellt, dass der Anwender nur Kontakt zu metallischen Flächen (Funkenstand – Probe – Niederhalter) hat, die sicher mit Schutzleiter verbunden sind.
Bei Mobilspektrometern kommt es dagegen vor, dass der Prüfling mit einer Hand und die Prüfsonde mit der anderen gehalten wird. Die Bedienungsanleitungen verbieten diese Form der Handhabung zwar in der Regel, in der Praxis wird diese Vorgabe jedoch oft ignoriert. Nun kann es geschehen, dass die Probe während des Abfunkvorgangs kurzzeitig den Kontakt zum Funkenstand verliert, die Distanz zwischen Elektrodenspitze und Probe aber so gering ist, dass es zum Funkenüberschlag kommt. Wäre nun die Generator-Masse mit Schutzleiter verbunden und hätte der Prüfer Körperkontakt zum Schutzleiter, so würde ein Körperstrom fließen. Ist der Anregungsgenerator komplett galvanisch vom Schutzleiter getrennt, kann dieser Fall nicht eintreten. Das

beschriebene Problem betrifft im Allgemeinen eher den Komfort als die Sicherheit. Man ist bestrebt, die Generatoren so auszulegen, dass die in Fällen wie dem oben beschriebenen nicht gefährlich sind. Welche Körperströme unter welchen Bedingungen als gefährlich angesehen werden müssen, regelt die DIN-EN 61010 – Sicherheitsbestimmungen für elektrische Mess-, Steuer-, Regel- und Laborgeräte [2].

– Um die oben beschriebene Isolationsanforderungen des Funkengenerators gegenüber dem Schutzleiter stets – auch im Fehlerfall – zu gewährleisten, enthalten Funkengeneratoren für Mobilspektrometer oft eine so genannte Isolationsüberwachung. Abbildung 6.5 zeigt eine solche Schaltung. Dabei wird ein hochohmiger Widerstand R (meist aus Sicherheitsgründen sogar als Reihenschaltung mehrerer hochohmiger Widerstände ausgelegt) in Reihe mit einer Spannungsquelle einiger Volt gelegt (U_{Aux} in Abb. 6.5). Diese Reihenschaltung ist auf der einen Seite mit Schutzleiter (PE) und auf der anderen Seite mit der Generatormasse (GND) verbunden. Ist die Isolation perfekt, fließt kein Strom. Fließt ein Strom, so lädt er den Kondensator C. In festen Zeitintervallen wird die Spannung an C (U_{Iso} in Abb. 6.5) gemessen und anschließend die Ladung in C durch kurzes Schließen des elektronischen Schalters S gelöscht. Bei Überschreitung einer Spannungs-Obergrenze wird der Funkengenerator deaktiviert und eine Warnmeldung ausgegeben.

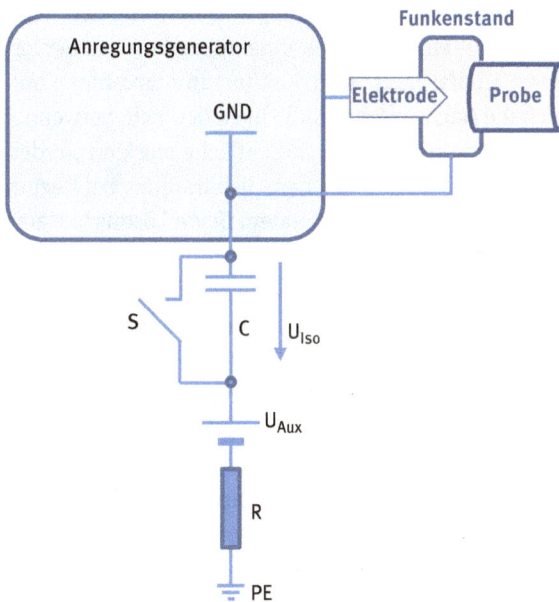

Abb. 6.5: Isolationsüberwachung

6.1.4 Laserquellen für Handgeräte

In den letzten Jahren wurden von verschiedenen Herstellern Laser-Handgeräte auf den Markt gebracht. Bei diesen Handgeräten sind Laser, optisches System mit Sensoren, Auslese-Elektronik und das Display in der Sonde vereint. Die Stromversorgung erfolgt über einen Akkumulator, der meist am Griff befestigt ist und leicht gewechselt werden kann. Die kompakte Bauform erzwingt die Miniaturisierung aller Baugruppen, was mit Kompromissen bezüglich der analytischen Leistungsfähigkeit verbunden ist. In Kapitel 6.4.2 wird diskutiert, was das für das optische System bedeutet. Der beschränkte Bauraum engt auch beim Laser die Möglichkeiten ein.

Es lassen sich jedoch brauchbare Kompromisse finden:
- Es wird meist mit Festkörperlasern, z. B. auf Basis von Nd:YAG-Kristallen gearbeitet.
- Eine Frequenzvervielfachung ist weder üblich noch sinnvoll. Bei Verwendung von Nd:YAG-Kristallen werden Pulse der Grundwellenlänge 1064 nm verwendet.
- Es wird mit Einzelpulsen geringer Energie gearbeitet. Plasmazündung und Materialabbau sind bereits mit Pulsenergien ab ca. 20 Mikrojoule möglich. Die typische Pulsdauer liegt in der Größenordnung von 2 ns.
- Um zu brauchbaren Signalintensitäten zu kommen, wird mit Puls-Wiederholraten im Kilohertzbereich gearbeitet. Die Verwendung einer großen Anzahl von Pulsen niedriger Einzelenergie hat einen weiteren Vorteil: Bei Pulsen mit hoher Energie im mJ-Bereich entstehen an der Probenoberfläche Spitzentemperaturen, die für eine hohe, das Nutzsignal überlagernde thermische Strahlung sorgen. Außerdem wird unmittelbar über der Probenoberfläche ein durch Elektronenrekombination hervorgerufenes Kontinuum emittiert (s. Kapitel 2.5.2). Wird die Untergrundstrahlung mitgemessen, so verschlechtert sich die Nachweisempfindlichkeit deutlich. Verwendet man Pulse höherer Energie, muss entweder die Probenoberfläche maskiert werden oder es sind Sensoren zu verwenden, die es ermöglichen, die Strahlung bei Beginn des Laserpulses für die Dauer einiger 100 ns auszublenden. Beide Lösungsansätze sind aufwändig, deshalb ist eine Vermeidung der Temperaturstrahlung vorteilhaft.
- Als Pumpquelle bieten sich Laserdioden an: Sie ermöglichen im Gegensatz zu Gasentladungslampen eine Pulsrate bis in den Kilohertz-Bereich und können in kompakter Bauform ausgeführt werden.
- Metalle haben, obwohl sie dem äußeren Anschein nach homogen erscheinen, eine Kornstruktur. Es reicht nicht aus, einen räumlich eng begrenzten Bereich von einigen Mikrometern Durchmesser zu betrachten, wenn eine Aussage über die durchschnittlichen Gehalte zu machen ist. Der Punkt, an dem die Laserpulse auf die Metalloberfläche auftreffen, muss deshalb variiert werden. Das kann z. B. mit Ablenkspiegeln geschehen. Dabei kann sich der Fokus des Laserstrahls ändern. Er sollte bei Bewegung stets den gleichen Abstand zur Metalloberfläche behalten, damit die Einzelpulse möglichst unter gleichen Bedingungen Material abbauen und anregen. Eine Defokussierung kann im Extremfall dazu führen,

dass die Energiedichte für eine Plasma-Zündung zu niedrig ist. Dieser Puls kann dann nicht zum Nutzsignal beitragen. Abbildung 6.6 zeigt die Laserkrater, die während einer Messung durch Verschiebung des Strahls auf der Oberfläche einer Stahlprobe erzeugt werden. Die Kette der Krater hat eine Länge von nur ca. drei Millimetern.

– Die Messung erfolgt unter Luft. Bei Messungen in Argonatmosphäre werden zwar bezüglich Nachweisempfindlichkeit und Reproduzierbarkeit bessere Ergebnisse erziehlt, es müsste jedoch ein Druckgasbehälter mitgeführt werden, wodurch die Handlichkeit des Gesamtsystems leiden würde.

Abb. 6.6: Spur von Laserkratern auf der Oberfläche einer Stahlprobe

Laser-Handgeräte haben sich die Nische der Aluminium-Schrottsortierung erobert. Das hat drei Gründe:

– Die konkurrierenden Verfahren haben hier Schwächen: Die Bestimmung leichter Elemente mit *Röntgen-Handgeräten* ist schwierig. Magnesium, Silizium, Lithium und Titan sind aber in der Aluminium-Basis sehr wichtig. Silizium und Titan können mit Handheld-XRF-Geräten zwar bestimmt werden, die Messzeiten müssen dann aber recht lang sein. Magnesium ist eines der wichtigsten Legierungselemente. Lithium verändert selbst bei Gehalten im ppm-Bereich die Kornstruktur des Aluminiums. Es gibt aber Legierungen, die einige Prozent Lithium enthalten. Eine ganze Charge kann verdorben werden, wenn Schrotte aus diesem Material ungewollt in eine Schmelze geraten. Trotz langer Messzeit ist die Bestimmung von Magnesium kaum und die von Lithium gar nicht möglich. Damit verbietet sich meist ein Einsatz von Röntgen-Handgeräten. Auch die *Bogenanregung* eignet sich nicht für die Aluminiumbasis. Hier sind die Reproduzierbarkeiten durchweg zu schlecht. Am ehesten kann der Funken mit dem Laser konkurrieren. Die Reproduzierbarkeiten, erzielbare Richtigkeiten und Nachweisgrenzen sind sehr gut und dem Laser meist deutlich überlegen. Es ist aber ein Anschleifen der Probe erforderlich und auch die Messzeiten sind vergleichsweise lang. Der Aufwand für die Prüfung wird so im Kontext einer schnellen Vorsortierung zu hoch.

– Das Spektrum der Aluminiumbasis-Werkstoffe ist linienarm verglichen z. B. mit dem der Eisenbasis-Materialien. Im Wellenlängenatlas von Saidel und Prokofiew

[3] sind nur 116 Aluminiumlinien aufgeführt, die Anzahl dort gelisteter Eisenlinien beträgt dagegen 3144. Dadurch entfällt das Problem, eine Analytlinie von einer in unmittelbarer Nachbarschaft liegenden Linie des Basismetalls zu trennen. Das kommt der beschränkten Auflösung der Optik-Systeme in Handgeräten (s. Kapitel 6.4.2) entgegen.

– Die Aluminiumknetlegierungen werden üblicherweise mit einer vierstelligen Zahl gekennzeichnet, wobei die erste Ziffer Aufschluss über das Hauptlegierungselement gibt (s. Tab. 6.1). Ähnliches gilt für Aluminium-Gusslegierungen (Tab. 6.2). Dort erfolgt die Kennzeichnung über dreistellige Zahlen. Bei der Schrottsortierung reicht oft eine Zuordnung zu der richtigen Gruppe laut Tab. 6.1 oder 6.2. Eine solche Sortierung stellt keine besonderen Anforderungen an Nachweisempfindlichkeiten und Richtigkeiten. Auch innerhalb der Hauptgruppen sind oft Unterscheidungen möglich, was aber im Recyclingbereich selten notwendig ist. Details über die Einteilung der Knet- und Gusslegierungen finden sich in der Literatur, z. B. im Aluminium-Taschenbuch [4]. Die Bezeichnungen und Zusammensetzungen von Knetlegierungen sind in der DIN EN 573-3 [5], die Benennung der Gusslegierungen in der DIN EN 1780-1 [6] genormt.

Tab. 6.1: Gruppeneinteilung der Aluminium-Knetlegierungen

Gruppe	Haupt-Legierungselement(e)	Gruppe	Haupt-Legierungselement(e)
1XXX	Reinaluminium mit Al > 99 %	2XXX	Kupfer
3XXX	Mangan	4XXX	Silizium
5XXX	Magnesium	6XXX	Magnesium und Silizium
7XXX	Zink	8XXX	Verschiedene (z. B. Lithium)

Tab. 6.2: Gruppeneinteilung der Aluminium-Gusslegierungen

Gruppe	Haupt-Legierungselement(e)	Gruppe	Haupt-Legierungselement(e)
1XX	Reinaluminium	2XX	Kupfer
3XX	Silizium mit Kupfer und/oder Magnesium	4XX	Silizium
5XX	Magnesium	7XX	Magnesium, Zink
8XX	Zinn		

Bei der Untersuchung von Eisen-, Nickel- und Kupferbasis konnten sich Laser-Handgeräte bislang nicht durchsetzen. Die Spektren sind hier linienreicher. Zudem sind wichtige Elemente wie Phosphor und Schwefel nicht bestimmbar, da die Hauptnachweislinien im Vakuum-UV liegen, deren Strahlung die Umgebungsluft nicht durchdringt. Auch die Messung des Elementes Kohlenstoff ist schwierig, weil das Kohlenstoffdioxid der Atmosphäre die Messung verfälscht.

6.2 Abfunksonden

Prüfsonde und Sondenschlauch bilden die markantesten Unterscheidungsmerkmale zwischen Labor- und Mobilspektrometer. Wie bereits oben beschrieben, beinhaltet die Sonde nicht nur einen miniaturisierten Funkenstand, sondern neben der ebenfalls oben erwähnten Zündung oft weitere Komponenten:

- Der *Start-Taster* wird betätigt, um die Messung auszulösen. Aus Sicherheitsgründen wird der Abfunkprozess unterbrochen, wenn der Taster losgelassen wird.
- Meist ist ein zweiter Taster vorhanden, der häufig als *Reset-Taster* bezeichnet wird. Diese Taste ist besonders wichtig bei der Nutzung in der Verwechslungsprüfung. Dort werden größere Lose von Werkstücken auf Identität kontrolliert. Der Prüfvorgang wird blockiert, wenn ein nicht übereinstimmendes Werkstück gefunden wurde. So wird verhindert, dass eine Abweichung versehentlich ignoriert wird. Eine Betätigung der Reset-Taste gibt die Prüfung wieder frei.
  In den Prüfmodi „Analyse", „Werkstoffkontrolle" und „Werkstoffidentifikation" kann die Taste für andere Zwecke verwendet werden, z. B. zur Mittelwertbildung im Analysenmodus oder zum Suchen eines passenden Werkstoffs, falls bei der Werkstoffkontrolle Abweichungen gefunden werden.
- Nachdem im Rahmen der Verwechslungsprüfung eine Übereinstimmung mit dem Referenzmaterial festgestellt wird, leuchtet an der Sonde eine meist grüne *Anzeigeleuchte* auf. Bei Abweichungen erscheint ein rotes Licht. So erfährt der Anwender das wesentliche Ergebnis der Prüfung, ohne auf den Bildschirm des Hauptgerätes, das möglicherweise einige Meter entfernt steht, schauen zu müssen.
- Bei einigen Mobilspektrometern, vor allem bei Handgeräten, ist statt der Anzeigeleuchten ein *Display* in die Sonde integriert. Man hat dann den Vorteil, dass neben einer einfachen ja/nein-Aussage auch ggf. von den Sollvorgaben abweichende Elemente, Analysenergebnisse, gefundene Werkstoffe usw. direkt an der Sonde angezeigt werden können. Farbdisplays lassen sich aber meist schlechter bei starker Sonneneinstrahlung ablesen. Außerdem macht das Display die Sonde schwerer, was durchaus relevant für Anwendungen ist, bei denen die Sonde über Stunden gehalten werden muss.
- Ein Teil des *Argon-Versorgungssystems* befindet sich üblicherweise in der Sonde. Argon wird zum Spülen des Funkenstandes während der Messung benutzt. Auch im Ruhezustand wird ein kleiner Argonstrom aufrechterhalten, vor allem um den Funkenstand frei von Wasserdampf zu halten, der sich auch bei den kleinen Volumina des Funkenstandes nicht durch ein kurzes Vorspülen entfernen lässt. Enthält die Sonde eine Optik für den Wellenlängenbereich unter 185 nm, so muss auch diese zur Erhaltung der Transparenz im Vakuum-Ultraviolettbereich ständig mit einem geringen Argonfluss gespült werden.
  Bei größeren Mobilspektrometern befindet sich die Optik für Wellenlängen über 185 nm im Hauptgerät. Die Ankopplung erfolgt über einen Lichtleiter. Die

Transmission von Lichtleitern verändert sich bei intensiver UV-Bestrahlung. Dieser Effekt wird als Solarisation bezeichnet. Während der Vorfunkzeit, die der eigentlichen Messung vorausgeht, ist die UV-Strahlung besonders intensiv. Um den Lichtleiter zu schützen, blockiert ein sogenannter *Shutter* während der Vorfunkzeit den Lichtweg vor dem Lichtleiter. Der Shutter besteht meist aus einem Miniatur-Pneumatikzylinder, der mit Argon betrieben wird. Elektromechanische Bauelemente haben sich an dieser Stelle weniger bewährt.

Man könnte für jede dieser Funktionen eine separate Gasleitung durch den Sondenschlauch leiten. Das würde aber dessen Durchmesser erhöhen und so das Gewicht des sondenseitigen Schlauchendes, was ja mit der Sonde getragen wird, erhöhen. Auch die Handlichkeit der Sonde würde beeinträchtigt. Ein weiterer Nachteil besteht in der Tatsache, dass oft aus Gründen der leichten Reparatur eine Steckbarkeit des Sondenschlauchs am Hauptgerät gewünscht ist. Mehrere Argonverbindungen würden diesen Stecker groß und aufwändig machen.

Aus diesen Gründen findet im Hauptgerät nur eine Kontrolle und Reduktion des Eingangsdrucks sowie ggf. eine Filterung des Argons statt. Eine einzige Argonleitung führt dann in die Prüfsonde. Dort befindet sich ein Block mit Nadelventilen oder Festblenden und Miniatur-Magnetventilen, die das Schalten der oben beschriebenen Gasflüsse erlauben.

– Magnetventile, Start- und Reset-Taster, Signalleuchten und Sondendisplay könnten vom Hauptgerät angesteuert werden. Das hätte aber zur Folge, dass der Sondenstecker eine große Anzahl von Kontakten haben müsste und auch vieladrige Kabel durch den Sondenschlauch geführt werden müssten. Es ist günstiger, das Schalten der Signale einem separaten Mikroprozessor, dem so genannten *Sondencontroller* zu übertragen. Dieser kann dann über eine einfache serielle Verbindung, z. B. über eine EIA-422 oder eine EIA-485-Schnittstelle erfolgen. Nur die Entriegelung der Anregung erfolgt über eine separate Leitung, um unabhängig von Defekten des Sondencontrollers zu sein.

– Für Wellenlängen unterhalb 185 nm sind handelsübliche Lichtleiter nicht mehr nutzbar, weil sie für kurzwelligere Strahlung nicht mehr ausreichend transparent sind. Einige Elemente, wie z. B. Phosphor und Schwefel haben aber die einzigen brauchbaren Nachweislinien unterhalb von 185 nm. Die Hauptbestimmungslinie des für Eisenwerkstoffen wichtigsten Elements, dem Kohlenstoff, liegt zwar mit einer Wellenlänge von 193,0 nm über der 185 nm – Grenze, allerdings sind hier die Anforderungen an die Richtigkeit recht hoch. Der Lichtleiter stört hier: Er dämpft diese Wellenlänge schon deutlich und ändert zudem seine Transmissivität unter UV-Bestrahlung. Aus diesen Gründen baut man kleine *optische Systeme* in die Sonde ein, die nur den Wellenlängenbereich zwischen 170 nm bis 200 nm abdecken.

Der Funkenstand auf der Vorderseite der Abfunksonde bildet die Schnittstelle zur Probe. Durch Aufstecken verschiedener Adapter kann der Funkenstand für

Funken- oder Bogenbetrieb ausgerüstet werden. In Abb. 3.35 wurden bereits Bogen- und Funkenadapter für flache Proben gezeigt.

Beim Funkenbetrieb muss die zu messende Fläche der Probe den Innenraum des Funkenstands gasdicht gegenüber der Außenatmosphäre abschließen. Kleine Öffnungen begünstigen den dichten Abschluss, erschweren jedoch die Reinigung der Elektrodenspitze. Öffnungen um 8 mm sind ein praktikabler Kompromiss. Müssen Kleinteile analysiert werden, die keine ausreichend großen planen Flächen aufweisen, kann in die Funkenstands-Oberseite eine abnehmbare Scheibe aus einem nicht leitenden Material eingelegt werden. Der Öffnungsdurchmesser kann dann bis auf vier Millimeter reduziert werden. Ein Nichtleiter muss verwendet werden, weil sonst der Funken auf den Rand der Öffnung einschlagen und Funkenstandsmaterial abbauen würde. Als Material für die Nichtleiter-Scheiben haben sich Bornitrid und Glimmer bewährt. Sind zu analysierende Kleinteile so geformt, dass kein sicherer galvanischer Kontakt zum Funkenstand gewährleistet werden kann, so kann dieser über eine Klemme hergestellt werden (s. Abb. 6.7 a).

Bei Funkenbetrieb werden üblicherweise Wolframelektroden mit vier oder sechs Millimeter Durchmesser verwendet, gelegentlich wird aber auch spektral reines Silber als Elektrodenmaterial benutzt. Die Elektroden sind meist in Winkeln zwischen 90° und 140° angespitzt. Die Gap-Abstände werden mit zwei bis drei Millimetern meist etwas kleiner als bei Laborgeräten gewählt. Das erleichtert es, kleine Brennflecke zu erzielen, macht aber die korrekte Einstellung der Blendung (s. Kapitel 3.3.1) etwas kritischer. Die Elektrode bleibt bei Abfunkungen unter Argon relativ kalt und unterliegt praktisch keiner Abnutzung. Für Wolframelektroden sind Standzeiten von mehreren 100.000 Messungen möglich.

Im Bogenmodus werden solche Standzeiten dagegen nicht erreicht, die Elektrodenspitzen unterliegen einer deutlichen Erosion. Es kommen Silber- oder Kupferelektroden zum Einsatz. Für die Weite des Gaps sind Abstände um 1,5 mm üblich. Meist wird ein Elektroden-Durchmesser von 6 mm gewählt. Schlankere Bauformen haben sich nicht bewährt, da es beim Bogen unter Luft zu einer beträchtlichen Wärmeentwicklung an der Gegenelektrode kommt. Wird diese Wärme nicht ausreichend abgeführt, kann es zu Abbrand oder sogar zu Verformungen kommen. Auch die Bogen-Elektroden sind angespitzt. Gelegentlich sind dabei zur Stabilisierung der Bogenposition Winkel ab 60° zu finden, meist werden aber die gleichen stumpfen Elektroden wie im Funken gewählt, weil spitze Winkel häufigeres Nachstellen des Elektrodenabstands erfordern. Bei niedriglegiertem Stahl ist es erforderlich, nach einigen hundert Messungen die Elektrode zu wechseln oder zumindest den Abstand nachzujustieren, um den Abbrand zu kompensieren. Eine Verwendung von Wolfram als Elektrodenmaterial verbietet sich bei unter Luft brennenden Bögen, da dieses Material an der Spitze der Elektrode oxidiert, die Spitze so noch schneller als bei Silber oder Kupfer abbrennt und sich so das Gap schnell vergrößert. Zudem ist das entstehende Wolframoxid giftig.

(a)   Adapter für Kleinteile

(b)   Adapter für Rohre und Drähte

(c)   Drahtadapter

Kehlnahtadapter

(d)

Abb. 6.7: Funken- und Bogenadapter für spezielle Probenformen, Abdruck mit freundlicher Genehmigung der Firma SPECTRO Analytical Instruments GmbH, Boschstr. 10, 47533 Kleve

Ähnlich wie im Funkenbetrieb ist es auch bei Nutzung des Bogens üblich, je nach Prüfaufgabe und Beschaffenheit der Proben mit verschiedenen Adaptern zu arbeiten. Meist wird ein rohrförmiger Aufsatz verwendet. Er schirmt einerseits die im Bogen auftretende UV-Strahlung ausreichend ab, um die Augen des Bedieners vor schädlicher UV-Strahlung zu schützen. Andererseits erlaubt er ein einfaches Reinigen der Elektrode. Der Adapter eignet sich auch zur Bestimmung von Kohlenstoff bei Spülung mit von CO_2 gereinigter Luft. Es wird zwar nicht die gleiche Dichtigkeit wie beim Funkenadapter erreicht, das ist aber auch nicht nötig: Während im Funken schon Verunreinigungen des Argons von wenigen ppm zu schlechten Brennflecken und Beeinträchtigungen der Wiederholgenauigkeiten führen, muss der Bogenadapter nur für eine grobe Trennung der gereinigten Luft von der umgebenden Atmosphäre sorgen. Kleine Lecks stören hier nicht.

Außer dem Standardadapter kommen im Bogenbetrieb folgende Adaptertypen zum Einsatz:
- In Drahtadaptern lassen sich Drähte so einhängen, dass diese mittig im richtigen Abstand über der Elektrodenspitze positioniert sind (s. Abb. 6.7 b und c).
- Rohradapter leisten ähnliches für Rohre. Sie haben im rechten Winkel zur Elektroden-Achse eine kreisbogenförmige Aussparung. Der Durchmesser dieser Aussparung begrenzt den Durchmesser der mit diesem Adapter messbaren Rohre nach oben. Oft sind Rohradapter mit Aussparungen verschiedener Radien erhältlich (s. Abb. 6.7 b).
- Kehlnaht-Adapter dienen dazu, zielgenau die Zusammensetzung von Schweißnähten untersuchen zu können (s. Abb, 6.7 d).

6.3 Sondenschlauch

Sieht man von Handgeräten ab, so verfügen Mobilspektrometer stets über einen Sondenschlauch, der sämtliche elektrische, pneumatische und optische Verbindungen zwischen Hauptgerät und Prüfsonde enthält.

Der Sondenschlauch enthält, unter Berücksichtigung der im vorigen Absatz als vorteilhaft beschriebenen Ausführungsform, folgende Komponenten:
- Er nimmt den *Lichtleiter* auf, der die Strahlung vom Sonden-Funkenstand zur Optik im Hauptgerät transportiert. Es ist sinnvoll, den Lichtleiter zusätzlich dadurch zu schützen, dass man ihn innerhalb des Sondenschlauchs in einem Kunststoffschlauch führt. Dadurch beugt man Beschädigungen der empfindlichen Quarzfaser vor. Zu diesem Zweck haben sich PTFE-Schläuche mit etwa zwei Millimeter Innendurchmesser und einem Millimeter Wandstärke bewährt.
- Bei Funkengeräten versorgt die *Argonleitung* den in der Sonde befindlichen Argonblock, der wiederum das Argon für den Shutter sowie zur Funkenstands- und Minioptik-Spülung nutzt. Bei Bogengeräten, die zur Analyse von Kohlenstoff unter von Kohlenstoffdioxid gereinigter Luft ausgelegt sind, dient ein solcher Schlauch dem Lufttransport. Sonden für Bogen- und Funkenbetrieb nutzen meist die gleiche Leitung für Luft und Argon. Es werden PTFE-Leitungen verwendet. Bei der Auswahl der Leitungen ist auf niedrige Permeation für Sauerstoff und Feuchtigkeit zu achten. Die in Laborgeräten benutzten Kupfer- oder Edelstahlleitungen können im Sondenschlauch wegen der erforderlichen Flexibilität nicht verwendet werden. Schläuche aus Kunststoffen wie LDPE und PVC sind deshalb ungünstig. PTFE-Leitungen von 2 mm Innendurchmesser und einem Millimeter Wandstärke sind bei Längen bis 10 m meist ausreichend undurchlässig.

- Die *elektrischen Zuleitungen* für Funken- bzw. Bogenstrom müssen einen ausreichenden Querschnitt haben und den in der DIN-EN 61010 [2] geforderten Isolations-Anforderungen gerecht werden. Gleiches gilt für die Versorgung der Zündelektronik.
- Wie im vorigen Abschnitt ausgeführt, steuert der *Sondencontroller* die Gasflüsse sowie die Anzeigeelemente und informiert den Geräterechner über die Betätigung von Start- und Reset-Taster. Meist geschieht die Kommunikation über eine symmetrische serielle Leitung. Es empfiehlt sich die Verwendung hochflexibler Litzen, wie sie in Schleppleitungen eingesetzt werden. Der Sondenschlauch wird im Routinebetrieb ständig bewegt. Bei Verwendung nicht genügend flexibler Kabel kann es im Laufe der Zeit zu Aderbrüchen kommen. Das Kabel sollte zudem ausreichend geschirmt sein, um Störungen der Datenübertragung vorzubeugen.
  Enthält die Sonde eine Mini-Optik für den Vakuum-UV-Bereich, können die Messwerte vom Sondencontroller übertragen werden. Alternativ können die Sensoranschlüsse nach Impedanzwandlung direkt in das Hauptgerät geleitet werden oder die Übertragung kann über einen separaten Mikrocontroller erfolgen. In diesen Fällen sind weitere elektrische Leitungen erforderlich, an die die gleichen Anforderungen gestellt werden wie an die Verbindung zum Sondencontroller.
- *Weitere elektrische Leitungen* können zur Versorgung von Sensoren, Analogelektronik und Mikrocontrollern mit Niederspannung sowie für die Verriegelung des Anregungsgenerators bei nicht gedrückter Starttaste erforderlich sein.

Im betrieblichen Einsatz ist gerade der Sondenschlauch anfällig für mechanische Defekte. So kommt es häufig vor, dass Flurförderfahrzeuge über den Schlauch fahren, wenn das Gerät in einigen Metern Distanz vom Anwender steht. Die Ausführung als flexibler Metallschutzschlauch mit Kunststoff-Ummantelung hat sich bewährt (s. Abb. 6.8). Es ist vorteilhaft, doppelt gefalzte Profile zu verwenden, da diese sich bei Zugbelastung kaum verlängern. Eine geringe Längenänderung, die sich schon beim Aufwickeln des Sondenschlauchs einstellt, ist aber unvermeidlich. Die Längen aller im Metallschutzschlauch befindlichen Leitungen inklusive des Lichtleiters müssen so dimensioniert werden, dass sie selbst bei maximaler Streckung des äußeren Schutzschlauchs keiner Zugbelastung ausgesetzt werden. Oftmals ist es deshalb günstig, mindestens am geräteseitigen Ende des Sondenschlauchs einen Raum zu schaffen, der Leitungsschlaufen enthält, die eine Sondenschlauch-Verlängerung von einigen Zentimetern als Folge einer Zugbelastung ausgleichen. Die Streckung des Sondenschlauchs lässt sich durch Einziehen eines Stahlseils, das an seinen beiden Enden starr fixiert ist, deutlich minimieren.

Abb. 6.8: Doppelt gefalzter Sondenschlauch mit Kunststoff-Ummantelung, Abdruck mit freundlicher Genehmigung der Firma SPECTRO Analytical Instruments GmbH, Boschstr. 10, 47533 Kleve

Sonde und Sondenschlauch bilden in der Regel eine Einheit. Das Ende des Sondenschlauchs wird aber oft über einen Stecker an das Gerät angesteckt. Für eine Steckverbindung sprechen mehrere Gründe:

– Der Sondenschlauch ist, wie bereits erwähnt, mechanischen Beanspruchungen und Gefährdungen ausgesetzt. Es ist vorteilhaft, Sonde und Schlauch im Fall eines Defekts leicht wechseln zu können.

– Wie in Kapitel 6.2 beschrieben wurde, erfordert die Bestimmung der Vakuum-UV-Elemente ein optisches System in der Sonde. Sonden mit einer solchen Optik sind schwerer als solche ohne. Es kann deshalb sinnvoll sein, nur im Bedarfsfall, wenn also die Elemente P und S bestimmt werden müssen, die schwere Sonde zu benutzen. Eine leichte Sonde wird aber dann angesteckt, wenn beispielsweise eine langwierige Verwechslungsprüfung im Bogenmodus durchgeführt werden soll.

Der Sondenstecker muss dazu in der Lage sein, sicheren elektrischen Kontakt herzustellen, Argon ohne Leckagen in die Gasleitung des Sondenschlauchs einzukoppeln und die Strahlung am Lichtleiterende möglichst verlustfrei zur Optik im Inneren des Gerätegehäuses zu transportieren.

Die elektrischen Kontakte bilden die geringste Schwierigkeit. Hier gibt es Standardlösungen, auf die zurückgegriffen werden kann. Auch für die Gasverbindung gibt es Standardlösungen, bei denen allerdings auf eine öl- und fettfreie Ausführung zu achten ist.

Das Lichtleiterende kann entweder direkt auf das Ende eines Weiteren stoßen, der den Weitertransport der Strahlung innerhalb des Hauptgehäuses erledigt. Es kann sich alternativ im Fokus einer Linse befinden, die sich am Ende eines Rohrs befindet (s. Abb. 6.9). Das Linsenrohr kann dann direkt den Eintrittsspalt der Hauptoptik ausleuchten. Die Einkopplung über das Linsenrohr hat gegenüber der Lösung Lichtleiter-auf-Lichtleiter den Vorteil, dass sich keine Strahlungsverluste beim Übergang zwischen den Lichtleitern ergeben. Auch stören kleine Kratzer und Verunreinigung auf der Linse nicht so sehr wie Beschädigungen oder Verschmutzungen der Lichtleiterenden, bei denen die optisch aktive Fläche meist kleiner als ein Quadratmillimeter ist. Nachteilig bei der Ankopplung über ein Lichtrohr ist, dass man nicht mehr frei in der Wahl der Optik-Einbaulage ist.

Die Lichtleiter-auf-Lichtleiter-Kopplung lässt sich zusammen mit elektrischen Kontakten und Gasanschlüssen in gängigen Stecksystemen kombinieren. Bei der Lichtrohr-Lösung ist eine proprietäre Steckverbindung zu konstruieren oder es sind für die verschiedenen Anschlussklassen separate Stecker zu verwenden.

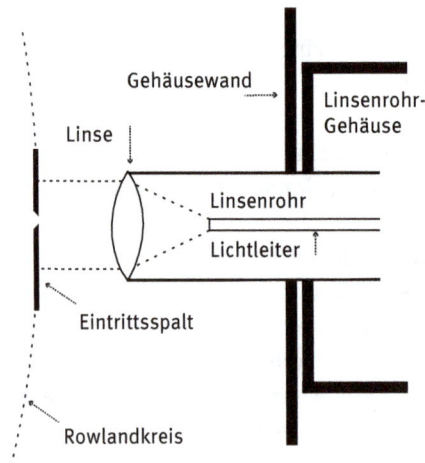

Abb. 6.9: Linsenrohr zur direkten Ausleuchtung des Eintrittsspaltes

6.4 Optiksysteme für Mobilspektrometer

Bei den Optiksystemen sind drei Fälle zu unterscheiden:
- Handgeräte vereinen sämtliche Baugruppen in der Prüfsonde, dazu gehört auch die Optik. Es können wegen der Platzbeschränkung nur Optiken kleiner Brennweite und dadurch bedingt begrenzter Auflösung verwendet werden.
- Bei größeren Mobilspektrometern wird die Strahlung in der Funkensonde erzeugt und über einen Lichtleiter zum im Hauptgerät befindlichen Optiksystem transportiert. Die Optik beeinträchtigt nun nicht mehr Größe und Gewicht der Sonde. Größere Brennweiten und damit höhere Auflösungen werden möglich.

- Sollen die Elemente Phosphor und Schwefel gemessen werden, so ist eine zusätzliche Optik in der Sonde erforderlich, da die Strahlung der Nachweislinien dieser Elemente im Vakuum-UV-Spektralbereich liegt. Für diese Strahlung sind Lichtleiter nicht oder nicht ausreichend transparent.

6.4.1 Über Lichtleiter angekoppelte Optiken

Bei größeren Mobilspektrometern befindet sich die Optik zur Messung von Wellenlängen oberhalb von 187 nm im Hauptgerät. Diese Untergrenze ergibt sich aus der Tatsache, dass es oft gewünscht ist, die Kohlenstoff-Linie C 193 nm zusammen mit dem zugehörigen internen Standard Fe 187 auch mit Sonden ohne UV-Optik messen zu können. Die Optiken nutzen meist eine Paschen-Runge-Aufstellung. Als Sensoren kommen bei älteren Geräten noch Photomultiplier (PMTs) zum Einsatz, die hinter auf der Fokalkurve angebrachten Austrittsspalten montiert sind. Moderne Mobilspektrometer verwenden Detektor-Arrays in CMOS oder CCD-Technik. Mit Detektorarrays lassen sich preisgünstig und auf kleinstem Raum eine Vielzahl von Spektrallinien messen. Ein Mobilspektrometer, mit dem Legierungen aller gängigen Metallbasen analysiert werden sollen, nutzt nicht selten hundert oder mehr Spektrallinien. So viele PMTs sind schwer in einer kompakten Mobilspektrometer-Optik unterzubringen, selbst wenn Photomultiplier kleiner Bauform verwendet werden. Die optische Bank ist oft aus zwei gas- und lichtdicht miteinander verbundenen Halbschalen zusammengesetzt, die als kostengünstige Gussteile ausgeführt werden können. Der Strahlengang verläuft im Inneren des so gebildeten Hohlkörpers. Störende Umgebungsstrahlung gelangt nicht in den Hohlkörper. Die meisten Funktionskomponenten wie Eintrittsspalt, Gitter und Sensoren werden von außen an den Hohlkörper angebaut. Abbildung 6.13 zeigt eine solche Hohlprofil-Optik.

Bei der Auslegung des Optikkörpers muss berücksichtigt werden, dass ein Mobilspektrometer, und damit auch dessen Optik, oft in verschiedenen Lagen betrieben wird. Das Spektrum darf sich bei Lageänderungen nicht verschieben.

Mobile Spektrometer werden oft im Außenbereich betrieben. Sie dürfen meist in einem Temperaturbereich zwischen 5 und 40°C betrieben werden. Die Strecken Eintrittsspalt-Gitter und Gitter-Sensor müssen aber bis auf wenige Zehntel Millimeter konstant gehalten werden, um Linienverbreiterungen und damit Auflösungsverluste zu vermeiden. Bei einem Gesamtlichtweg von einem Meter, 35° Temperaturerhöhung und Aluminium als Material der optischen Bank verlängert sich der optische Weg um 0.8 mm. Unter Annahme der genannten optischen Wege, einer Gitterausleuchtung von 20 mm und ungefähr gleichen Lichtwegen Eintrittsspalt-Gitter / Gitter-Austrittsspalt lässt sich mit Hilfe des aus der Schulgeometrie bekannten Strahlensatzes die Linienverbreiterung abschätzen. Sie liegt mit 16 µm in der gleichen Größenordnung wie die Linienbreiten, die bei Nutzung förderlicher Spaltweiten (erklärt in Kapitel 3.5.5.3) im Fokus zu erwarten sind. Die Materialausdehnung der optischen Bank im genannten

Temperaturbereich kann also zu einer erheblichen Linienverbreiterung führen und stellt deshalb ein Problem dar.

Eine Möglichkeit zur Lösung dieses Problems besteht darin, die Optik auf die maximal vorkommende Betriebstemperatur zu heizen. Nachteil dieser Lösung ist der Energiebedarf für die Heizung, der bei Batteriebetrieb aus der knappen Ressource Akkuladung bestritten werden muss. Außerdem muss nach Einschalten des Geräts gewartet werden, bis die Betriebstemperatur erreicht ist. Allerdings kann man dann auch sicher sein, dass sich alle Optikkomponenten inklusive der Sensoren bei der Messung auf einer stets gleichen, konstanten Temperatur befinden. Andere Fehler, die ihre Ursache in Temperaturschwankungen haben, werden so vermieden.

Eine andere Möglichkeit zur Kompensation von Temperaturschwankungen besteht darin, die Lichtwegverlängerung durch eine gleich große Gegenbewegung zu kompensieren. So kann zum Beispiel der Eintrittsspalt über einen Bimetallstreifen bei Temperaturerhöhung um genau die Strecke auf das Gitter zubewegt werden, um die sich die optische Bank ausdehnt.

6.4.2 Optiksysteme für Handgeräte

Optiken für Handgeräte müssen den gesamten relevanten Wellenlängenbereich in einem optischen System abdecken, das nicht viel größer als ein Handteller ist. Solche Optiken benutzen aus Platzgründen ausschließlich Halbleiter-Sensorarrays zur Strahlungsmessung. Der Wellenlängenbereich von Laborgeräten reicht von H 121 nm bis K 766 nm. Da Sauerstoff, Wasserstoff und kleine Stickstoffgehalte im Allgemeinen nicht mit Mobilspektrometern gemessen werden und auch Kalium fast nie zu bestimmen ist, wäre es zumindest wünschenswert, zwischen P 178 nm und K 766 nm lückenlos messen zu können. Beginnt der Wellenlängenbereich etwas eher, so können auch Stickstoffgehalte über 800 ppm, wie sie in Duplexstählen vorkommen, mit Hilfe der Sickstofflinie bei 174 nm bestimmt werden. Ein so weiter Wellenlängenbereich ist aber mit einer einzigen Konkavgitter-Optik, in der nur die erste Beugungsordnung benutzt wird, kaum abzudecken. Das ist mit Hilfe der Gittergleichung (Gl. 3.8) leicht nachzurechnen. Wählt man z. B. einen Einfallwinkel von 39°, so stehen in erster Ordnung zwischen Gitternormal und Eintrittsspalt die Wellenlängen zwischen 174 nm und 384 nm zur Verfügung. Winkel über 39°, also jenseits des Eintrittsspalts lassen sich zwar nutzen, die Bildfehler nehmen dann jedoch zu. Winkel über 60° sind wenig praktikabel. So ergibt sich ein Spektralbereich von 174 nm bis 415 nm, wobei allerdings der Bereich um 384 nm fehlt, weil dort der Eintrittsspalt steht und dieser Platz deshalb nicht für einen Sensor zur Verfügung steht. Dieser beschränkte Wellenlängenbereich reicht für viele analytische Aufgabenstellungen aus. Er bleibt aber ein Kompromiss.

Nachteilig ist beispielsweise, dass die Hauptnachweislinien für Na (589 nm) und Li (670 nm) sowie die schwer zu ersetzende Cu-Linie bei 510,5 nm, die zur Bestimmung höherer Cu-Gehalte in Fe-, Ni- und Al-Basis gebraucht wird, nicht zur Verfügung stehen. Es ist also festzuhalten, dass es nur unter Kompromissen möglich ist, einen ausreichenden Wellenlängenbereich in einer einzigen Konkavgitteroptik, wie sie üblicherweise in Bogen-/Funkenspektrometern benutzt wird, unterzubringen. Eine weitere Schwierigkeit besteht darin, eine genügend gute Auflösung im zur Verfügung stehenden Wellenlängenbereich zu erhalten. Hier sind verschiedene Lösungsansätze denkbar:

1. Man könnte erwägen, die unter 6.1.1 beschriebenen Optiken zu miniaturisieren, indem Spaltbreite, Gitterbrennweite und Pixelbreite bzw. Austrittsspaltweite um einen konstanten Faktor verkleinert werden. Diesen Bemühungen sind aber Grenzen gesetzt, da eine Unterschreitung der in Kapitel 3.5.5.3 beschriebenen förderlichen Spaltweite zu keiner Verbesserung der Auflösung führt. Bei den Lichtleiter-gekoppelten Optiksystemen im Hauptgerät sind die Eintrittsspalte aber meist schon so schmal wie möglich gewählt, da auch hier auf kleine Massen und Abmessungen Wert gelegt wird, um das Hauptgerät klein und leicht zu halten.

2. Optiken in Konkavgitter-Aufstellungen lassen sich auf fast die Hälfte verkürzen, indem man durch Einbau eines Spiegels eine Faltung des Lichtweges durchführt (Abb. 6.10 b, die dick gepunktete Linie gibt das genutzte Segment des Rowlandkreises wieder, das dünn gepunktete Rechteck deutet den Platzbedarf an). Die Optik-Länge lässt sich durch Faltung fast halbieren. Allerdings verkürzt sich die Länge der Fokalkurve durch diese Maßnahme nicht. Bei Verwendung von Gitterwinkeln zwischen 0° und 50° und einem Rowlandkreisdurchmesser von 400 mm bildet die Fokalkurve einen Kreisbogen der Länge 349 mm. Das ist zu lang für eine pistolenförmige Prüfsonde. Die resultierende Optik wäre auch zu schwer für ein Handgerät.

3. Ein weiterer Lösungsansatz wäre die Verwendung einer Echelle-Optik, wie sie in Kapitel 3.3 beschrieben wurde. Vorteilhaft ist, dass die Beugungsordnungen des Gitters übereinanderliegende kurze Spektrenabschnitte liefern, die durch einen zweidimensionalen Sensor erfasst werden können. Bildet man 100 Beugungsordnungen auf einen Sensor von 10 mm Breite ab, so hat man auf kleinstem Raum ein Spektrum der Länge 1000 mm erfasst. Eine Echelle-Optik würde prinzipiell auch einen weiteren Wellenlängenbereich ermöglichen. Echelle-Optiken haben sich aus den im Kapitel 3.3 geschilderten Gründen jedoch nicht in der Bogen-/Funken-Spektrometrie durchgesetzt. Derzeit ist den Autoren kein mit Echelle-Optik bestücktes Handgerät bekannt.

4. In eine ähnliche Richtung zielt der Gedanke, mehrere flache Optiken übereinander zu setzen. Dann ist es möglich, in jeder Teil-Optik einen schmalen Winkelbereich zu nutzen, was auch einer Faltung entgegenkommt.

   Beispiel: Wählt man eine Winkelüberdeckung von 25°, lässt sich mit drei Teiloptiken ein weiter Spektralbereich erfassen. Mit 9° als Winkel für die kürzeste erfasste Wellenlänge (α_{min}), 29° als Position für den Eintrittsspalt (ε) und ein Gitter mit 3600 Strichen pro mm, ergibt sich ein erfassbarer Spektralbereich von 178,1 nm bis 269,3 nm. In der Kombination α_{min} = 9°, ε = 29° und Verwendung eines 2400 Strich-Gitters, ergibt sich ein nutzbares Spektrum zwischen 267,2 nm und 404,0 nm. Mit 1800 Strich-Gitter, α_{min} = 11° und ε = 31° erhält man das Spektrum von 392,1 nm bis 572,2 nm. Die Zahlenwerte rechnet man leicht mit der Gittergleichung 3.8 nach. Bei Aufteilung des Spektrums in drei solcher Module ist das Spektrum also auf drei übereinanderliegende Fokalkurven verteilt, was die Systemdimensionen zu verkleinern hilft. Es wird bei einem solchen Design außerdem einfacher, den gesamten relevanten Wellenlängenbereich zu überstreichen. Ein weiterer Vorteil besteht darin, dass man die Auflösung dem Spektralbereich anpassen kann. Im Allgemeinen wird eine hohe Auflösung vor allem bei kurzen Wellenlängen gebraucht. Das Beispiel trägt dem Rechnung: Das kurzwelligste Modul überstreicht 91,2 nm, während das langwelligste bei gleicher Winkeldifferenz 180,1 nm abdeckt. Das Optikmodul für die kurzen Wellenlängen steht im Direktlicht, die übrigen Module können mit kurzen Lichtleitern an den Funkenstand gekoppelt werden. Die Nachteile dieses Systems liege n im erhöhten Aufwand und der höheren Komplexität: Man benötigt mehrere Gitter, mehrere Eintrittsspalte und mehrere Koppel-Lichtleiter, die alle eingebaut und justiert werden müssen.

5. Bei einer Aufteilung des Wellenlängenbereichs in mehrere Optikmodule können für die Einzelmodule auch andere Aufstellungen als die klassischen Konkavgitter-Anordnungen gewählt werden. Eine solche Anordnung, die so genannte *crossed Czerny-Turner*-Aufstellung, zeigt Abb. 6.11. Der Eintrittsspalt steht im Brennpunkt eines ersten Konkavspiegels. Hinter diesem Hohlspiegel ergibt sich ein paralleles Strahlenbündel, das auf ein Plangitter trifft und dort wellenlängenabhängig gebeugt wird. Ein zweiter Hohlspiegel bildet das Spektrum scharf auf einem Sensor ab. Abbildung 6.11 verdeutlicht, dass durch die Verschränkung der Strahlengänge kleine Abmessungen zu realisieren sind. Der Bauteil-Aufwand ist aber noch einmal gegenüber der Lösung mit gefalteten Konkavgitter-Optiken erhöht.

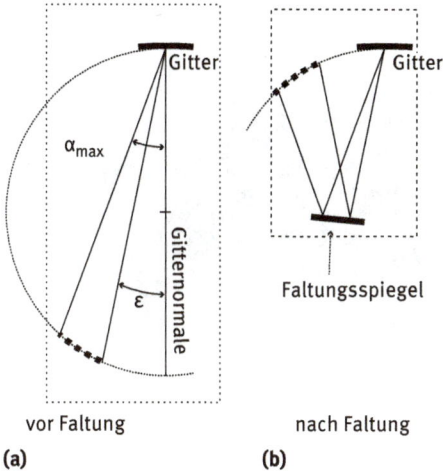

vor Faltung nach Faltung

(a) (b)

Abb. 6.10: Gefaltete Paschen Runge-Optik

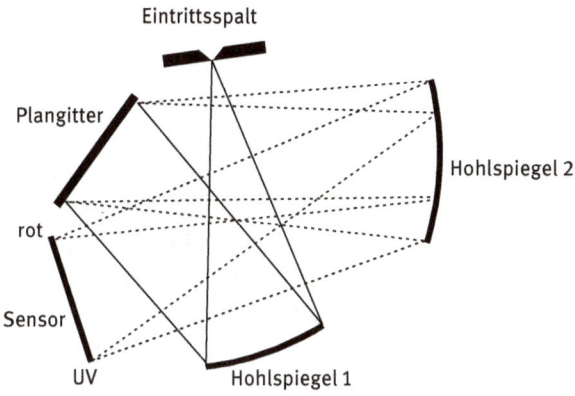

Abb. 6.11: Czerny-Turner Optik mit gekreuztem Strahlengang

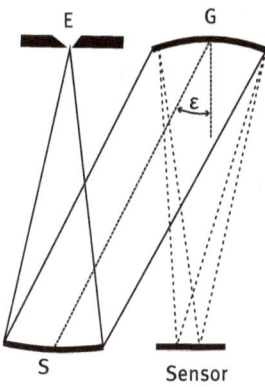

Abb. 6.12: Wadsworth-Aufstellung

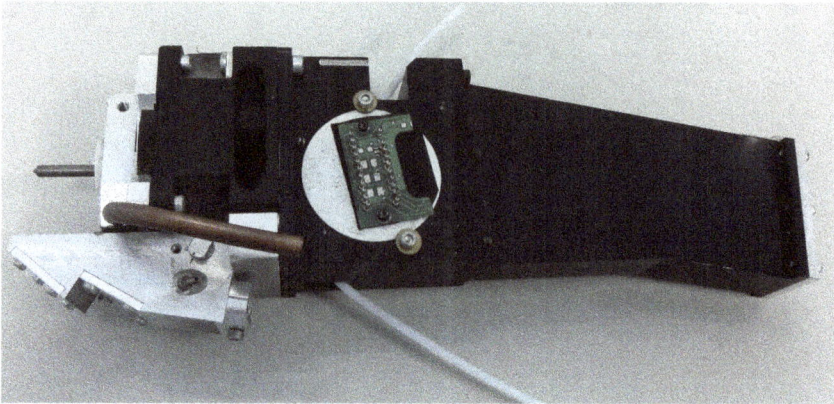

Abb. 6.13: Hohlprofil-Optik, Abdruck mit freundlicher Genehmigung der Firma SPECTRO Analytical Instruments GmbH, Boschstr. 10, 47533 Kleve

6.4.3 Sondenoptiken für den VUV-Spektralbereich

In größeren Mobilspektrometern, die über eine wie in 6.4.1 beschriebene Optik im Hauptgehäuse verfügen, dient eine Sondenoptik nur dazu, die Wellenlängen zwischen 170 nm und 200 nm zu messen. Bei Verwendung eines 3600 Strich-Gitters und eines Eintrittsspalt-Winkels von 21° liegen die Wellenlängen 171 nm bis 199 nm zwischen 15° und 21°, also nur in einem Winkelbereich von 6°. Eine Faltung ist so leicht möglich. Die Anordnung kann ähnlich der Abb. 6.10 gestaltet werden. Durch die Faltung ist eine Verwendung von 300 mm–Konkavgittern möglich, ohne die Prüfsonde unhandlich groß zu machen. Solche Sondenoptiken wurden schon mit Photomultipliern benutzt, bevor sich Halbleiterzeilen als Sensoren für Mobilspektrometer durchsetzten [7]. Halbleiterzeilen begünstigen jedoch einen platzsparenden Aufbau. Die Krümmung der Spektralkurve ist bei Gittern mit 300 mm Rowlandkreis-Durchmesser so gering, dass ein linearer Sensor der Länge 30 mm ohne weitere Korrekturmaßnahmen verwendet werden kann. Es braucht also nicht unbedingt ein flat field – Gitter verwendet zu werden. Wie schon unter 6.4.2 erwähnt, lassen sich mit Hilfe der *crossed Czerny-Turner* Aufstellung kompakte Optiken realisieren, die sich im Direktlicht auch für das Vakuum-UV eignen. Da nur ein schmaler Winkelbereich genutzt wird, ist die Wadsworth-Aufstellung besonders vorteilhaft. Den Aufbau zeigt Abb. 6.12. Der Eintrittsspalt E steht im Fokus des Spiegels S und erzeugt ein paralleles Strahlenbündel, das ein Konkavgitter G im Winkel ε bestrahlt. Im Fokus des Gitters wird auf der Fokalkurve F unmittelbar links oder rechts des Normals das Spektrum aufgenommen. Die Abbildung ist stigmatisch, also punktförmig, sofern der Eintrittsspalt punktförmig ist. Dadurch sind Optiken in Wadsworth-Aufstellung besonders lichtstark. Abbildung 6.13 zeigt eine gefaltete Minioptik zum Einbau in eine Messsonde.

6.5 Gehäuse, Transportwagen und Akkumulatoren

Die Konstruktion des Gerätegehäuses, des zugehörigen Transportwagens und die Auswahl und Integration der Akkumulatoren stellt eine nicht unbeträchtliche Herausforderung bei der Entwicklung eines Mobilspektrometers dar.

Das Gehäuse ist die Schnittstelle zum Benutzer. Es muss *ergonomischen Anforderungen* genügen:
– Das Display muss im Außeneinsatz auch bei Sonneneinstrahlung ablesbar sein. Der Anwender steht oft einige Meter vom Gerät entfernt, die Schrift auf dem Display muss sich auch noch aus dieser Distanz ablesen lassen.
– Im Prüfraum dürfen Pumpen und Gerätelüfter nicht so laut sein, dass sie als störend empfunden werden.
– Der Akkumulator muss sich einfach wechseln lassen.
– Das Gerät muss sich leicht im Kofferraum eines Kfz verstauen und auf dem Transportwagen fixieren lassen.
– Der Transportwagen sollte sich einfach und ohne Werkzeug zerlegen und sich zusammen mit dem Gerät im Kofferraum eines PKW verstauen lassen.
– Bei Handgeräten ist es sinnvoll, einen passenden Koffer anzubieten, der das Gerät mit Zubehör aufnehmen kann.
– Es ist eine Aufroll-Vorrichtung für den Sondenschlauch mit Arretierung für die Sonde vorzusehen, die Sondenschlauch und Sonde während des Transports schützen.
– Natürlich ist auch auf eine angenehme Form- und Farbgebung zu achten, wobei diesbezüglich ein Konsens schwer zu finden ist.

Die *Sicherheitanforderungen* für Laborgeräte sind europaweit in der Norm DIN EN 61010 [2] festgelegt. Unter diese Norm fallen auch Mobilspektrometer. Hier ist unter anderem auf folgende Eigenschaften zu achten:
– Spannungsführende Teile dürfen von außen nicht berührbar sein. Was unter „von außen nicht zugänglich" zu verstehen ist, ist dabei in der Norm genau geregelt. Es ist ein so genannter Normfinger beschrieben, mit dem kein galvanischer Kontakt zu gefährlich berührbaren Oberflächen herstellbar sein darf. Der Begriff „gefährlich berührbar" ist in der DIN EN 61010 [2] definiert.
– Diese Berührsicherheit muss selbst nach Gehäuse-Beschädigungen durch Fall oder Schlageinwirkungen bestehen. Es dürfen bei Beschädigungen keine Gefährdungen für den Anwender entstehen, z. B. dürfen beim Zersplittern eines Displays keine gefährlichen Glassplitter umherfliegen. Auch für diese Gefährdungen sind genaue Testprozeduren vorgeschrieben.
– Die Brandsicherheit ist nachzuweisen. Dazu wird das Gerät mit Watte umgeben, diese wird entzündet. Das Feuer darf weder Gerät, noch Transportwagen oder Akku entzünden.

- Sämtliche Gasleitungen und sonstige Komponenten des Gassystems wie Ventile, Druckminderer usw. müssen mindestens dem *Doppelten der maximal zugelassenen Betriebsdrücke* standhalten.
- Das Gerät muss *standsicher* sein. Es darf bei Zug mit einem festgelegten Prozentsatz der Gerätemasse nicht kippen. Das gilt in jeder Zugrichtung und in jeder Gerätekonfiguration, also für das Gerät alleine, das Gerät mit Akku und das Gerät mit Akku und Transportwagen.
- Die Anforderungen an die interne Isolation müssen erfüllt sein. Bestimmte *Luft- und Kriechstrecken* dürfen nicht unterschritten werden. Mobilspektrometer sind für die Arbeit im industriellen Umfeld ausgelegt. Deshalb müssen die an die Verschmutzungsklasse gekoppelten Kriech- und Luftstrecken meist länger als bei Laborspektrometern sein.
- Diverse Kennzeichnungspflichten müssen erfüllt werden. Es muss ein abriebfestes Typenschild vorhanden sein. Eventuell gefährliche – zum Beispiel heiße – Stellen am Gehäuse müssen durch geeignete Aufkleber gekennzeichnet werden. Auf den Aufklebern ist ein aussagekräftiges Piktogramm zu sehen. Ist kein passendes Symbol verfügbar, wird stattdessen ein Ausrufezeichen abgebildet und die Gefährdung in der Bedienungsanleitung erläutert.
- *Risiken* sind durch *konstruktive Maßnahmen* zu vermeiden. Dabei müssen auch vorhersehbare Fehlbedienungen berücksichtigt werden. Kann vom Gerät ein Restrisiko ausgehen, ist eine Gefährdungsanalyse durchzuführen, die Gefährdungswahrscheinlichkeit und Gefährdungsfolgen abwägt. Dabei sind natürlich wahrscheinliche Gefährdungen mit schwerwiegenden Folgen nicht zu tolerieren.
- Die *Ergebnisse* der oben skizzierten Tests sind zu *dokumentieren*. Es besteht eine Aufbewahrungspflicht für Testdokumentationen, für Gefährdungsanalysen und für die CE-Konformitäts-Erklärung. Auch noch zehn Jahre nach Inverkehrbringen des letzten Gerätes einer Baureihe müssen diese Unterlagen auf Verlangen kurzfristig vorgelegt werden können.

Bei der Gehäuse-Konstruktion müssen auch Gesichtspunkte der elektromagnetischen Verträglichkeit (EMV) bezüglich Störaussendungen und Störfestigkeiten berücksichtigt werden. Wie bereits im Zusammenhang mit der Zündung in Kapitel 6.1.1 erläutert wurde, sind die Grundanforderungen in Europa in der Richtlinie 2014/30/EU über die elektromagnetische Verträglichkeit geregelt [8]. In Deutschland wurde diese europäische Richtlinie durch das „Elektromagnetische-Verträglichkeit-Gesetz" vom 14. Dezember 2016 [9] in nationales Recht überführt.

Weder die europäische Richtlinie noch das EMVG enthalten selbst die einzuhaltenden Grenzwerte. Die Norm DIN EN 55011 [10] legt die erlaubten Störaussendungen fest, während die Normengruppe DIN EN 61000-4 [11–15] festlegt, welche Störungen das Gerät tolerieren muss. Einen Überblick über die Störfestigkeits-Anforderungen findet sich im Abschnitt eins der Normengruppe [10].

Die erforderlichen Tests lassen sich wie folgt unterteilen:

1. Prüfung der Festigkeit gegen Entladung statischer Elektrizität (ESD-Test). Hier wird Hochspannung einiger Kilovolt auf das Gehäuse, aber auch auf frei liegende Anschlüsse entladen (Grenzwerte definiert in DIN EN 61000-4-2 [11]). Die Funktion des Gerätes darf durch diese Pulse nicht beeinträchtigt werden. Gleiches gilt für die unter Punkt 2–4 beschriebenen Tests.
2. Tests auf Störfestigkeit gegenüber gestrahlte hochfrequente Felder. Die Grenzwerte sind in der DIN EN 61000-4-3 [12] festgelegt.
3. Prüfung auf Störfestigkeit gegen schnelle elektrische Störgrößen (Burst-Test). Hier werden Störfelder über Geräte-Zuleitungen mit Hilfe kapazitiver Koppelzangen oder Koppelnetzwerke eingespeist (Grenzwert-Festlegung in der DIN EN 61000-4-4 [13]).
4. Test auf Festigkeit gegen Spannungsstöße (Surge-Test, Grenzwerte: DIN EN 61000-4-5 [14]) und leitungsgeführte, hochfrequente Felder (Grenzen in der DIN EN 61000-4-6 [15]).
5. Prüfung der elektromagnetischen Störaussendungen und der Störspannung am Stromversorgungsanschluss (Grenzwertfestlegung in der DIN EN 55011 [10]).

Neben den oben genannten Normen zur Sicherheit und elektromagnetischen Verträglichkeit müssen weitere Vorschriften eingehalten werden, z. B. die so genannte ROHS-Richtlinie der EU [17]. In dieser Richtlinie sind Grenzwerte für Schwermetalle wie Cd, Hg, Pb, sechswertiges Chrom, halogenierte Flammschutzmittel und einige Phthalate festgelegt. Im Kontext der Mobilspektrometer ist die Einhaltung dieser Vorschriften aber nicht schwieriger als für Laborsysteme.

Nur wenn ein Gerät allen Vorschriften genügt, darf eine Konformitätserklärung ausgestellt werden. Diese Konformitätserklärung, verbunden mit dem CE-Zeichen, ist wiederum Voraussetzung für eine Vermarktung eines Analysegeräts innerhalb der EU. In anderen Regionen der Welt gelten ähnliche Bestimmungen, die Erfüllung der europäischen Vorschriften ist aber schon ein großer Schritt zur Erfüllung der Normen in anderen Regionen. Natürlich müssen die lokalen Regularien überprüft werden und eventuell zusätzliche Tests durchgeführt und Nachweise beigebracht werden.

Für einige Mobilgeräte werden parallel Akkumulatoren verschiedener Technologien angeboten. Neben modernen Li-Ionen- oder LiFePo-Akkus findet man auch ältere Technologien, wie z. B. Bleigel-Akkus. Tabelle 6.3 zeigt Massen, relative Preise (Stand 2016) und Lebensdauern verschiedener Akkumulator-Technologien, alle normiert auf eine Energie von 360 Wh. Nach Lektüre dieser Daten mag es verwundern, dass neben den modernen, auf Lithium basierenden Akkumulatoren noch solche auf Bleibasis angeboten werden. Der Grund liegt in regulatorischen Bestimmungen anderer Art. Akkumulatoren, die Lithium enthalten, gelten gemäß internationalen Transportbestimmungen als Gefahrgut. Die bei Mobilspektrometern benutzten Akkumulatoren haben meist eine Kapazität von mehr als 100 Wattstunden und werden deshalb als

Gefahrgut der Klasse 9A eingestuft. Damit dürfen sie laut IATA-Bestimmungen nicht in Passagierflugzeugen, sondern nur mit speziellen Frachtflugzeugen transportiert werden. Es sind speziell zugelassene Sicherheitsverpackungen erforderlich, die z. B. Falltests unterzogen werden müssen. Die Verpackungen unterliegen genau geregelten Kennzeichnungsrichtlinien. Es ist nicht erlaubt, vollständig aufgeladene Lithiumakkus zu transportieren. Vor dem Inverkehrbringen muss der Akkumulator einen so genannten UN-Test bestehen. Dabei erfolgt eine Höhensimulation und es werden Tests auf Vibration, Schock, Kurzschluss, Schlagwirkung, Überlast und erzwungene Entladung durchgeführt.

Abschließend sei darauf hingewiesen, dass die Darstellung der einzuhaltenden Vorschriften im Kapitel 6.5 nach bestem Wissen der Verfasser gegeben wurde. Die Darstellung ist sicher nicht vollständig und für die Richtigkeit kann keine Gewähr übernommen werden. Die Vorschriften unterliegen zudem ständigen Änderungen.

Tab. 6.3: Eckdaten von Akkupacks verschiedener Technologien bezogen auf 360 Wh Kapazität

	Li-Ionen	Lithium-Eisenphosphat	Nickel-Metallhydrid	Bleigel
Masse [kg]	1,8	3,5	5,9	9
Volumen [l]	0,9	2	1,9	3,1
Ladezyklen bis Rückgang der Kapazität auf 70 %	500	4000	600	200
Ungefährer Richtpreis für Markenware für den industriellen Einsatz, (Stand 2016, nur Zellen, ohne Gehäuse und Ladetechnik) [€]	180	410	360	85
Stärke	hohe Energiedichte	hohe Lebensdauer	Hohe Energiedichte bei geringeren Transportbeschränkungen verglichen mit Li-haltigen Akkus	niedriger Preis

6.6 Schutzgas-Systeme in Mobilspektrometern

Auch die Gassysteme von Mobilspektrometern müssen öl- und fettfrei sein. Bei der Wahl der Verschraubungen ist auf Dichtigkeit zu achten. Nach der Montage muss geprüft werden, dass das Gassystem frei von Lecks ist. Während bei Laborgeräten üblicherweise nur hochreine Kupfer- oder Edelstahlleitungen verwendet werden, kommen in Mobilspektrometern auch Leitungen aus Kunststoffen mit geringer Permeation für Wasserdampf und Sauerstoff zum Einsatz, weil die notwendige

Flexibilität des Sondenschlauchs die Nutzung von Metall-Leitungen ausschließt. Bei der Beschreibung von Sonde und Sondenschlauch wurde bereits darauf hingewiesen. Die Restdurchlässigkeit ist aber bei Mobilspektrometern eher zu tolerieren als bei Laborgeräten, da hier weder Sauerstoff noch kleine Stickstoffgehalte gemessen werden müssen. Auch andere Anwendungen, die eine extrem reine Argonatmosphäre erfordern, sind bei Mobilspektrometern weniger wichtig. Laborspektrometer analysieren beispielsweise Ofenproben bei der Erschmelzung von Grau- und Sphäroguss. Mobile Spektrometer sind dagegen für die Analyse von Halbzeugen und fertigen Werkstücken bestimmt. Der Kohlenstoffgehalt von Gusseisen-Werkstücke lässt sich aber im Allgemeinen nicht mit Emissionsspektrometern bestimmen, weil der Kohlenstoff im fertigen Werkstück graphitisch als Lamellen (beim Grauguss) bzw. kugelförmig (beim Sphäroguss) vorliegen. Eine C-Analyse der Ofenprobe gelingt nur, weil sie in einer Kokille schlagartig abgekühlt wird und danach der Kohlenstoff als Zementit (Fe_3C) vorliegt.

Es wurde bereits erwähnt, dass im Bogenmodus die Möglichkeit der Kohlenstoffanalyse von Stählen mit Hilfe des Cyan-Radikals besteht. Dieses Cyan-Radikal CN bildet sich aus dem Kohlenstoff der Probe und dem Stickstoff der umgebenden Atmosphäre. Dabei stört jedoch das darin enthaltene Kohlenstoffdioxid. Jedes dort enthaltene ppm erzeugt auf der Cyan-Bande bei 386 nm ein Signal, das einem Vielfachen des Signals eines ppm Kohlenstoff in der Probe entspricht. Das CO_2 der Umgebungsluft erhöht aber nicht nur das Untergrundsignal, der Gehalt an CO_2 kann zudem je nach Einsatzort Schwankungen unterliegen. Die Patentanmeldung DE102004037623 [18] zeigt einen Weg, dieses Problem zu lösen: Die Umgebungsluft wird mit Hilfe einer Membranpumpe durch eine Schüttung von NaOH oder $Ca(OH)_2$ geleitet. Bei Verwendung von $Ca(OH)_2$ läuft die folgende Reaktion ab:

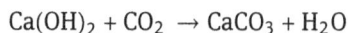

$$Ca(OH)_2 + CO_2 \rightarrow CaCO_3 + H_2O$$

Das Kohlenstoffdioxid wird also mit Hilfe von Calciumhydroxid in Calciumcarbonat und Wasser umgewandelt. Das Bogenplasma muss in einer geschlossenen Kammer brennen, um es von der CO_2-haltigen Umgebungsluft zu trennen. Das bei der Reaktion nach Gleichung 6.1 entstehende Wasser kann zu einer Verflüssigung der stark hygroskopischen Hydroxide führen. Dieser Effekt ist unerwünscht, da basische Flüssigkeiten auslaufen könnten. Die Verflüssigung kann verhindert werden, indem kein reines Hydroxidgranulat verwendet wird, sondern die Hydroxide auf geeignete Substrate aufgebracht werden. Den größten Volumen-Anteil des Gassystems eines Mobilspektrometers trägt die Gasleitung im Sondenschlauch bei. Hat diese einen Innendurchmesser von 2 mm und eine Länge von 5 m beträgt ihr Volumen 15,7 ml, wie man leicht nachrechnet. Bei einer Förderleistung der Membranpumpe von 2 l / min reicht eine Pumpzeit von ca. 0,5 s, um die Luft im Gassystem auszutauschen. Während die

Argonatmosphäre des Funkens bekanntlich sehr empfindlich auf minimale Verunreinigungen reagiert, beeinträchtigen kleine Restkonzentrationen einiger ppm CO_2 in der gereinigten Luft die Analyse kaum.

6.7 Software für Mobilspektrometer

Die Software von Mobilspektrometern weicht häufig von der der Laborgeräte ab. Außerdem gibt es zusätzliche Funktionen, die bei Laborgeräten fehlen.

6.7.1 Der Analysenmodus

Die Berechnung von Analysen verläuft bei Mobil- und Laborgeräten meist gleich.

Allerdings unterscheidet sich die Präsentation der Daten von Mobilgeräten deutlich von der der Laborgeräte. Bei Handgeräten bietet das Display der Prüfsonde nur wenig Platz. Es ist nicht möglich, alle Elemente und alle Einzelmessungen einer Messreihe zusammen mit aktuellen Mittelwerten, Standardabweichungen und Variationskoeffizienten in lesbarer Größe darzustellen. Man beschränkt sich entweder auf die wichtigsten Elemente in Verbindung mit den Resultaten einer kleinen Zahl (typisch drei) letzter Messungen oder zeigt nur das Ergebnis der letzten Abfunkung für alle Elemente an. In der Regel ist es möglich, auf Tastendruck zu den weniger wichtigen Elementen bzw. zu den Ergebnissen vorheriger Messungen zu schalten.

Ein ähnlich gelagertes Problem gibt es bei größeren Mobilspektrometern. Hier kann das Display zwar größer sein, die dargestellten Informationen müssen jedoch auch aus einigen Metern Entfernung lesbar bleiben. Man sieht deshalb prinzipiell die gleichen Optionen wie bei Handgeräten vor.

Beim Einsatz von Mobilspektrometern ist oft unbekannt, aus welchem Basismetall eine Probe besteht. Das ist zum Beispiel beim Einsatz in der Recyclingbranche ein häufiges Problem. Um nicht durch Ausprobieren die passende Analysenmethode erraten zu müssen, enthält die Spektrometer-Software Algorithmen, die eine automatische Auswahl des Basismetalls und innerhalb des Basismetalls der passenden Analysenmethode durchführen. Es ist aufwändig, vor Nutzung des Gerätes alle Methoden in allen Basen separat zu standardisieren. Zweckmäßiger ist es, eine Vollspektrenrekalibration (s. Kapitel 3.9.6.2) zu verwenden.

Ein naheliegender Algorithmus zur automatischen Methodenfindung kann folgendermaßen aussehen:
1. Zunächst wird eine Methode geladen, die nur Spektrallinien für hohe Gehalte aller zu messenden Basismetalle enthält. Es wird ein Anregungsparameter geladen, der sich als Kompromiss für alle Methoden, in die verzweigt werden kann, eignet.

2. Eine kurze Messung wird durchgeführt. Da zweckmäßigerweise mit Vollspektren-Rekalibration gearbeitet wird, werden für ein und dieselbe Probe auf allen Geräten einer Baureihe die gleichen Intensitäten gemessen.
3. Die Intensitäten der Basiselement-Spektrallinien werden nun mit einer jeder Linie zugeordneten Untergrenze verglichen. Das Element, bei dessen Linie der Quotient aus Linienintensität und Untergrenze maximal ist, wird als passende Metallbasis ausgewählt.
4. Die Übersichtsmethode der Metallbasis wird geladen. Weicht der Messparametersatz von dem zur Basisauswahl ab, so ist mindestens eine weitere Messphase erforderlich. Nach deren Ablauf werden mit Hilfe der Kalibrationsfunktionen der Übersichtsmethode die Gehalte berechnet.
5. Zu jeder Methode einer Metallbasis ist ein Satz von Gehaltsgrenzen hinterlegt. (Beispiel für Gehaltsgrenzen: Methode für niedriglegierten Stahl wird geladen, falls C < 2 % und jedes der übrigen Elemente kleiner 5 %). Mit Hilfe der Gehalte aus der Übersichtsmethode wird die geeignetste Untermethode ausgewählt und geladen.

Um die Gehalte mit der nun geladenen Untermethode zu ermitteln, genügt es in der Regel, die Untermethoden-Kalibrationsfunktion auf die vorhandenen Spektren anzuwenden, da die Untermethoden meist die gleichen Anregungsparameter wie die Übersichtsmethode nutzen. Ist das nicht der Fall, werden die abweichenden Phasen nachgefunkt. Die automatische Methodensuche kann vor jeder Messung erfolgen. Alternativ ist es möglich, die Methodenfindung zu aktivieren und für weitere Messungen in der einmal gefundenen Untermethode zu bleiben. So kann der Zeitaufwand der nur zur Identifizierung verwendeten Messphasen bei den folgenden Messungen vermieden werden.

Dieser einfache Algorithmus ist aber nur für die Verwendung mit der Funkenanregung geeignet. Eine Benutzung zusammen mit der Bogenanregung ist aus zwei Gründen weniger empfehlenswert:

–   Die Abbaumengen variieren sehr stark innerhalb einer Metallbasis, was einen Vergleich der Basiselement-Spektrallinien und damit die Auswahl der richtigen Basis erschwert.
–   Es ist nicht für jede Metallbasis möglich, eine Übersichtsmethode mit ausreichenden Richtigkeiten zu erstellen.

Deshalb ist es im Bogenmodus günstiger, mit so genannten Fingerprint-Algorithmen zu arbeiten, deren prinzipielle Arbeitsweise im folgenden Abschnitt vorgestellt wird.

6.7.2 Gehaltsberechnung mit Hilfe von Fingerprint-Algorithmen

Fingerprint-Algorithmen nutzen, wie die Bezeichnung bereits andeutet, das Spektrum, das die Messung einer Probe liefert, als spektralen Fingerabdruck. Dieser Fingerabdruck wird mit jedem Eintrag einer Kartei von Fingerabdrücken verglichen. Diese Kartei sollte im Idealfall mindestens ein Spektrum für jede gängige Qualität enthalten. Zu jeder Probe der Spektrenbibliothek (der so genannten Leitproben-Bibliothek) sind außerdem gespeichert:
1. Eine Bezeichnung der Leitprobe
2. Ein Satz optimaler Anregungsparameter und Messzeiten
3. Für jedes relevante Element die Wellenlänge einer Analytlinie und die eines passenden internen Standards
4. Eine Kalibrationsfunktion zu jedem dieser Linienpaare
5. Konzentrationsverhältnisse dieser Elemente sowie die Intensitätsverhältnisse (siehe 3.9.4 und 3.9.5), die unter den passenden Anregungsbedingungen (2) gemessen wurden

Zur Gehaltsberechnung nach dem Fingerprint-Algorithmus werden jetzt fünf Verfahrensschritte sequentiell abgearbeitet:
1. Zunächst wird ein Messparameter eingestellt, der sich als Kompromiss für die Gesamtheit aller zu messenden Legierungen eignet. Für Messungen im Bogenmodus besteht der Parametersatz aus einer Stromstärke und einer Messdauer, im Funkenmodus wird ein Satz bestehend aus Energiekurve, Frequenz und Messdauer angewählt.
2. Mit dem eingestellten Parametersatz wird eine Messung durchgeführt und ein Vollspektrum aufgenommen.
3. Das Vollspektrum dient nun zur Identifikation derjenigen Leitprobe, die ein möglichst ähnliches Spektrum aufweist. Dabei kann der im Kapitel 3.9.6.2 beschriebene Algorithmus zur Vollspektren-Rekalibration verwendet werden.
   Für jede Leitprobe wird die folgende Berechnung angestellt:
   Es wird ein Vollspektren-Rekalibrations-Parametersatz mindestens bestehend aus pixelspezifischen Profiloffsets und Intensitätsfaktoren bestimmt, mit dem sich das gemessene Spektrum in das der Leitprobe überführen lässt. Nach Errechnung des Parametersatzes wird dieser auf das Vollspektrum der unbekannten Probe angewendet. Danach wird Pixel für Pixel die Differenz zwischen diesem resultierenden Spektrum und dem der Leitprobe gebildet. Die Beträge der Pixelabweichungen werden aufsummiert.
   Als Ergebnis steht zu jeder Leitprobe eine Summe von Intensitätsabweichungen zur Verfügung. Die der unbekannten Probe ähnlichste Leitprobe ist die, bei der die Summe der Abweichungen minimal ist.
4. Es besteht die Möglichkeit, dass die gefundene Leitprobe der unbekannten Probe nicht ähnlich genug ist. Das kann geschehen, wenn ein „exotisches" Material

gemessen wurde, zu dem es keine Entsprechung in der Leitprobenbibliothek gibt. Es ist deshalb sinnvoll, die Berechnung nur dann fortzusetzen, wenn der Quotient aus Summe der Abweichungsbeträge und Summe aller Pixelintensitäten eine festgelegte Obergrenze nicht überschreitet.

5. Ist die gefundene Leitprobe der unbekannten Probe ausreichend ähnlich, so werden die mit dieser Leitprobe gespeicherten Anregungsparameter geladen und es wird eine Messung durchgeführt.

6. Der Datensatz der Leitprobe enthält Definitionen für Analytlinien und interne Standards in Form von Pixelbereichen, in denen sie im Spektrum zu finden sind. Für diese Linienpaare werden jetzt die Intensitätsverhältnisse aus dem Spektrum der unbekannten Probe ermittelt.

7. Es sind nun für jedes relevante Element, repräsentiert durch ein Linienpaar, bekannt:
    - Die Intensitätsverhältnisse IV_U der unbekannten Probe
    - Intensitätsverhältnis IV_L und Konzentrationsverhältnis KV_L der Leitprobe

    Außerdem steht zu jedem Linienpaar eine Kalibrationsfunktion f zur Verfügung. Die Funktion f kann ein Polynom sein. Die in Kapitel 3.9.5 beschriebenen Schritte zur Korrektur von Linien- und Interelementstörungen können meist entfallen, da die Leitprobe von der Zusammensetzung her der zu analysierenden Probe sehr ähnlich ist. f ist so beschaffen, dass $f(IV_L) = KV_L$ gilt. Nun wird einfach in f die Intensität der unbekannten Probe eingesetzt, und man erhält mit $f(IV_U)$ das Gehaltsverhältnis der unbekannten Probe. Die Funktion f leistet also eine polynomielle Interpolation.

    Ein einfaches Beispiel zeigt, was damit gemeint ist: Nimmt man lineares Verhalten der Analytlinie an und unterstellt, dass der spektrale Untergrund vernachlässigbar ist, dann würde eine halbes (doppeltes) Intensitätsverhältnis der unbekannten Probe relativ zur Leitprobe zu einem halben (doppelten) Konzentrationsverhältnis bezüglich dieser führen. Dadurch, dass ein Polynom abgelegt wird, kann dem stets vorhandenen spektralen Untergrund und der Krümmung der Kalibrationskurven Rechnung getragen werden.

8. Abschließend werden die Konzentrationsverhältnisse mit Hilfe der in Kapitel 3.3 beschriebenen 100 %-Rechnung in Konzentrationen umgerechnet.

    Es sei darauf hingewiesen, dass es möglich ist, statt mit Intensitäts- und Konzentrationsverhältnissen mit Rohintensitäten und Konzentrationen zu arbeiten. Dann brauchen natürlich zu den Analytlinien keine internen Standards gespeichert zu werden und die Funktion f hat als Argumente Intensitäten und liefert als Funktionswerte direkt Gehalte. In diesem Fall wird im achten Schritt der Gehalt des Basiselement berechnet, indem man die Summe aller Analytgehalte von 100 % subtrahiert. Die Berechnung unter Verwendung von Intensitäts- und Konzentrationsverhältnissen hat aber den Vorteil, dass die Richtigkeiten auch bei größeren Abweichungen für alle Analytgehalte akzeptabel bleiben. Es sind also für eine ausreichende Abdeckung weiter Kalibrationsbereiche weniger Leitproben erforderlich.

Es ist sinnvoll, die Bezeichnung der Leitprobe zusammen mit der Analyse auszugeben, falls diese aussagekräftig für die Materialgruppe ist, die sie repräsentiert. Alternativ bietet die Gerätesoftware oft die Möglichkeit, ein Material anhand einer Datenbank zu identifizieren, die Werkstoffspezifikationen enthält (s. 6.7.4).

Zur Auffindung der Leitprobe kommen die Algorithmen der Vollspektren-Rekalibration zur Anwendung. Es wird also auch für jeden Pixel ein Offset und außerdem ein Empfindlichkeitsfaktor berechnet. Es steht also vor Errechnung der Linienintensität die Information über Änderungen der Gerätehardware zur Verfügung. Pixeldrifts, bedingt z. B. durch Temperatur- oder Luftdruckschwankungen, und Änderungen der Lichtdurchlässigkeit, die von Verschmutzungen optischer Flächen herrühren, können vor Errechnung der Linienintensitäten kompensiert werden. Im Fall der Pixeldrift geschieht das dadurch, dass bei einer Verschiebung um einen Offset δ die Messung der Linienintensität nicht in einem Intervall um die Pixelposition n, wie im Datensatz der Leitprobe gespeichert, sondern stattdessen um die Position n – δ stattfindet. Beträgt die Empfindlichkeit an genannter Position 1 – ε, so wird die ermittelte Intensität zur Korrektur durch 1 – ε dividiert. So ist gewährleistet, dass die vom Gerät gemessenen Daten ständig zu den gespeicherten Leitprobenspektren vergleichbar bleiben. Überschreiten δ und/oder ε vorgegebene Grenzen, können Wartungsmaßnahmen, wie z. B. Reinigung der optischen Fenster bei zu großem ε, angefordert werden.

In der Patentschrift [19] ist ein Verfahren beschrieben, der dem oben skizzierten Algorithmus weitgehend entspricht.

6.7.3 Kontrolle der Analyse auf Übereinstimmung mit Soll-Werkstoff

In der Praxis steht man oft vor dem Problem zu kontrollieren, ob eine Probe dem Werkstoff entspricht, der erwartet wird. Diese Aufgabenstellung stellt sich zum Beispiel nach Lieferung von Halbzeug oder bei der Überprüfung sicherheitsrelevanter Bauteile in Anlagen. Moderne Gerätesoftware bietet eine Betriebsart, die diese Art von Kontrollen unterstützt.

Zunächst wird der Soll-Werkstoff angewählt. Meist erscheinen schon dann, spätestens aber nach der ersten Messung für jedes Legierungselement die erlaubten Gehaltsober- und -untergrenzen auf dem Bildschirm. Die Toleranzfenster sind nicht unbedingt feste Zahlenwerte, oft hängen sie von Gehalten sonstiger Elemente ab. So muss beim Werkstoff 1.4571 der Titan-Gehalt mindestens fünfmal so groß wie der des Kohlenstoffs sein, darf aber eine Höchstgrenze nicht überschreiten [20].

Nach jeder Messung werden die Mittelwerte der Gehalte aktualisiert und mit den Grenzen verglichen. Kommt es bei einem Element zu einer Verletzung des Toleranzfensters, wird die Abweichung markiert. So kann der Anwender auf einen Blick sehen, ob das Werkstück den Spezifikationen entspricht. Es sollte jedoch beachtet werden, dass die Messung mit einer Unsicherheit behaftet ist. Liegt die Analyse in einem Abstand kleiner der Größe der Messunsicherheit von Ober- oder Untergrenze entfernt, so kann nicht mit Sicherheit gesagt werden, ob das Werkstück tatsächlich im zulässigen Bereich liegt. Die Beurteilung des Ergebnisses bleibt dann dem erfahrenen Anwender überlassen.

6.7.4 Werkstoff-Identifikation

Die Kontrolle auf Übereinstimmung mit einem Soll-Werkstoff ist unproblematisch, wenn man einmal von den durch Messunsicherheiten bedingten Nicht-Eindeutigkeiten der Ergebnisse an den Toleranzgrenzen absieht. Man könnte nun annehmen, es sei ähnlich einfach, einer Analyse die passende (und erwartete) Werkstoff-Spezifikation zuzuordnen, indem alle in Frage kommenden Werkstoffspezifikationen in einer Datei gespeichert werden und dann verglichen wird, welche davon passt.

Es gibt jedoch einige Probleme, die verhindern, dass dieser einfache Ansatz zum Ziel führt:

- Das Problem unvollständiger Spezifikation von Elementgehalten
- Durch Messunsicherheiten verursachte Zuordnungsprobleme
- Probleme mit Überschneidungen der Spezifikationen mehrerer Qualitäten
- Zuordnungsprobleme durch mit Mobilspektrometern nicht bestimmbare bzw. nicht bestimmte Elemente, die jedoch für die Werkstoffspezifikation relevant sind

Diese Probleme werden jetzt näher erklärt und es werden Lösungsansätze, sofern vorhanden, vorgestellt.

Das Problem unvollständiger Spezifikation von Elementgehalten

Angenommen, das Spektrometer liefert die folgende Analyse (alle Gehalte in Masseprozenten):

C 0,03	Si 0,3	Mn 1,2	P 0,012	S 0,015	Cr 17,9
Ni 9,8	Mo 0,3	Nb 0,05	Ti 0,22	Cu 0,3	Al 0,02
Fe Rest					

Der europäische Anwender mit Vorkenntnissen erkennt an Hand der Analyse, dass es sich um den Werkstoff 1.4541 handelt. Ein Amerikaner würde darin den annähernd äquivalenten amerikanischen Werkstoff 321 sehen.

Vergleicht man die obenstehende Analyse mit den Einträgen einer Datei, in der für alle gängigen Werkstoffe die zulässigen Gehaltsbereiche gespeichert sind, würden auch Werkstoffe angezeigt werden, die offensichtlich nicht passen. Es würde z. B. das Material 1.4301 gefunden, für das die Toleranzgrenzen lt. Tabelle 6.4 gelten.

Tab. 6.4: Erlaubte Gehaltsbereiche beim Werkstoff 1.4301 [22]

Element	von [%]	bis [%]
C	0	0,07
Si	0	1
Mn	0	2
P	0	0,045
S	0	0,015
N	0	0,011
Cr	17	19,5
Ni	8	10,5

Der einfache Ansatz, einen Werkstoff dann als gefunden vorzuschlagen, wenn keine Toleranzgrenze verletzt ist, führt also zu mehreren Vorschlägen, in der Werkstoffe wie der 1.4301 auftauchen, die dort nicht hingehören. Der Anwender, der den Werkstoff 1.4541 erwartet, aber fälschlicherweise einen 1.4301 angezeigt bekäme, wäre nicht zufrieden: Der 1.4301 hat, verglichen mit dem 1.4541, bezüglich Schweißbarkeit und Säurebeständigkeit schlechtere Eigenschaften. Der 1.4301 hat also in der Trefferliste nichts zu suchen.

Ursache des Problems ist die Tatsache, dass die Spezifikationen des 1.4301 keine Angaben zum Element Titan enthalten.

Ähnliche Probleme gibt es mit anderen Werkstoffen:
- Der Werkstoff 1.4571 ist kein 1.4401, denn er enthält Titan.
- Der Werkstoff 1.4580 ist kein 1.4401, denn ihm ist Niob zugefügt.
- Der Werkstoff 1.4401 ist kein 1.4301, denn hier ist Molybdän vorhanden, um das Material säurefest zu machen.
- Der Werkstoff 1.4305 ist kein 1.4301, da er Schwefel zur Verbesserung der Zerspanbarkeit enthält.

Die oben erwähnten Werkstoffe sind keine Exoten, sie gehören vielmehr zu den gebräuchlichsten Chrom-Nickelstählen.

Wie lässt sich nun verhindern, dass unerwünschte Werkstoffe in der Trefferliste erscheinen? Die Lösung ist recht einfach und besteht aus zwei Regeln, die während des Durchsuchens der Spezifikationen einzuhalten sind:
- Für jedes Element wird ein Grenzgehalt festgelegt. Konzentrationen unterhalb dieser Grenzen werden als zur Qualitätsidentifikation irrelevante Verunreinigungen angesehen. Ist eine Grenze aber in der Analyse der Probe überschritten, so ist das Element wahrscheinlich bewusst hinzugefügt worden. Es muss dann in der Werkstoffspezifikation ein Toleranzfenster für dieses Element enthalten sein. Ist das nicht der Fall, so passt der Werkstoff nicht zur Analyse.

– Bei den verbleibenden, potentiell zutreffenden Werkstoffen braucht nur gezählt zu werden, bei wie vielen Elementen die Spezifikationen erfüllt sind. Es werden nur die Werkstoffe mit maximaler Anzahl von Elementen innerhalb der spezifizierten Toleranzfenster in die Trefferliste aufgenommen.

Tabelle 6.5 zeigt exemplarisch praxisorientierte Grenzen für Stähle. Bei den Elementen, die nicht gewollt in unlegierten Stählen verwendet werden, sind die Grenzen mit denen in der DIN EN 10020 genannten zur Unterscheidung unlegierter und legierter Stähle identisch [21]. Die Gehalte einige Elemente variieren aber innerhalb der unlegierten Stähle. Deshalb machen für sie auch niedrigere Grenzen als die der DIN EN 10020 Sinn. Man beachte, dass für Kohlenstoff stets ein Toleranzfenster verlangt ist. Für einige allgemeine Baustähle (z. B. für 1.0554 S355J0C St52-3 U) fehlen in den Spezifikationen Angaben über die Gehaltstoleranzen. Von diesen Materialien sind aber Richtanalysen bekannt, die ermöglichen, Toleranzgrenzen zu schätzen.

Tab. 6.5: Gehaltsgrenzen, bei deren Überschreitung eine gewollte Legierung wahrscheinlich ist

Element	Grenze	Element	Grenze	Element	Grenze	Element	Grenze
C	0,0	Si	0,6	Mn	0,6	Cr	0,3
Ni	0,3	P	0,015	S	0,015	Mo	0,08
V	0,05	W	0,3	Nb	0,05	Al	0,05
Cu	0,4	Co	0,3	Pb	0,1	Ti	0,05
B	0,0008	Zr	0,05	Se	0,1	Te	0,1
Bi	0,1	La	0,1	Ce	0,1	Nd	0,1
Pr	0,1	N	0,05	Sonstige	0,1		

Die in Tab. 6.5 genannten Grenzen sind nur für Stähle sinnvoll. Für andere Materialgruppen sind andere Grenzen anzusetzen.

Mit Hilfe der beiden beschriebenen Regeln wird der Werkstoff 1.4541 erkannt, während 1.4301 nicht mehr in der Trefferliste auftaucht, da der Ti-Gehalt mit 0,22 % über der Grenze von 0,05 % liegt.

Auch die anderen oben genannten Konflikte treten nicht mehr auf.

Durch Messunsicherheiten verursachte Zuordnungsprobleme

Im vorigen Abschnitt wurde eine Analyse des Werkstoffs durchgeführt, der eindeutig als ein 1.4541 identifiziert werden konnte. Allerdings sollte man sich bewusst sein, dass jede Messung mit einer Unsicherheit behaftet ist. Diese Messunsicherheit hängt von verschiedenen Faktoren ab.

Die wichtigsten sind:
- Stabilität, Wiederholgenauigkeit und Nachweisempfindlichkeit des Mobilspektrometers
- Repräsentativität und Homogenität der gemessenen Probe
- Probenvorbereitung
- Sorgfalt und Fähigkeiten des Bedieners

Die Messunsicherheiten lassen sich schätzen. Nehmen wir an, es läge eine Analyse vor, die innerhalb der Grenzen für den Werkstoff 1.4301 (Tab. 6.4) liegt. Als Nickelgehalt sei 8,1 % gefunden worden.

Ist nun mit einer Messunsicherheit beim Nickel von 0,2 % zu rechnen, so kann nicht mehr mit Sicherheit gesagt werden, ob die Spezifikationen laut Tab. 6.4 erfüllt sind oder nicht. Natürlich gilt auch umgekehrt: Findet man 7,9 % Nickel, könnte der wahre Wert der Probe durchaus innerhalb der Grenzen laut Tab. 6.4 liegen, obwohl die Analyse außerhalb der Spezifikationen liegt. Leider kommt erschwerend hinzu, dass sparsam mit teuren Legierungselementen umgegangen wird. Nickel gehört hierzu, so dass Situationen wie die geschilderte deshalb nicht praxisfern sind.

Das Problem kann umgangen werden, indem die Toleranzgrenzen um die Messunsicherheit an Ober- und Untergrenze aufgeweitet wird. Es ist sinnvoll, die Messunsicherheiten in einer Tabelle pro Metallbasis zu erfassen. Sie sind für Bogen- und Funkenmethoden separat zu bestimmen, denn im Bogenmodus werden die Unsicherheiten in der Regel höher sein.

Wie das Nickel-Beispiel zeigt, ist es nicht zielführend, gefundene Werkstoffe mit Elementen in einer Messunsicherheits-Grauzone aus der Trefferliste zu entfernen oder sie dort erst nach den Qualitäten ohne solche Toleranzverletzungen aufzulisten. Eine Treffer-Markierung, aus der hervorgeht, dass Elemente nicht eindeutig innerhalb der Spezifikationen liegen, ist jedoch angebracht, z. B. in der Form 1.4301 mit der Markierung: *„Ni-"*, wenn Nickel an der Untergrenze in der Grauzone liegt.

Es ist üblich, die Messunsicherheiten für Vertrauensbereiche von 68 %, 95 %, oder 99 % anzugeben. Werden die Toleranzgrenzen um Messunsicherheiten aufgeweitet, die sich auf 68 % Vertrauensbereiche beziehen, besteht eine nicht vernachlässigbare Wahrscheinlichkeit, dass die wahren Probengehalte innerhalb der Werkstoffspezifikationen liegen, auch wenn ein Wert bestimmt wird, der um das Doppelte oder Dreifache der Messunsicherheit außerhalb des ursprünglichen Toleranzfensters liegt. Will man diese Tatsache berücksichtigen, kann die Suche mit entsprechend modifizierten Spezifikationen wiederholt werden. Die Werkstoffe, die nach dieser erneuten Aufweitung gefunden werden, können an die Trefferliste angehängt werden.

Probleme mit Überschneidungen der Spezifikationen mehrerer Qualitäten

Tab. 6.4 zeigt die Zusammensetzung des Werkstoffs 1.4301. Die Qualität 1.4307 ist sehr ähnlich, nur die Toleranzfenster von C, Cr und Ni unterscheiden sich geringfügig. Der 1.4307 hat maximal 0,03 % Kohlenstoff (beim 1.4301 < = 0,07 %), der Cr-Gehalt muss mindestens 17,5 % betragen (statt 17 % beim 1.4301) und es dürfen maximal 10 % statt 10,5 % Nickel enthalten sein. Der wichtigste Unterschied betrifft den Kohlenstoff. Ein niedriger C-Gehalt ist meist erwünscht, da er mit einer Verbesserung der Schweißbarkeit und höherer Korrosionsbeständigkeit verbunden ist.

Die meisten Analysen von 1.4307-Werkstoffen passen auch zu den Spezifikationen des 1.4301. Die Trefferliste wird dann beide Werkstoffe enthalten. Sofern die Datenbank auch die amerikanischen Werkstoffe 304 (entspricht dem europäischen 1.4301) und 304L (ähnlich 1.4307) enthält, würden auch diese angezeigt. Das Mobilspektrometer kann in diesem Fall nichts anderes tun, als mögliche Werkstoffe vorzuschlagen.

Zuordnungsprobleme durch nicht gemessene, aber für die Werkstoffidentifikation wichtige Elemente

Nicht immer können alle wichtigen Elemente bestimmt werden. So lässt sich im Bogenmodus nur dann das wichtige Element Kohlenstoff bestimmen, wenn die Umgebungsluft vom Kohlenstoffdioxid gereinigt wird. Eine Schwefelbestimmung ist im Bogen nach dem Stand der Technik nicht möglich. Auch im Funken ist Schwefel nur dann messbar, wenn eine Sonde mit Optik für den Vakuum-UV-Bereich benutzt wird. Diese Tatsache kann dazu führen, dass die Trefferliste Werkstoffe enthält, die sich qualitativ stark unterscheiden und im Allgemeinen nicht gegeneinander austauschbar sind.

Wenn zum Beispiel das Element Schwefel nicht bestimmt werden kann, passt eine Analyse des Werkstoffs 1.4305 (X8CrNiS18-9) meist auch zum 1.4301. Der Hauptunterschied in der Zusammensetzung besteht darin, dass der S-Gehalt zwischen 0,15 % und 0,35 % statt unter 0,015 % wie beim 1.4301 liegt.

Die beiden Werkstoffe sind für unterschiedliche Anwendungen bestimmt: Der 1.4305 ist eine besonders leicht zerspanbare Legierung, die sich verglichen mit der 1.4301 gut zur Bearbeitung mit Dreh- und Fräsautomaten eignet. Andererseits ist der 1.4305 aber für Druckbehälter ungeeignet [22].

Als Fazit bleibt die Erkenntnis, dass die richtige Zuordnung einer Werkstoffbezeichnung zu einer Spektrometer-Analyse kein einfaches Problem ist. Hat man nicht die Möglichkeit, sich bei der Suche auf einige wenige, sich deutlich unterscheidende Werkstoffe zu beschränken, so wird es meist nicht gelingen, genau die Bezeichnung angezeigt zu bekommen, unter der das Material ursprünglich in den Handel gekommen ist. Es ist aber möglich, eine Trefferliste passender Werkstoffe zu erhalten, die dem qualifizierten Nutzer hilfreich ist.

6.7.5 Verwechslungsprüfung

Die Verwechslungsprüfung war die erste Anwendung, für die Mobilspektrometer ab dem Ende der 1970er Jahre eingesetzt wurden. Dabei ging es darum, vor einer Lieferung oder bei Wareneingang sicherzustellen, dass alle Werkstücke aus demselben Werkstoff bestanden. Die Geräte bestanden anfangs aus Polychromatoren, die mit Austrittsspalten und Photomultipliern für die wichtigsten Spektrallinien des zu prüfenden Basismetalls ausgerüstet waren. Zunächst wurde nur im Bogenmodus gearbeitet. Die Vorfunkzeit betrug typisch eine, die Messzeit zwei Sekunden. Das Ausgangssignal der Analyt-Photomultiplier wurde integriert und durch das Integral dividiert, das von einer Spektrallinie des Basismetalls stammte. Abbildung 6.14 zeigt ein solches frühes Mobilspektrometer.

Abb. 6.14: Frühes Mobilspektrometer zur Verwechslungsprüfung, Baujahr 1980, Abdruck mit freundlicher Genehmigung der Firma SPECTRO Analytical Instruments GmbH, Boschstr. 10, 47533 Kleve

Der Prüfablauf bei dieser Art von Geräten war folgendermaßen:
1. Zunächst wurde von einem Werkstück der Lieferung ein Abschnitt abgetrennt und im Labor analysiert. War dieses Referenzstück aus dem erwarteten Material, konnte die eigentliche Verwechslungsprüfung beginnen.

2. Das Referenzstück wurde dreimal gemessen. Vor jeder der drei Messungen wurden die Quotienten aus Analysenlinie und internem Standard über einen Drehschalter mit einem Satz von Kondensatoren verbunden.
3. Danach wurde der Mittelwert der drei Messungen gebildet, indem die zu jedem Analyten gehörenden drei Kondensatoren miteinander verbunden wurden.
4. Nun konnte die eigentliche Prüfung beginnen. Die Prüflinge wurden nacheinander gemessen. Nach jeder Messung wurde zunächst für jeden Analyten der Quotient aus Analytlinie und internem Standard gebildet. Mit Hilfe einer einfachen Analogelektronik wurde dann überprüft, ob der Quotient innerhalb eines durch Schalter vorgegebenen Toleranzfensters mit dem unter Punkt 3 gebildeten Mittelwert übereinstimmt. Wurde bei mindestens einem Element das Toleranzfenster verlassen, wurde eine rote Lampe eingeschaltet und weitere Messungen bis zur Betätigung einer Quittungstaste an der Prüfsonde blockiert.

Während das Gerät aus Abb. 6.14 noch mit einer Analogelektronik ausgerüstet war, verfügte schon die folgende Generation von Mobilspektrometern über einen Mikrocomputer. Die Möglichkeit zur Verwechslungsprüfung war dort in der Gerätesoftware implementiert.

Noch heute haben Mobilspektrometer einen Modus zur Verwechslungsprüfung, der auf dem Vergleich von Intensitätsverhältnissen beruht. Natürlich besteht nicht mehr die Notwendigkeit, von einem Prüfling ein Stück abzutrennen und im Labor zu analysieren. Stattdessen wird idealerweise im Funkenmodus der erste Prüfling analysiert und die Analyse auf Übereinstimmung mit den Soll-Spezifikationen kontrolliert. Dann wird in den Bogenmodus geschaltet und prinzipiell genau so verfahren wie bei den ersten Mobilspektrometern. Es wird eine Verwechslungsprüfmethode geladen, die aus einem Satz von Linienpaaren (Analytlinien mit zugehörigen internen Standards) und pro Linienpaar aus je einem Satz erlaubter prozentualer Abweichungen besteht.

Die Prüfung läuft wie folgt ab:
1. Zuerst wird mit der Referenzprobe im Bogen für jedes Linienpaar ein Mittelwert von Intensitätsverhältnissen aufgenommen.
2. Dann wird der Prüfling mit gleichen Parametern gemessen.
3. Nach jeder Messung wird kontrolliert, ob die Intensitätsverhältnisse aller zu überwachenden Linien innerhalb der vorgegebenen Intensitäts-Toleranzen liegen. Ist das der Fall, weiter mit Punkt 6.
4. Gibt es eine Abweichung bei mindestens einem Intensitätsverhältnis, so wird zunächst der Messablauf solange blockiert, bis eine Quittungstaste betätigt wird. Dann wird die Messung wiederholt, da die gefundene Toleranzverletzung möglicherweise nicht auf ein abweichendes Material zurückzuführen ist, sondern ihren

Grund in der statistischen Streuung der Messwerte haben könnte. Auch falscher Prüfsonden-Ansatz oder das Messen an verschmutzten bzw. korrodierten Stellen der Probe kann zu Abweichungen führen. Ist die Messung nun in Ordnung, wird bei Punkt 6 weitergemacht. Falls nicht, wird die Abfunkung erneut wiederholt. Bei erneuter Toleranzverletzung wird der Zähler für die verwechselten Werkstücke um eins erhöht und mit Punkt 5, sonst weiter mit Punkt 6 fortgefahren. Es mag überraschen, dass ein Werkstück dann als richtig eingestuft wird, wenn auch nur eine von drei Messungen innerhalb der Toleranzgrenzen liegt. Es ist aber sehr unwahrscheinlich, dass bei einer Fehlmessung auf einem verwechselten Material zufällig alle überwachten Linien innerhalb der Toleranzgrenzen für den einkalibrierten Werkstoff liegen.

5. Diese Stelle des Ablaufs wird im Falle einer Materialverwechslung erreicht. Moderne Spektrometer bieten die Möglichkeit, eine Anhaltsanalyse durchzuführen und anschließend eine Werkstoffidentifikation wie unter 6.6.4 durchzuführen. Die Verwechslung ist vom Anwender zu quittieren. Die Prüfung wird dann mit Punkt 7 fortgesetzt.

6. Der Zähler für die positiv geprüften Werkstücke wird um eins erhöht.

    Ist man sicher, dass die Prüflinge aus einer Charge stammen, also alle die gleiche Analyse haben, können die Intensitätsquotienten des als richtig erkannten Prüflings benutzt werden, um die unter Punkt 1 ermittelten Vergleichs-Intensitätsquotienten zu verbessern. Dadurch stellt man diese Daten auf eine breitere Basis, weil der Mittelwert dann statistisch besser abgesichert ist. Außerdem ist, besonders bei der Prüfung größerer Lose, seit der ursprünglichen Messung des Referenzstücks eventuell einige Zeit vergangen. Die neu hinzukommenden Messungen entsprechen aber dem aktuellen Gerätezustand bezüglich Verschmutzung der Eintrittsoptik und des Elektroden-Abbrands.

    Es wird mit dann bei Punkt 7 fortgefahren.

7. Nach der Prüfung eines Werkstücks kann der Anwender die Messung bei Punkt 2 fortsetzen. Die Messung kann aber auch unterbrochen oder abgeschlossen werden. Im Fall der Unterbrechung werden Verwechslungsprüf-Methode, Referenzintensitäten und Zählerstände gespeichert. Sie können zu einem späteren Zeitpunkt zur Fortsetzung der Prüfung wieder geladen werden.

    Soll die Messung abgeschlossen werden, wird ein Prüfprotokoll erstellt, das gespeichert oder ausgedruckt wird. Übliche Angaben in diesem Protokoll sind:
    – Datum, Uhrzeit und Dauer der Prüfung
    – Name des Prüfers
    – Angaben über das geprüfte Los (Werkstoff, Abmessungen, ggf. auch der Name des Kunden oder des Lieferanten)
    – Bezeichnung der verwendeten Prüfmethode mit Messparametern
    – Anzahl der als „Gut" eingestuften Prüflinge

- Anzahl der als „Verwechselt" eingestuften Prüflinge (in der Regel sollte hier eine 0 stehen)

Es könnte die Frage aufkommen, warum nicht die gesamte Prüfung im Funkenmodus durchgeführt wird, sondern nach Identifikation des Referenzstücks in die Bogenbetriebsart geschaltet wird. Der Grund hierfür liegt in der Tatsache, dass die Prüfung im Bogen geringere Anforderungen bezüglich Probenvorbereitung stellt und auch vergleichsweise schnell durchgeführt werden kann.

In Punkt 6 wurde erwähnt, dass es vorteilhaft ist zu wissen, ob alle Prüflinge eines Loses aus einer Charge stammen. Bei chargentreuen Losen können die Messwerte als richtig erkannte Proben zur Aktualisierung der Soll-Intensitätsverhältnisse genutzt werden.

Auch bei der Wahl der Toleranzgrenzen ist die Information über Chargentreue vorteilhaft. Ist diese gegeben, können die Toleranzfenster vergleichsweise eng gewählt werden. Sie richten sich nach den Variationskoeffizienten, die das Mobilspektrometer auf den zu messenden Prüflingen erlaubt.

Besteht das zu prüfende Los dagegen aus einer Mischung von Chargen und ist nur der Werkstoff bekannt, so ist nach der Analyse des Referenzstücks für jede Linie abzuschätzen, in welchem Bereich die Intensitätsverhältnisse bei diesem Werkstoff liegen können. Dieser Bereich ist um den Anteil aus der Reproduzierbarkeit des Systems Spektrometer/Probe stammenden Anteil aufzuweiten. Man erhält so bei der Prüfung von Chargenmischungen weitere, meist asymmetrische um die Intensitätsverhältnisse des Referenzstücks liegende Toleranzgrenzen.

100 %-Prüfungen werden oft bei Bauteilen durchgeführt, bei denen ein Versagen aus Gründen der Sicherheit oder Wirtschaftlichkeit nicht toleriert werden kann. Haben sie stets ähnliche Formen wie Stangen oder Rohre, bei denen nur der Durchmesser variiert, so werden Anlagen zur automatischen Prüfung direkt in die Produktionslinien eingebaut. Abbildung 6.15 zeigt das Prinzip. In der Ausgangsposition wird das zu prüfende Werkstück (1) in der Linie (2) vereinzelt, indem es z. B. in einer Prismenauflage (3) liegt. Ein unter dem Werkstück mit einem Schleifmopp (4) ausgerüstetes Schleifgerät (5) wird gestartet und angehoben. Die Unterseite des Prüflings wird so auf einer Breite einiger Zentimeter geschliffen. Anschließend wird das Schleifgerät abgesenkt und abgeschaltet. Nun wird die Prüfsonde (6), die zusammen mit dem Schleifgerät auf einem beweglichen Schlitten (8) montiert ist, unter das Werkstück bewegt, angehoben und es wird gemessen. Ist eine Wiederholungsmessung erforderlich, wird die Prüfsonde etwas abgesenkt, einige Millimeter entlang der Werkstückachse bewegt und dann wieder auf die Oberfläche des Prüflings aufgesetzt. Anschließend wird das Werkstück auf den jenseits der Prüfeinrichtung liegende Teil der Linie (7) gehoben. Lag eine Verwechslung vor, wird eine Sperre geöffnet und das Werkstück fällt in eine Sperrposition, sonst setzt es seinen Weg in der Linie fort.

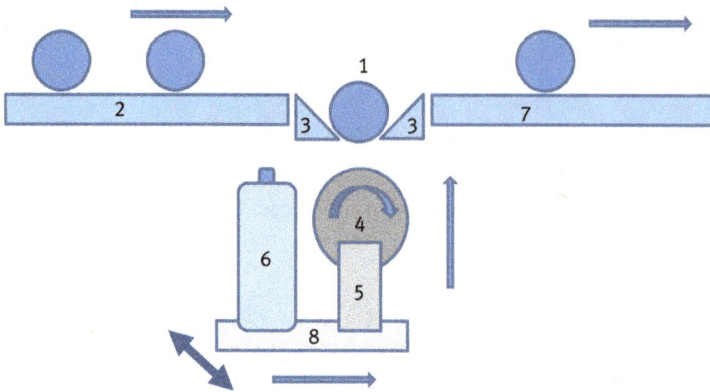

Abb. 6.15: Mobilspektrometer zur Verwechslungsprüfung integriert in die Produktionslinie

6.8 Kalibration, Probenvorbereitung und Beprobung

Bei Laborspektrometern zur Schmelzenführung werden die Proben in Kokillen gegossen und anschließend gefräst oder geschliffen. Diese Prozedur ist standardisiert und verläuft im Routinebetrieb stets nach dem gleichen Muster. Beim Einsatz von Mobilspektrometer gibt es eine größere Vielfalt von zu analysierenden Materialien. Diese Palette umfasst Kleinteile, Drähte, Rohre, Knüppel, Flansche, Bleche verschiedenster Durchmesser bis hin zu Folien und vieles mehr. In Kapitel 6.8.1 wird allgemein auf beachtenswerte Aspekte bei Probenvorbereitung und Auswahl der Messposition eingegangen. In Kapitel 6.8.2 wird auf typische Szenarien für Funkenmessungen mit Mobilspektrometern eingegangen und die mit Funken-Mobilspektrometern zu erwartende analytische Leistungsfähigkeit diskutiert. Kapitel 6.8.3 befasst sich in ähnlicher Weise mit Messaufgaben, bei denen der Bogenmodus benutzt wird.

6.8.1 Probenvorbereitung und Auswahl der Messposition

Vor Messungen im *Funkenbetrieb* müssen die anzufunkenden Stellen metallisch blank sein. In den meisten Fällen reicht ein kurzer Anschliff mit einem Band- oder Winkelschleifer aus. Bei Verwendung eines Bandschleifers hat sich die Verwendung von Schleifbändern mit 60er Körnung bewährt. Winkelschleifer dürfen nicht mit Trennscheiben, sondern müssen mit einer Schruppscheibe bestückt sein, die den Sicherheitsbestimmungen laut DIN EN 12413 [23] genügt. Bei der Probenvorbereitung sollten natürlich auch sonstige bei der Metallbearbeitung übliche Sicherheitsvorkehrungen, wie z. B. das Tragen einer Schutzbrille beachtet werden. Die vorbereitete Stelle sollte möglichst plan sein, um gasdichtes Ansetzen der Sonde zu ermöglichen und gleichzeitig zu gewährleisten, dass der Abstand zwischen Probenoberfläche und Gegenelektrode richtig ist.

In Sonderfällen kann auf ein Anschleifen verzichtet werden:

Am Ende des Produktionsprozesses von rostfreien Stählen ist es oft möglich, eine Messung ohne Anschleifen durchzuführen. Auch zu späteren Zeitpunkten kann man häufig darauf verzichten, wenn die zu messende Stelle durch Abwischen mit Isopropanol gesäubert und fettfrei gemacht wird. In jedem Fall ist der Brennfleck kritisch zu würdigen. Er sollte eine kreisrunde aufgeschmolzene Mitte aufweisen, die von einem schwarzen Kondensat-Rand umgeben ist (Abb. 3.23, unten Mitte und rechts). Weißliche Zonen, die auf nicht-energetische Büschelentladungen ohne Materialabbau (Abb. 3.23 unten ganz links) hinweisen, sollten nicht auftreten oder allenfalls in einem schmalen Bereich am Rand der aufgeschmolzenen Zone. Zusätzlich zur Reinigung mit Isopropanol ist eine kurze Nachbearbeitung mit Schleifpapier von Hand empfehlenswert.

Auch bei manchen Legierungen der Nickel-, Kobalt- und Titanbasis braucht nicht unbedingt geschliffen zu werden. Gleiches gilt für einige Kupferbasis-Legierungen wie z. B. Kupfer-Nickel. Es ist aber immer auf gute Brennflecke zu achten.

Soll das Element Kohlenstoff gemessen werden, sind einige Besonderheiten zu beachten:

Bei Stahlprodukten kann es an Stellen, die durch Brennschneiden getrennt wurden, zu einer Absenkung des Kohlenstoffgehalts kommen (Entkohlung). Um sicher in den Bereich zu kommen, bei dem der Kohlenstoffgehalt wieder repräsentativ ist, müsste bis zu einem Millimeter Material abgeschliffen werden. Das ist aber mit einem Winkelschleifer schwer zu bewerkstelligen. Deshalb weicht man in solchen Fällen möglichst auf eine Prüfung auf die Flächen längs der Gieß- bzw. Walzrichtung aus. Aber auch hier ist Vorsicht angebracht. Die Walzhaut muss abgeschliffen werden. Handelt es sich um warm gewalztes Material, kann es auch hier zu Randentkohlung kommen, so dass es nicht immer ausreicht, nur so lange zu schleifen, bis das Material metallisch blank ist. Ein weiteres Problem kann entstehen, wenn die Halbzeuge in Stapeln gelagert sind. Dann sind nur die durch Brenner getrennten, potentiell entkohlten Stirnflächen der Messung zugänglich. Oft bleibt dann nur die Möglichkeit, die Halbzeuge unter Zuhilfenahme eines Krans zu vereinzeln, um die Messung durchführen zu können.

Ein anderes Problem im Zusammenhang mit der Kohlenstoffbestimmung kann bei der Messung gehärteten Materials entstehen. Bei der Einsatzhärtung wird der Kohlenstoffgehalt an der Oberfläche gezielt erhöht, um Härte und Verschleißfestigkeit zu erhöhen. Ist man an dem Oberflächen-Kohlenstoffgehalt interessiert, so darf der Prüfling nicht unkontrolliert abgeschliffen werden, da der Kohlenstoffgehalt mit der Tiefe abnimmt. Die bereits oben geschilderte Prozedur des Anschleifens von Hand kann hier angewendet werden. Soll der Kohlenstoffgehalt im Kern bestimmt werden, so muss der gesamte aufgehärtete Bereich abgetragen werden. Dieser kann eine Stärke zwischen 0,1 mm und 4 mm haben. Im Zweifel muss iterativ so lange abgetragen und analysiert werden, bis der Kohlenstoffgehalt nicht mehr fällt.

Alternativ zum Einsatzhärten werden Oberflächen durch Nitrieren veredelt. Diese Schichten erhöhen neben der Verschleißfestigkeit auch die Korrosionsbeständigkeit. Laut Merkel/Thomas [24] kann die mit Stickstoff angereicherte Schicht eine Stärke von bis zu 0,8 mm haben. Zum Nitrieren besonders geeignete Stähle sind in der DIN EN 10085 [25] genormt. Es handelt sich dabei um niedriglegierte Stähle, die neben C, Si, Mn, Cr und Mo auch gelegentlich Ni, V und besonders Aluminium in Konzentrationen bis über 1% enthalten. Es können aber auch gängige andere Stähle wie C15, C45, 16MnCr5, 42CrMo4 und S235 nitriert werden. Neben dem Aufkohlen und dem Nitrieren gibt es mit dem Carbonitrieren ein Verfahren, bei dem eine gleichzeitige Anreicherung von C und N durchgeführt wird. Weniger verbreitet ist das Borieren. Hier wird an der Werkstückoberfläche eine dünne Schicht aus Fe_2B erzeugt. Laut Merkel und Thomas [24] kann die mit Bor angereicherte Schicht eine Stärke von bis zu 0,25 mm haben.

In folgenden weiteren Fällen können die Werkstoff-Oberflächen eine vom Inneren abweichende Zusammensetzung haben:

1. Verzinken ist die am häufigste angewandte Beschichtungsmethode zum Schutz unlegierter Stähle vor Korrosion. Beim Feuer-Stückverzinken ist mit Schichtdicken bis 0,15 mm zu rechnen, bei bandverzinktem Material mit Stärken zwischen 5 und 40 Mikrometer.

2. Galvanisches und chemisches Vernickeln sind ebenfalls gängige Methoden, Metalloberflächen zu schützen. Meist liegt die Schichtdicke unterhalb von 50 Mikrometer. Beim Dickvernickeln kann die Nickelschicht aber bis zu drei Millimeter stark sein.

3. Beim Hartverchromen wird galvanisch eine Chromschicht von bis zu einem Millimeter Dicke aufgebracht. Mögliche Basismaterialien sind Stähle, Gusseisen sowie Kupfer- und Aluminiumlegierungen. Mehrere übereinanderliegende Schichten aus Chrom und Nickel sind ebenfalls anzutreffen.

4. Das Sulf-Inuz-Verfahren reichert die Oberflächen in einer Schichtdicke von ca 0,03 mm mit Schwefel an und verbessert damit die Gleiteigenschaften des Materials. Zu finden sind diese Oberflächen bei Schnellarbeitsstählen und Sphäroguss-Teilen.

5. Gelegentlich wird der Kohlenstoffgehalt an der Oberfläche gezielt reduziert, um besondere magnetische Eigenschaften zu erzielen oder um die Dichtungseigenschaften zu verbessern.

6. Aluminieren dient der Verbesserung der Zunderbeständigkeit. Die Al-angereicherte Schicht kann bis zu einigen Zehntel Millimetern dick sein. Zur Aluminierung eignen sich unlegierte Einsatzstähle mit niedrigem Kohlenstoff-Gehalt.

7. Inchromieren erhöht die Korrosionsfestigkeit des Stahls. Stähle mit C < 0,1% lassen sich weich chromieren. Dann betragen die Schichtdicken bis zu 0,2 mm. Hartinchromieren lassen sich auch Ni- und Mo-legierte Stähle und Stähle mit höheren C-Gehalten. Die mit Chrom angereicherte Zone hat bei diesem Verfahren eine Stärke zwischen 5 und 25 µm.

8. Bei Stählen und beim Sphäroguss reichert man gelegentlich die Randschichten mit Silizium an, um die Korrosionsfestigkeit zu verbessern.
9. Chromaluminieren und Chromsilicieren kombinieren die unter Punkt 6 bis 8 beschriebenen Verfahren.
10. Beim Nitrieren von Fertigprodukten werden die Bereiche, bei denen keine Nitrierung stattfinden soll durch eine dünne Zinnschicht abgedeckt. Diese Beschichtung kann zu einem erhöhten Zinnwert führen.
11. Eloxal, also elektrolytisch oxidiertes Aluminium muss in jedem Fall angeschliffen werden, da die oxidische Oberfläche nicht leitet. Gleiches gilt für eventuell vorhandene Lackschichten.

Abgesehen von Oberflächeneffekten bereiten die folgenden Materialien Probleme:

- Bei Automatenstählen ist die Bestimmung von Blei, Mangan und Schwefel problematisch. Es ist möglich, spezielle Methoden für die Automatenstahlbestimmung aufzubauen. Bei diesen Methoden wird die Vorfunkzeit auf Dauern zwischen 30 Sekunden und einer Minute erhöht. Dadurch werden die in verschiedener Größe und Länge vorliegenden Blei- und Mangansulfid-Einschlüsse homogenisiert. Die lange Funkzeit, verbunden mit der Notwendigkeit, die Sonde ruhig gegen den Prüfling zu halten, macht diese Vorgehensweise aber unattraktiv. Mit normalen (kurzen) Messzeiten werden die Mn- und S-Gehalte zu hoch angezeigt, es lassen sich aber Automatenstähle erkennen. Für viele Prüfaufgaben reicht diese Unterscheidung.
- In fertigen Gusseisen-Werkstücken liegt der Kohlenstoff als Graphit vor. Das gilt für die gängigen Gusseisensorten Grauguss (GJL), Sphäroguss (GJS), Vermikularguss und schwarzen Temperguss. Bei diesen Gusseisen ist keine exakte Kohlenstoffbestimmung möglich, weil der Kohlenstoff in Kugeln (GJS) oder Lamellen (GJL) unterschiedlicher Größe vorliegt. Typisch ist, dass beim GJS ein zu geringer, beim GJL ein zu hoher Kohlenstoffgehalt gefunden wird. Es gibt einige graphitfreie Gusseisensorten, die in der DIN EN 12513 [26] genormt und durch die Buchstabenfolge GJN gekennzeichnet sind. In der Praxis häufig anzutreffen sind die verschleißfesten Chromhartguss-Werkstoffe, die sich durch einen hohen Chromgehalt auszeichnen. Bei diesen Legierungen liegt der Kohlenstoff als Karbid gebunden vor. Da keine Graphit-Ausscheidungen vorhanden sind, ist für GJN-Werkstoffe eine exakte Kohlenstoffbestimmung möglich, sofern entsprechende Methoden kalibriert wurden

Auch für die Untersuchung von Metallen im *Bogenmodus* muss der Zustand der Oberfläche Mindestanforderungen genügen. Der Bogen ist aber deutlich unempfindlicher gegen leichte Beeinträchtigungen der Oberfläche. Auch dünnere Oxidschichten werden vom Bogen durchdrungen. Stärkere Walzhäute sollten jedoch durch Schleifen entfernt werden.

6.8.2 Messungen im Funkenmodus

Tabelle 6.6 zeigt Nachweisgrenzen für einige wichtige Elemente, die mit größeren Mobilspektrometern in der Eisenbasis im Funkenmodus erreichbar sind. Die Bestimmung folgt der DIN 32465 [27] und wurde über die Reproduzierbarkeit von Reinsteisen ermittelt. Die Werte aus Tab. 6.6 können nicht isoliert betrachtet werden, weil für jedes Element außer der Reproduzierbarkeit des Untergrundes auch die Streuung der Kalibrationskurve in der Nähe der Nachweisgrenze zu beachten ist. Besonders bei kleinen Mobilspektrometern, z. B. bei Handgeräten, bestimmt eher die Streuung der Kalibrationskurven als die Reproduzierbarkeit des Untergrundes die real erreichbare Nachweisbarkeit von Spuren, weil hier die Trennung der Analytlinien von ihrer spektralen Umgebung weniger scharf ist. Die nach DIN 32465 bestimmte Nachweisgrenze reduziert sich auf die folgende Bedeutung: Gegeben seien zwei Werkstücke, die, abgesehen von einem Spurenelement S mit Nachweisgrenze NWG_S die gleiche Zusammensetzung haben. Im ersten der beiden Werkstücke sei das Spurenelement S nicht enthalten. Dann muss das andere Werkstück für S mindestens einen Gehalt von NWG_S enthalten, um sagen zu können, ob der Gehalt von S höher als beim ersten Werkstück ist. Diese Aussage gilt aber nur, wenn die verwendete Analysenlinie ungestört ist und Reproduzierbarkeit und Untergrundäquivalent der Werkstücke denen des reinen Metalls, mit dem die Nachweisgrenze ermittelt wurde, entsprechen. Nähere Informationen zu Nachweisgrenzen finden sich in Kapitel 5.

Die Streuung der Kalibrationskurven lässt sich verbessern, wenn nicht eine einzige Kalibrationsfunktion für alle Werkstoffe der Eisenbasis benutzt wird, sondern separate Kalibrationen für einzelne Werkstoffgruppen erstellt werden. Beispiele für solche Gruppen sind in der Eisenbasis die unlegierten und niedriglegierten Stähle, Automatenstähle, Chromstähle, Chromnickelstähle, Manganstähle, laminares und globulares Gusseisen. Durch eine solche oder eine noch weitere Auffächerung nähert sich die reale Nachweisempfindlichkeit der nach DIN 32465 bestimmten an.

Mit Mobilspektrometern werden aber meist Halbzeuge oder Fertigprodukte auf Einhaltung von Konzentrationsgrenzen kontrolliert. Dafür ist die Nachweisempfindlichkeit jedoch, zumindest bei größeren Mobilspektrometern, fast immer ausreichend. Sie sind aber schlechter als die, die mit Laborspektrometern erzielbar sind. Bei Laborgeräten ist die Aufgabenstellung jedoch eine andere: Sie dienen oft der Schmelzenführung. Hier müssen Spurenelemente überwacht werden, die bei unerwünschten Gehalten folgende Prozessschritte nachteilig beeinflussen können. Zur Steigerung der Nachweisempfindlichkeit benutzen Laborspektrometer verschiedene, an die zu bestimmenden Elemente angepasste Abfunkparameter. Diese Vorgehensweise könnte auch bei Mobilspektrometern gewählt werden. Das würde aber die Messzeit verlängern. Der Bediener müsste die Abfunksonde länger ruhig und gasdicht gegen das Werkstück halten. Diesem erhöhten Aufwand stände kein adäquater Nutzen gegenüber.

Tab. 6.6: Nachweisgrenzen für größere Mobilspektrometer, Eisenbasis im Funken

Element	NWG [ppm]	Element	NWG [ppm]	Element	NWG [ppm]	Element	NWG [ppm]
C	40	Si	10	Mn	30	Cr	10
Ni	20	P	10	S	10	Mo	10
V	10	W	250	Nb	20	Al	10
Cu	10	Co	10	Pb	10	Ti	10
B	3	Sn	40	As	30	Ca	3
Ce	20	La	3	Zn	20		

Bei Gehalten weit oberhalb der Nachweisgrenzen sind die Wiederholgenauigkeiten aber ähnlich gut. Die Variationskoeffizienten der gemessenen Konzentrationen liegen in mittleren Gehaltsbereichen in der Regel unter einem Prozent. Für einige Elemente, z. B. Cr, liegt die relative Standardabweichung der Gehalte sogar unter 0,2 %.

Eine sorgfältige Kalibration vorausgesetzt, sind auch die Richtigkeiten vergleichbar mit denen, die man bei Laborspektrometern erreicht. Das gilt aber auch hier nur für mittlere Gehalte weit oberhalb der Nachweisgrenzen.

Gelegentlich ist es erforderlich, 100 %-Prüfungen im Funkenmodus durchzuführen. Das ist zum Beispiel dann der Fall, wenn Elemente wie P oder S zu bestimmen sind, die im Bogen nicht gemessen werden können. In vielen Fällen verkürzt man dann um Zeit zu sparen die Abfunkzeiten, die normalerweise im Funkenmodus um acht Sekunden liegen, auf Werte zwischen drei und fünf Sekunden. Diese Maßnahme verschlechtert die Nachweisgrenzen und Wiederholgenauigkeiten aus statistischen Gründen wegen der geringeren Anzahl der Funkenereignisse. Bei einem Viertel der Funkenzahl ist deshalb mit einer Verschlechterung der Wiederholgenauigkeit um einen Faktor zwei zu rechnen. Das kann bei vielen Prüfaufgaben aber toleriert werden. Außerdem ist zu beachten, dass sich bei Verkürzung der Vorfunkzeit einige Elemente nicht im Abfunk-Gleichgewicht befinden. Das gilt vor allem für Elemente, die nicht in der Metall-Matrix gelöst sind, sondern als Einschlüsse vorliegen. Beispiele für solche Einschlüsse sind Al_2O_3, MgO, CaO und ZrO_2. Die betreffenden Elemente tendieren bei Messzeitverkürzung dazu, zu hohe Werte zu liefern, da die Funken bevorzugt an den Grenzen zwischen Einschlüssen und metallischer Phase einschlagen. Gegebenenfalls ist die Kalibration dann entsprechend anzupassen.

Die Prüfung von Halbzeugen erfordert oft eine angepasste Herangehensweise:
1. In Kapitel 6.2 wurde bereits erwähnt, dass es zur *Messung von Kleinteilen* besondere Funkenstands-Aufsätze mit Bornitrid- oder Glimmerblende und Masseklemme gibt. Ein solcher Adapter ist in Abb. 6.7 a dargestellt. Bei Verwendung des Adapters muss darauf geachtet werden, dass die Kleinteile nicht überhitzen. Bei

Probentemperaturen über 200°C verschlechtert sich die Wiederholgenauigkeit des Funkens unter Argon drastisch. Abhilfe bringt eine Verkürzung der Messzeit oder eine Reduktion der Funkenfolgefrequenz.

2. Im Bogenbetrieb werden, wie im Kapitel 6.2 beschrieben, *Rohre* mit speziellen Adaptern gemessen. Für Messung im Funken werden auch für diesen Zweck die unter Punkt 1 erwähnten Aufsätze mit Bornitridblenden benutzt. Die Rohre schließen aber die Funkenstandsöffnung nicht gasdicht ab, was bei kleinen Rohrdurchmessern unter 10 mm zu Problemen führen kann. Dann behindert die Undichtigkeit den Materialabbau und die Messwerte sind unbrauchbar. Abbildung 3.23 zeigt rechts unten einen brauchbare, ganz links unten einen unbrauchbaren Brennfleck.

3. Drähte werden bevorzugt auf den Stirnflächen gemessen. In der Eisenbasis ist das bei Durchmessern bis herunter zu 0,8 mm möglich. Dazu gibt es Vorrichtungen, die es erlauben, den Draht einzuspannen und die gleichzeitig die Umgebung um den Draht von der Außenatmosphäre abschirmen. Abbildung 6.7 b und c zeigt solche Vorrichtungen zur Messung von Drähten. Auch bei dünnen Drähten bleibt die analytische Leistungsfähigkeit hoch. So können z. B. kleine Kohlenstoffgehalte genau genug analysiert werden, um Werkstoffe wie 1.4301 von 1.4307 oder 1.4401 von 1.4404 anhand kleiner Kohlenstoffgehalte zu unterscheiden. Voraussetzung ist wieder, dass eine Überhitzung der Drähte unterbunden wird, was wieder durch Verminderung der Funkzeiten oder Reduktion der Funkenfolgefrequenz erfolgen kann.

4. Es ist möglich, das Vorhandensein und die Zusammensetzung von *Beschichtungen* zu untersuchen. Die Vorfunkzeit muss natürlich so kurz gewählt werden, dass sie während der Messzeit noch in ausreichender Stärke vorhanden ist. Umgekehrt kann die Vorfunkzeit lang gewählt werden, wenn das darunterliegende Material analysiert werden soll.

5. Auch dünne *Folien* einer Stärke von wenigen Zehntel-Millimeter lassen sich messen, wenn durch Wahl der Anregungsparameter verhindert wird, dass sie überhitzen oder sogar durchschmelzen. Es ist oft günstig, einen Metallblock über Folie zu legen. Das Metall kühlt die Folie und sorgt für eine plane Auflage.

6.8.3 Messungen im Bogenmodus

Tabelle 6.7 gibt die Nachweisgrenzen für einige Elemente in der Eisenbasis an. Sie wurden wieder mit einem Mobilspektrometer mittlerer Auflösung nach DIN 32465, also über die Reproduzierbarkeit einer Reineisenprobe, ermittelt. Auch hier muss die Streuung der verwendeten Kalibrationskurven beachtet werden, wenn zu beurteilen ist, ob tatsächlich eine Trennung möglich ist (siehe Kapitel 6.8.2). Die zur Ermittlung der Daten verwendeten Parameter wurden nicht auf bestmögliche Nachweisgrenzen optimiert. Es handelt sich vielmehr um einen praxisnahen Kompromiss, der auch Aspekte wie Messdauer und Minimierung des Elektroden-Abbrands berücksichtigt.

Tab. 6.7: Nachweisgrenzen für größere Mobilspektrometer, Eisenbasis im Bogen

Element	NWG [ppm]	Element	NWG [ppm]	Element	NWG [ppm]	Element	NWG [ppm]
C	500	Si	80	Mn	80	Cr	10
Ni	60	Mo	50	Al	40	Co	80
Cu	30	Nb	80	Ti	50	V	20
W	180	Pb	30				

Neben der Streuung der Kalibrationskurven beeinträchtigt im Bogenmodus ein weiterer Effekt den Nachweis kleiner Gehalte. Wurde eine Probe mit einem hohen Gehalt eines Legierungselements gemessen und danach eine Probe ohne dieses Element, so wird bei der Folgemessung trotzdem dieses Element angezeigt. Tabelle 6.8 zeigt eine Messreihe auf einer Reineisenprobe, nachdem eine Doppelabfunkung auf einem Werkstück der Legierung 1.4571 mit ca. 17 % Cr, 12 % Ni und 2 % Mo stattgefunden hatte. Nach der Abfunkung wurde die Elektrodenspitze mit einer sauberen Stahldrahtbürste gereinigt. Der Grund für diesen so genannten „Memory-Effekt" ist eine Auflegierung des Elektrodenmaterials an der Spitze. Tabelle 6.8 zeigt, dass dieser Effekt noch nach mehreren Messungen zu beobachten ist. Im Fall der Verwendung einer Ag-Elektrode ist erst 14 Messungen nach der Kontamination der Memory-Effekt vollständig abgeklungen. Sichere Abhilfe schafft nur Anschleifen oder Ersetzen der Elektrode. Aus Tab. 6.8 ist weiter zu entnehmen, dass der Memory-Effekt bei Verwendung von Silber-Elektroden ausgeprägter ist als bei Nutzung von Kupferelektroden. Mit Kupferelektroden lassen sich außerdem längere Standzeiten als mit solchen aus Silber erreichen. Silberelektroden sind trotzdem gebräuchlicher, weil nur dann das Element Kupfer bestimmt werden kann. In der letzten Spalte von Tab. 6.8 wurde der Vollständigkeit halber der gleiche Versuch mit Funkenanregung gemacht. Man erkennt, dass hier der Memory-Effekt keine Rolle spielt. Im Funken bleibt die Elektrode relativ kalt, so dass es zu keiner Auflegierung kommen kann. Im Funkenbetrieb sind, wie bereits oben erwähnt, zwar Elektroden aus dem hochschmelzenden Wolfram üblich, aber auch bei den gelegentlich verwendeten Silberelektroden zeigt sich der Memory-Effekt nicht.

Tab. 6.8: Beispiel für Memory-Effekt mit Silber und Kupferelektrode im Bogen sowie im Funken

	Si	Mn	Cr	Mo	Ni	Al	Co	Cu	Ti	V
Analyse 1.4571 [%]	0,44	1,33	17,24	2,12	11,7	0,031	0,113	0,087	0,486	0,042
Messungen mit Ag-Elektrode	Si	Mn	Cr	Mo	Ni	Al	Co	Cu	Ti	V
Reineisen vor Kontamination [%]	<0,01	0,015	<0,01	0,018	0,02	<0,005	<0,008	<0,005	0,01	0,003
Reineisen 1, Msg. nach Kont, [%]	0,066	0,086	0,69	0,121	1,16	0,0057	0,038	0,0084	0,0151	0,01
Reineisen 2, Msg. nach Kont, [%]	0,06	0,059	0,62	0,086	0,8	0,008	0,036	0,0076	0,0161	0,0097
Reineisen 3, Msg. nach Kont, [%]	0,038	0,035	0,41	0,065	0,42	0,0059	0,0233	0,0055	0,0127	0,0077
Reineisen 4, Msg. nach Kont, [%]	0,0214	0,035	0,168	0,045	0,207	<0,005	0,0154	0,0053	0,0121	0,0048
Reineisen 5, Msg. nach Kont, [%]	0,0288	0,049	0,276	0,052	0,34	0,0096	0,0202	0,0055	0,0204	0,0066
Reineisen 6, Msg. nach Kont, [%]	0,03	0,053	0,31	0,055	0,37	0,0059	0,023	0,0064	0,0137	0,0067
Reineisen 7, Msg. nach Kont, [%]	0,0102	0,0226	0,047	0,0247	0,066	<0,005	0,0107	0,0050	0,0114	0,0046
Reineisen 8, Msg. nach Kont, [%]	0,0210	0,038	0,205	0,041	0,185	0,0057	0,0168	0,0062	0,0136	0,0054
Reineisen 14, Msg nach Kont, [%]	<0,01	0,064	<0,01	0,0178	0,023	<0,005	<0,0008	<0,005	0,01	0,0029
Messungen mit Cu-Elektrode	Si	Mn	Cr	Mo	Ni	Al	Co	Pb	Ti	V
Reineisen vor Kontamination [%]	0,01	0,015	<0,01	0,017	0,020	<0,005	0,010	0,0039	<0,008	0,006
Reineisen 1, Msg. nach Kont, [%]	0,011	0,071	0,227	0,056	0,168	<0,005	0,012	0,0035	<0,008	0,006
Reineisen 2, Msg. nach Kont, [%]	<0,01	0,020	0,12	0,024	0,124	<0,005	0,011	0,0038	<0,008	0,006
Reineisen 3, Msg. nach Kont, [%]	0,015	0,021	0,193	0,047	0,102	<0,005	0,013	0,0039	<0,008	0,007
Reineisen 4, Msg. nach Kont, [%]	0,012	0,019	0,0261	0,018	0,055	<0,005	0,010	0,0035	<0,008	0,006
Reineisen 5, Msg. nach Kont, [%]	<0,01	0,017	0,047	0,024	0,047	<0,005	0,009	0,0035	<0,008	0,0064
Reineisen 6, Msg. nach Kont, [%]	0,011	0,017	0,024	0,019	0,035	<0,005	0,015	0,0037	<0,008	0,0068
Reineisen 7, Msg. nach Kont, [%]	<0,01	0,014	0,012	0,016	0,020	<0,005	<0,008	0,0039	<0,008	0,0050
Messungen im Funken	C	Si	Mn	Cr	Mo	Ni	Al	Co	Cu	Ti
Reineisen vor Kontamination [%]	<0,005	<0,005	<0,004	<0,004	0,0053	0,0065	0,0079	<0,003	<0,005	<0,001
Reineisen 1, Msg. nach Kont, [%]	<0,005	<0,005	<0,004	<0,004	0,0132	0,0082	0,0137	<0,003	<0,005	<0,001
Reineisen 2, Msg. nach Kont, [%]	<0,005	<0,005	<0,005	<0,004	0,0055	0,0066	0,0083	<0,003	<0,005	<0,001

Wie bereits im Kapitel 3.2.1 ausgeführt wurde, erreicht man im Bogen für Intensitäten relative Reproduzierbarkeiten für von etwa 5–10 %. Die Reproduzierbarkeit lässt sich durch Wahl geeigneter interner Standardlinien auf 1–5 % für Intensitätsverhältnisse verbessern. In einigem Abstand von der Nachweisgrenze findet man Variationsko-effizienten der Gehalte gleicher Größenordnung. Damit ist die Reproduzierbarkeit deutlich schlechter als im Funken. Hinzu kommt, dass die Streuung der Kalibra-tionskurven im Bogen ebenfalls schlechter ist. Auch darauf wurde in Kapitel 3.2.1 bereits hingewiesen. Um einen Eindruck zu vermitteln, mit welchen Abweichungen zu rechnen ist, sind in Tab. 6.9 einige Beispiele aus der Praxis gelistet. Die ersten drei Beispiele sind niedriglegierte Stähle. Die Abweichungen sind in der Praxis oft zu tolerieren, wobei beim Kohlenstoff eine bessere Richtigkeit wünschenswert wäre. Es ist außerdem nachteilig, dass die Elemente Phosphor und Schwefel im Bogen nicht zur Verfügung stehen. Das vierte Beispiel ist die Analyse eines Chrom-Nickelstahls. Ein relativer Fehler von 7 % beim Nickel wird hier als störend empfunden, weil er fast 1 % bei den Absolutgehalten ausmacht. Die Gründe für diese Abweichungen wurden in Kapitel 3.2 erläutert. Die Benutzung eines Fingerprint-Algorithmus oder die Verwendung von Typrekalibrationen kann die Richtigkeit verbessern, ist aber mit höherem Aufwand verbunden. Das fünfte und letzte Beispiel zeigt die Analyse eines Schnellstahls.

Tab. 6.9: Beispielanalysen verschiedener Stähle im Bogenmodus

Gehalte in %	C	Si	Mn	Cr	Mo	Ni	Al	Co	Cu	Ti	V	W
Sollanalyse (34CrMo4)	0,37	0,23	0,49	0,90	0,17	0,12	0,022	< 0,002	0,143	< 0,001	0,004	0,002
Im Bogenmodus gemessen	0,42	0,21	0,53	0,81	0,21	0,04	0,027	0,015	0,155	0,01	0,005	0,015
Sollanalyse (24CrMoV55)	0,26	0,27	0,50	1,59	0,25	0,17	0,018	< 0,002	0,084	0,002	0,146	0,056
Im Bogenmodus gemessen	0,31	0,25	0,54	1,40	0,28	0,24	0,020	0,002	0,086	0,009	0,143	0,062
Sollanalyse (1,8550)	0,34	0,27	0,52	1,69	0,20	0,98	1,21	0,02	0,05	< 0,005	< 0,01	0,04
Im Bogenmodus gemessen	0,38	0,25	0,59	1,64	0,21	0,9	1,27	0,036	0,04	0,03	0,01	0,04
Sollanalyse (1,4571)	-,-	0,44	1,33	17,24	2,12	11,7	0,031	0,113	0,087	0,486	0,14	0,042
Im Bogenmodus gemessen	-,-	0,35	1,12	16,6	2,34	10,9	0,033	0,15	0,096	0,44	0,13	< 0,1
Sollanalyse (HSS)	0,92	0,37	0,31	4,01	0,25	4,8	0,012	0,57	0,17	-,-	1,76	6,07
Im Bogenmodus gemessen	0,96	0,33	0,31	3,98	0,29	4,7	0,012	0,51	0,14	-,-	1,65	6,79

In Kapitel 6.7.5 wurde bereits erwähnt, dass 100 %-Prüfungen (Verwechslungsprüfungen) für Sicherheitsteile aus Stählen wegen der kurzen Prüfdauer und geringen Anforderungen an die Probenvorbereitung bevorzugt im Bogenmodus durchgeführt werden. Daneben bietet sich der Bogen für weitere Prüfaufgaben innerhalb der Eisenbasis an:

1. Anhaltsanalyse und Identifizierung von niedriglegierten Materialien.
    Bei einer sorgfältigen Kalibration liefert das Verfahren für niedriglegierte Stähle Anhaltsanalysen, die für viele Anwendungen brauchbar sind. Tabelle 6.9 gibt einen Eindruck darüber, welche Richtigkeiten erzielbar sind. Wie bereits in Kapitel 6.6 erwähnt wurde lässt sich auch das Element Kohlenstoff auf ca. 0,1 % genau für Gehalte bis 0,5 % bestimmen, wenn als Atmosphäre von CO_2 gereinigte Luft verwendet wird. Meist wird der Cyan-Bandenkopf bei 386 nm zum Nachweis benutzt, da brauchbare Kohlenstoff-Spektrallinien im Vakuum-UV unterhalb von 200 nm liegen. Unterbleibt eine Reinigung der Luft, kommt es durch das in ihr enthaltene CO_2 zu einer deutlichen Untergrunderhöhung, die eine sichere Bestimmung des Kohlenstoffs verhindert. Die Möglichkeit der Bestimmung von Kohlenstoff bildet einen Vorteil des Bogens, den konkurrierende Verfahren wie die energiedispersive XRF nicht bieten.
2. Sortierung sich deutlich unterscheidender hochlegierter Werkstoffe.
    Bei hohen Gehalten von Legierungselementen, z. B. bei Chromstählen und Cr/Ni-Stählen, kann es so zu absoluten Fehlern im Prozentbereich kommen. Dadurch sind eng zusammenliegende Qualitäten oft nicht mehr per Anhaltsanalyse zuzuordnen. Viele wichtige Prüfaufgaben lassen sich jedoch bewältigen.
3. Hoch borlegierte Stähle können von Stahlqualitäten ohne Bor unterschieden werden.
4. Bei mikrolegierten Stählen müssen die Elemente Vanadium, Titan und Niob kontrolliert werden. Auch das kann im Bogenmodus geschehen. Allerdings ist die Überwachung dieser Elemente, besonders des Niobs, nur bei Systemen mit ausreichender Leistungsfähigkeit des Optiksystems möglich.
5. Bei heißen Proben über 200°C wird die Reproduzierbarkeit des Funkens mit zunehmender Temperatur immer schlechter. Müssen also im Produktionsprozess heiße Werkstücke, z. B. Guss-Stränge kontrolliert werden, so ist das bei höheren Temperaturen nur im Bogenmodus möglich.
6. Stahlschrotte lassen sich im Bogenmodus zur Wiederverwertung vorsortieren. Die Spezifikationen handelsüblicher Sorten sind in der Europäischen Stahlsortenliste festgelegt [28]. Die Liste enthält neben Grenzwerten für Beimengungen auch maximale Gehalte von Legierungselementen. So darf in Neuschrotten der Klassen E2, E6 und E8 die Summe der Elemente Cu, Sn, Cr, Ni und Mo einen Gehalt von 0,3 % nicht überschreiten. Mit Neuschrotten sind z. B. Stanz- oder Schnittreste aus der Metallverarbeitung gemeint. Die gute Nachweisempfindlichkeit des Bogens in Verbindung mit einer ausreichenden Kalibrierbarkeit ermöglicht die Lösung dieser Prüfaufgabe.

Es gibt eine Reihe von weiteren Aufgabenstellungen außerhalb der Eisenbasis, bei denen auf die Bogenanregung zurückgegriffen wird:

1. Nickelbasis-Metalle werden oft im Bogenmodus sortiert. Hier wird oft auf das Vorhandensein oder die Abwesenheit bestimmter Elemente kontrolliert, darunter auch Elemente wie Yttrium, Rhenium und Ruthenium, wie sie in Nickelbasis-Superalloys vorkommen.

2. Niedriglegierte Kupferwerkstoffe können ebenfalls mit Hilfe des Bogens analysiert, sortiert und von höher legierten Kupferwerkstoffen unterschieden werden.

3. Der Materialabbau in hochschmelzenden Metallen ist im Funkenmodus oft nur gering. Da hier oft nur eine Trennung einiger weniger Qualitäten erforderlich ist, werden Metalle der Wolfram-, Tantal- und Molybdän-Basis oft unter Verwendung der Bogenanregung sortiert.

4. Es ist lohnend, Reintitan von der korrosionsfesteren Qualität Ti 99,8-Pd zu trennen, das 0,2 % Palladium enthält. Bei einem Grammpreis von ca. 24 Euro pro Gramm (Stand April 2017) beträgt der Palladiumanteil eines Kilogramms Ti 99,8-Pd ca. 48 Euro. Die Sortierung kann mit dem Bogen erfolgen. Auch andere Titanlegierungen lassen sich mit Hilfe der Bogenanregung sortieren, da eine Unterscheidung der wichtigsten Legierungen sich über die Haupt-Legierungselemente V, Al, Sn, Zr, Mo, Cr, Nb, Fe und Si meist einfach bewerkstelligen lässt. Eine weitere Applikation der Titanbasis ist die Kontrolle auf Abwesenheit von Wolfram, das selbst in kleinsten Mengen eine Titanbasisschmelze unbrauchbar machen kann.

5. Auch die wenigen Werkstoffe der Zirkonium-Basis lassen sich mit Hilfe des Bogens sortieren. Diese Legierungen wurden ursprünglich für die Reaktortechnik entwickelt, wurden in der Folge aber auch in der chemischen Industrie eingesetzt. Überwacht werden die Elemente Sn, Fe, Cr, Ni und Nb, wobei nur beim Zinn Gehalte über einem Prozent üblich sind.

Abschließend ist zu bemerken, dass bei Bau und Betrieb von Mobilspektrometern vielfältige Faktoren beachtet werden müssen. Dazu gehören ein weiter Temperaturbereich, die Notwendigkeit kleiner Abmessungen und eines geringen Gewichts, schnelle Messfähigkeit nach dem Einschalten und die Möglichkeit zum netzunabhängigen Betrieb. Auch die Art der zu analysierenden Proben kann bezüglich Form und Zusammensetzung sehr variabel sein. All diese Faktoren bewirken, dass die Technik der Mobilspektrometer trotz der geringeren Anforderungen an Nachweisempfindlichkeit und Richtigkeit recht komplex ist und Konstrukteur und Anwender vor ein weites Spektrum unterschiedlicher Herausforderungen stellt.

Literatur

[1] Richtlinie 2014/30/EU des Europäischen Parlaments und des Rates vom 26. Februar 2014 zur Harmonisierung der Rechtsvorschriften der Mitgliedstaaten über die elektromagnetische Verträglichkeit (Neufassung). *Amtsblatt EG Nr. L 96/79, 29.03.2014.*

[2] DIN EN 61010-1/A1:2015-04; *VDE 0411-1/A1:2015-04 – Entwurf Sicherheitsbestimmungen für elektrische Mess-, Steuer-, Regel- und Laborgeräte- Teil 1: Allgemeine Anforderungen (IEC 66/540/CD:2014).* Berlin, Beuth Verlag, 2015.

[3] Saidel, Prokofjew, Raiski. *Spektraltabellen.* Berlin, VEB Verlag Technik, 1955.

[4] Kammer C. *Aluminium-Taschenbuch, Band 1, Grundlagen und Werkstoffe, 16. Auflage.* Düsseldorf, Aluminium-Verlag Marketing & Kommunikation GmbH, 2002:

[5] DIN EN 573-3:2013-12, *Aluminium und Aluminiumlegierungen – Chemische Zusammensetzung und Form von Halbzeug – Teil 3: Chemische Zusammensetzung und Erzeugnisformen; Deutsche Fassung EN 573-3:2013.* Berlin, Beuth Verlag, 2013.

[6] DIN EN 1780-1:2003-01 *Aluminium und Aluminiumlegierungen – Bezeichnung von legiertem Aluminium in Masseln, Vorlegierungen und Gussstücken – Teil 1: Numerisches Bezeichnungssystem; Deutsche Fassung EN 1780-1:2002.* Berlin, Beuth Verlag, 2003.

[7] Freit M, Bohle W, Köppen H. *Bestimmung von Phosphor und Schwefel – auch vor Ort möglich.* Kontrolle 1995, 5.

[8] Richtlinie 2014/30/EU des Europäischen Parlaments und des Rates vom 26. Februar 2014 zur Harmonisierung der Rechtsvorschriften der Mitgliedstaaten über die elektromagnetische Verträglichkeit (Neufassung).

[9] Gesetz über die elektromagnetische Verträglichkeit von Betriebsmitteln „Elektromagnetische-Verträglichkeit-Gesetz" vom 14.12.2016 (BGBl. I S. 2879).

[10] DIN EN 61000-4-2:2009-12; VDE 0847-4-2:2009-12: *Elektromagnetische Verträglichkeit (EMV) – Teil 4-2: Prüf- und Messverfahren Prüfung der Störfestigkeit gegen die Entladung statischer Elektrizität (IEC 61000-4-2:2008); Deutsche Fassung EN 61000-4-2:2009.* Berlin, Beuth Verlag, 2009.

[11] DIN EN 61000-4-3:2011-04; VDE 0847-4-3:2011-04, *Elektromagnetische Verträglichkeit (EMV) – Teil 4-3: Prüf- und Messverfahren – Prüfung der Störfestigkeit gegen hochfrequente elektromagnetische Felder (IEC 61000-4-3:2006 + A1:2007 + A2:2010); Deutsche Fassung EN 61000-4-3:2006 + A1:2008 + A2:2010.* Berlin, Beuth Verlag, 2010.

[12] DIN EN 61000-4-4:2013-04; VDE 0847-4-4:2013-04: *Elektromagnetische Verträglichkeit (EMV)- Teil 4-4: Prüf- und Messverfahren – Prüfung der Störfestigkeit gegen schnelle transiente elektrische Störgrößen/Burst (IEC 61000-4-4:2012); Deutsche Fassung EN 61000-4-4:2012.* Berlin, Beuth Verlag, 2012.

[13] DIN EN 61000-4-5 VDE 0847-4-5:2015-03. *Elektromagnetische Verträglichkeit (EMV) Teil 4–5: Prüf- und Messverfahren – Prüfung der Störfestigkeit gegen Stoßspannungen (IEC 61000-4-5:2014); Deutsche Fassung EN 61000-4-5:2014.* Berlin und Offenbach, VDE-Verlag, 2014.

[14] DIN EN 61000-4-6:2014-08; VDE 0847-4-6:2014-08: *Elektromagnetische Verträglichkeit (EMV) – Teil 4–6: Prüf- und Messverfahren – Störfestigkeit gegen leitungsgeführte Störgrößen, induziert durch hochfrequente Felder (IEC 61000-4-6:2013); Deutsche Fassung EN 61000-4-6:2014.* Berlin, Beuth Verlag, 2014.

[15] DIN EN 61000-4-1:2007-10; VDE 0847-4-1:2007-10: *Elektromagnetische Verträglichkeit (EMV) – Teil 4-1: Prüf- und Messverfahren – Übersicht über die Reihe IEC 61000-4 (IEC 61000-4-1:2006); Deutsche Fassung EN 61000-4-1:2007.* Berlin, Beuth Verlag, 2007.

[16] DIN EN 55011:2017-03; VDE 0875-11:2017-03: *Industrielle, wissenschaftliche und medizinische Geräte – Funkstörungen – Grenzwerte und Messverfahren (CISPR 11:2015, modifiziert); Deutsche Fassung EN 55011:2016.* Berlin, Beuth Verlag, 2017.

[17] Richtlinie 2011/65/EU des europäischen Parlaments und des Rates vom 08.07.2011.

[18] Deutsche Patentanmeldung DE102004037623(A1)-2006-03-16. *Apparatus and method for the spectroscopic determination of carbon.*

[19] Deutsche Patentschrift DE102005002292 (B4)-2006-07-27. *Verfahren zum Betrieb eines optischen Emissionsspektrometers.*

[20] *Datenblatt des Werkstoffs 1.4571.* ThyssenKrupp Materials International, http://www.edelstahl-service-center.de/tl_files/ThyssenKrupp/PDF/Datenblaetter/1.4571.pdf, aus dem Internet geladen am 25.03.2017.

[21] DIN EN 10020:2000-07: *Begriffsbestimmungen für die Einteilung der Stähle; Deutsche Fassung EN 10020:2000.* Berlin, Beuth Verlag, 2014.

[22] *Datenblatt des Werkstoffs 1.4301.* ThyssenKrupp Materials International, http://www.edelstahl-service-center.de/tl_files/ThyssenKrupp/PDF/Datenblaetter/1.4301.pdf, aus dem Internet geladen am 25.03.2017.

[23] DIN EN 12413:2011-05: *Sicherheitsanforderungen für Schleifkörper aus gebundenem Schleifmittel; Deutsche Fassung EN 12413:2007 + A1:2011.* Berlin, Beuth Verlag, 2007.

[24] Merkel M, Thomas K-H. *Taschenbuch der Werkstoffe.* München Wien, Fachbuchverlag Leipzig im Carl Hanser Verlag, 2003.

[25] DIN EN 10085:2001-07: *Nitrierstähle – Technische Lieferbedingungen; Deutsche Fassung EN 10085:2001.* Berlin, Beuth Verlag, 2001.

[26] DIN EN 12513:2011-05: *Verschleißbeständige Gusseisen; Deutsche Fassung EN 12513:2011.* Berlin, Beuth Verlag, 2011.

[27] DIN 32465:2008-11, *Chemische Analytik – Nachweis-, Erfassungs- und Bestimmungsgrenze unter Wiederholbedingungen – Begriffe, Verfahren, Auswertung.* Berlin, Beuth Verlag, 2008.

[28] *Europäische Stahlsortenliste.* Bundesvereinigung Deutscher Stahlrecycling- und Entsorgungsunternehmen e.V., Fassung vom 01.07.1995.

7 Statistik und Qualitätssicherung

Bogen- und Funkenspektrometer dienen im wahrsten Sinne des Wortes zur Klärung der Qualität metallischer Werkstoffe, denn der Begriff Qualität geht etymologisch auf den lateinischen Ausdruck „qualitas" zurück, der wörtlich mit Beschaffenheit zu übersetzen ist [1]. Ein wesentlicher Aspekt der Beschaffenheit eines Metalls ist seine chemische Zusammensetzung.

Die Elementgehalte beeinflussen maßgeblich Zugfestigkeit, Verformbarkeit, Duktilität, Korrosionsbeständigkeit, Verschleißfestigkeit, Kaltzähigkeit, Schnitthaltigkeit und andere Werkstoff-Eigenschaften.

In den Kapiteln drei und sechs wurden bereits verschiedene Anwendungen von Bogen- und Funkenspektrometern vorgestellt:

- Im Rahmen der Qualitätssteuerung werden den Metallschmelzen Proben entnommen, analysiert und in Abhängigkeit vom Ergebnis, z. B. durch Zugabe von Legierungselementen, in den Prozess eingegriffen, um die gewünschte Sollzusammensetzung zu erreichen. Funkenspektrometer sind hier das Messmittel der Wahl, weil sie zugleich schnell, nachweisstark und präzise messen.
- Bei Wareneingang oder vor der Lieferung werden Halbzeuge oder Werkstücke auf Einhaltung ihrer Sollanalyse kontrolliert (siehe Kapitel 6.7.3 und 6.7.4). Das kann durch Stichproben geschehen. Bei sicherheitsrelevanten Bauteilen (Luftfahrt, Medizin) ist aber häufig eine 100 %- Prüfung erforderlich (siehe Kapitel 6.7.5).
- In der Sekundärrohstoff-Wirtschaft entscheiden die Elementgehalte über den Preis einer Schrottlieferung sowie deren Einsatzmöglichkeit für bestimmte metallurgische Anwendungen.

Es ist in der Praxis nicht möglich, die Elementzusammensetzung einer Probe exakt zu bestimmen. Jede funkenspektrometrische Analyse ist mit einer Messunsicherheit verbunden. Diese Messunsicherheiten können nicht in jedem Fall vernachlässigt werden, da kleine Abweichungen von den Soll-Elementgehalten große Auswirkungen auf Werkstoffeigenschaften haben können. Ein Beispiel dafür sind die im Kapitel 5.1.2 erwähnten mischkristallverfestigten GJS-Werkstoffe, bei denen kleine Überschreitungen im Si-Gehalt zu einer signifikanten Abnahme von Bruchdehnung und Zugfestigkeit führen können. Deshalb muss die Messunsicherheit bestimmt werden. Aus Messwert und Messunsicherheit kann ein Intervall bestimmt werden, in dem der „wahre" Elementgehalt mit hoher Wahrscheinlichkeit liegt.

Ist beispielsweise für einen GJS-Werkstoff ein Si-Toleranzbereich von 4,05–4,35 % erlaubt und misst man 4,2 % mit einer Unsicherheit von 0,1 %, so liegt der „wahre" Wert höchstwahrscheinlich innerhalb der erlaubten Grenzen. Beträgt bei gleichem Messwert die Unsicherheit aber ±0,2 %, so könnte er außerhalb der Toleranzgrenze liegen.

Das Beispiel zeigt, dass ein Messwert ohne Angabe der Messunsicherheit nicht aussagekräftig ist.

https://doi.org/10.1515/9783110524871-007

Im Kapitel 7.1 werden verschiedene Kenngrößen eingeführt, die es erlauben, eine spektrometrische Prüfmethode zu charakterisieren. Liegen diese Kenngrößen vor, können sie als Basis zur Abschätzung der Messunsicherheiten dienen.

In Kapitel 5 wurden die Arbeitsbereiche verschiedenster gängiger funkenspektrometrischer Methoden in Form von Gehaltsbereichen angegeben. Für jedes Element müssen hier die Messunsicherheiten separat bestimmt werden. Werden die Elemente über weite Gehaltsbereiche gemessen, was in der Funkenspektrometrie häufig vorkommt, ist die Abschätzung der Messunsicherheit für den gesamten Gehaltsbereich, also für Spuren, mittlere und hohe Gehalte separat durchzuführen.

Sind Arbeitsbereich und zugehörige Messunsicherheiten bekannt, kann nachgewiesen werden, dass eine Prüfmethode für eine konkrete Aufgabenstellung geeignet ist. Dieser als Validierung bezeichnete Nachweis wird in Kapitel 7.4 besprochen. In Kapitel 7.5 wird gezeigt, wie sich validierte Analysenverfahren in moderne Qualitätsmanagementsysteme einordnen.

7.1 Statistische Kenngrößen und deren Ermittlung

In diesem Abschnitt wird auf die Definitionen und die Bedeutung wichtiger Kenngrößen eingegangen und beschrieben, wie diese ermittelt werden. Weiterführende Beschreibungen sind der einschlägigen Fachliteratur [2–5] sowie dem Handbuch für das Eisenhüttenlaboratorium [6] zu entnehmen. Wie bereits eingangs bemerkt, sind die statistischen Kenngrößen einer Methode insbesondere zur Validierung einer Prüfmethode (s. Kapitel 7.2) erforderlich.

7.1.1 Arbeitsbereich

Zur vollständigen Beschreibung einer Prüfmethode gehört die Angabe des Arbeitsbereiches. Für jedes Element ist die geringste und die höchste Konzentration gegeben, für die die Überprüfung der Richtigkeit und der Präzision des Prüfverfahrens ausreichend sind. Auch die Überprüfung der Linearität kann zu einer Festlegung des Arbeitsbereiches herangezogen werden [6, 7]. Wird die Kalibrierfunktion z. B. zu steil, ist sie nicht mehr brauchbar. Als untere Grenze des Arbeitsbereichs kann auch die Bestimmungsgrenze dienen. Grundsätzlich dürfen Analysen nur in dem statistisch abgesicherten Anwendungsbereich durchgeführt werden.

7.1.2 Nachweisgrenze eines Verfahrens

Unter der Nachweisgrenze eines Analyts innerhalb einer Methode versteht man den kleinsten Messwert M_{NWG}, der mit ausreichender statistischer Sicherheit von der Streuung der Leerwerte unterschieden werden kann. Im Kontext der Funkenspektrometrie versteht man unter Leerwerten die Messwerte einer Probe, die den Analyten nicht enthält, aber von der sonstigen Zusammensetzung in den Anwendungsbereich der Methode passt.

M_{NWG} muss ein k-faches der Standardabweichung der Leerwerte sein [6]. Aus der Wahl von k und der Verteilungsfunktion der Leerwerte folgt die Wahrscheinlichkeit, mit der der Analyt bei Überschreitung von M_{NWG} bei Analyse einer Probe tatsächlich in dieser Probe enthalten ist. Im Regelfall wählt man k = 3.

Die Umrechnung des Messwertes in Konzentration oder Masse erfolgt mit Hilfe der Kalibrierfunktion, die in Kapitel 3.9 dieses Buches beschrieben wurde.

In der Praxis schätzt man die Nachweisgrenze eines Analyten, indem man eine Probe, die den Analyten nicht oder nur in vernachlässigbarer, niedriger Konzentration enthält, 6 bis 10-mal analysiert und aus den erhaltenen Konzentrationen nach der Gleichung 7.1 die Standardabweichung s berechnet.

$$ s = \sqrt{\frac{1}{n-1} \sum_{i=1}^{n} (x_i - \bar{x})^2} \qquad (7.1) $$

Dabei bezeichnet n die Anzahl der Einzelmessungen, x_i den Wert der i-ten Einzelmessung und $\bar{x}$ den arithmetischen Mittelwert aller Einzelmessungen.

Die Messungen müssen unter Wiederholbedingungen stattfinden. Damit ist gemeint, dass sie unmittelbar aufeinanderfolgend auf dem gleichen Gerät, vom gleichen Bediener, mit den gleichen Messparametern durchgeführt werden [6]. Das System sollte sich zudem in einem stabilen Zustand befinden. Die Argonversorgung sollte also nicht kurz zuvor unterbrochen worden sein und das Gerät sollte sich nicht in einer Aufheizphase befinden. Auch darf die Messreihe natürlich nicht durch eine Rekalibration unterbrochen werden. Bei Messungen unter Wiederholbedingungen ist sichergestellt, dass sich während einer kurzen Messreihe von 6 bis 10 aufeinanderfolgender Messungen der Gerätezustand nicht signifikant ändert. Die Messreihe enthält dann nur zufällige Fehler.

Wählt man k = 3, ist das 3-fachen der Standardabweichung in Anlehnung an die DIN 32 645 [8] eine Schätzung der Nachweisgrenze:

$$ NWG = 3 \cdot s \qquad (7.2) $$

Auf die Zusammenhänge zwischen Schätzungen von Mittelwerten und Standardabweichungen, die aus kurzen Messreihen ermittelt wurden, und den wahren Mittelwerten bzw. Standardabweichungen wird in Kapitel 7.1.5.1 eingegangen.

In der Funkenspektrometrie ist diese Art der Bestimmung von Nachweisgrenzen nur für Reinmaterialien aussagekräftig, z. B. im Zusammenhang mit der Analyse von Elektrolytkupfer, wo Verunreinigungen im ppm-Bereich z. B. die Leitfähigkeit beeinträchtigen (s. Kapitel 5.3).

Für legierte Materialien wird eine Nachweisempfindlichkeit suggeriert, die in der Realität nicht erreicht werden kann. Sinnvoller ist es, die Nachweisgrenze anhand der Streuung im unteren Bereich der Kalibrierfunktion abzuschätzen, wie schon zu Beginn des Kapitels 5 erklärt wurde.

Nummerisch kann das erfolgen, indem die Standardabweichung der Residuen berechnet wird, die man dann ebenfalls mit einem Faktor k = 3 multipliziert. Es ist aber oft vertretbar, mit einem kleineren Faktor von z. B. k = 2 zu arbeiten, da die Messunsicherheit der Zertifikatswerte der zur Kalibrierung herangezogenen Referenzmaterialien berücksichtigt werden muss (siehe auch Beginn des Kapitels 7). Unter Residuen versteht man in diesem Zusammenhang die Abweichungen zwischen Zertifikatswerten und Kalibrierfunktion (siehe Abb. 3.77, die Residuen entsprechen den Kantenlängen der dort eingezeichneten Abweichungsquadrate).

7.1.3 Bestimmungsgrenze

Die Bestimmungsgrenze ist der kleinste Analytgehalt, der mit einer vorgegebenen Präzision quantitativ bestimmt werden kann. Dabei ist die Bestimmungsgrenze das zehnfache der Standardabweichung einer Blindprobe oder eines Referenzmaterials mit einem Elementgehalt nahe der unteren Grenze des Arbeitsbereiches (Anlehnung an DIN 32645 [8]).

$$BG = 10 \cdot s \qquad (7.3)$$

Gelegentlich wird als Bestimmungsgrenze das 9-fache von s angegeben. Auch eine ältere Version der DIN 32645 benutzte diese Definition. Genau wie in Kapitel 7.1.2 gilt auch hier die Aussage, dass die Berechnung der Bestimmungsgrenze über die Standardabweichung für Funkenspektrometer nur für nahezu reine Materialien sinnvoll ist.

Bei legierten Werkstoffen erhält man wieder eine realitätsnähere Bestimmungsgrenze, wenn man diese aus der Streuung der Kalibrierfunktion ableitet. Dazu sollte zunächst, wie in Kapitel 7.1.2 beschrieben, die Nachweisgrenze aus der Kurvenstreuung im unteren Bereich berechnet werden. Die Bestimmungsgrenze liegt darüber. Sie kann abgeschätzt werden, indem man zur Reststreuung im unterem Kalibrierkurvenbereich die nach Gleichung 7.3 errechnete Bestimmungsgrenze addiert.

7.1.4 Genauigkeit

Der Abstand eines einzelnen Messwertes vom wahren Wert wird durch systematische und zufällige Fehler bestimmt (s. Abb. 7.1).

Zufällige Abweichung	groß	groß	klein	klein
Systematische Abweichung	groß	klein	groß	klein
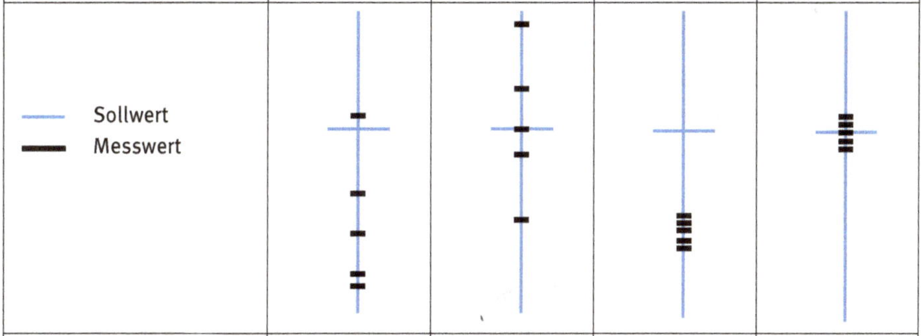 ─── Sollwert ━━ Messwert				
Präzision	schlecht	schlecht	gut	gut
Richtigkeit	schlecht	gut	schlecht	gut

Abb. 7.1: Veranschaulichung von Präzision und Richtigkeit

Die Genauigkeit ist dann hoch, wenn gleichzeitig sowohl Richtigkeit als auch Präzision hoch sind, es also gleichzeitig niedrige systematische und zufällige Fehler gibt [6, 7].

7.1.5 Präzision

Ein Messwert ist dann präzise, wenn der Anteil des Zufallsfehlers am Gesamtfehler klein ist. Bei der Ermittlung der Präzision müssen alle Schritte des Prüfverfahrens berücksichtigt werden. Dazu gehören neben den Messfehlern des Funkenspektrometers auch die Probennahme und die Probenvorbereitung. Zur Beurteilung der Präzision werden Wiederholbarkeit und Vergleichbarkeit (Reproduzierbarkeit) unter Verwendung eines gleichbleibenden Probensatzes (möglichst ZRM oder RM) bestimmt [6, 7]. Die Präzision ist in der Mitte des Anwendungsbereiches am besten.

7.1.5.1 Wiederholpräzision und Wiederholgrenze r
Die Wiederholpräzision ist eine Kenngröße für die Übereinstimmung von den in einem kurzen Zeitintervall erzielten Einzelergebnissen unter Wiederholbedingungen (die Erklärung der Wiederholbedingungen finden sich in 7.1.2). Zur Ermittlung der Wiederholpräzision wird eine Probe 6 bis 10-mal unter Wiederholbedingungen analysiert.

Die Wiederholpräzision W entspricht dem aus der Messreihe ermittelten Variationskoeffizienten. Der Variationskoeffizient wird oft auch als relative Standardabweichung bezeichnet.

$$W = \frac{s_r}{\overline{x}} \cdot 100\% \qquad\qquad (7.4)$$

Bedeutung der Formelzeichen:

W = Wiederholpräzision

s_r = Standardabweichung unter Wiederholbedingungen

$\overline{x}$ = Arithmetischer Mittelwertes unter Wiederholbedingungen

Man kann unterstellen und durch Messungen nachprüfen, dass die zufälligen Fehler funkenspektrometrischer Messungen unter Wiederholbedingungen (zumindest annähernd) normalverteilt sind. Die Standardabweichung s_r ist eine Schätzung der Standardabweichung σ dieser Normalverteilung, deren Mittelwert $\overline{x}_N$ beträgt. Es lässt sich zeigen, dass dann ein Messwert mit einer 95,45 prozentigen Wahrscheinlichkeit im Intervall [$\overline{x}_N$ – 2 σ, $\overline{x}_N$ + 2 σ], also nicht weiter als 2 σ vom Mittelwert entfernt liegt. $\overline{x}$ und s_r, ermittelt über eine Messreihe von 6 bis 10 Messungen, dienen als Schätzungen von Mittelwert bzw. Standardabweichung der Normalverteilung, und können im oben angegebenen Intervall $\overline{x}_N$ und σ ersetzen. Bei einer zutreffenden Schätzung unterschreitet die prozentuale Abweichung zwischen Einzelmessungen und Mittelwert in ca. 95 % aller Fälle die Grenze von 2 * W.

$\overline{x}$ liegt meist nahe an $\overline{x}_N$. Bei wenigen Einzelmessungen kann sich s_r signifikant von der Standardabweichung der Normalverteilung σ unterscheiden. Dem erfahrenen Anwender von Funkenspektrometern ist diese Tatsache bekannt. Die s_r aufeinanderfolgender Messreihen unter Wiederholbedingungen streuen wesentlich stärker als die Mittelwerte. Dieser Tatsache sollte man sich bei der Arbeit mit Schätzungen von Standardabweichungen, die aus wenigen Einzelmessungen bestimmt wurden, stets bewusst sein. Wird beispielsweise eine Nachweisgrenze mit Hilfe der Formel 7.2 in Kapitel 7.1.2 bestimmt, und wird ein gegebener Sollwert knapp überschritten, muss die „wahre" Nachweisgrenze den Sollwert nicht unbedingt überschreiten. Umgekehrt bedeutet das aber auch, dass eine knappe Unterschreitung des Sollwertes zufällig sein könnte.

Oft stellt sich die Frage, ob zwei Legierungen mit Hilfe eines Bogen-/Funkenspektrometers unterschieden werden können (siehe Beschreibung der Verwechslungsprüfung in Kapitel 6.7.5). Diese Fragestellung kommt zum Beispiel dann auf, wenn ein Los von Halbzeugen zu untersuchen ist, das wegen einer Materialverwechslung aus einer Mischung zweier nah aneinander liegender Werkstoffe besteht, die nur über ein Element E zu unterscheiden sind.

Eine Trennung ist dann möglich, wenn die beiden die Toleranzfenster der beiden Werkstoffe für E sich mindestens um eine Konzentrationsdifferenz d unterscheiden. Beispiel: Überschneiden sich die Toleranzfenster für alle Elemente außer Kohlenstoff und liegen beim ersten Werkstoff die Kohlenstoffwerte zwischen 0,16 % und 0,2 % und beim zweiten zwischen 0,25 % bis 0,29 %, dann ist d = 0,05 %.

In solchen Fällen hilft die Kenntnis einer Wiederholgrenze r. Die Normalverteilung lässt mit einer sehr geringen Wahrscheinlichkeit auch weit vom Mittelwert entfernte

Messwerte zu. Deshalb besteht in unserem Beispiel auch bei noch so hoher Präzision die Möglichkeit einer Falschzuordnung. Deshalb ist r mit einer Wahrscheinlichkeit zu versehen. Üblicherweise wählt man für die Wiederholgrenze eine Wahrscheinlichkeit von 95 % und schreibt r_{95}. Es ist intuitiv klar, dass die Wiederholgrenze größer als das Doppelte der Standardabweichung sein muss, da mit signifikanter Wahrschein-lichkeit die Probe mit kleinerem wahren Wert zu hoch und gleichzeitig die Probe mit höherem wahrem Wert zu niedrig gemessen wird.

Die Wiederholgrenze wird wie folgt berechnet:

$$r_{95} = 2,8 \cdot s_r \qquad (7.5)$$

Auf die Herleitung des Faktors 2,8 soll an dieser Stelle verzichtet werden.

Die eingangs erwähnten, nur über die C-Gehalte trennbaren Werkstoffe können dann mit mindestens 95 prozentiger Wahrscheinlichkeit unterschieden werden, wenn ihr Abstand d größer als r_{95} ist.

7.1.5.2 Vergleichspräzision und Vergleichsgrenze R

Die Vergleichspräzision ist eine Kenngröße für die Übereinstimmung von zu unter-schiedlichen Zeiten erzielten Einzelergebnissen unter Vergleichsbedingungen.

Vergleichsbedingungen unterscheiden sich in folgenden Punkten von Wiederholbe-dingungen [6]:
– Die Messung wird auf verschiedenen Messsystemen gleichen oder vergleichbaren Typs ausgeführt. Funkenspektrometer können also von unterschiedlichen Her-stellern stammen, sofern sie für die gleiche Anwendung kalibriert sind.
– Messung und Probenvorbereitung kann durch unterschiedliche Personen an ver-schiedenen Orten zu unterschiedlichen Zeiten erfolgen.

Die Analyse muss also stets mit der gleichen Methode erfolgen, in unserem Fall also mit der Funkenspektrometrie. Eine Analyse mittels ICP-OES kann dementsprechend nicht zur Ermittlung der Vergleichspräzision herangezogen werden.

Da unter Vergleichsbedingungen der Einsatz verschiedener Funkenspektrome-ter erlaubt ist, werden die Analysen mit Hilfe unterschiedlicher Kalibrierungen bei gleicher Referenzprobenbasis erzeugt. Das ist ein wichtiger Unterschied zu den Wie-derholbedingungen. Die Messwerte werden zudem unter Vergleichsbedingungen i. A. basierend auf unterschiedlichen Rekalibrierungen ermittelt.

Die Angabe der Vergleichspräzision erfolgt als Variationskoeffizient *V*.

$$V = \frac{s_R}{\bar{X}} \cdot 100\% \qquad (7.6)$$

V = Vergleichspräzision (Reproduzierbarkeit)

s_R = Standardabweichung unter Vergleichsbedingungen
$\bar{x}$ = Mittelwert unter Vergleichsbedingungen

Im ursprünglichen Sinne ist bei der Ermittlung der Vergleichspräzision die Mitwirkung mehrerer Laboratorien erforderlich.

In Abwandlung der ursprünglichen Definition können an einer Probe mehrfach Untersuchungen unter wechselnden Bedingungen durchgeführt werden (Laborpräzision). Hierfür ist eine Probe an verschiedenen Tagen mehrfach unter verschiedenen Bedingungen (verschiedene Probennehmer, Probenvorbereiter, Bediener, Umgebungsbedingungen usw.) zu untersuchen.

Zur Ermittlung der Laborpräzision bieten sich folgende Lösungen an:
- Aus 20 durch Grubbs-Test ausreißerbereinigten Werten werden der Mittelwert und die Standardabweichung bestimmt. Werden Mittelwertkontroll- oder Mittelwertregelkarten geführt, können die Daten daraus entnommen werden.
- Alternativ kann eine Probe mindestens 10-mal über einen Zeitraum von mindestens 3 unterschiedlichen Tagen analysiert werden.

Man muss sich aber darüber im Klaren sein, dass Fehler, die aus Unterschieden bei der Ermittlung der Kalibrierfunktion entstehen, etwa durch eine andere Auswahl von Referenzmaterialien, nicht in die Laborpräzision eingehen.

Der Grubbs-Ausreißertest ist einfach durchzuführen:
- Zunächst werden Mittelwert und Standardabweichung der Messreihe bestimmt.
- Dann wird der Messwert ermittelt, der am weitesten vom Mittelwert entfernt liegt.
- Der Abstand dieses Wertes vom Mittelwert wird durch die Standardabweichung dividiert.
- Überschreitet der so ermittelte Quotient q einen Grenzwert g, dann ist der Messwert ein Ausreißer.

Die Grenzwerte sind abhängig von der Anzahl der Messwerte und von der Trefferwahrscheinlichkeit, die man für die Ausreißerbestimmung fordert. Sie sind einschlägigen Tabellenwerken zu entnehmen und auch im Internet zu finden. Laut [9] liegt bei einer aus 20 Messungen bestehenden Messreihe mit 99 prozentiger Wahrscheinlichkeit ein Ausreißer vor, wenn q > 3.0008 ist.

Analog zur Wiederholgrenze r lässt sich eine Vergleichsgrenze R definieren, die wiederum mit einer Wahrscheinlichkeit zu versehen ist. Meist wird auch für die Vergleichsgrenze eine Wahrscheinlichkeit von 95 % gewählt:

$$R_{95} = 2,8 \cdot s_R \tag{7.7}$$

Wurde die Vergleichsgrenze mit Hilfe der Vergleichspräzision ermittelt, gibt sie an, mit welchen Abweichungen bei Analysenergebnisse, durchgeführt in verschiedenen Laboren, zu rechnen ist. Wenn z. B. eine Probe einmal im Labor des Lieferanten und anschließend im Labor des Kunden analysiert werden, können Abweichungen bis zu R_{95} toleriert werden.

Wurde die Vergleichsgrenze über die Laborpräzision bestimmt, kann bei der Wiederholung einer Analyse zu einem späteren Zeitpunkt eine Abweichungen bis zu R_{95} auftreten.

7.1.6 Richtigkeit

Die Richtigkeit eines Prüfverfahrens ist abhängig vom Anteil des systematischen Fehlers am Prüfergebnis. Als Kenngröße ist die Richtigkeit ein Maß für die Abweichung zwischen dem „wahren" Wert und dem ermittelten Prüfergebnis, das durch eine große Anzahl von Messungen ermittelt wurde [19]. Als Referenz dienen z. B. die Angaben im Zertifikat eines Referenzmaterials, die per Definition als richtig gelten. Der „wahre" Wert lässt sich in der Praxis für metallische Proben nicht ermitteln.

Die Ermittlung der Richtigkeit (englisch *bias*) kann mit folgenden Methoden erfolgen:
- Es werden, analog zur Ermittlung der Vergleichspräzision (s. Kapitel 7.1.5), mindestens 10 Analysenergebnisse einer Probe unter Vergleichsbedingungen an mindestens drei verschiedenen Tagen gemessen.
- Man verwendet eine feste Anzahl, z. B. 20, ausreißerbereinigte Werten aus einer Mittelwertkontrollkarte.
- Es wird ein zertifiziertes Referenzmaterial unter Wiederholbedingungen (s. Wiederholpräzision) 6 bis 10-mal gemessen.

Der Wert für die Richtigkeit (bias) lässt sich wie folgt berechnen:

$$bias = \frac{\overline{x}}{x_R} \cdot 100\,\% - 100\,\% \qquad (7.8)$$

$\overline{x}$: Mittelwert der Probe n-Messwerte
x_R: Mittelwert aus einer Mittelwertkontrollkarte oder Sollwert eines Referenzmaterials.

Es sei angemerkt, dass in der Funkenspektrometrie der Wert von *bias* erheblich von der Wahl der Referenzprobe abhängt. Referenzproben liegen oft systematisch oberhalb oder unterhalb der Kalibrierkurve. Die Gründe dafür wurden in Kapitel 3.2.2.3 erläutert. Moderne Gerätesoftware erlaubt es, die Lage der Referenzmaterialien auf der Kurve zu betrachten. Dadurch ist es möglich abzuschätzen, in welchem Streuband um die Kalibrierfunktion die Referenzmaterialien liegen und wie weit das zur Berechnung des *bias* benutzte Referenzmaterial von der Kalibrierkurve abweicht. *bias*, nach Gleichung 7.8 bestimmt, kann dazu benutzt werden, die Aufweitung dieses Bandes zu bestimmen. Eine solche Aufweitung ist erforderlich, da die Kalibrierungen (annähernd) unter Wiederholbedingungen durchgeführt wurden.

7.1.7 Wiederfindungsrate

Die Wiederfindungsrate oder Wiederfindung ist eng mit der in Kapitel 7.1.6 beschriebenen Richtigkeit verwandt. Sie ist das Verhältnis des unter Wiederholbedingungen ermittelten Mittelwertes zum „wahren" Wert der Prüfgröße in der Analysenprobe [7]. Im Idealfall liegt die Wiederfindungsrate bei 100 %.

Die Wiederfindungsrate ermöglicht eine Bewertung der gesamten Prüfmethode. Sie kann genutzt werden, ihre Richtigkeit, Selektivität und Robustheit zu belegen. Je geringer der Abstand zwischen Wiederfindungsrate und 100 %, desto geringer ist die Wahrscheinlichkeit, dass bei der Anwendung des Prüfverfahrens systematische Fehler auftreten.

Auch die Wiederfindungsrate W kann, in ähnlicher Weise wie die Richtigkeit, durch die Messung eines Referenzmaterials R ermittelt werden:

$$W = \frac{\overline{x}}{x_R} \cdot 100 \,\% \tag{7.9}$$

Dabei bezeichnet wieder $\overline{x}$ den Mittelwert der Prüfergebnisse und x_R den Sollwert der Probe.

Dabei ist zu beachten, dass die Ergebnisse der bei der Kalibrierung eines Funkenspektrometers zum Einsatz kommenden Referenzmaterialien unterschiedlich stark um die Auswertefunktion schwanken. Die Bestimmung von W hängt somit von der Auswahl des Referenzmaterials ab. Des Weiteren ist W nicht über den gesamten Kalibrierbereich konstant. W ist nahe der Nachweisgrenze und bei gekrümmten Kalibrierkurven auch für hohe Gehalte in der Regel größer als bei mittleren Gehaltsbereichen. Es kann deshalb sinnvoll sein, eine Funktion aufzustellen, die die Wiederfindung in Abhängigkeit vom Gehalt darstellt.

7.1.8 Selektivität / Spezifität

Selektivität und Spezifität sind verwandte Begriffe, die häufig synonym verwandt werden.

Als Selektivität bezeichnet man die „Fähigkeit einer Methode, verschiedene, nebeneinander zu bestimmende Prüfgrößen ohne gegenseitige Störung zu erfassen" [7].

Die Spezifität beschreibt die „Leistungsfähigkeit eines Prüfverfahrens, verschiedene, nebeneinander zu bestimmende Prüfgrößen ohne gegenseitige Störung zu erfassen und sie somit eindeutig zu identifizieren" [6].

Übertragen auf die Funkenemissionsspektrometrie bedeutet dies, dass ein Analyt bestimmt werden kann, ohne dass Überlagerungen durch Linien anderer Analyten zu signifikanten Störungen führen. Linienstörungen sind bei vielen wichtigen Analysenlinien zwar unvermeidlich. Sie müssen sich aber in Grenzen halten und ihre Auswirkungen müssen durch Korrekturalgorithmen (s. Kapitel 3.9.5) minimiert werden.

Es gibt jedoch für beide Begriffe kein eindeutiges, mathematisch bestimmbares Maß. Vielmehr muss hier indirekt über Richtigkeit, Vergleichbarkeit oder Wiederfindungsrate eine Bewertung erfolgen.

7.1.9 Robustheit

Die Robustheit ist ein „Maß für die Fähigkeit eines Prüfverfahrens, ein Prüfergebnis zu liefern, das durch kleine Änderungen der Prüfparameter oder Umgebungsbedingungen nicht oder nur unwesentlich verfälscht wird" [6]. In diesem Sinne beschreibt die Robustheit die Unabhängigkeit einer Prüfmethode und deren Ergebnisse von Einflussgrößen, wie z. B. Bediener, Umgebungsbedingungen, Ort.

Der Sammelbegriff Robustheit umfasst die Aspekte Methodenrobustheit und Verfahrensstabilität.

Während die Methodenrobustheit die Störanfälligkeiten durch veränderte Methodenparameter erfasst, wird bei der Verfahrensstabilität die Veränderung der Ergebnisse im Rahmen einer längeren Analysenserie untersucht.

Bei der Ermittlung der Vergleichspräzision werden Messwerte unter Vergleichsbedingungen erfasst. Diese erlauben Änderungen von Parametern, z. B. können Analyse und Probenvorbereitung von verschiedenen Bedienern auf verschiedenen bauähnlichen Geräten unter variablen Umgebungsbedingungen durchgeführt werden.

Nach jeder Variation lässt sich mit Hilfe eines Referenzmaterials der Einfluss auf das Ergebnis überprüfen.

In vielen Fällen, insbesondere wenn der Einsatz des Analysensystems ausschließlich unter kontrollierten Laborbedingungen erfolgt, kann auf die Bewertung der Robustheit verzichtet werden.

7.1.10 Linearität

Als Linearität bezeichnet man die „Fähigkeit einer Methode, innerhalb eines angegebenen Konzentrationsbereiches Ergebnisse zu liefern, die der Konzentration des Analyten proportional sind" [7]. Zwischen der Konzentration des Analyten und dem Messsignal muss also ein eindeutiger, mathematischer Zusammenhang bestehen, der sich mit einer Auswertefunktion f beschreiben lässt, die zumindest monoton ist. Das heißt in Zeichen: aus x > x' folgt f(x) > f(x'), wobei x und x' Intensitäten und f(x) und f(x') die zugehörigen, aus der Kalibrierfunktion ermittelten Konzentrationen sind.

Der Begriff Linearität legt zu Unrecht die Vermutung nahe, dass nur lineare Regressionsmodelle zulässig sind. In der Funkenemissionsspektrometrie sind in der Regel andere mathematische Modelle erforderlich, z. B. eine Regressionsfunktion höherer Ordnung mit zusätzlichen Korrekturtermen zur Kompensation von Interelementeffekten, um eine effektive, präzise Auswertefunktion zu erstellen.

Für die Ermittlung der Linearität bei der Funkenemissionsspektrometrie kann im Regelfall auf die Kalibrierung zurückgegriffen werden. Dabei kommen meist deutlich mehr als 20 Proben bekannter Zusammensetzung zum Einsatz. Sie sind entweder zertifiziert oder über Referenzverfahren an SI-Einheiten angebunden.

Die Beurteilung der Linearität kann entweder visuell an Hand der Korrelationskoeffizienten oder mit Hilfe einer Residuenanalyse erfolgen.

Bei der visuellen Bewertung können nur größere Abweichungen erkannt werden. Der Korrelationskoeffizient sollte möglichst nahe bei eins liegen.

Die Residuenanalyse ist eine wertvolle Methode, um zu entscheiden, welches Modell optimal den Zusammenhang zwischen Mess-Signal und Konzentration beschreibt. Solche Funktionen sind meist in der Software moderner Funkenspektrometer implementiert und wurden bereits in Kapitel 3.9.5 beschrieben. Dabei werden für alle Modelle die Quadrate der Abstände der ermittelten Punkte (Signal, Konzentration) von der berechneten Funktion addiert. In einfachen Fällen (bei Vorliegen einer linearen Funktion und Abwesenheit additiver und multiplikativer Korrekturterme) ist das Modell mit der geringsten Summe der Abweichungsquadrate zu bevorzugen. Bei Modellen mit einer größeren Anzahl von Freiheitsgraden (höherer Polynomgrad, mehrere Interelement- und Linienstörer) ist die ermittelte Funktion auf Plausibilität zu prüfen. Gibt man ein Modell mit einem Polynom zweiten Grades und je 2 additiven und 2 multiplikativen Störelementen vor und hat man nur sieben Proben gemessen, wird eine Kalibrierfunktion ermittelt, die als Summe der Abweichungsquadrate null ergibt. Die errechneten Störgrößen und Polynomkoeffizienten bilden aber nicht notwendigerweise die Realität ab.

7.1.11 Messunsicherheit

Laboratorien, die nach DIN EN ISO/IEC 17025 [10] akkreditiert sind, müssen für die funkenspektrometrischen Messungen Prozeduren zur Schätzung von Messunsicherheiten haben und diese auch anwenden. Wie in den vorigen Abschnitten erläutert wurde, liefert ein Funkenspektrometer niemals den tatsächlichen „wahren" Wert x. Vielmehr wird das Analysenergebnis sowohl durch systematische als auch durch zufällige Fehler beeinflusst. Wurde die Messunsicherheit u geeignet bestimmt, liegt der wahre Wert innerhalb eines Intervalls [x − u, x + u]. Ist dieses Intervall eng, beweist das die Kompetenz des Prüflabors für die bestreffende Methode und ermöglicht es dem Auftraggeber, die Prüfergebnisse zu bewerten. Beispiel: Ein Auftraggeber hat einen Werkstoff der Qualität 1.4401 bestellt und es zusammen mit einem Werkszeugnis erhalten, das für Molybdän einen Wert von 2,12 % mit einer Messunsicherheit von ±0,1 % ausweist. Bei diesem Werkstoff sind laut Norm Mo-Gehalte von 2,0 bis 2,5 % erlaubt. Der Auftraggeber kann sicher sein, dass der Mo-Gehalt innerhalb der erlaubten Grenzen liegt. Läge die Messunsicherheit höher, z. B. bei 0,2 %, wäre diese Entscheidung nicht zweifelsfrei zu treffen. Die Größen, die die Messunsicherheit beeinflussen, wurden bereits in den vorigen Abschnitten diskutiert. Jeder einzelne dieser Faktoren muss betrachtet werden, um seinen Beitrag zur Messunsicherheit zu quantifizieren und zu minimieren.

Zur Bestimmung der Gesamt-Messunsicherheit sind zwei verschiedene Ansätze möglich:

Die Bottom-up-Methode

Diese im GUM (*Guide to the Expression of Uncertainty in Measurement*) [11] beschriebene Methode erfordert vollständiges Verständnis und eine mathematische Formulierung der Messunsicherheiten für alle Arbeitsschritte des Prüfverfahren, also in unserem Fall für jede der funkenspektrometrischen Analysenmethoden. Dabei müssen alle relevanten Tätigkeiten von der Probennahme über die Probenvorbereitung bis zu jedem Teilaspekt der Gerätetechnik abgedeckt sein. Anschließend werden die Teilfehler, die sogenannten Messunsicherheitskomponenten, zu einer gesamten Messunsicherheit zusammengefasst. Zur Zusammenfassung bedient man sich des Fehlerfortpflanzungsgesetzes.

Zur Berechnung der Gesamt-Messunsicherheit von Analysen mit Funkenspektrometern ist die Bottom-up-Methode ungeeignet. Die Zusammenhänge, besonders das Zusammenwirken bei Materialabbau, Atomisierung und Ionisierung sind sehr komplex (s. Kapitel 3.2.1 und 3.2.2) und bis heute nicht vollständig verstanden. Sie können erst recht nicht durch wirklichkeitsnahe mathematische Modelle abgebildet werden.

Die Top-down-Methode

Die Top-down-Methode benutzt einen anderen Ansatz. Es werden zertifizierte Referenzproben gemessen und die in den Kapiteln 7.1.2 bis 7.1.10 beschriebenen Verfahren, besonders die Richtigkeit (7.1.6) und die Wiederfindungsrate (7.1.7) zur Abschätzung der Messunsicherheit benutzt.

Alle Fehlerkomponenten, auch die Beiträge von Probennahme und Probenvorbereitung, gehen in die so bestimmte Messunsicherheit ein. Die Top-Down-Methode bietet deshalb gute Ergebnisse bei vertretbarem Aufwand.

Die Top-Down-Methode ist im Nordtest Report TR537 „Handbook for calculation of uncertainty in environmental laboratories" detailliert erklärt [12], weitere

Informationen zu diesem Thema, teilweise mit Beispielen, finden sich in verschiedenen Veröffentlichungen [13–17].

7.2 Referenzmaterialien

An verschiedenen Stellen dieses Buches wurden bereits Referenzmaterialien, abgekürzt RM, und zertifizierte Referenzmaterialien, abgekürzt ZRM oder CRM (von der englischen Bezeichnung *certified reference material*) erwähnt. Der ISO Guide 30 bezeichnet ein Referenzmaterial als ein „Material oder eine Substanz, von der eine oder mehrere Eigenschaften so genau festgelegt sind, dass sie zur Kalibrierung von Messgeräten und Kontrolle der Ergebnisse von Mess-, Prüf- und Analysenverfahren sowie zur Kennzeichnung von Stoffeigenschaften verwendet werden können" [21]. Auch andere Normen folgen dieser Definition [22–24].

Referenzproben für die Zwecke der Funkenspektrometrie lassen sich in folgende Kategorien einteilen:
- Kalibrierproben werden zur Ermittlung der Kalibrierfunktion benutzt. Hier ist eine möglichst gute Richtigkeit der im Zertifikat ausgewiesenen Gehalte von zentraler Bedeutung. Nach Möglichkeit wird zur Kalibrierung zertifiziertes (beglaubigtes) Referenzmaterial herangezogen. Zertifizierte Referenzmaterialien werden von staatlichen Instituten oder kommerziellen Anbietern herausgegeben. Beispiele für staatliche Institutionen sind die *Bundesanstalt für Materialprüfung* (BAM) in Deutschland oder das *National Institute of Standards and Technoloy* (NIST) in den USA. Vor Herausgabe zertifizierter Referenzproben sind umfangreiche Ringversuche erforderlich, was sich in hohen Preisen niederschlägt. Um einschätzen zu können, ob ein zertifiziertes Referenzmaterial für einen Einsatzzweck verwendbar ist, empfiehlt sich ein Blick auf die im Zertifikat ausgewiesenen Messunsicherheiten. Außerdem ist es ein Qualitätsmerkmal, wenn eine große Zahl renomierter Laboratorien an den Ringversuchen teilgenommen hat. Anforderungen an die Zertifikats-Inhalte sind im ISO-Guide 31 [25] geregelt.
  Auch bei zertifizierten Referenzmaterialien sind die wahren Konzentrationswerte nicht mit letzter Sicherheit bekannt. Es kann aber davon ausgegangen werden, dass die für diese Materialien angegebenen Gehalte in der Nähe der wahren Werte liegen. Man spricht in diesem Zusammenhang von richtigen Werten. Damit sind die Referenzmaterialien ein unverzichtbares Hilfsmittel zur Kontrolle der Richtigkeit funkenspektrometrischer Prüfverfahren.
- Rekalibrationsproben dienen dazu, den aktuellen Gerätezustand auf den Status zum Zeitpunkt der Kalibrierung zurückzurechnen (siehe Kapitel 3.9.6). Hier ist das Hauptaugenmerk auf die Homogenität der Proben zu richten. Inhomogenitäten könnten dazu führen, dass die Mittelwerte von Rekalibrationsmessungen variieren, auch wenn sich der Gerätezustand nicht geändert hat. Die Richtigkeiten

aller Analysen, die auf eine fehlerhafte Rekalibration folgen, ist dann beeinträchtigt. Rekalibrationsproben sind in der Regel deutlich preiswerter als zertifizierte Referenzproben. Ist die Homogenität von Rekalibrationsproben nachgewiesen, können sie auch zum Nachweis der Präzision funkenspektrometrischer Prüfverfahren benutzt werden.

– Kontrollproben dienen dazu, die funkenspektrometrischen Verfahren in regelmäßigen zeitlichen Abständen zu überprüfen. Solche Messungen werden periodisch durchgeführt, die Messergebnisse fließen in die Qualitätsregelkarten ein. Qualitätsregelkarten sind im nächsten Abschnitt beschrieben. Für solche Kontrollzwecke wird nur ungern zertifiziertes Referenzmaterial eingesetzt, weil dieses teuer ist und sich bei ständigem Gebrauch durch Probenvorbereitung und Abfunkprozess schnell verbraucht. Daraus ergibt sich die Notwendigkeit, zur Geräteüberprüfung geeignete interne Referenzmaterialien herzustellen. Solche Proben werden als *in-house* Standards, Sekundärstandards oder Sekundärnormale bezeichnet. Eine Hürde bildet aber die Tatsache, dass es im Allgemeinen erforderlich ist, die Analyse von Sekundärstandards auf SI-Einheiten rückzuführen. Prüflaboratorien, die konform zur DIN EN ISO 17025 [26] arbeiten, sind vor Einsatz von Sekundärnormalen gehalten, diese Anbindung an SI-Einheiten zu zeigen.

Es wird ein Verfahren zur Hilfe genommen, das es ermöglicht, Proben synthetisch herzustellen. Ein solches Verfahren ist die optische Emissionsspektrometrie mit induktiv gekoppeltem Plasma (ICP-OES). Bei diesem Verfahren bringt man Primärsubstanzen in Lösung und erhält die gewünschten Konzentrationen durch Mischen. Primärsubstanzen sind Reinstsubstanzen, deren Analyse sich aus der chemischen Formel ergibt.

Die Anbindung an SI-Einheiten verläuft nun wie folgt:
1. Das als Sekundärnormal vorgesehene Material wird in Lösung gebracht.
2. Aus Primärsubstanzen werden Kalibrierlösungen angesetzt, die bezüglich der Matrix dem Sekundärstandard entsprechen. Die interessierenden Analyten müssen in abgestuften Gehalten unterhalb und oberhalb der Gehalte des Sekundärnormals liegen.
3. Mit Hilfe dieser Lösungen wird das ICP-OES-Gerät kalibriert.
4. Zur Plausibilitätsprüfung werden zertifizierte Referenzmaterialien, die möglichst ähnliche Zusammensetzungen wie der Sekundärstandard aufweisen, in Lösung gebracht und mit der erstellten Kalibrierung des ICP-OES-Gerätes kontrolliert.
5. Liefert die Analyse der ZRM nicht die im Rahmen der Messunsicherheit zu erwartenden Werte, wurde ein Fehler gemacht. Die Schritte 2 bis 4 sind zu wiederholen.
6. Liegen die Analysenergebnisse der ZRM im Rahmen der zu erwartenden Messunsicherheiten, kann nun das Sekundärnormal auf dem ICP-OES-Gerät gemessen werden.

7. Die gemessenen Werte sowie der Prozess ihrer Ermittlung ist in einem Prüfbericht zu dokumentieren. Das Sekundärnormal kann nun im Rahmen der Funkenemissionsspektrometrie genutzt werden.

Natürlich ist außerdem der Nachweis zu führen, dass der Sekundärstandard ausreichend homogen ist. Dieser Test kann auf dem Funkenspektrometer selbst erfolgen. Es darf im Allgemeinen keine statistisch signifikante Abhängigkeit der Analysenergebnisse vom Ort des Brennflecks erkennbar sein. Bei Rundmaterial toleriert man aber meist kleine Inhomogenitäten im Probenzentrum. Es ist hier üblich, die Brennflecke auf einem Kreis zu positionieren, der einen ca. 20 mm kleineren Durchmesser als die Probe hat und so die Probenmitte ausspart.

7.3 Qualitätsregelkarten

Erstmalig wurden Qualitätsregelkarten (QRK) von dem Amerikaner Walter A. Shewart in den zwanziger Jahren des letzten Jahrhunderts zur Fertigungsüberwachung eingesetzt, nachdem es schon im 19-ten Jahrhundert Überlegungen gegeben hatte, Produktionsschwankungen mit Hilfe statistischer Mittel zu untersuchen [18,19]. Eine Ausführungsform von Qualitätsregelkarten, die Mittelwertregelkarten, die gelegentlich auch $\bar{x}$-Regelkarten ($\bar{x}$-RK) genannt werden, sind für die Überwachung und Optimierung funkenspektrometrischer Messmethoden besonders geeignet. Zu diesem Zweck werden z. B. in Mittelwertregelkarten Mittelwerte von Analysenkontrollproben gegen die Zeit aufgetragen. Genau genommen wird ein ganzer Satz von $\bar{x}$-RK pro Analysenkontrollprobe geführt, zu jedem überwachten Element gehört eine Karte. Bei den Analysenkontrollproben handelt es sich oft um Referenzmaterialien (RM) oder zertifizierte Referenzmaterialien (ZRM). Prinzipiell sind aber auch Sekundärstandards verwendbar, sofern sie ausreichend homogen sind.

Um mit den $\bar{x}$-RK arbeiten zu können, müssen vor der Kontrollphase sogenannte Warn- und Eingriffs-Grenzen bestimmt werden (siehe Abb. 7.2). Das kann geschehen, indem man aus 20 bis 30 Mittelwerten die Mittelwerte und die Standardabweichungen für Elementkonzentrationen ermittelt.

Warn- und Eingriffsgrenzen werden wie folgt gesetzt:
- Die obere Warngrenzen (OWG) erhält man, indem man das Doppelte der Standardabweichung zu dem in der Vorphase bestimmten Mittelwert addiert. Die untere Warngrenze (UWG) ergibt sich aus der Subtraktion der doppelten Standardabweichung vom Mittelwert.
- Analog errechnet man die obere Eingriffsgrenze (OEG) und die untere Eingriffsgrenze (UEG). Hier wird das Dreifache der Standardabweichung addiert bzw. subtrahiert.

Es ist problematisch, an Stelle des in der Vorphase bestimmten Mittelwerts einen Sollwert, z. B. den Zertifikatswert eines Referenzmaterials zu nutzen. Wie in Kapitel 7.1 bereits erläutert wurde, liegen viele Referenzmaterialien systematisch über oder unter der Kalibrierfunktion. Eine ordnungsgemäß bestimmte Kalibrierung ist aber der Kompromiss, bei dem die Kurve so liegt, dass diese Abweichungen über das Kollektiv aller Referenzmaterialien möglichst gering sind. Deshalb ist es zweckmäßig, den in der Vorphase bestimmten Mittelwert zu benutzen.

In der Nutzungsphase sollte zeitnah nach jeder neuen Messung einer Analysenkontrollprobe überprüft werden, ob eine sogenannte Außerkontrollsituationen vorliegt. Auf Außerkontrollsituationen wird z. B. bei. Faes [20, S. 36 ff] eingegangen.

In der Vorperiode aus 20 Messungen ermittelt:

Mittelwert (MW): 0,3 %

Standardabweichung: 0,02 %

Daraus errechnet:

Obere Eingriffsgrenze (OEG): 0,306 %

Obere Warngrenze (OWG): 0,304 %

Untere Warngrenze (UWG): 0,296%

Untere Eingriffsgrenze (OWG): 0,294 %

Mittelwertregelkarte in der Nutzungsphase:

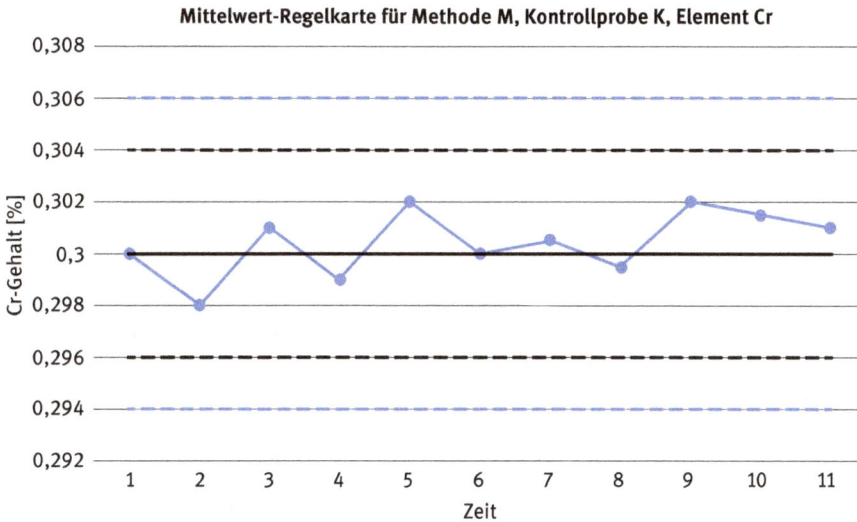

Abb. 7.2: Beispiel einer Mittelwertregelkarte

Man geht üblicherweise von einer Außerkontrollsituation aus, wenn:
- der Wert für ein Element größer als die obere Eingreifgrenze oder kleiner als die untere Eingreifgrenze ist,
- die Warngrenzen häufig verletzt werden, z. B. wenn zwei von drei Messwerten oberhalb der OWG oder unterhalb der UWG liegen,
- eine vorgegebene Anzahl aufeinanderfolgende Messwerte ober- bzw. unterhalb des Mittelwerts liegen (meist wählt man hier die Grenze sieben oder acht),
- es sich bei Betrachtung einer größeren Anzahl von Messwerten zeigt, dass diese weit überwiegend (z. B. 10 von 11 oder 18 von 20) ober- bzw. unterhalb des Mittelwerts liegen,
- die Messwerte n-mal aufeinanderfolgend steigen oder fallen, also ein Trend vorliegt. Für n wird dabei meist ein Wert von sieben oder acht gewählt.

Abbildung 7.2 zeigt das Beispiel einer Mittelwertregelkarte.

Der Einsatz einer Software zur statistischen Prozesskontrolle vereinfacht eine zeitnahe Auswertung der Mittelwertregelkarten. Werden Außerkontrollsituationen festgestellt, so ist ein sofortiger Eingriff erforderlich. Im einfachsten Fall kann dies die Rekalibration des Funkenemissionsspektrometers sein. Andere mögliche Eingriffe sind Routine-Wartungsmaßnahmen, wie das Reinigen des Funkenstandes oder der Eintrittsoptik. Sollten die möglichen Abstellmaßnahmen nicht zum Erfolg führen, so ist das Prüfsystem für die weitere Nutzung zu sperren. Es ist empfehlenswert, den Katalog möglicher Eingriffe vorab festzulegen, um im Bedarfsfall eine schnelle und effiziente Reaktion sicherzustellen.

Die oben beschriebene Mittelwertregelkarte ist die im Zusammenhang mit Funkenspektrometern am häufigsten genutzte Variante von Regelkarten. Darüber hinaus gibt es noch andere Formen, die jedoch in der Funkenanalytik kaum Anwendung finden.

Detaillierte Informationen zu Aufbau und Nutzung von Qualitätsregelkarten entnimmt man der einschlägigen Fachliteratur, z. B. bei Timischl [19] und bei Faes [20].

7.4 Validierung

Führt das Labor eine Validierung durch, weist es nach, dass das Prüfverfahren geeignet ist, eine definierte Prüfaufgabe in Übereinstimmung mit den Anforderungen des Auftraggebers der Prüfung zu erfüllen. Dabei kann der Auftraggeber eine andere Abteilung der Firma oder auch ein externer Kunde sein. Es ist also nicht möglich, eine Validierung durchzuführen, wenn die Anforderungen des Auftraggebers unbekannt sind.

Die Validierung verläuft nach folgendem Schema:
1. Zunächst wird in Kommunikation mit dem Auftraggeber geklärt, was das Prüfverfahren leisten muss, um die analytische Aufgabenstellung zu lösen. Ein Validierungsplan wird erstellt.

2. Danach wird das am besten geeignet scheinende Prüfverfahren ausgewählt.
3. Sind die Kenngrößen (s. Kapitel 7.1) des ausgewählten Prüfverfahrens bekannt, kann bei Punkt 5 fortgefahren werden.
4. Falls die Kenngrößen des Prüfverfahrens unbekannt sind, müssen sie zunächst ermittelt werden. Die dazu erfassten Daten sind nachvollziehbar zu archivieren.
5. Die Kenngrößen werden jetzt daraufhin geprüft, ob sie so beschaffen sind, dass die unter Punkt 1 ermittelten Anforderungen erfüllt werden können.
   Bei negativem Befund geht man zurück zu Schritt 2 und versucht ein alternatives Verfahren zu finden.
6. Erlauben die Kenngrößen die Erfüllung der Anforderungen, ist ein Validierungsbericht zu erstellen, der die Einhaltung der laut Validierungsplan notwendigen Kenngrößen belegt. Das Prüfverfahrung ist nun validiert.
7. Abschließend ist eine Freigabe durch einen dazu befugten Mitarbeiter durchzuführen.

Die Anforderungen an eine Validierung sind im Dokument 71 SD 4 019 der Deutschen Akkreditierungsstelle (DAkkS) zusammengefasst [27]. Es kann über die Homepage der DAkkS eingesehen und heruntergeladen werden.

Ein praktisches Beispiel soll die Vorgehensweise bei der Validierung erläutern. Die Ziffern in Klammern stehen für die zugehörigen Validierungsschritte in der obigen Beschreibung:

Der Betrieb wendet sich an das Labor, weil eine Verwechslung in einem Stapel Rohre vermutet wird und bittet darum zu klären, ob sich tatsächlich falsche Werkstücke in dem Los befinden. Im Dialog mit dem Betrieb klärt sich, dass die Soll-Qualität 1.7225 (42CrMo4) ist und für eine Verwechslung nur die Qualität 1.7218 (25CrMo4) infrage kommt, weil nur aus diesem Werkstoff Rohre gleicher Abmessungen gefertigt werden. Die Trennung muss über das Element Kohlenstoff erfolgen, da sich die Toleranzfenster aller anderen Elementen überlappen. Der laut Norm höchstmögliche C-Gehalt beim Werkstoff 1.7218 beträgt 0,29 %, der tiefstmögliche Kohlenstoff-Gehalt bei der Qualität 1.7225 ist 0,38 %. Der Abstand der beiden Qualitäten beträgt also 0,09 %. Daraus ergibt sich die Anforderung, den Kohlenstoffgehalt mit einer Messunsicherheit von besser als 0,04 % zu bestimmen. Das muss auch auf den gekrümmten Rohroberflächen, die nur mit einem Handschleifgerät präpariert werden können, möglich sein. Diese Bedingungen werden in den Validierungsplan aufgenommen (1).

Als Prüfverfahren kommen Messungen mit einem Handheld-XRF-Gerät und mit einem Mobilspektrometer im Bogen- oder Funkenmodus zum Einsatz. Eines dieser drei Verfahren muss ausgewählt werden. In der beispielhaft angenommenen Situation scheidet das vorhandene XRF-Handspektrometer aus, weil damit das Element Kohlenstoff nicht bestimmt werden kann.

Daraufhin wird zunächst die Möglichkeit geprüft, die Sortierung mit einem Bogenspektrometer durchzuführen, weil der Probenvorbereitungsaufwand kleiner als bei Funkenmessungen ist (2).

Die Kennzahlen für Messungen niedrig legierter Stähle im Bogen auf angeschliffenen Rohroberflächen sind dem Labor bekannt. Ihre Prüfung ergibt, dass die im Bogen erzielbaren Richtigkeiten nicht sicher ausreichen. Auch eine Sortierung mit der in Kapitel 6.7.5 beschriebenen Verwechslungsprüfung, bei der die Wiederholgrenze die relevante Kennzahl ist, erscheint nicht sicher genug (5).

Man wendet sich deshalb dem Funken zu. Hier sind zwar die Kennzahlen für niedriglegierte Stähle ebenfalls bekannt, allerdings nur für plane Proben, nicht aber für gekrümmte Flächen wie die Oberfläche von Rohren. Es müssen die Einflüsse dieser gekrümmten Oberfläche auf die Kennzahlen ermittelt werden. Es werden Messungen auf Musterrohren der betreffenden Werkstücke durchgeführt, deren Chargenanalyse bekannt ist. Die Messdaten werden gespeichert. Es zeigt sich, dass gegenüber planen, optimal vorbereiteten Proben die Richtigkeiten nicht beeinträchtigt sind. Die Präzision ist nur unwesentlich schlechter (4). Um diese etwas schlechtere Präzision zu kompensieren, wird eine Doppelmessung auf jedem Rohr vorgesehen. Dann ist es möglich, den C-Gehalt mit einer Messunsicherheit von 0,02 % zu bestimmen.

Ein kurzer tabellarischer Validierungsbericht, der auch angibt, wo die Validierungsdaten zu finden sind, wird erstellt. Es wird auch eine Prüfanweisung angefertigt, die die Modalitäten der Prüfung inklusive Probenvorbereitung und der erforderlichen Qualifikation des Prüfers festlegt. Damit ist die Validierung durchgeführt (6).

Der Laborleiter gibt die Valdierung mit Datum und Unterschrift auf dem Bericht frei, die. Prüfung kann beginnen (7).

Das Beispiel schildert einen recht einfach gelagerten Fall. In der Regel umfasst die Validierung komplexere analytische Problemstellungen, wie z. B. die Analyse von niedrig legiertem Stahl, hochlegiertem Stahl oder Gusseisen zur Überwachung von Schmelzprozessen. In diesen Fällen ist die Validierung deutlich umfangreicher, folgt aber prinzipiell dem gleichen Schema.

Im bereits erwähnten Dokument der DAkks zur Validierung und Verifizierung von Prüfverfahren [27] ist erläutert, dass es mehrere Stufen der Validierung gibt. So sind die Validierungsanforderungen von Normverfahren deutlich geringer als die Basisvalidierung eines nicht genormten Prüfverfahrens.

Im Dokument 71 SD 1 005 der DAkkS, das die Mindestanforderungen zur Akkreditierung der optischen Funkenemissionsspektrometrie definiert [28], ist festgelegt, dass funkenspektrometrische Prüfverfahren stets als Hausverfahren zu behandeln sind, und vor Nutzung einer Basisvalidierung (auch als primäre Validierung bezeichnet) bedürfen.

In der Regel werden mit Funkenemissionsspektrometern parallel Spuren, mittlere und hohe Gehalte bestimmt. Daraus folgt für eine Basisvalidierung die Forderung, die in Kapitel 7.1 erklärten Kenngrößen Arbeitsbereich, Nachweis- und

Bestimmungsgrenze, Präzision und Richtigkeit zu bestimmen. Weiterhin ist die Selektivität zu untersuchen. Es wird weiterhin empfohlen, die Robustheit des Verfahrens zu prüfen.

Im laufenden Betrieb ist eine sogenannte Routinevalidierung (tertiäre Validierung) durchzuführen. Das geschieht einerseits, indem Kontrollproben gemessen und die Resultate in die aus Kapitel 7.3 bekannten Qualitätsregelkarten eingetragen werden. Andererseits sollte das Labor regelmäßig an Ringversuchen und Eignungsprüfungen teilnehmen. Art und Häufigkeit der Maßnahmen zur Routinevalidierung sind in einem Plan festzuhalten.

7.5 Qualitätsmanagementsysteme

Zurzeit (2017) ist die DIN EN ISO 17025:2005 [10] die zentrale Norm, die übergreifend alle qualitätssichernden Aktivitäten in analytischen Laboratorien reglementiert.

Im Einführungsbeitrag zur DIN EN ISO/IEC 17025:2005-08 [29] wird die Norm gegenüber anderen Qualitätsnormen, z. B. gegenüber der DIN ISO 9001 abgegrenzt. Bei der Ausarbeitung der DIN EN ISO 17025 wurde darauf geachtet, dass es möglich war, ein Qualitätsmanagementsystem, das gleichzeitig konform zur DIN EN ISO 17025:2005 [10] und zur damals gültigen Version der DIN ISO 9001:2000 [30] zu betreiben. Beide Normen basieren auf ähnlichen Grundsätzen, die DIN EN ISO/IEC 17025:2005-08 liefert aber ein Gerüst, das dabei hilft, Mess- und Prüfaufgaben valide durchzuführen.

Zwischenzeitlich gilt allerdings die DIN EN 9001:2015 [31], in der zusätzliche Anforderungen definiert sind. Kompatibilität zu dieser Norm ist wichtig, weil in ihr Regeln für das gesamtbetriebliche Qualitätsmanagement festgelegt sind, also neben dem Labor auch Abteilungen wie Fertigung, Vertrieb, Service und Entwicklung umfasst und eine Zertifizierung nach DIN EN ISO 9001 von vielen Kunden erwartet wird. Die DIN EN ISO/IEC 17025 ist wiederum Basis für Akkreditierungen. Konformität zu dieser Norm ist deshalb oft ebenfalls unverzichtbar. Auch bei der DIN EN ISO/IEC 17025 steht eine Revision an, die sich derzeit (2017) im Entwurfsstadium befindet [32].

Eine weitere übergreifende Qualitätsnorm, die oft parallel zur DIN EN ISO/IEC 17025 benutzt wird, ist die IATF 16949 [33]. Sie ähnelt der DIN EN 9001:2015, hat aber einen international ausgerichteten Ansatz, was für Firmen den Vorteil hat, nicht gleichzeitig konform zu verschiedenen nationalen Qualitätsnormen arbeiten zu müssen. Man kann diese Norm als Erweiterung der DIN EN 9001:2015 begreifen. Eine Erläuterung dieser Erweiterungen findet sich bei P. Strompen [34].

Die Vorschriften der DIN EN ISO/IEC 17025 sind einerseits organisatorischer andererseits technischer Art.

Organisatorische Kernforderungen:
- Die Qualitätspolitik muss definiert und schriftlich niedergelegt werden.

- Die Organisationsstruktur und alle relevanten Prozesse, nach denen im Labor zu arbeiten ist, sind ebenfalls schriftlich festzuhalten. Zu den zu beschreibenden Prozesse gehören nicht nur Prüf-, Kalibrier- und Probenvorbereitungsaufgaben, sondern auch die Handhabung von Aus- und Weiterbildung und der Umgang mit Kundenaufträgen.
- Alle Mitarbeiter des Laboratoriums, soweit sie analytische Aufgaben durchführen, müssen mit der Qualitätsdokumentation vertraut sein und konform zu den dort definierten Prozessen arbeiten.
- Es muss ein System zur Dokumentenlenkung geben, das dafür sorgt, dass stets mit einer gültigen Dokumentenversion gearbeitet wird. Der Begriff „Dokument" ist dabei weit gefasst und beinhaltet z. B. Arbeitsanweisungen, Besprechungsprotokolle, Beschreibungen von Verfahren, technische Zeichnungen, Software, Datenbanken mit Analysen usw.
- Es muss geregelt sein, wie mit Beschwerden von Kunden umzugehen ist.
- Das Managementsystem sollte nach einem vorgegebenen Plan regelmäßig bewertet werden, dabei sollten z. B. Ergebnisse interner Audits, Rückmeldungen und Reklamationen der Kunden, Ergebnisse von Ringuntersuchungen und Eignungsprüfungen einfließen.

Technische Kernforderungen:
- Die Personen, die Mess-, Prüf- und Kalibrieraufgaben haben, müssen die für diese Arbeiten notwendigen Qualifikationen haben.
- Es müssen adäquate Räumlichkeiten vorhanden sein.
- Mess- und Prüfverfahren sind vor Benutzung zu validieren und ihre Messunsicherheiten sind zu schätzen.
- Das Laboratorium muss über alle notwendigen Vorrichtungen verfügen, die für eine ordnungsgemäße Durchführung der Prüfungen erforderlich sind. Darunter fallen neben den Messgeräten auch Einrichtungen zur Probennahme und Probenvorbereitung. Die Vorrichtungen sind regelmäßig zu überprüfen und zu warten.
- Kalibrierungen und Messungen müssen auf SI-Einheiten rückgeführt werden. Ist das nicht möglich, darf eine Kalibrierung mit zertifiziertem Referenzmaterial erfolgen.

Das Qualitätsmanagement-Handbuch legt fest, wie die oben gelisteten Forderungen im Laboratorium umzusetzen sind und wie in konkreten Fällen zu handeln ist. Es ist damit ein internes Regelwerk für das Laboratorium. Abbildung 7.3 zeigt die Gliederung eines Qualitätsmanagement-Handbuchs. Die Erstellung eines Qualitätsmanagement-Handbuches ist komplex, Details sind der Fachliteratur zu entnehmen [31, 32, 35, 36].

Für alle Prüfverfahren, die im Labor zum Einsatz kommen, müssen Prüfanweisungen erstellt werden. Beispiele für solche Prüfverfahren aus dem Bereich Bogen- und Funkenspektrometer könnten sein:

– Die Analyse niedrig legierten Stahls zur Schmelzenführung mit einem stationären Funken-Laborspektrometer
– Die Werkstoffkontrolle mit mobilen Funkenspektrometern
– Verwechslungsprüfung mit einem Bogen-Handgerät

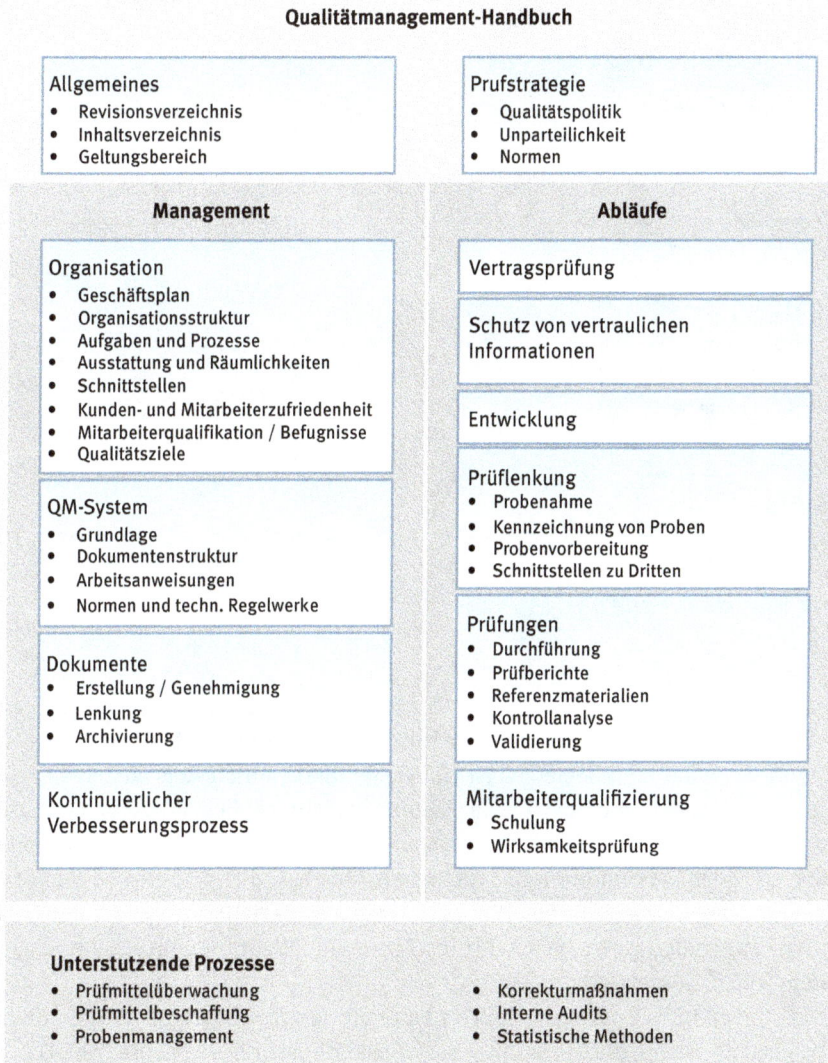

Qualitätmanagement-Handbuch

Allgemeines	Prufstrategie
• Revisionsverzeichnis • Inhaltsverzeichnis • Geltungsbereich	• Qualitätspolitik • Unparteilichkeit • Normen

Management	**Abläufe**
Organisation • Geschäftsplan • Organisationsstruktur • Aufgaben und Prozesse • Ausstattung und Räumlichkeiten • Schnittstellen • Kunden- und Mitarbeiterzufriedenheit • Mitarbeiterqualifikation / Befugnisse • Qualitätsziele	**Vertragsprüfung**
	Schutz von vertraulichen Informationen
	Entwicklung
QM-System • Grundlage • Dokumentenstruktur • Arbeitsanweisungen • Normen und techn. Regelwerke	**Prüflenkung** • Probenahme • Kennzeichnung von Proben • Probenvorbereitung • Schnittstellen zu Dritten
Dokumente • Erstellung / Genehmigung • Lenkung • Archivierung	**Prüfungen** • Durchführung • Prüfberichte • Referenzmaterialien • Kontrollanalyse • Validierung
Kontinuierlicher Verbesserungsprozess	**Mitarbeiterqualifizierung** • Schulung • Wirksamkeitsprüfung

Unterstutzende Prozesse
- • Prüfmittelüberwachung
- • Prüfmittelbeschaffung
- • Probenmanagement
- • Korrekturmaßnahmen
- • Interne Audits
- • Statistische Methoden

Abb. 7.3: Aufbau eines Qualitätsmanagement-Handbuchs

Die Prüfanweisung muss zahlreiche formale (Revisionsnummer, Prüfzweck, Geltungsbereich usw.) und technische Aspekte (Geräte und Hilfsmittel, Probenvorbereitung, Analyse usw.) enthalten. Abbildung 7.4 zeigt, wie eine sinnvolle Struktur gestaltet sein kann.

Arbeitsanweisung

Revisionsverzeichnis

Prüfzweck Geltungsbereich Zuständigkeit

Durchführung
- Geräte und Hilfsmittel
- Probendefinition
- Probenpräparation
- Kalibrierung
- Rekalibrierung
- Prüfgrößen
- Analyse
- Kontrollproben

Ergebnisse und Dokumentation

Vorgehensweise bei Abweichungen

Wartung

Mitgeltende Unterlagen

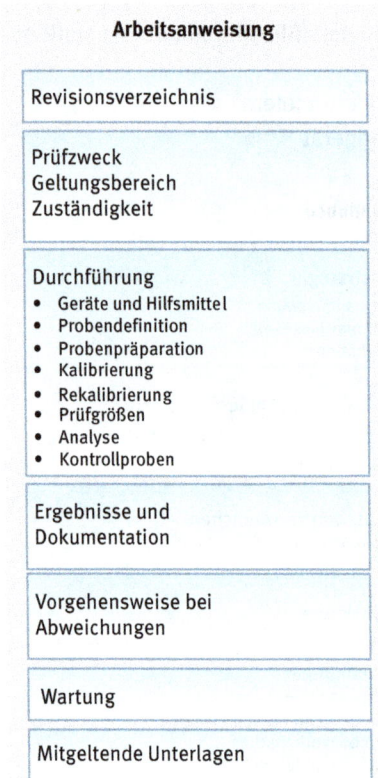

Abb. 7.4: Aufbau einer Prüfanweisung

7.6 Akkreditierung

Das Wort Akkreditierung ist vom lateinischen „accredere" abgeleitet, was mit „Glauben schenken" zu übersetzen ist [1]. Akkreditiert werden stets einzelne Verfahren, eine pauschale Akkreditierung des Labors ist nicht möglich. Eine Akkreditierung eines Spektrallabors im Bereich der Funkenspektrometrie ist also eine Art Beglaubigung, dass das Laboratorium die Fachkompetenz hat, das Verfahren der Funken-Spektralanalyse durchzuführen. Die Akkreditierung bezieht sich dabei auf genau definierte Materialgruppen. Beispiele für solche Materialgruppen sind „niedriglegierter Stahl" oder „Gusseisen".

Messungen und Prüfungen, die von Laboratorien durchgeführt werden, dienen häufig dazu zu zeigen, dass Produkte gesetzlichen Vorschriften entsprechen. Das gilt z. B. für Medizinprodukte oder bei der Überwachung von Grenzwerten im Umweltbereich. In allen Staaten der EU wurden deshalb auf Grund der EU-Verordnung Nr. 765/2008 [37] nationale Institutionen eingerichtet, die für entsprechende Akkreditierungen zuständig sind. In Deutschland wurde vom Bund die Deutsche Akkreditierungsstelle DAkkS gegründet, die zwar privatwirtschaftlich organisiert ist, aber hoheitliche Aufgaben wahrnimmt. Nähere Informationen finden sich auf der Homepage der Organisation [38].

Die DAkkS führt auch Akkreditierungen im Bereich der optischen Funkenemissionsspektrometrie durch. Funkenemissionsspektrometer werden meist nicht dazu eingesetzt, eine Konformität zu gesetzlichen Vorschriften zu überprüfen. Eine Akkreditierung ist deshalb in der Regel nicht zwingend notwendig. Ist das Laboratorium aber akkreditiert, steigt dadurch die Akzeptanz seiner Prüfergebnisse bei Kunden und Lieferanten.

Grundlage für die Akkreditierung der optischen Funkenemissionsspektrometrie ist die bereits im Kapitel 7.5 besprochene Norm DIN EN ISO 17025 [10]. Das Dokument 71 SD 1 005 der DAkkS [28] legt fest, welche Mindestanforderungen erfüllt sein müssen, um funkenspektrometrische Verfahren konform zur DIN EN ISO 17025 zu betreiben und damit eine Akkreditierung zu ermöglichen.

Dieser kompakte Leitfaden geht auf folgende Punkte ein:
- Akkreditierungsumfang
- Verfahrensbeschreibung
- Inhalte der Arbeitsanweisungen
- Anforderung an die Qualifikation des Personals
- Anforderungen an die Räumlichkeiten
- Anforderungen an zertifizierte Referenzmaterialien
- Anforderungen an die Grundkalibrierung
- Teilnahme an Eignungsprüfungen
- Anforderungen an die Form von Prüfberichten

In der Rubrik „Verfahrensbeschreibung" ist festgelegt, dass funkenspektrometrische Prüfverfahren stets als Hausverfahren zu behandeln sind. Auf die Konsequenz dieser Einstufung auf die Validierungsprozesse wurde bereits in Kapitel 7.4 eingegangen.

Im „Merkblatt zur messtechnischen Rückführung im Rahmen von Akkreditierungsverfahren" [39] ist festgelegt, wie die messtechnische Rückführung von Grundkalibrierungen nachzuweisen ist. Dieses Dokument ist über die Homepage der DAkkS zugänglich. Auch auf die Anforderungen bezüglich Kalibrierung und Rückführung von Mess- und Prüfmitteln im Rahmen der DIN EN ISO 9000 [40] bzw. DIN EN ISO 9001 [31] geht dieses Dokument ein. Das ist von Interesse, weil Funkenemissionsspektrometer häufig als Messmittel in DIN EN ISO 9000 oder IATF 16949-konformen Qualitätsmanagementsystemen eingesetzt werden.

Das DAkkS Dokument „Einbeziehung von Eignungsprüfungen in die Akkreditierung" [41] beschreibt, was unter den für eine Akkreditierung zwingend erforderlichen Eignungsprüfungen zu verstehen ist und welche Regeln dabei einzuhalten sind. Auch dieses Dokument ist über die Homepage der DAkkS einzusehen.

Literatur

[1] Hau R, Ender A. *Pons Schülerwörterbuch, 2.* Auflage 2003, 2. Nachdruck 2005. Stuttgart, Ernst Klett Sprachen, 2005.

[2] Funk W, Dammann V, Donnevert G. *Qualitätssicherung in der Analytischen Chemie.* Weinheim, Wiley-VCH 2005.

[3] Doerffel K. *Statistik in der analytischen Chemie. Leipzig,* VEB Deutscher Verlag für Grundstoffindustrie 1966.

[4] Günzler H. *Akkreditierung und Qualitätssicherung in der Analytischen Chemie.* Berlin, Springer-Verlag 1994.

[5] Deutsches Einheitsverfahren DEV AO-4 *Leitfaden zur Abschätzung der Messunsicherheit aus Validierungsdaten. Berlin, Beuth-Verlag* 2006.

[6] Handbuch für das Eisenhüttenlaboratorium, Band 6, *Begriffe und Definitionen, Regelwerke, Referenzmaterialien, Wissenschaftliche Tabellen.* Düsseldorf, Verlag Stahleisen, 2013. //18.

[7] Kromidas S. *Handbuch Validierung in der Analytik, Wirtschaftlichkeit, Praktische Fallbeispiele, Alternativen.* Weinheim, Wiley-VCH, 2011.

[8] DIN 32645:2008; *Chemische Analytik – Nachweis-, Erfassungs- und Bestimmungsgrenze unter Wiederholbedingungen – Begriffe, Verfahren, Auswertung.* Berlin, Beuth-Verlag.

[9] Lohninger H. *Ausreißertest nach Grubbs.* www.statistics4u.info/fundstat_germ/ee_grubbs_outliertest.html, abgerufen am 09.09.2017.

[10] DIN EN ISO/IEC 17025:2005 *Allgemeine Anforderungen an die Kompetenz von Prüf- und Kalibrierlaboratorien.* Berlin, Beuth-Verlag.

[11] GUM *Evaluation of measurement data – Guide to the expression of uncertainty in measurement* 2008.

[12] Nordtest Report TR 537 *HANDBOOK FOR CALCULATION OF UNCERTAINTY IN ENVIRONMENTAL LABORATORIES* 2004-02.

[13] DIN ISO 11352 EN DE *Wasserbeschaffenheit – Bestimmung der Messunsicherheit basierend auf Validierungsdaten* (03-2011).

[14] Deutsches Einheitsverfahren DEV AO-4 *Leitfaden zur Abschätzung der Messunsicherheit aus Validierungsdaten* (2006).

[15] DIN V ENV 13005 *Leitfaden zur Angabe der Unsicherheit beim Messen* (Deutsche Fassung, 06-1999).

[16] EURACHEM CITAC GUIDE *Ermittlung der Messunsicherheit bei analytischen Messungen* 2004.

[17] EUROLAB *Leitfaden zur Ermittlung von Messunsicherheiten bei quantitativen Prüfergebnissen* (TB_2_2006).

[18] Best M, Neuhauser D. *Qual. Saf. Health Care,* 2006. 15, 142–43.

[19] Timischl W. *Qualitätssicherung – Statistische Methoden.* München, Carl Hanser Verlag, 2002.

[20] Faes G. *SPC Statistische Qualitätskontrolle,* Books on Demand, Norderstedt, 2009.

[21] Griepink B, Quevauviller Ph. *Referenzmaterialien und chemische Standards: Bedeutung für QS; Herstellung, Qualitätsanforderung, Lieferanten* in *Die Akkreditierung chemischer Laboratorien,* Hrsg. H. Günzler. Berlin, Springer Verlag, 1994.

[22] ISO Guide 30:2015 – *Referenzmaterialien – Gute Praktiken für die Verwendung von Referenzmaterial. Berlin, Beuth Verlag,* 2015.

[23] ISO Guide 33:2015 – *Referenzmaterialien – Richtige Anwendung von Referenzmaterialien.* Berlin, Beuth Verlag, 2015.

[24] ISO Guide 35:2006 – *Referenzmaterialien – Allgemeine und statistische Prinzipien.* Berlin, Beuth Verlag, 2006.

[25] ISO Guide 31:2015-11, *Referenzmaterialien – Inhalte von Zertifikaten und Etiketten.* Berlin, Beuth Verlag, 2015.

[26] DIN EN ISO/IEC 17025:2005 *Allgemeine Anforderungen an die Kompetenz von Prüf- und Kalibrierlaboratorien*. Berlin, Beuth-Verlag.

[27] *Validierung und Verifizierung von Prüfverfahren nach den Anforderungen der DIN ISO/IEC 17025 für Prüflaboratorien auf dem Gebiet der chemischen und chemisch-physikalischen Analytik im Bereich der Abteilung 4 (Gesundheitlicher Verbraucherschutz / Agrarsektor / Chemie / Umwelt)*, Dokument 71 SD 4 019, Revision 1.1, 14.01.2015. www.dakks.de/sites/default/files/71_sd_4_019_validierung_20150114_v1.1_0.pdf, eingesehen am 10.09.2017.

[28] *Mindestanforderungen zur Akkreditierung der optischen Funkenemissionsspektrometrie (OES)*, Dokument 71 SD 1 005, Revision 1.1, 24.02.2014. Berlin, Deutsche Akkreditierungsstelle GmbH. www.dakks.de/sites/default/files/dokumente/71_sd_1_005_funkenemissionsspektrometrie_20140224_v1.1.pdf, eingesehen am 10.09.2017.

[29] Einführungsbeitrag zur DIN EN ISO/IEC 17025:2005-08. Berlin Beuth Verlag, www.beuth.de/de/norm/din-en-iso-iec-17025/77196483, eingesehen am 10.09.2017.

[30] DIN EN ISO 9001:2000-12 Qualitätsmanagementsysteme – Anforderungen (ISO 9001:2000-09). Berlin, Beuth Verlag, 2000.

[31] DIN EN ISO 9001:2015-11, *Qualitätsmanagementsysteme – Anforderungen (ISO 9001:2015)*. Berlin, Beuth Verlag, 2015.

[32] DIN EN ISO/IEC 17025:2017-02 – Entwurf *Allgemeine Anforderungen an die Kompetenz von Prüf- und Kalibrierlaboratorien (ISO/IEC DIS 17025:2016)*. Berlin, Beuth Verlag, 2017.

[33] International Automotive Taskforce. IATF 16949:2016 *Anforderungen an Qualitätsmanagementsysteme für die Serien- und Ersatzteilproduktion in der Automobilindustrie*, 1. Ausgabe, Oktober 2016. Beziehbar über den Webshop des Verbandes der Automobilindustrie (VDA), www.webshop.vda.de/QMC/de/IATF-169492016.

[34] Strompen P. *Interpretation der Anforderungen der IATF 16949:2016*. Köln, TÜV media Group, 2017.

[35] DIN EN 45001:1997-06: *Allgemeine Anforderungen an die Kompetenz von Prüf- und Kalibrierlaboratorien* – Dokument zurückgezogen. Berlin, Beuth-Verlag, 1997.

[36] ISO Guide 25:1990, *General requirements for the competence of calibration and testing laboratories*. Genf, International Organization for Standardization, 1990.

[37] Verordnung (EG) Nr. 765/2008 des Europäischen Parlaments und des Rates vom 09.07.2008 über die Vorschriften für die Akkreditierung und Marktüberwachung im Zusammenhang mit der Vermarktung von Produkten und zur Aufhebung der Verordnung (EWG) Nr. 339/93 des Rates.

[38] *Auf einen Blick: Allgemeine Informationen zur DAkkS*. Berlin, Deutsche Akkreditierungsstelle GmbH. Aus dem Internet, www.dakks.de/content/auf-einen-blick-allgemeine-informationen-zur-dakks, eingesehen am 20.09.2017.

[39] *Merkblatt zur messtechnischen Rückführung im Rahmen von Akkreditierungsverfahren*, Dokument 71 SD 0 005, Revision 0. Berlin, Deutsche Akkreditierungsstelle GmbH. www.dakks.de/userfiles/71%20SD%200%20005_merkblatt_r%C3%BCckf%C3%BChrung.pdf, eingesehen am 20.09.2017.

[40] DIN EN ISO 9000:2015-11: *Qualitätsmanagementsysteme – Grundlagen und Begriffe*. Berlin, Beuth Verlag, 2015.

[41] *Einbeziehung von Eignungsprüfungen in die Akkreditierung*, Dokument 71 SD 0 010, Revision 1.2, 14.04.2016. Berlin, Deutsche Akkreditierungsstelle GmbH. www.dakks.de/sites/default/files/dokumente/71_sd_0_010_eignungspruefungen_20160414_v1.2.pdf, eingesehen am 20.09.2017.

Index

www.ingramcontent.com/pod-product-compliance
Lightning Source LLC
Chambersburg PA
CBHW080925220326
41598CB00034B/5687